Jetzt helfe ich mir selbst

Motor
buch
Verlag

Bilder/Zeichnungen: Klaus Breustedt, Heinz-Dieter Kupsch; Motorpresse Stuttgart; Renault, Continental; Uniroyal, Hella.

Alle Angaben und Ratschläge in diesem Ratgeber wurden nach bestem Wissen und Gewissen erteilt. Eine Haftung der Autoren oder des Verlages und seiner Beauftragten für Personen-, Sach- und Vermögensschäden ist jedoch ausgeschlossen.

Dieser Band entspricht dem Kenntnisstand zum Zeitpunkt der Drucklegung. Abweichungen durch Weiterentwicklung der beschriebenen Fahrzeuge, geänderte Anweisungen des Fahrzeugherstellers bzw. neue gesetzliche Bestimmungen sind möglich.

ISBN 3-613-01855-1

1.Auflage

Grafische Gestaltung: Andreas Pflaum
Herstellung: IPa, Vaihingen/Enz
Druck: Maisch & Queck, Gerlingen
Bindung: Spinner, Ottersweier
Printed in Germany

Klaus Breustedt
Joachim Geiger

Renault Twingo

OHV-Motor 1,3 Liter, 40 kW/55 PS
Econ-Motor 1,2 Liter, 40 kW/55 PS
Econ-Motor 1,2 Liter, 43 kW/60 PS

September '93–September '98

Inhaltsverzeichnis

Das Fahrwerk

Die Bremsanlage

Die Fahrzeugelektrik

Der Innenraum

Die Karosserie

Technische Daten

Stichwortverzeichnis

Was tun bei Pannen und Störungen?

Störungs-beistand

Ein Ratgeber stellt sich vor

»Jetzt helfe ich mir selbst« ist ein Ratgeber rund ums Auto. Er zeigt, wie die Technik funktioniert und wie Sie Ihr Fahrzeugs optimal pflegen und warten. Sie werden sehen: Do it yourself macht Spaß und spart Geld. Und mit dem richtigen Know-how schrumpft manche Panne zur Bagatelle, weil oft wenige Handgriffe genügen, ein Auto wieder flott zu machen.

Ein Ratgeber mit System

Jedes Kapitel dieses Ratgebers gliedert sich stets in die Abschnitte Theorie, Wartung, Störungsbeistand und Reparatur.

Theorie. Hier informieren Sie sich über Technik und Funktionen. Neben ausführlichen Beschreibungen finden Sie in diesem Abschnitt ein Techniklexikon mit Hintergrundwissen zu speziellen Problemen.

Wartung. Eine detaillierte Anleitung führt Step by Step durch alle Arbeiten. Arbeitssymbole verdeutlichen Zeitaufwand, Schwierigkeitsgrad sowie Gefahren für Sicherheit und Umwelt. Eine Fotodokumentation veranschaulicht Arbeitsabläufe und Probleme.

Reparatur. Beginnt in der Regel mit dem Störungsbeistand, der Störungen, Ursachen und Abhilfen auflistet. Die Arbeitsschritte werden nach dem gleichen Muster dargestellt wie die Wartungsarbeiten. Praxistips helfen Ihnen bei der Umsetzung und Problemen.

Technik-Themen und Störungsbeistände erschließen Sie über die Inhaltsübersicht und das Stichwortverzeichnis. Im Inhalt finden Sie auch einen Hinweis auf die Wartungen und Reparaturen zu den verschiedenen Baugruppen: Jeweils auf der ersten Seite des entsprechenden Kapitels steht eine Übersicht mit Seitenangaben, die Sie direkt zu den Arbeitsschritten führt.

Die Bauteile des Motors — Technik-lexikon

Motorblock Hier sind die beweglichen Teile gelagert. Er besteht bei allen Punto-Motoren aus Grauguß. Der Motorblock trägt auch Aggregate wie Lichtmaschine, Anlasser und Zündanlage.

Zylinderkopf Schließt den Zylinder nach oben ab. Er enthält Kanäle für Frisch- und Abgas, Ventilsitze, Lager und Führungen für Teile der Ventilsteuerung, Zündkerzengewinde, Wasserkanäle und Brennraum. Die Zylinderkopfdichtung zwischen den Metall-Flächen von Zylinderkopf und Zylinderblock verhindert, daß an dieser Stelle Luft und Kühlwasser in den Zylinder gelangenle angetrieben. Der Zahnriemen treibt beim FIRE-Motor auch die Kühlmittelpumpe an, bei den anderen Motoren eine Nebenwelle für die Ölpumpe.

Technik auf den Punkt gebracht: Knappe und präzise Infos über Begriffe, Funktionen und Zusammenhänge.

Wartung

Motor durchdrehen 56
Ventilspiel prüfen 57
Ventile einstellen 59
Kompressionsdruck messen 60

Reparatur

Zahnriemenzustand prüfen 62
Zahnriemenspannung behelfsmäßig prüfen 62

Eine Übersicht der Wartungen und Reparaturen finden Sie auf der ersten Seite jedes Kapitels. Die Seitenzahlen führen Sie direkt zu den Arbeitsschritten.

Arbeitsschritte — 30.000 km 2 Jahre

① Ansauggeräuschdämpfer abbauen. Beim Diesel: Luftansaugleitung abbauen. Bei allen Motoren: elektrische Steckverbindungen lösen.

② Sechs Schrauben der Zylinderkopfhaube lösen und Haube vorsichtig abnehmen. Sitzt der Deckel fest, lösen Sie ihn durch Schläge mit Handballen oder Hammerstiel.

③ Für die Messung von Ein- und Auslaßventil eines Zylinders müssen beide Ventile entlastet sein. Dazu den Motor durchdrehen, bis an der Nockenwelle die Spitzen beider Nocken von Zylinder 1 (in Fahrtrichtung rechts) symmetrisch nach links und rechts oben zeigen (OT-Markierung beachten). Diese Position entspricht dem Oberen Totpunkt.

Die Arbeitsschritte führen Sie Step by Step durch Ihre Wartungen und Reparaturen. Hier steht, wo Sie den Hebel ansetzen und worauf Sie dabei achten müssen.

Störungs-beistand

Kühlsystem

Störung	Ursache	Abhilfe
A Temperatur-Anzeigenadel steht im roten Bereich	1 Keilrippenriemen zu schwach gespannt oder gerissen	Riemenspannung kontrollieren oder Riemen ersetzen
	2 Zu wenig Flüssigkeit im Kühlsystem	Auffüllen, notfalls aus der Scheibenwaschanlage
	3 Kabel zur Temperaturanzeige hat Masseschluß	Kabel am Temperaturgeber abziehen, Zeiger muß zurückgehen, sonst Masseschluß; Kabelverlauf kontrollieren

Der ideale Pannenhelfer: Unser »Störungsbeistand« hilft Ihnen, Fehlern und Defekten an Ihrem Fahrzeug systematisch auf den Grund zu gehen. Außerdem finden Sie hier Tips, wie Sie mit einer Störung fertig werden.

Praxistip

Kompressions-druckluft strömt aus

Wenn Kompressionsdruckluft an einer der folgenden Stellen ausströmt, hat dies meist diese Ursachen:

- Ansaugkrümmer oder Luftfiltergehäuse: defektes Einlaßventil.
- geöffneter Kühler oder Kühlmittel-Ausgleichbehälter

Praxistips für Schrauber: Hier steht, wie Sie schnell und effektiv Fehler feststellen und Probleme lösen.

Wartung und Inspektion

Sie finden den Wartungsplan von »Jetzt helfe ich mir selbst« auf den hinteren Umschlagseiten. Er basiert auf dem Wartungsplan, den Renault an seine Vertragswerkstätten ausgibt. Außerdem enthält er einige Wartungsarbeiten an Baugruppen, die der Prüfer von TÜV oder DEKRA bei einer Hauptuntersuchung in Augenschein nimmt. Wenn Sie nicht sicher sind, ob Sie einen bestimmten Arbeitsschritt fachgerecht ausführen können, werfen Sie zunächst einen Blick auf die Ratgeberampel im Wartungsplan. Die Farben Grün, Gelb und Rot signalisieren, welche Arbeiten Sie in Eigenregie durchführen können und wo eine Beratung durch einen Werkstattspezialisten nötig ist.

Ratgeberservice: Checklisten

Auf der vorderen und den hinteren Umschlaginnenseiten finden Sie eine Reihe von Checklisten, die Ihnen helfen, Ihren Twingo für Alltag, Winter und TÜV/DEKRA fit zu machen. Hier steht, welche Arbeiten Sie durchführen sollten und auf welchen Seiten Sie die Arbeitsanleitungen dazu finden. Die benötigte Liste kopieren und alle Arbeiten Punkt für Punkt abhaken.

Die Arbeitssymbole

Der durchkreuzte Umweltbaum soll Sie für den Umweltschutz sensibilisieren. Er taucht immer dann auf, wenn eine Arbeit oder die dabei anfallenden Abfälle für die Umwelt problematisch sind.

Die Zahl der Schraubenschlüssel signalisiert den Schwierigkeitsgrad.
1 Schlüssel = leichte Arbeit; 2 Schlüssel = anspruchsvolle Arbeit; 3 Schlüssel = schwierige Arbeit.

Die Sanduhr nennt den Zeitaufwand für den Hobby-Schrauber. Ein Teilstrich steht für eine Viertelstunde – bei einer gefüllten Uhr müssen Sie also mit rund einer Stunde Arbeit rechnen.

Das Ausrufezeichen steht für Arbeiten, die die Betriebssicherheit Ihres Fahrzeugs betreffen. Wenn Sie nicht absolut kompetent sind: Hände weg! Das ist ein Fall für die Werkstatt.

Die Prüfplakette klassifiziert eine Vorsorgearbeit für die Hauptuntersuchung. Sie sparen Geld und Zeit, wenn Sie die markierten Wartungs- und Prüfarbeiten vor Ihrem Termin bei TÜV oder DEKRA durchführen.

Die Wartungsplakette bezeichnet alle Wartungsarbeiten für Ihren Twingo, die auch die Werkstatt beim Kleinen und Großen Kundendienst durchführt. Sämtliche Punkte entsprechen dem offiziellen Wartungsplan von Renault.

DER RENAU TWIN

Der Renault Twingo, ein Kleinwagen mit Charme und Charakter. Der Dreieinhalbmeter-Zwerg ist ein ausgesprochener Sympathie-Träger, was auch seine Verkaufszahlen eindrucksvoll belegen.

Der Renault Twingo ist, daran besteht kein Zweifel, ein Kleinwagen mit Charme und Charakter. Sein knuffiges Autogesicht blickt mit kugeligen Scheinwerfer-Augen frech und keck in die Welt, die knapp geschnittene Karosserie über den kleinen Rädern weckt mit poppig-frischen Farben gute Laune. Aufwendig ausgestattete Sondermodelle wie Twingo Enjoy, Twingo Liberty und Twingo Benetton unterstreichen den Lifestyle-Charakter des Dreieinhalbmeter-Zwergs. Daß der Twingo beim europäischen Publikum ankommt, belegen eindrucksvoll die Produktionszahlen: Seit seiner Premiere auf dem Pariser Automobilsalon im Oktober 1992 rollten mehr als eine Million Exemplare von den Bändern der Renault-Werke im französischen Flins und dem spanischen Valladolid. In Deutschland zählt der Twingo mit über 250.000 Neuzulassungen zu den erfolgreichsten Importfahrzeugen aller Klassen (Stand August 1998). Die Namensähnlichkeit des pfiffigen Gefährts mit dem Tango, dem schwungvollen National-Tanz der Argentinier, ist übrigens rein zufällig. »Twingo« ist ein Kunstwort, das der Frankfurter Wortschöpfer Manfred Gotta am Computer entwickelt hat.

Die Kleinwagen-Revolution

Der Twingo steht jedoch für weit mehr als nur einen sympathischen Auftritt. Design-Chef Patrick le Quement stellte in der kurzen Bauzeit von 33 Monaten und mit dem für Renault-Verhältnisse schmalen Etat von rund 1,2 Milliarden Mark (bei anderen Baureihen investiert Renault das doppelte) ein Auto auf die Räder, das in Sachen Platzangebot und Raumökonomie eine Revolution unter den europäischen Kleinwagen darstellt: Der Twingo bietet auf den vorderen Plätzen jede Menge Platz und Bewegungsfreiheit für Beine, Arme und Kopf, selbst für großgewachsene Passagiere. Auch auf den Rücksitzen können Insassen mit Gardemaß problemlos eine aufrechte Position einnehmen. Die Schulterfreiheit im Twingo markiert auf allen Plätzen den Bestwert in seiner Klasse.

Das One-Box-Design

Möglich wurde diese großzügige Raumgestaltung im Twingo durch das sogenannte One-Box-Design, das Renault für das 1984 vorgestellte Großraumfahrzeug »Espace« entwickelt hatte. Motor, Innenraum und Gepäckabteil befinden sich bei diesem Karosserie-Konzept in einer Fahrzeugzelle. Der Twingo sieht damit nicht nur aus wie ein kleiner Van. Er wartet auch mit zahlreichen Vorteilen auf, die ausgewachsene Vertreter dieser Klasse auszeichnen. Die Rücksitz-

Die Karosserie wird geprägt von der weit nach vorn gereckten A-Säule, der riesigen, stark geneigten Windschutzscheibe, breiten Türen und einem steilen Stummelheck.

Der Twingo besticht durch sein exzellentes Raumangebot. Dazu kommen eine hohe Variabilität durch verschiebbare Rücksitze sowie ein hohes Maß an Federungskomfort.

bank zum Beispiel ist einzeln oder komplett umklappbar. Außerdem läßt sie sich mit einem Handgriff um 17 Zentimeter in der Horizontalen verschieben, was entweder den Knieraum für die Fondpassagiere oder das Gepäckraum-Volumen enorm vergrößert.

Reichhaltige Ausstattung

Dazu kommt eine umfangreiche Serienausstattung, die von getönten Scheiben und heizbarer Heckscheibe über Einarm-Scheibenwischer, Wisch-Wasch-Anlage bis zu Kopfstützen, Zigarettenanzünder und Zeituhr reicht. Die Sondermodelle sind überdies serienmäßig mit Faltschiebedach, elektrischen Fensterhebern und Außenspiegeln sowie mit Zentralverriegelung mit Infrarot-Fernbedienung (E-Paket) ausgestattet. Zur Sicherheitsausstattung des Twingo gehören neben Seitenaufprallschutz und Airbags für Fahrer und Beifahrer (ab Sept. '95 Serie) das Programmierte Rückhaltesystem (PRS) mit Gurtstraffern vorne und Gurtklemmer hinten, das bei einem Frontalaufprall die auf den Brustkorb einwirkenden Gurtkräfte um 35 Prozent reduziert (ab Sept. '97 Serie). Das Antiblockiersystem (ABS) für die Bremsen ist als Option erhältlich.

Die Modellversionen

Zur Wahl stehen drei Modellversionen mit unterschiedlicher Kraftübertragung. Die Rolle des Standardmodells spielt der Twingo mit vollsynchronisiertem Fünfgang-Getriebe, das auf die Vorderräder wirkt. Beim Twingo Easy, ebenfalls mit Fünfgang-Getriebe ausgestattet, wird das Kupplungspedal durch eine Hydraulik ersetzt, die bei jedem Schaltvorgang automatisch aus- und einkuppelt. Der Twingo Matic besitzt ein vollautomatisches, dreistufiges Getriebe sowie eine geschwindigkeitsabhängige Servolenkung mit elektrischem Antrieb. Während der 'Matic mehr zum gelassenen Fahren animiert, lassen sich die beiden Fünfgang-Versionen durchaus sportlich bewegen. Dafür sorgt neben flüssigen Gangwechseln und einer passenden Getriebeabstufung ein ausgezeichnetes Fahrwerk, das lange Bodenwellen ebenso wegsteckt wie kurze, trockene Stöße auf der Fahrbahn.

Die Motoren

Für standesgemäßen Vortrieb sorgt bis zum Modelljahr 1997 ein 1,3 Liter-Vierzylinder-Stoßstangenmotor mit einer Leistung von 40 kW/55 PS. Das Triebwerk hängt gut am Gas und läßt den Twingo auch auf der Autobahn mit knapp 155 Stundenkilometern flott marschieren. Abgelöst wird dieser Motortyp im Herbst 1996 von dem neu entwickelten Econ-Motor mit 1.149 cm^3 Hubraum, der mit gleicher Höchstgeschwindigkeit, in punkto Kraftstoffverbrauch und Schadstoffemissionen jedoch mit deutlich besseren Werten aufwartet als sein Vorgänger. Der Econ bringt eine Leistung von 40 kw/55 PS auf die Straße, in Modellen mit Klimaanlage sogar 43kW/60 PS. Seit Oktober 1997 steht der Twingo ausschließlich mit dem 60-PS-Triebwerk beim Händler. Daß Renault seinen Kunden die Qual der Wahl aus einer großen Motorenpalette erspart, ist beim Twingo kein Nachteil. Der kleine Franzose zeichnet sich durch gute Verarbeitung und Zuverlässigkeit ebenso aus wie durch seine geringe Reparaturanfälligkeit. Der Twingo hat, auch daran besteht kein Zweifel, das Zeug, in die Fußstapfen der Klassiker Renault 4 und Renault 5 zu treten.

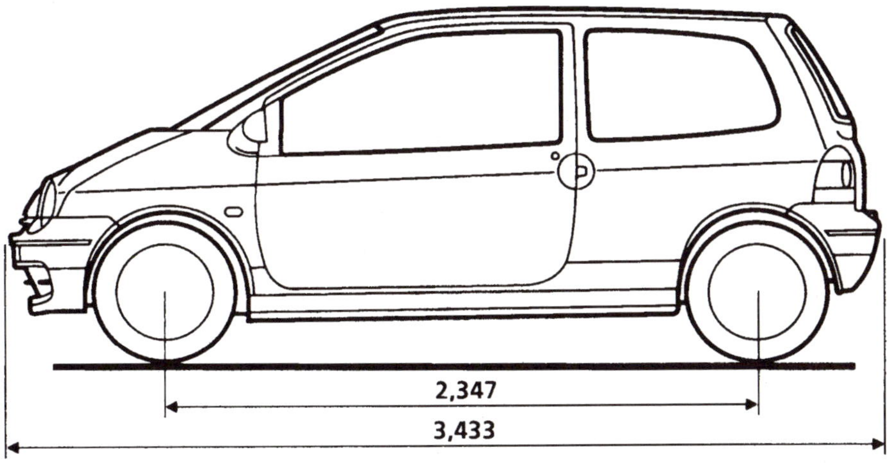

In Höhe (1,42 m) und Breite (1,63 m) entspricht der Twingo der nächsthöheren Klasse. Extrem kurze Überhänge vorne und hinten verhelfen ihm dennoch zu einer Gesamtlänge von weniger als 3,50 Metern. Dazu kommt, daß die Achsen extrem weit vorne und hinten sitzen. Dadurch gibt es fast keinen Karosserieüberhang. Der Radstand des 3,43 Meter langen Minis beträgt 2,35 Meter und entspricht damit fast 70 Prozent der Gesamtlänge.

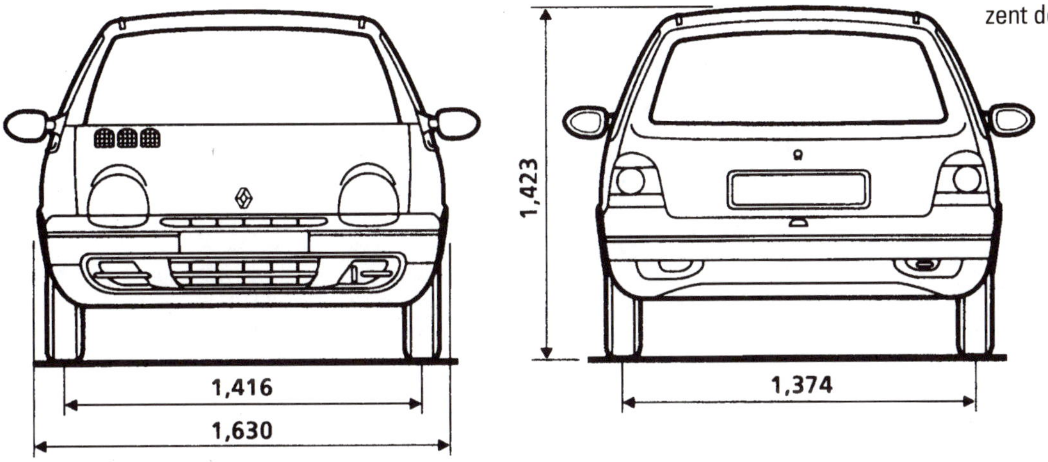

Die Modellpflege beim Twingo

1992

Oktober Vorstellung auf dem Pariser Automobilsalon.

1993

September Markteinführung in Deutschland.
Juni Seitenaufprallschutz verbessert. Heckscheibenwischer.

1994

Januar Gurtstraffer und arretierbare Kopfstützen an den Vordersitzen.
April Antiblockiersystem (Option).
Oktober Servokupplung (System »Easy«), E-Paket.

1995

März Fahrer-Airbag und Wegfahrsperre.
Juni Heizungsgebläse mit vier Stufen.
September Airbag für Beifahrer. Sondermodell »Kenzo«.

1996

Januar Servolenkung und Kopfstützen hinten.
März Sondermodell »Benetton«.
September 1,2-Liter-Econ löst den OHV-Motor ab. Twingo 'Matic mit Dreigang-Automatikgetriebe und Servolenkung. Service-Intervalle erhöht auf 15000 Kilometer.
Dezember Klimaanlage für Twingo mit E-Paket und Twingo Easy (Option).

1997

April 60-PS-Motor für Twingo mit Klimaanlage.
Juni Eine Million Twingo produziert.
Juli Sondermodell »Twingo e«.
September Programmiertes Rückhaltesystem für alle Sitze. Verbesserter Seitenaufprallschutz.
Oktober Twingo nur noch mit 60-PS-Motor lieferbar.

1998

Januar Sondermodell »Jungle«.
September Einführung der neuen Generation Twingo II.

DIE AUSRÜST

UNG

Als Hobbymechaniker brauchen Sie einen geeigneten Arbeitsplatz, damit Sie sich ganz aufs Schrauben konzentrieren können. Am besten eignet sich eine Garage mit Stromanschluß, die ausreichend breit und gut beleuchtet ist. Sie können aber durchaus auch im Freien zum Werkzeug greifen. Zu Ihrer eigenen Sicherheit sollten Sie dann auf eine ebene und befestigte Fläche Wert legen.

Mietwerkstatt

Mietwerkstätten sind in aller Regel eine gute Empfehlung für Selbstschrauber. Dort gibt es neben Hebebühnen und umfangreicher Werkzeugausstattung oft auch kompetente Hilfestellung mit Praxistips bei Problemen am Fahrzeug und mit der Technik. Die meisten Mietwerkstätten bieten mehrere Arbeitsplätze. Mit freien Plätzen ist unter der Woche eher zu rechnen als am Wochenende, wenn alle Autobastler zum Werkzeug greifen. Die Preise für eine Werkstattstunde bewegen sich zwischen 15 und 20 Mark, Werkzeug inbegriffen. Die Adressen finden Sie in den Gelben Seiten. Achten Sie auch auf entsprechende Anzeigen im Autoteil der Tageszeitung und in Anzeigenblättern oder fragen Sie bei einer Tankstelle nach.

Werkstattbesuch gut vorbereiten

Die Eigenarbeit in der Mietwerkstatt lohnt sich freilich nur, wenn die Reparatur flott von der Hand geht. Führen Sie eine umfangreiche Arbeit zum ersten Mal selbst aus, kann die Summe der angesammelten Mietwerkstattstunden leicht teurer werden als der Arbeitspreis in der Fach- bzw. Vertragswerkstatt. Dazu kommt: Wenn Sie erst einmal angefangen haben, müssen Sie die Arbeit meist auch direkt zu Ende führen. Das zwingt Sie förmlich zu einer akribischen Vorbereitung der geplanten Aktion – Sie wollen ja nicht die Hälfte der gebuchten Zeit mit der Organisation fehlender Teile oder Hilfsmittel verbummeln.

Eine gute Organisation und Vorbereitung sind auch beim Heimwerken fast schon die halbe Miete. Nur wenn der Arbeitsplatz geeignet ist, die Ausrüstung stimmt und das benötigte Material bei Bedarf auch wirklich zur Verfügung steht, haben Sie Spaß beim Do it yourself.

Praxistip

So arbeiten Sie effektiv

- Säubern Sie zuerst den Arbeitsplatz. Schrauben und Teile von früheren Zerlegearbeiten sollten Sie unbedingt weggeräumen, damit Sie nichts falsches einbauen.
- Abgenommene Teile legt man in der Ausbaureihenfolge ab. Das erleichtert den Zusammenbau.
- Kleinteile packen Sie am besten in kleine Schachteln oder Gläser. Oder Sie drehen nach dem Ausbau die Schrauben gleich wieder in das zugehörige Gewinde. So werden ganz sicher keine Schrauben verwechselt.
- Falls sich ein Wasserablauf in der Nähe befindet, sollten Sie ihn während der Arbeit abdecken, sonst verschwinden garantiert Kleinteile darin.
- Lesen Sie mitgelieferte Reparatur- oder Montageunterlagen vor Beginn der eigentlichen Arbeit durch. Und zwar konzentriert und gründlich. Deponieren Sie diese Unterlagen während der Arbeit in Reichweite.
- Bei umfangreichen Arbeiten sollten Sie eine Skizze anfertigen und sich zusätzlich die Reihenfolge der ausgebauten Teile aufschreiben. Das erleichtert bei Bedarf die Fehlersuche ganz erheblich.
- Zum Hinlegen, etwa bei Arbeiten in den Radkästen oder an den Stoßfängern, empfiehlt sich als Unterlage eine alte Decke gegen die Bodenkälte und darauf eine Plastikfolie gegen Öl und Feuchtigkeit
- Bleiben nach der Arbeit Ölspuren auf dem Boden zurück, hilft fürs erste ein scharfer Haushaltsreiniger oder Geschirrspülmittel. Besser sind spezielle Ölfleckentferner, wie sie der Autozubehörhandel anbietet.

Der Ersatzteilkauf

Die für Wartungs- oder Reparaturarbeiten benötigten Ersatzteile sollten Sie spätestens am Tag der Arbeit parat haben. Stellen Sie sich eine Liste der Ersatzteile zusammen, die Sie für Ihre Arbeit brauchen. Denken Sie dabei nicht nur an die direkt betroffenen Teile, sondern auch an Zubehör wie Dichtungen, Sicherungsringe und selbstsichernde Muttern. Fragen Sie zur Sicherheit den Fachmann im Ersatzteillager – er ist mit diesem Problem vertraut und sucht Ihnen die erforderlichen Teile heraus.
Reparaturen, deren Umfang Sie nicht genau abschätzen können, sollten Sie auf einen Termin legen, der Ihnen auch einen außerplanmäßigen Besuch beim Zubehör- oder Stützpunkthändler erlaubt. Rechnen Sie damit, daß selbst eine Werkstatt nicht immer alle Teile auf Lager hat und diese dann erst bestellen muß.

Das richtige Ersatzteil

Im Laufe der Produktionszeit haben sich manche Details am Renault Twingo geändert. Deshalb entscheidet oft das Baujahr, welches Ersatzteil für einen Twingo das richtige ist. Sie erleichtern sich und dem Verkäufer die Arbeit, wenn Sie den Fahrzeugschein mitnehmen und die Daten des Typenschilds auf einem Zettel notiert haben. Mit diesen Informationen kann ein geschulter Ersatzteilverkäufer das für Ihr Fahrzeug passende Teil mühelos aus dem Katalog oder dem vom Hersteller zusammengestellten Microfiche ermitteln. Wenn Sie auf Nummer Sicher gehen wollen: Bringen Sie das ausgebaute Altteil gleich mit zum Händler.

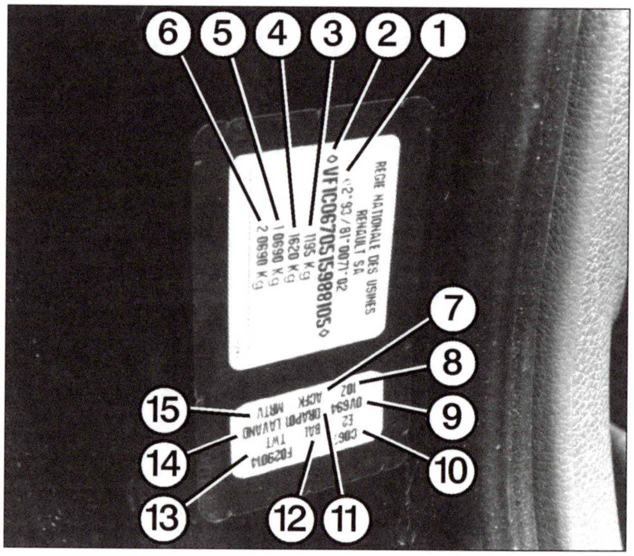

Das Typenschild im rechten Türausschnitt.
❶ Nummer der EU-Betriebserlaubnis. ❷ Fahrgestellnummer. ❸ Zulässiges Gesamtgewicht. ❹ Zulässiges Gesamtgewicht mit Anhänger. ❺ Zulässige Achslast vorne. ❻ Zulässige Achslast hinten. ❼ Produktionsnummer. ❽ Polsterfarbe. ❾ Fahrzeugausstattung. ❿ Typbezeichnung. ⓫ Nummer des Originallackes. ⓬ Ausrüstungscode. ⓭ Produktionsnummer. ⓮ Optionen. ⓯ Modellvariante.

Originalteile oder Fremdteile?

Alle Ersatzteile, die Sie im Reparaturfall für Ihren Twingo benötigen, erhalten Sie bei einem Renault-Händler. Aber Sie müssen nicht ausschließlich dort einkaufen. Der Zubehörhandel hält ebenfalls ein breites Angebot bereit, darunter Teile von denselben Herstellern, die das Renault-Werk beliefern. Vergleichen Sie die Preise, wenn Service und Lieferfähigkeit gleich sind. Auf No-name-Produkte sollten Sie beim Ersatzteilkauf verzichten. Die eingesparten Beträge sind gering und machen die fehlende Beratung beim Kauf von Verschleißteilen nicht wett.

Safety first

Bei sicherheitsrelevanten Ersatzteilen ist Sparsamkeit freilich am falschen Platz. Bremsbeläge, Bremsscheiben, Radlager, Antriebswellen und Gelenke sollten Sie grundsätzlich in Erstausrüster- oder Originalqualität kaufen. Die meisten Billig-Produkte entsprechen bei weitem nicht der vom Hersteller geforderten Mindestqualität. Was nutzen Ihnen preiswerte Bremsscheiben aus Osteuropa oder Asien, wenn sie nach dem Einbau eine Unruhe in der Vorderachse verursachen, die nur für teures Geld in der Werkstatt behoben werden kann? Renault sieht beim Twingo eine spezielle Mischung des Bremsbelagmaterials vor. Die Kennummer dafür steht in der »Allgemeinen Betriebserlaubnis« (ABE). Falls Ihr Fahrzeug nach einem ernsteren Unfall begutachtet wird und sich dabei eine nicht freigegebene Belagsmischung herausstellt, kann sich dies zu Ihren Ungunsten auswirken. Ihre Sicherheit und die Sicherheit anderer Verkehrsteilnehmer muß Ihnen daher ein paar Mark extra wert sein.

Austauschteile

Second hand lohnt sich bei einer Reihe von Ersatzteilen. Austauschteile von Renault haben die gleiche Qualität wie ein Neuteil, sind deutlich billiger und werden mit gleicher Garantie geliefert. Auch der Zubehörhandel bietet zahlreiche neuwertige Austauschteile an. Erneuerte Elektrik-Bauteile vertreibt die Firma Bosch über ihre Autoelektrik-Werkstätten. Aber auch der Autoverwerter ist in vielen Fällen eine gute Adresse – wenn Sie eine Reparatur besonders billig ausführen wollen und auf Äußerlichkeiten keinen großen Wert legen. Das gilt etwa für Karosserie-Bauteile wie Türen, Stoßfänger und Motorhauben. Gebrauchte Verschleißteile lohnen sich jedoch nur dann, wenn sie deutlich besser sind als die bisher im Wagen eingebauten. Bisweilen müssen Sie das gewünschte Ersatzteil selbst ausbauen. Fragen Sie auf jeden Fall nach dem Preis: Das gebrauchte Teil darf höchstens halb so teuer sein wie das Neuteil. Ein Verschleißteil darf nicht mehr als ein Viertel des Neupreises kosten.

Teile-Einkauf

Original-/Fremdteile	Austauschteile
Anlasser	Anlasser
Ölfilter	Lichtmaschine
Glühlampen	Bremsbacken für
Scheinwerfer	Trommelbremsen
Keilriemen	Scheibenbremssättel
Stoßdämpfer	Kupplungsdruckplatte
Radbremszylinder	Schwungrad
Motordichtungen	Antriebswellen
Zündkabel	Kurbelwelle mit Lagern
Zündkerzen	Zylinderkopf
Zündkerzenstecker	Teilmotor
Gelenkwellen	Kupplungs-
Hauptbremszylinder	Mitnehmerscheibe
Bremsleitungen	Getriebe
Kupplung	Zylinderblock mit Kolben
Bremsschläuche	Reparaturbleche
Lack	

Teilmotor oder Austauschmotor?

Bei Schäden an Kurbeltrieb, Kolben und Ölwanne lohnt sich der Kauf eines Teilmotors. Das ist eine wirtschaftliche Alternative, weil man beim Einbau Zylinderkopf und Nebenaggregate vom alten Motor übernimmt. Ein kompletter Austauschmotor macht dagegen nur bei einem jüngeren und gut erhaltenen Fahrzeug Sinn. Fragen Sie in Ihrer Renault-Werkstatt nach. Außerdem gibt's eine Reihe von Firmen, die auf Komplett- und Teilüberholung von Motoren spezialisiert sind und Reparaturen nach Qualitätsrichtlinien garantieren. Ein Anschriftenverzeichnis dieser Betriebe erhalten Sie beim Verband der Motorinstandsetzungsbetriebe e.V., Kölner Straße 89, 50559 Köln.

Werkzeug-Grundausstattung

Nur vollständiges und gutes Werkzeug garantiert Ihnen das gewünschte Ergebnis. Überprüfen Sie daher Ihre Ausrüstung, bevor Sie mit der Arbeit beginnen.

- Schlechtes Werkzeug, das sich schon bei der ersten verrosteten Schraube verbiegt oder ausbricht, macht Ihnen jede Menge Ärger und verdirbt den Spaß an der Bastelei.
- Achten Sie beim Kauf Ihrer Werkzeug-Grundausstattung auf Qualität – gute Werkzeuge werden aus einwandfreiem Material hergestellt und arbeiten stets maßgenau.
- Wer nur gelegentlich schrauben möchte, dem genügt die folgende Grundausstattung.

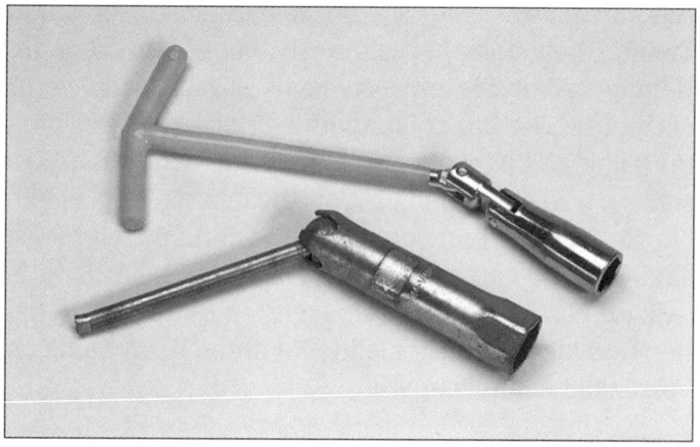

Zündkerzenschlüssel SW 16, ein spezieller Steckschlüssel mit Gummieinsatz.

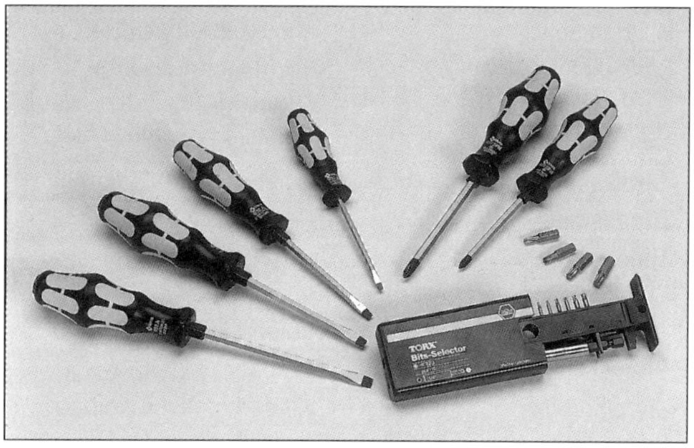

Ein Sortiment Schraubendreher mit rutschfestem Griff für Schlitz-, Kreuzschlitz- und Torxschrauben.

Innensechskantschlüssel (Inbusschlüssel) am Ring in den Größen 2-8 Millimeter.

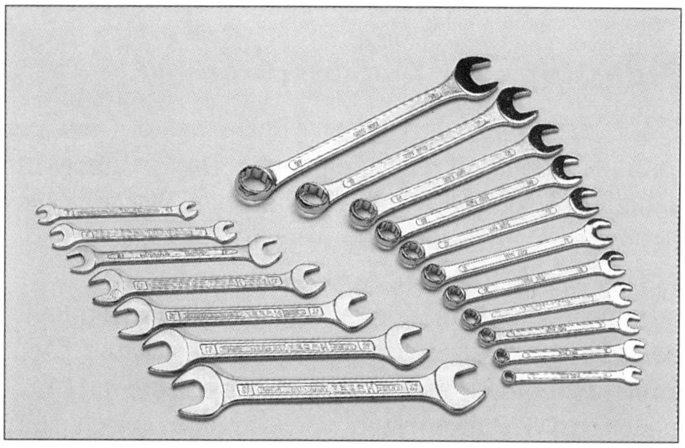

Ein Satz Gabel- und Ringschlüssel Sinnvoll sind Doppelgabelschlüssel mit Maulweiten zwischen sechs und 19 Millimetern. Ring-/Gabelschlüssel SW 10, 13, 17 und 19 Millimeter sollten Sie in doppelter Ausführung anschaffen.

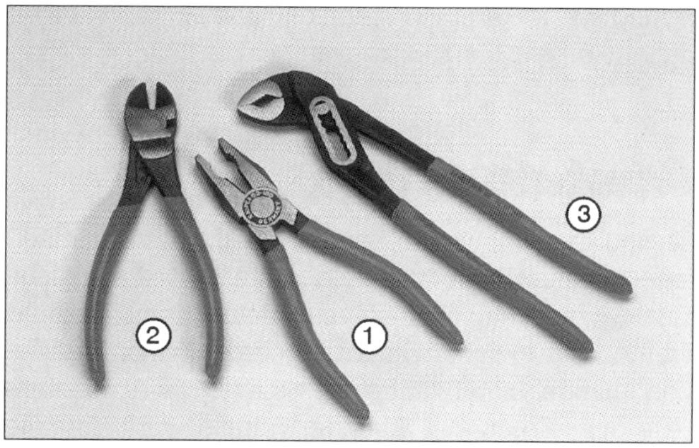

Kombizange ❶, Seitenschneider ❷ und Wasserpumpenzange ❸ (Länge mindestens 240 mm) biegen, halten, drehen und trennen so ziemlich alle Materialien an Ihrem Fahrzeug.

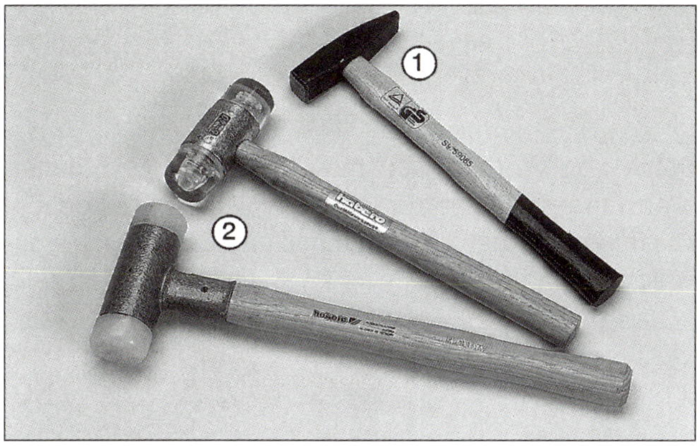

Der Schlosserhammer ❶ (empfohlenes Gewicht ca. 300 g) wird als Schlagwerkzeug benutzt.Empfindliche Bauteile wie Lager, gegossene oder gehärtete Teile werden mit einem Kunststoffhammer ❷ bearbeitet.

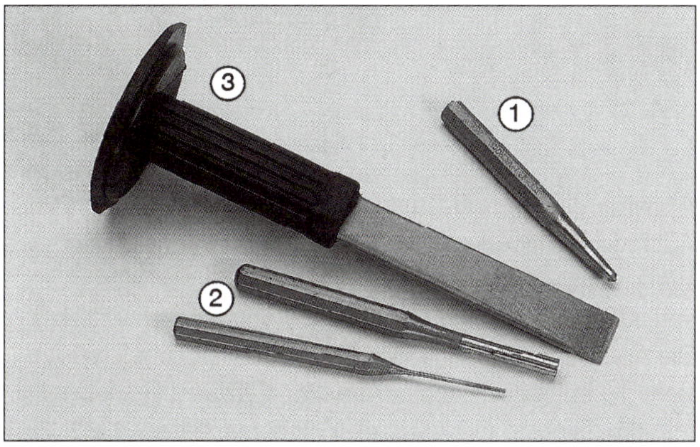

Körner ❶ für Bohrarbeiten an Metallen. Durchschlag ❷ (Durchmesser 3 und 6 mm) für Montagearbeiten an Fahrwerk, Motor und Bremsen. Flachmeißel ❸ (gehärtete Schneide) zum Lösen festgerosteter Schrauben.

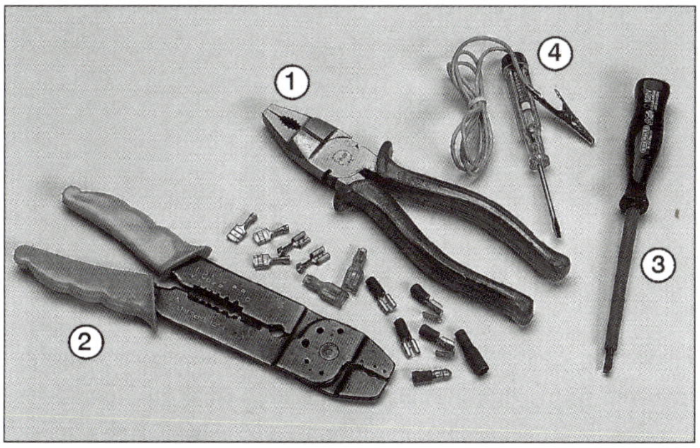

Für Arbeiten an der Elektrik sind zu empfehlen eine isolierte Kombizange ❶, eine Quetschzange ❷ für Steckeranschlüsse und Kabelverbindungen, ein isolierter Schraubendreher ❸ und eine Phasenprüflampe mit separatem Massekabel ❹.

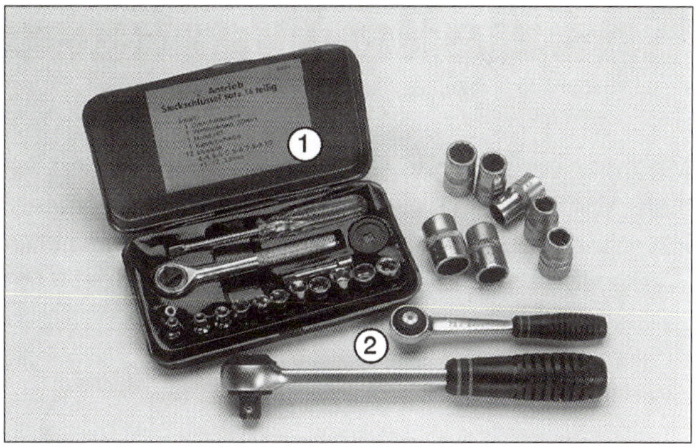

Für Arbeiten im Motorraum und unter dem Fahrzeug empfiehlt sich die Anschaffung eines Steckschlüsselsatzes ❶ mit den Einsätzen 10-32 Millimetern und einer Umschaltknarre ❷ mit 1/2-Zoll-Antrieb. Ein komplettes Set ist billiger als der Kauf der jeweils benötigten Einzeleinsätze. Für Arbeiten im Innenraum ist ebenfalls ein Steckschlüsselsatz sinnvoll, allerdings mit kleinerem 1/4-Zoll-Antrieb. Neben Kreuz-, Torx-, Schlitzschrauben und Kunststoffclips verbauen die Hersteller hier oft Schrauben mit SW 6 bis 13 Millimeter.

Praxistip

Bordwerkzeug komplett?

Checken Sie das Bordwerkzeug Ihres Twingo. Die beste Grundausstattung in der Garage nützt Ihnen nichts, wenn Ihnen bei einer Panne unterwegs die Werkzeuge fehlen. Wagenheber und Schraubendreher sollten Sie stets an Bord haben. Dazu kommt ein Radkreuz ❶ bei einem Wackelkontakt oder einer gelösten Kabelverbindung helfen Kombizange ❷ Ersatzkabel ❸ und Isolierband ❹. Ebenfalls sinnvoll: ein Lampenset ❺ und Ersatzsicherungen ❻ Abschleppseil oder -stange ❼ Starthilfekabel ❽ und Taschenlampe ❾.

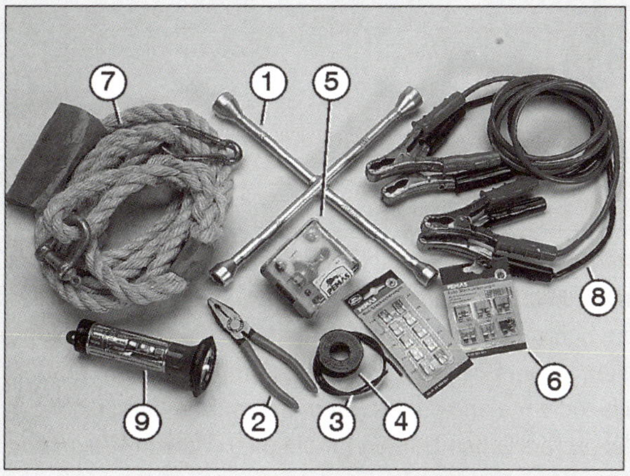

Spezielle Werkzeuge

Mit einer vernünftigen Grundausstattung können Sie viele Wartungen und Reparaturen selbst erledigen. Für einige Arbeiten brauchen Sie jedoch spezielles Werkzeug. Darüber hinaus bietet der Handel eine Reihe von Werkzeugen und Geräten an, mit denen Wartung und Reparatur leichter von der Hand gehen. Die folgende Auswahl gibt Ihnen einen Überblick sinnvoller Anschaffungen.

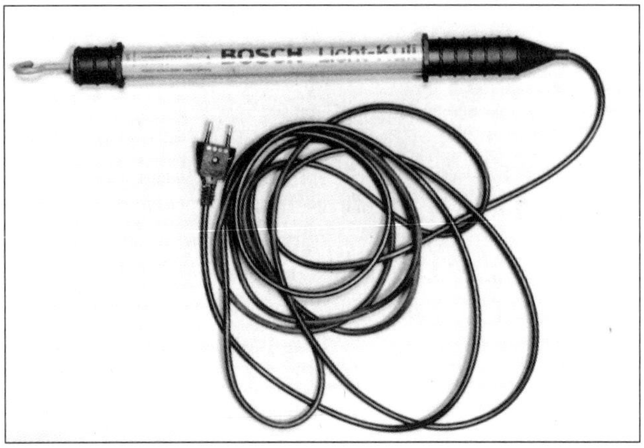

Eine Handstablampe ist fürs Schrauben unter dem Auto oder im Motorraum eine große Sichthilfe. Ebenso im Innenraum und in der oft nur spärlich beleuchteten Garage. Vorteil einer Handstablampe: Sie hat einen Blendschutz, das Anschlußkabel ist resistent gegen Öl, der Leuchtkörper ist mit schlagsicherem Kunststoffgehäuse geschützt. Außerdem ist die Lampe wasserdicht abgeschlossen.

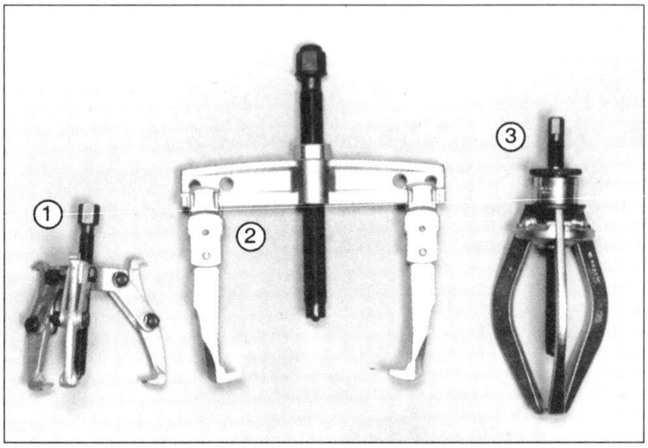

Abzieher gehören zur Grundausstattung jeder Autowerkstatt. Auch für Heimwerker lohnt sich die Anschaffung dieses Werkzeugs – zum Beispiel wenn Sie Radnaben lösen müssen oder Achsgelenke aus Ihrer Führung pressen wollen. Die Abbildung zeigt eine kleine Auswahl verschiedener Abziehertypen. ❶ Dreiklauen-Abzieher. ❷ Zweiklauenabzieher (gebräuchlichste Ausführung). ❸ Innenabzieher.

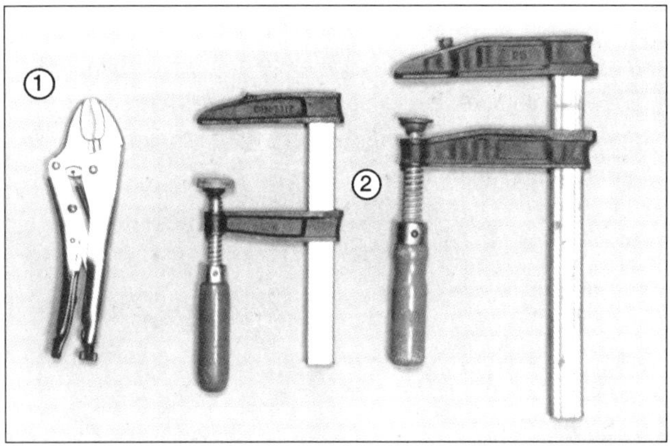

Eine Klemm- oder Gripzange ❶ kann in ihrer Maulweite mit einer Einstellschraube am Griffteil exakt eingestellt werden. Eine Schraubzwinge ❷ ersetzt Ihnen bei einer Reihe von Arbeiten – zum Beispiel beim provisorischen Fixieren größerer Teile – die fehlende dritte Hand. Schraubzwingen gibt es in allen erdenklichen Größen für ein paar Mark in Baumärkten und im Zubehörhandel.

Ein kurzer, kleiner Rangierwagenheber ist eine gute Alternative zum Bordwagenheber. Ideal ist eine Ausführung mit Fußpedal zum Hochpumpen. Beachten Sie, daß sich ein Heber mit zu kleinen Rädern unter Last nicht mehr bewegen läßt. Wichtiges Zubehör beim Anheben sind ein Hartgummiaufsatz ❶ gegen Schäden am Wagenboden und eine lastverteilende Quertraverse ❷.

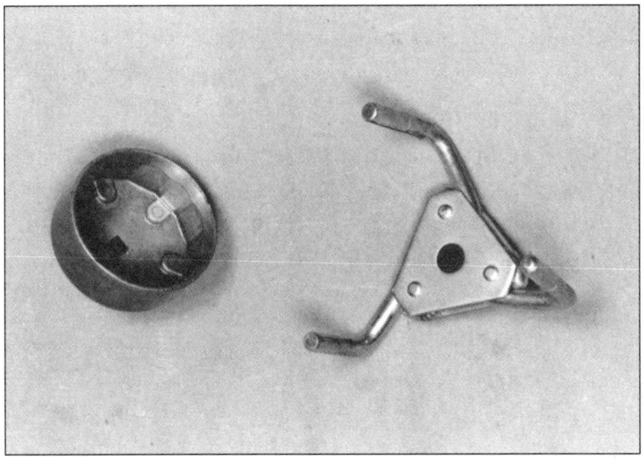

Für den Ölwechsel brauchen Sie einen Ölfilterschlüssel, den es je nach Preis in den verschiedensten Ausführungen gibt. Im Bild der fahrzeugspezifische Schlüssel (links) und ein Universalschlüssel (rechts).

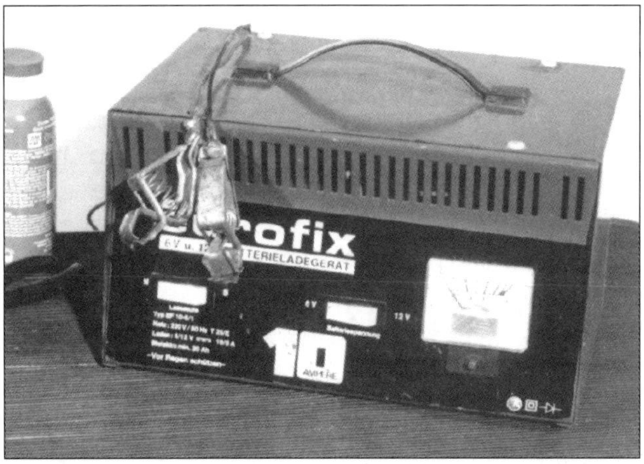

Ein Batterie-Ladegerät mit automatischer Ladestromanpassung ist besonders im Winter bei Kurzstreckenfahrzeugen wichtig, falls die stark beanspruchte Batterie von der Lichtmaschine nicht mehr voll geladen werden kann.

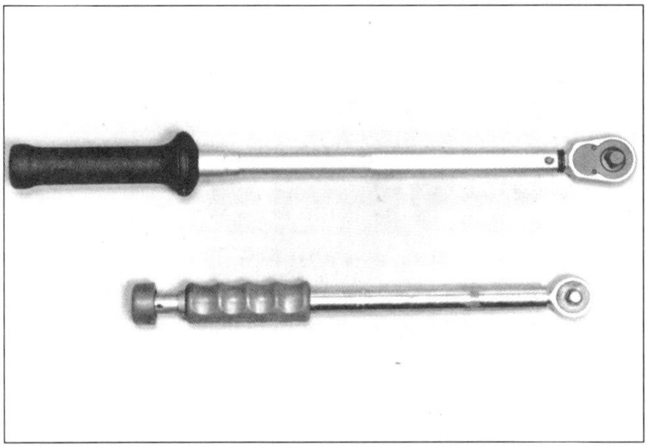

Ein Drehmomentschlüssel ist für fortgeschrittene Hobbymechaniker unentbehrlich. Ein Automatikschlüssel löst bei Erreichen des eingestellten Drehmoments vernehmlich aus.

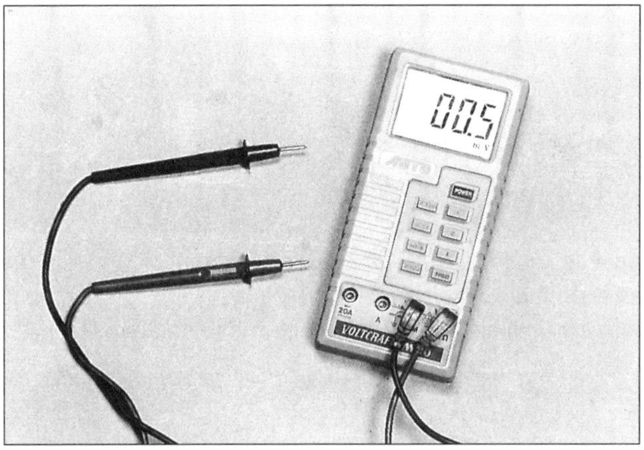

Für exakte Meßwerte bei elektronischen Bauteilen ist das Multimeter zuständig. Ambitionierte Schrauber kommen ohne dieses Meßgerät nicht aus.

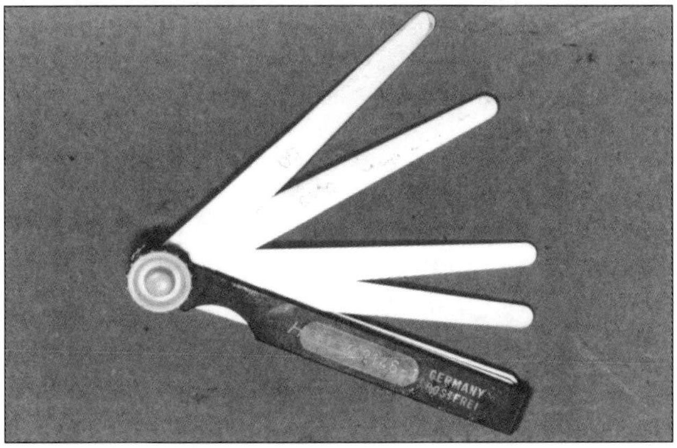

Eine Fühlerblattlehre brauchen Sie, wenn Sie das Ventilspiel prüfen oder etwa das Spaltmaß von Zündsystem-Drehzahlgeber oder ABS-Radsensoren messen wollen.

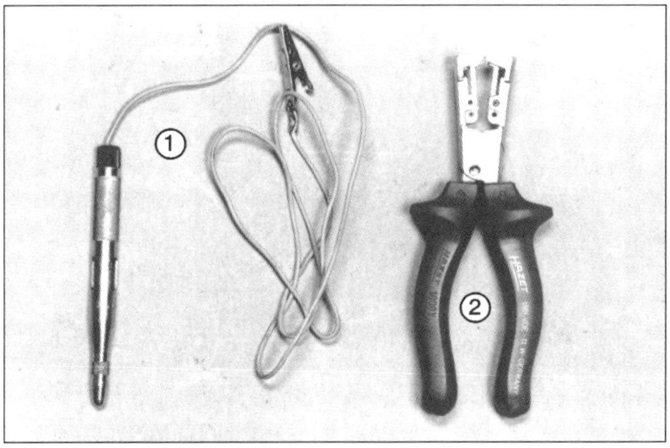

Durchgangsprüfer mit Krokodilklemme und Kontaktspitze ❶. Mit einer Abisolierzange ❷ ziehen Sie die Gummi-Isolierung der Kabel ab, ohne daß der Kupferdraht beschädigt wird.

Sicherheit geht vor

Es ist eine Selbstverständlichkeit, doch wir möchten es an dieser Stelle noch einmal ausdrücklich unterstreichen: Sicherheit hat beim Heimwerken absolute Priorität. Wagen Sie sich nur an Arbeiten, die Sie sich wirklich zutrauen können. Nehmen Sie handwerkliche Aufgaben, mit denen Sie in der Praxis bislang wenig oder gar keine Erfahrung haben, nicht auf die leichte Schulter. Fatale Folgen können mangelhaft ausgeführte Arbeit natürlich auch im Straßenverkehr haben – übrigens nicht nur für Sie, sondern auch für Dritte.

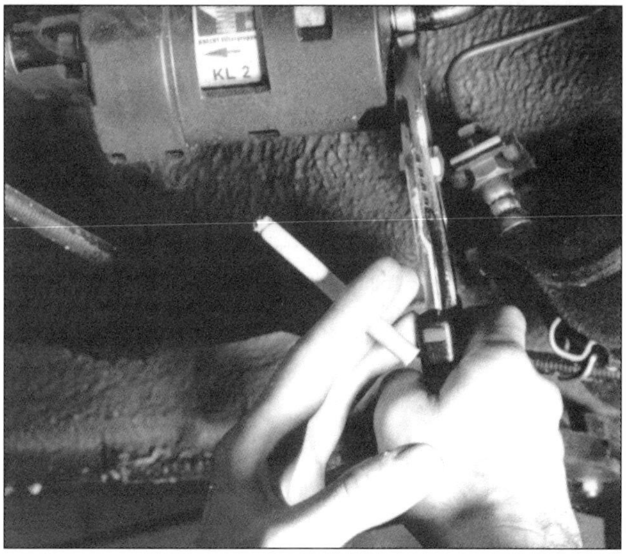

Rauchen und Kraftstoffilter ersetzen – warum nicht gleich russisches Roulette spielen? Also: Bei allen Wartungs- und Reparaturarbeiten bleibt der Glimmstengel in seiner Verpackung.

Micky-Maus sieht lustig aus. Aber Ihre Ohren werden es Ihnen danken, wenn Sie beim Blechtrennen oder bei Arbeiten mit laufendem Motor einen Ohrenschützer tragen.

Tragen Sie beim Bohren, Schleifen und Meißeln immer eine Schutzbrille. Der Augenschutz ist auch dann empfehlenswert, wenn Sie unter dem Fahrzeug an der Kraftstoffanlage arbeiten oder den Unterboden säubern. Bei Schweißarbeiten sollten Sie eine spezielle Schweißbrille aufsetzen.

Arbeitshandschuhe schützen zwar vor Schmutz oder Schürfwunden am scharfen Blech. An der Bohrmaschine sind sie jedoch eher gefährlich. Wenn das Bohrfutter Ihren Handschuh zu fassen bekommt, gibt zuerst die Hand nach, was ihr meistens schlecht bekommt.

Vorsicht bei der Arbeit in einer schlecht belüfteten Montagegrube. Hier können sich Benzindämpfe und Auspuffgase sammeln. Bei laufendem Motor herrscht Lebensgefahr durch Vergiftung.

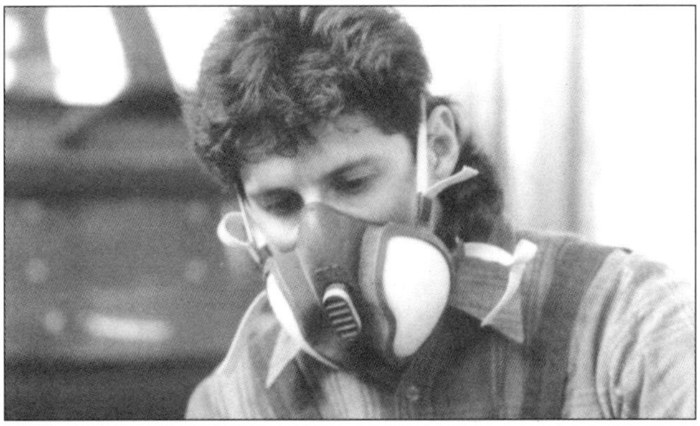

Wenn Sie größere Flächen an Ihrem Fahrzeug lackieren, sollten Sie eine spezielle Lackiererschutzmaske tragen. Sorgen Sie außerdem dafür, daß der Lackierraum ausreichend belüftet wird.

Sprühdosen, Altöl, Bremsflüssigkeit, Farbdosen oder alte Bremsbeläge geben Sie sauber getrennt an den Sondermüll-Annahmestellen Ihrer Stadt oder Gemeinde ab. Gebrauchte (Starter-)Batterien übernimmt der Händler.

Durchgebrannte Sicherungen müssen Sie immer durch neue Sicherungen desselben Typs und identischer Stromstärke (A = Ampere) ersetzen. Niemals Draht oder Büroklammern zum Überbrücken verwenden. Die Beschädigung der nachfolgenden Bauteile oder – viel schlimmer – ein Kabelbrand können die Folge sein.

Vorsicht bei allen Arbeiten an der Zündanlage! Bei laufendem Motor steht die Anlage hochspannungsseitig (Primärstromkreis) mit bis zu 30000 Volt unter Spannung. Führen Sie Prüfungen an der Zündung deshalb nur bei Motorstillstand durch. Oder richten Sie den Prüfaufbau so aus, daß Sie während des Motorlaufs nicht die Hand anlegen müssen.

So bocken Sie Ihr Fahrzeug richtig auf

Renault stattet den Twingo serienmäßig mit einem Spindelwagenheber aus. Damit läßt sich der Franzose für die meisten Arbeiten hoch genug heben. Eine am Boden zwischengelegte Bohle vergrößert die Hubhöhe. Im übrigen sollten Sie immer ein kleines Brett unterlegen, damit sich der Wagenheberfuß nicht in den Untergrund drücken kann. Ein Wagenheber ist jedoch – wie der Name schon sagt – nur dazu da, das Fahrzeug anzuheben. Er ist keinesfalls eine ausreichende Abstützung für Arbeiten an der Wagenunterseite.

Mit Unterstellböcken auf Nummer Sicher

Lassen Sie es daher auch in der größten Eile nie an der Abstützung des aufgebockten Fahrzeugs fehlen. Sonst kann die eigenhändige Reparatur das Leben kosten. Auf Nummer Sicher gehen Sie mit Unterstellböcken, die der Zubehörhandel in verschiedenen Größen und Ausführungen anbietet. Ein Paar reicht für die meisten Reparaturen völlig aus. Besonders praktisch sind Dreibeinböcke mit klappbaren Füßen. Beachten Sie beim Kauf, daß die Unterstellböcke keine zu kleine Standfläche haben.

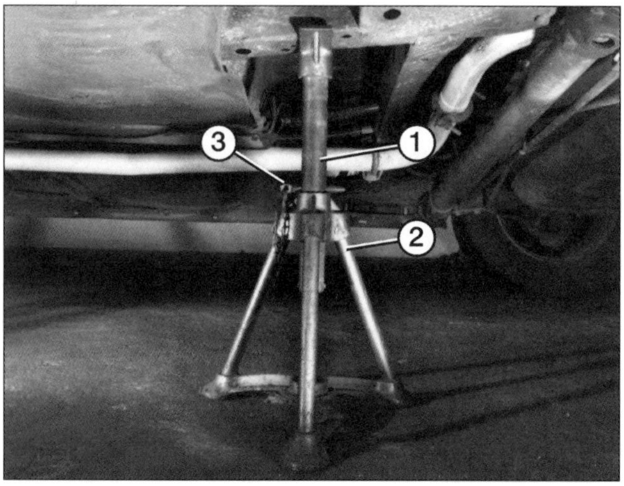

Ist der Unterstellbock ❷ unter dem Wagen richtig plaziert, wird der Säulenauszug ❶ auf die richtige Höhe gezogen und im nächsterreichbaren Loch mit dem Sicherungsbolzen ❸ arretiert. Dann den Wagen vorsichtig mit Gefühl so absenken, das die Aufnahme richtig am Fahrzeug zu sitzen kommt.

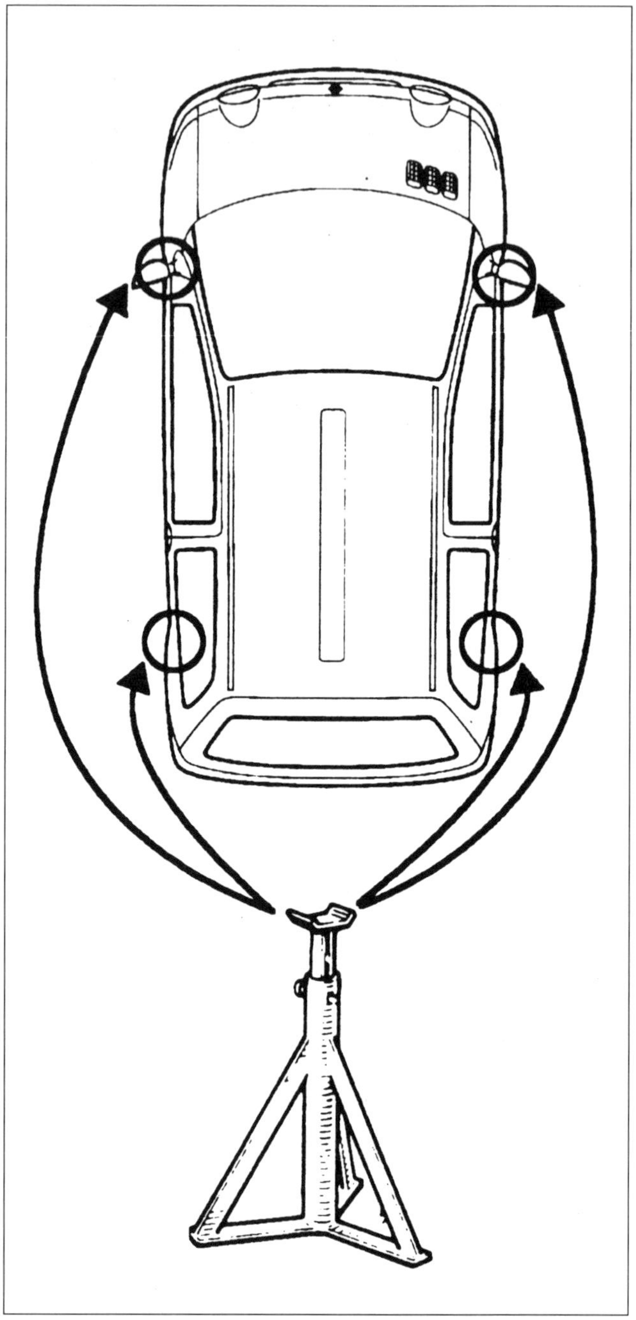

Ansatzpunkte für Unterstellböcke: Achten Sie darauf, daß jeweils ein Bein des Dreibocks zum Karosserierand zeigt, sonst können die Böcke beim Wuchten unter dem Wagen seitlich wegkippen. Die Einsteckbolzen für die Höhenverstellung müssen bis zum Anschlag eingesteckt werden und mit einem Sicherungsstift gesichert sein.

Arbeitsschritte

① Der Twingo muß auf festem ebenem Untergrund stehen. Räumen Sie vor Arbeitsbeginn ggf. erst den Kofferraum aus.

② Handbremse anziehen und die Räder gegenüber der Anhebestelle mit Holzkeilen, notfalls mit geeigneten Steinen gegen Vor- und Zurückrollen sichern. Auf die angezogene Handbremse dürfen Sie sich nicht verlassen, da sie bei manchen Arbeiten gelöst werden muß.

③ Der Bordwagenheber ist unter dem Reserverad untergebracht. Um ihn in Betrieb zu nehmen, müssen Sie ihn mit der Kurbel zunächst von Hand soweit öffnen, bis die Bodenplatte Bodenkontakt hat und möglichst senkrecht unter dem Ansatzpunkt steht. Setzen Sie den Wagenheber nur an den speziellen Ausschnitten des Türschwellers an (auf keinen Fall an den Langlöchern in der Nähe der Radkästen). Dabei muß der Hebekopfschlitz des Wagenheberauslegers genau in den Ansatzpunkt des Türschwellers eingreifen. Ein Rangierwagenheber sollte nur mit lastenverteilendem Kantholz bzw. einer Traverse etwa mittig am Türschweller angesetzt werden.

④ Wagenheber auf die Arbeitshöhe hochkurbeln. Der Unterstellbock darf nur an den Bodenverstärkungen angesetzt werden. Zwischen der Auflage des Bocks und den Fahrzeugboden sollten Sie einen Gummi oder Hartholzklotz legen, der die Last verteilt.

⑤ Kontrollieren Sie vor dem Ansetzen des Unterstellbocks, ob eventuell ein Blechfalz im Weg ist, der eingedrückt oder deformiert werden könnte. Auch die Bremsleitung hinten links darf nicht eingeklemmt werden.

⑥ Der Dreibein-Unterstellbock steht am sichersten, wenn eines seiner Beine nach außen und zwei zur Wagenmitte hin zeigen. Achten Sie auf diese Stellung, wenn Sie den Twingo aufbocken. Sonst kann es passieren, daß beim Anheben des Wagens der auf der anderen Seite bereits angesetzte Unterstellbock seitlich weggedrückt wird.

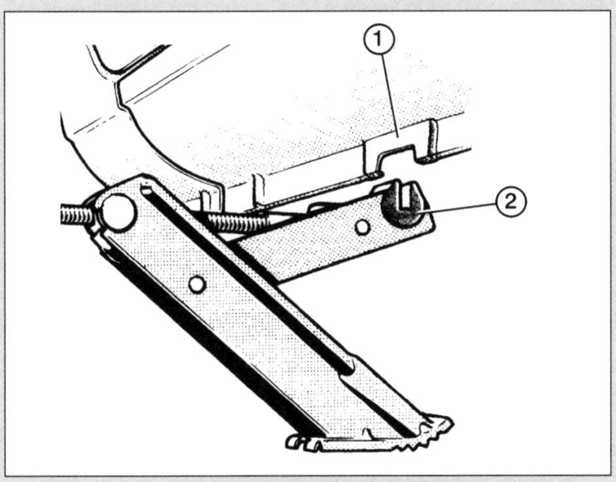

Zum Aufbocken mit dem Bordwagenheber des Twingo den Heberkopf ❷ waagrecht am Ansatzpunkt des Türschwellers sicher einrasten. Der Ansatzpunkt ist so gewählt, daß beide Räder einer Fahrzeugseite gleichzeitig angehoben werden. Den Wagenheber auf keinen Fall an den Langlöchern in der Nähe der Radausschnitte ❶ ansetzen.

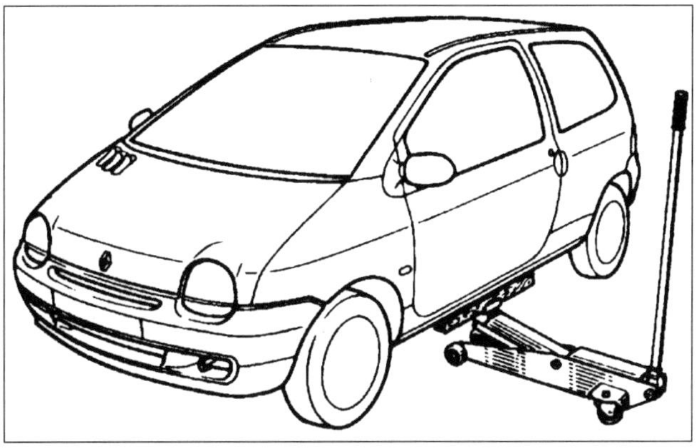

Seitliches Ansetzen eines Rangierwagenhebers außerhalb der vorgeschriebenen Anhebepunkte am Türschweller: Legen Sie zwischen Heber und Schweller ein lastverteilendes Vierkantholz, sonst wird der Schweller garantiert eingedrückt.

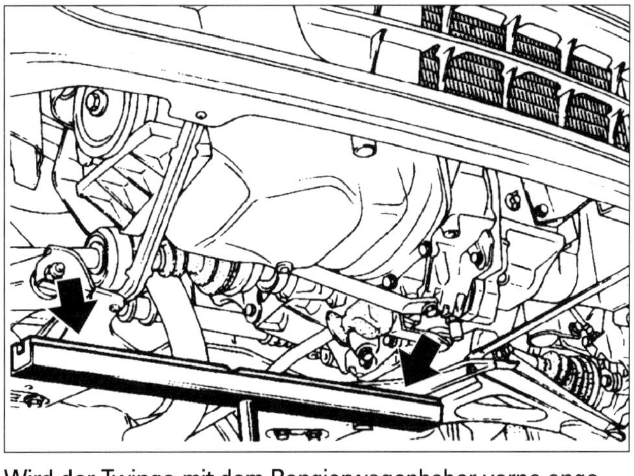

Wird der Twingo mit dem Rangierwagenheber vorne angehoben, muß eine passende Quertraverse am Achsträger so angesetzt werden, daß das vordere Auspuffrohr nicht eingeklemmt wird.

Tips für Schrauber

Eine unlösbare Verschraubung oder eine abgerissene Schraube haben schon manchen Hobbyschrauber von seinem Reparaturvorhaben wieder abgebracht. Die folgenden Arbeitstips sollen dem Einsteiger helfen, ungewohnte Arbeiten durchzuführen.

Verrostete Verschraubungen lösen

Bevor der Schraubenschlüssel an einer festgerosteten Mutter bzw. Schraube angesetzt wird, sollten Sie die freiliegenden Gewindegänge des Gewindebolzens von Schmutz und Rost befreien. Andernfalls wird der Gewindebolzen beim Loswuchten abgedreht.

- Gewinde mit einer Drahtbürste säubern und anschließend mit Rostlöser besprühen.
- Bei Schnell-Rostlösern die Mutter sofort losdrehen.
- Bei anderen Rostlösern einige Zeit warten.

Praxistip: Umgang mit selbstsichernden Muttern

Selbstsichernde Muttern klemmen satt auf dem Gewinde und können sich auch durch Vibrationen nicht lösen. Dazu besitzen sie eine Einlage aus Kunststoff oder ein enger geschnittenes Gewinde. Derartige Muttern sollten Sie grundsätzlich nur einmal verwenden, sonst ist die selbstsichernde Wirkung dahin.

Beschädigte Muttern lösen

Wenn Sie die Kanten einer Mutter bereits rund gedreht haben oder wenn Rost die Anlageflächen für den Schraubenschlüssel deformiert hat, hilft nur noch Gewalt.

- Als erste Möglichkeit kommt eine Gripzange in Betracht. Damit läßt sich die Mutter fest greifen und oft auch losdrehen.
- Erwärmen mit einer Gasflamme dehnt die Mutter, sie läßt sich ohne Kraftaufwand herausdrehen.
- Hilft das nicht weiter, wird ein scharfer Meißel angesetzt und die Mutter aufgemeißelt.
- Eine gut zugängliche Mutter kann auch entlang des Gewindes mit einer Metallsäge aufgesägt werden. Werkstätten benutzen zum Lösen solcher Muttern einen sogenannten Muttersprenger.

Innensechskant- und Innenvielzahnschrauben lösen

Bei beiden Schraubenarten muß das Schraubenloch von jeglichem Schmutz gesäubert sein, ehe Sie das entsprechende Werkzeug ansetzen.

- Am besten eignen sich zum Lösen solcher Schrauben Steckeinsätze mit langem Sechskant bzw. Vielzahn.
- Im Gegensatz zu den gebräuchlichen Winkelschlüsseln (bei denen die Kraft immer schräg ansetzt) vertragen die Steckeinsätze auch einen Hammerschlag auf der Adapterseite mit dem Vierkant. Der Schlag mit dem Hammer auf das Werkzeug – oder im Notfall auch direkt auf den Schraubenkopf – lockert den Sitz der Schraube und erleichtert das Lösen.

Praxistip: Schraube fällt vom Werkzeug

Wollen Sie eine Schraube an einer schwer zugänglichen Stelle wieder eindrehen, verhindern Sie mit folgendem Trick, daß sie immer wieder vom Werkzeug abfällt: In den Schraubenschlitz etwas Kaugummi ankleben oder die Schraube mit einem Klebebandstreifen am Werkzeug anheften.

Schlitz- und Kreuzschlitzschrauben lösen

Schon nach relativ kurzer Zeit können Schrauben so fest sitzen, daß sie sich nicht mehr einfach mit einem Schraubendreher herausdrehen lassen. Bei Kreuzschlitzschrauben kommt erschwerend hinzu, daß sich der Schraubendreher auch bei starkem Druck auf den Griff aus dem Kreuzschlitz herausdreht. Nach wenigen erfolglosen Versuchen ist der Kreuzschlitz vermurkst, die Schraube ist praktisch unlösbar.

- Wenn sich eine Schraube nicht gleich problemlos losdrehen läßt, sollten Sie einen genau passenden, stabilen Schraubendreher ansetzen. Versuchen Sie dann, mit einem kräftigen Hammerschlag auf das Ende des Griffs die Schraubverbindung zu lockern. Meist läßt sich die Schraube dann herausdrehen.

- Meistens bricht die oft nur mit dem Kopf festkorrodierte Schraube los. Sie läßt sich dann in der Regel normal herausdrehen.
- Hilft das nichts, brauchen Sie einen Schlagschrauber. Bei jedem Hammerschlag auf die Griffoberseite des Schlagschraubers dreht dieser den Schraubendrehereinsatz unter Druck ein wenig weiter. Das löst praktisch jede Schraube.

Blechschrauben ausbohren

Läßt sich in einem Schraubenkopf kein Werkzeug mehr ansetzen, hilft nur noch Ausbohren.

- Erst entfernt man mit einem entsprechend großen Bohrer den Schraubenkopf. Eventuell mit einem kleineren Bohrer vorbohren.
- Das Gewindeteil einer Blechschraube läßt sich jetzt entweder durchstoßen oder mit einer Zange von der Rückseite her abnehmen.
- Andernfalls mit einem dünnen Bohrer das Gewindeteil ausbohren. Wenn Sie hierfür einen zu großen Bohrerdurchmesser wählen, wird das Loch für die Schraube so vergrößert, daß später nur eine dickere Blechschraube hält.

Lösen und Festdrehen von Stehbolzen

Da ein Stehbolzen (auch Gewindestange genannt) keine Anlagefläche für einen Schraubenschlüssel besitzt, müssen Sie diese erst schaffen.

- Auf dem freien Gewindeteil des Bolzens zwei Muttern fest gegeneinander festdrehen (kontern). An den so blockierten Muttern den Schraubenschlüssel ansetzen und den Bolzen lösen bzw. anziehen.

Abgerissene Schrauben ausbohren

Das Gegengewinde, in dem die abgerissene Schraube steckt, sollte möglichst wenig Schaden nehmen.

- Den Schraubenrest genau in der Mitte mit einem Körnerschlag versehen.
- Jetzt kann gebohrt werden: Bis zur Schraubengröße M 8 geht dies gleich mit dem sogenannten Kernlochbohrer. Das ist der Durchmesser einer »rasierten« Schraube, also ohne Gewindeflanken. Bis zur Schraubengröße M 6 gilt die Faustregel: Gewindedurchmesser multipliziert mit 0,8. Beispiel: Verschraubung M 6 x 0,8 = Kernlochdurchmesser 4,8. Ab Schrauben der Größe M 8 sollten Sie mit einem dünneren Bohrer vorbohren.

- Die in den Gewindegängen verbliebenen Metallreste lassen sich bisweilen mit einer Reißnadel entfernen. Meistens muß jedoch das Gewinde nachgeschnitten werden.

Gewinde schneiden

In Leichtmetall eingeschnittene Gewinde reißen besonders leicht aus, da das Material eine wesentlich geringere Festigkeit hat als etwa Stahl. Hat das Metall noch genug Substanz, können Sie ein größeres Gewinde einschneiden. Andernfalls muß eine Gewindebuchse eingesetzt werden – eine Angelegenheit für die Werkstatt.

- Das Nach- oder Neuschneiden von Gewinden geht in drei Stufen vor sich. Die entsprechenden Gewindeschneider heißen daher Vorschneider (ein Ring am Schaft), Mittelschneider (zwei Ringe am Schaft) und Fertigschneider (ohne bzw. drei Ringe am Schaft).
- Die drei Gewindeschneider werden nacheinander unter ständigem Ölen in das vorgebohrte Kernloch hinein- und wieder herausgedreht.
- Um ein Abreißen des Gewindeschneiders zu vermeiden, muß beim Hineindrehen immer wieder abgesetzt und ein Stück zurückgedreht werden. Sonst werden die Metallspäne zu lang und klemmen.
- Nachdem das neue Gewinde gedreht ist, alle Späne aus dem Gewindloch und der Umgebung sorgsam entfernen und die Schneideeisen mit einem weichen Lappen reinigen. Neues Gewinde leicht einölen.

Technik-lexikon

Schraubengröße und Drehmoment

Schrauben und Muttern, die keinen speziellen Belastungen ausgesetzt sind, werden mit Standard-Drehmomenten angezogen. Die meisten Hobbymechaniker ziehen einfache Verschraubungen meist mit »Gefühl« an. Falls Sie Ihr Schraubgefühl einmal mit einem Drehmomentschlüssel kontrollieren wollen – für die gebräuchlichsten Schraubverbindungen gelten folgende Drehmomente:

Gewindedurchmesser (mm)	6	8	10	12	14
Drehmoment (Nm)*	10	25	49	85	135

*Die angegebenen Drehmomente gelten nicht für Sonderschrauben und für Schrauben, die in Leichtmetall eingedreht sind.

Tips für den Werkstatt-Besuch

Auch Ihr Twingo muß manchmal in die Werkstatt. Zur regelmäßigen Wartung zum Beispiel, wenn er noch mit einer Garantie ausgestattet ist. Auch eine Reparatur in der Werkstatt ist immer mal drin, wenn Ihnen die Zeit fürs Do it yourself fehlt, die nötige Erfahrung oder Spezialwerkzeug. Macht sich ein Mechaniker mit Ihrem Auto ans Werk, können Sie trotzdem dazu beitragen, daß Wartung oder Reparatur zu Ihrer Zufriedenheit ausfallen. Unsere Übersicht stellt eine Reihe von Tips und Spielregeln zusammen, die Sie bei Ihrem Werkstatt-Besuch beachten sollten.

Inspektionen und Garantie

Praxistip

- Bei der Inspektion werden in erster Linie Zustand und Funktion von Baugruppen geprüft und, falls nötig, ersetzt, die für die Zuverlässigkeit und Sicherheit Ihres Fahrzeugs wichtig sind.
- Schon nach einer Laufzeit von 20.000 Kilometern kann an Baugruppen wie der Bremsanlage, Radaufhängung, Reifen und Lenkung deutlicher Verschleiß auftreten, der vom Fahrer unbemerkt bleibt. Regelmäßige Wartung hält also nicht nur Ihren Twingo in Schuß, sie dient vor allem auch Ihrer eigenen Sicherheit.
- Renault empfiehlt für den Twingo alle 20.000 Kilometer den Kleinen, alle 60.000 Kilometer den Großen Kundendienst in der Vertragswerkstatt.
- Wenigfahrer mit geringer jährlicher Laufleistung sollten einmal im Jahr einen Kundendienstaufenthalt einplanen.
- Wenn Sie einen neuen Twingo fahren: Halten Sie die Wartungsintervalle unbedingt ein und verzichten Sie aufs Do it yourself. Renault erfüllt berechtigte Garantieansprüche nur dann, wenn die Wartungsarbeiten rechtzeitig in einer Vertragswerkstatt erledigt wurden.
- Diese Vorschriften in Sachen Wartung und Garantie gelten übrigens auch dann, wenn Sie einen Austausch- oder Teilemotor fahren

Vertragswerkstatt und freie Werkstatt

- Es steht Ihnen grundsätzlich frei, welche Werkstatt Sie mit Ihrem Twingo aufsuchen. Neben der Vertragswerkstatt ist auch die freie Werkstatt meist eine gute Adresse. Dort ist man bei vielen Reparaturen ebenso kompetent, und Ölwechsel, neue Bremsbeläge, Bremsscheiben, Reifen und Stoßdämpfer sind oft billiger. In jedem Fall sollte die Werkstatt ein Meisterbetrieb sein und der Kfz-Innung angehören.
- Ein Wagen mit Garantie gehört zur Inspektion stets in die Vertragswerkstatt. Das gilt auch für die meisten Reparaturen. Einen Blech- oder Lackschaden etwa können Sie trotz Garantie zwar in Eigenregie beheben oder von einer freien Werkstatt erledigen lassen. Gibt's später jedoch Probleme mit der reparierten Stelle, sind Sie in diesem Fall eventuelle Garantie-Ansprüche los.

Reparaturauftrag nur schriftlich

- Stellen Sie eine Liste mit den Sypmtomen und Mängeln zusammen, die Ihnen am Fahrzeug aufgefallen sind. Sprechen Sie diese Liste in der Werkstatt mit dem Meister oder Kundendienstberater durch. Fragen Sie nach, wenn Ihnen in dem Gespräch etwas unklar ist. Demonstrieren Sie die Mängel direkt am Fahrzeug.
- Geben Sie präzise Reparaturaufträge. Bei Pauschalaufträgen wie »TÜV-fertig machen« oder «für den Urlaub herrichten« sind Unstimmigkeiten programmiert – etwa wenn Sie für Arbeiten bezahlen sollen, die nicht nötig gewesen wären.
- Erteilen Sie einen Reparaturauftrag stets schriftlich. Der Auftrag sollte die auszuführenden Arbeiten möglichst genau bezeichnen. Lassen Sie sich eine Auftragsbestätigung geben.

Nach den Kosten fragen

- Fragen Sie nach den voraussichtlichen Kosten für Arbeitslohn und Material, bevor Sie einen Reparaturauftrag erteilen. Setzen Sie für eventuell erforderliche Zusatzarbeiten eine Preisgrenze fest. Lassen sich Umfang und Aufwand einer Reparatur nicht genau bestimmen, sollten Sie eine Höchstgrenze für die Kosten festlegen.

- Fragen Sie nach den Kosten für die Fehlersuche. Wenn Ihr Auto zum Beispiel zuviel Sprit verbraucht oder schlecht anspringt, wenn der Motor stottert oder Sie merkwürdige Geräusche an den Rädern hören, ist die Suche nach den Ursachen dieser Symptome manchmal teurer als die eigentliche Reparatur. Legen Sie daher für die Fehler-Suche ebenfalls ein Preislimit fest.

- Geben Sie der Werkstatt Ihre Telefonnummer, damit man Sie für Rückfragen erreichen kann, wenn die Reparatur umfangreicher oder teurer wird als ausgemacht. Halten Sie auch zusätzliche Absprachen schriftlich fest.

- Bitten Sie (turen um der Ihnen müssen. D der Regel statt ansc len. Die W schlag be 15-20 Pro

Billigere

- Bei einem ziellen T Vertrags Originalt sparen.

- Ist der T nicht da aufberei sind bil Frage k lung, Li

- Ein Ölv mitunte teuerst nach b tion – (

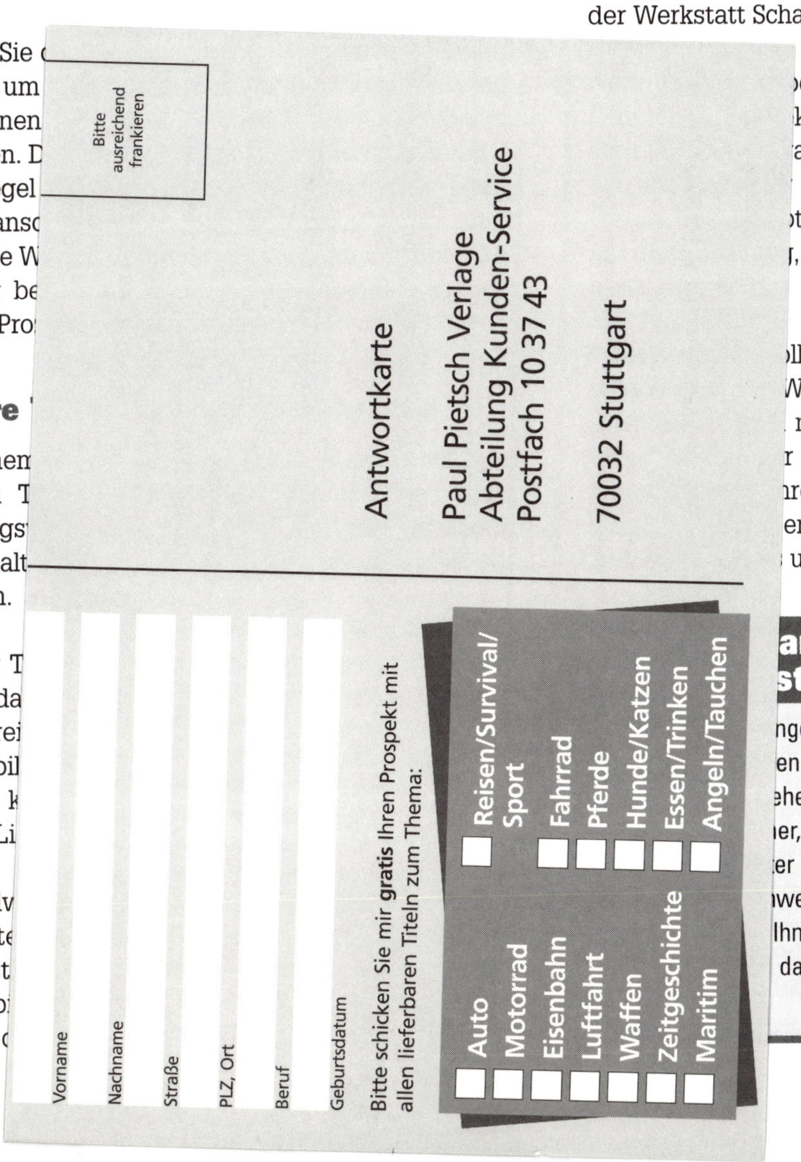

Rechnung prüfen

- Gehen Sie nach der Reparatur zusammen mit dem Meister oder Kundendienstberater Ihre Werkstatt-Rechnung durch. Lassen Sie sich unverständliche Abkürzungen und Fachbegriffe erklären.

- Auf der Rechnung sollten Posten wie Arbeitslohn, Material und Mehrwertsteuer separat aufgeschlüsselt sein. Fehler in der Rechnung können Sie innerhalb sechs Wochen nach ihrer Ausstellung reklamieren.

Rechtzeitig reklamieren

- Mangelhafte Reparaturen sollten Sie so bald wie möglich reklamieren. Die Werkstatt muß für Ihre Arbeit sechs Monate geradestehen (Gewährleistung). Treten durch eine unsachgemäße Reparatur Schäden an Ihrem Fahrzeug auf, können Sie von der Werkstatt Schadensersatz verlangen.

bei der Abholung Ihres Fahrzeugs klamation haben, kann die Werk- auf bestehen, daß Sie die Repara- Höhe bezahlen, bevor sie den ot. Vermerken Sie in diesem Fall , daß Ihre Zahlung nur unter Vor-

llten Sie in einem sachlichen Ge- Werkstatt vortragen. Lassen sich nicht ausräumen, helfen die Kfz- r Kfz-Innung kostenlos weiter – hre Werkstatt ist Mitglied der In- erhalten Sie zum Beispiel bei den und den Verbraucherzentralen.

Praxistip

ang« mit statt

ngo zum Kundendienst oder zur Repa- en Sie eine einwandfreie Dienstlei- ehen Sie trotzdem das Werkstatt-Per- ier, die Ihnen mit Rat und Tat zur Seite er Tip vom Fachmann spart Geld und wert. Scheuen Sie sich nicht, Dinge Ihnen im Fahrbetrieb aufgefallen sind. dankbar für jede Kritik aus der tägli-

DIE WAGEN-PFLEGE

Jedes moderne Auto braucht Wartung und Pflege. Sonst verliert selbst der teuerste Untersatz in kurzer Zeit rapide seinen Wert. Natürlich können Sie Ihr Fahrzeug regelmäßig von einer Werkstatt oder Tankstelle warten lassen. Aber schon für eine professionelle Wagenwäsche sind Sie schnell 150 Mark los.

Wartung

Reparatur

Ein gepflegtes Auto macht mehr Spaß als ein ungepflegtes. Es behält länger seinen Wert und bringt Ihnen beim Verkauf ein oder zwei Tausender zusätzlich ein. Außerdem hat ein gepflegt aussehendes Fahrzeug bei den Prüfern von TÜV und DEKRA von vornherein die besseren Chancen. Wenn die Wagenwäsche die Kür ist, die unter klarem Wasser den Lack in altem Glanz zurückzaubert, dann ist die Pflege des Innenraums die Pflicht. Die sollten Sie allerdings zuerst in Angriff nehmen. Heben Sie sich diese Arbeit bis zuletzt auf, verschmutzen die Staubwolken aus Polstern und Fußmatten die frisch gewaschene Außenseite.

Innenreinigung

Für die Innenraumpflege verwenden Sie am besten spezielle Autopflegemittel. Vergessen Sie Seifenlauge und Haushaltsreiniger: Scheiben, Polster und Kunststoffoberflächen sind durch Witterung, Staub, Schmutz und Feuchtigkeit extremen Belastungen ausgesetzt, denen spezielle Pflegesubstanzen einfach besser gewachsen sind. Diese Spezialreiniger sind nicht billig, aber in aller Regel ihr Geld wert. Zur gründlichen Innenreinigung Ihres Fahrzeugs brauchen Sie:

- Lappen, möglichst nicht flusend, zum feuchten und trockenen Ab- und Auswischen.
- Kleider- oder Polsterbürste.
- Staubsauger mit verschiedenen Düsen (Handfeger und Kehrschaufel).
- Fensterleder.
- Feinporigen Kunststoffschwamm für die Kunststoffteile.

Technik-lexikon: Pflegemittel für den Innenraum

Plastikreiniger. Für Kunststoffflächen. Reinigt und frischt die Farben auf, sorgt für Glanz und wirkt antistatisch, so daß die Flächen gegen Schmutz- und Staubbefall lange Zeit geschützt sind.

Textilreiniger. Für Polster, Teppiche, Tür- und Innenverkleidungen. Lösen zuverlässig Staub und Schmutz. Dadurch werden die Polsterfarben aufgefrischt. Viele Reiniger entfernen zudem auch hartnäckige Flecken.

Glasreiniger (auch als Schaumreiniger). Geeignet für alle Glasflächen, lösen sie auch hartnäckige Verschmutzungen, zum Beispiel Insektenreste, Nikotin, Kunststoffausdünstungen und Ölablagerungen.

Gummipflegemittel (silikonhaltig). Für Tür-, Fenster und Kofferraumdichtungen sowie Fußmatten. Halten das Gummi geschmeidig, verhindern Festfrieren und frischen die Farben auf.

Antibeschlagspray. Konserviert die Glasreinigung für einige Tage oder Wochen (je nach Wetterlage). Auf die Scheibe gesprüht, bildet sich nach kurzer Zeit ein Schaumbelag, den Sie mit einem trockenen Küchenpapier abreiben können. Antibeschlagtücher oder Fensterschwämme sind nur ein Notbehelf.

Arbeitsschritte

① Räumen Sie Ihren Wagen aus. Bei dieser Gelegenheit gleich Ascher leeren und auswischen.

② Die Fußmatten nach innen zusammenschlagen und herausnehmen, ausschütteln, ausklopfen und bei Bedarf staubsaugen.

③ Gummimatten feucht abwischen. Vorsicht: Die Unterseite trocknet im Fahrzeug nur schlecht. Eine feuchte Matte kann üblen Geruch und Stockflecken im Textilbelag verursachen. Daher Trockenzeit einkalkulieren.

④ Grobschmutz im Innenraum mit Staubsauger entfernen. Verwenden Sie für weiche Textilbeläge starre Düsenaufsätze, für harte Kunststoffe Borstenaufsätze. Bei glattem Gummibelag den Wagenboden feucht auswischen.

⑤ Sitzpolster abbürsten oder staubsaugen, die anderen Kunststoffoberflächen staubwischen. Das Heizungsgebläse pustet den Staub vor allem in die Ecken – hier leistet ein Pinsel gute Dienste.

⑥ Sicherheitsgurte trocken abbürsten. Bei starker Verschmutzung mit einer milden Seifenlösung reinigen.

⑦ Kunststoffteile und Armaturenbrett mit einem feuchten Leder abledern. Bei Grundreinigung: Auf keinen Fall mit Benzin oder anderen Lösungsmitteln arbeiten – Kunststoff kann Flecken bekommen, die nicht mehr entfernt werden können.

⑧ Verwenden Sie Kunststoffreiniger. Die besprühten Stellen mit klarem Wasser nachwischen und mit einem Tuch trockenreiben. Bei häufigen Reinigungsintervallen reicht auch ein mildes, fettlösendes Reinigungsmittel, aufgelöst in einem Eimer Warmwasser.

Reinigen Sie den Dachhimmel stets komplett

⑨ Den Dachhimmel, meist ein mit Textilgewebe versehenes Formteil, nur bei starker Verschmutzung reinigen. Himmel mit Textilreiniger großflächig einsprühen. Mit Schwamm und Frottierhandtuch nachwischen.

⑩ Diese Behandlung bei Bedarf wiederholen. Vorsicht: Wenn Sie sich auf die verschmutzten Stellen beschränken, können häßliche Platten mit Rändern entstehen. Deshalb

Dachhimmel immer komplett reinigen.

⑪ Sitzpolster und Textileinsätze in Seitenteilen und Innenverkleidungen mit Polsterschaumreiniger behandeln. Für Ledersitze nur spezielle Lederpflegemittel verwenden, die auch die Nähte flexibel und geschmeidig halten. Die Polster gründlich absaugen, solange sie noch feucht sind – der Schmutz löst sich so am besten.

⑫ Die Türdichtungen mit silikonhaltigem Gummipflegemittel einsprühen.

⑬ Die Innenseiten der Fenster rundum mit feuchtem Waschleder reinigen und Glasreiniger aufsprühen. Mit trockenem Kreppapier nachpolieren.

⑭ Wird im Auto viel geraucht, sind nach der Reinigung oft noch Schlieren und Graubelag sichtbar. Hier wirkt eine Lackpolitur wahre Wunder. Vorsicht: Tropft Politur auf unversiegelten Kunststoff, entsteht ein häßlicher und dauerhafter Fleck.

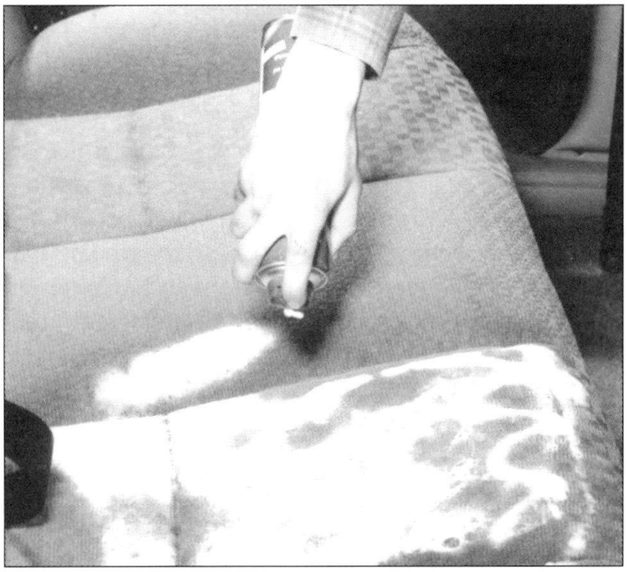

Polsterreiniger beseitigt Feinschmutz, Staub und frische Flecken. Reinigungsschaum aufsprühen und mit feuchtem Schwamm verteilen. Reiben Sie nicht zu fest, Sie pressen die Schmutzpartikel sonst wieder ins Gewebe. Beachten Sie die Gebrauchsanweisung auf der Dose.

Verteilen Sie den Kunststoffpfleger mit einem feuchten, sauberen Lappen. So erzielen Sie die größtmögliche Tiefenwirkung der Pflegesubstanzen. Kunststoffpfleger, der auf Scheiben, Lenkrad oder Instrumente gelangt, muß mit Kunststoff oder Glasreiniger sofort entfernt werden.

Nach den Dichtgummis der Türen sollten Sie nicht erst schauen, wenn die Türen schon zugefroren sind. Regelmäßige Kontrolle und Pflege mit silikonhaltigen Substanzen verlängert ihre Lebensdauer entscheidend. Der Ersatz solcher Dichtungen kann teuer werden.

Außenwäsche

Die Wagenwäsche auf der Straße ist heute in vielen Städten und Gemeinden verboten. Das hat gute Gründe: Mit dem Schmutzwasser gelangen oft Ölrückstände und andere umweltschädigende Substanzen in die Kanalisation. Eine saubere Sache ist dagegen die Wagenwäsche in einer automatischen Waschanlage. Die verwendeten Wassermengen sind in der Regel großzügig, die Wäsche ist also schonend. Ölabscheider und Wasseraufbereitungsanlagen sorgen für den Umweltschutz. Sie können meist zwischen mehreren Reinigungs- und Pflegeprogrammen wählen.

Praxistip: Bremsen trockenfahren

Machen Sie nach jeder Wagenwäsche eine kurze Bremsprobe. Dabei verdampft die Feuchtigkeit, die während der Reinigung zwischen Bremsscheiben und Bremsklötze gelangt ist. Nach Fahrten durch Regen oder streusalzhaltiges Tauwasser sollten Sie die Bremsen trockenfahren, bevor Sie Ihr Fahrzeug für mehrere Tage abstellen. Es genügt, die letzten hundert Meter Wegstrecke öfter leicht zu bremsen. Mit der Bremsprobe vermeiden Sie, daß aufgrund der Feuchtigkeit oder einer Salzschicht auf den Bremsscheiben die Bremswirkung im Notfall etwas verzögert einsetzt.

Fahrzeug auf Sauberkeit prüfen

Trotzdem sollten Sie nach dem Waschgang Ihr Fahrzeug auf Sauberkeit prüfen. Die Bürsten behandeln Radhäuser, Radläufe und die Unterkanten der Türschweller oft nachlässig. Auch bei Türrahmen und Ritzen ist bisweilen nachträgliche Handarbeit mit Schwamm und Putztuch angesagt. Im Winter, wenn streusalzhaltiges Wasser sich am Lack, an den Innenseiten der Kotflügel und am Unterboden festsetzt, sollten Sie öfter in der Waschanlage vorfahren. Ihr Twingo ist zwar nach kurzer Zeit wieder schmutzig, der Rost hat jedoch keine Chance, sich an kritischen Stellen einzunisten.

Waschplatz und Selbstwaschanlage

Wenn Sie Ihren Wagen lieber selbst waschen, bietet sich ein Waschplatz an der Tankstelle an. Auch Selbstwaschanlagen sind eine gute Alternative. Dort stehen Ihnen vom Hochdruckreiniger bis zum Staubsauger alle Hilfsmittel zur Verfügung. Kontrollieren Sie jedoch vor Arbeitsbeginn den Zustand der Bürsten. Möglicherweise hat Ihr Vorgänger nach einer Fahrt über einen verschlammten Feldweg gerade seinen Unterboden oder seine Radkästen gereinigt und die Bürste mit grobem Dreck verschmutzt - ärgerliche Kratzer im Lack wären die Folge. Sie sollten Ihr Fahrzeug auch nicht in der prallen Sonne waschen. Das schadet dem Lack, da die kleinen Wassertropfen wie Linsen wirken und den Einbrenneffekt von Staubteilchen und Kalk beim Trocknen noch verstärken.

Praxistip: Mit dem Hochdruckreiniger richtig umgehen

- Wassertemperatur maximal 60 Grad. Zu heißes Wasser greift Gummi und Unterbodenschutz an.
- Druckregler auf maximal 30 bar einstellen.
- Abstand zum Auto 60 bis 80 Zentimeter. Bei geringerem Abstand und zu großem Druck Gefahr für den Lack Ihres Twingo.
- Bei der Motorwäsche kann Wasser die Motorelektronik lahmlegen oder über den Ansaugtrakt in den Motor gelangen – ein kapitaler Schaden wäre die Folge.
- Reifen niemals mit Rundstrahldüsen reinigen. Gefahr für die Reifenflanken.
- Selbst bei relativ großem Spritzabstand und nur kurzer Einwirkzeit können Schäden an den Reifen auftreten, die auf den ersten Blick nicht erkennbar sind.

Für die Wagenwäsche brauchen Sie:

- Jede Menge Wasser. Wird der Schmutz mit wenig Wasser abgewischt, schmirgeln feine Staub- und Sandkörnchen im Schwamm über den Lack und zerkratzen ihn mit mikroskopisch kleinen, spinnwebartigen Kratzern.
- Gartenschlauch, wenn möglich mit Sprühdüse aus Kunststoff. Steht kein Wasserschlauch zur Verfügung, brauchen Sie mindestens zwei Wassereimer für den Wassernachschub.
- Eine Schlauchbüste, bei der das durchfließende Wasser den Schmutz wegschwemmt. Arbeiten Sie mit Waschhandschuh oder Schwamm, sollten Sie die Schlauchmündung dicht an der bearbeiteten Fläche halten, damit sie gut mit Wasser versorgt wird.
- Waschhandschuh oder Schwamm. Sie sollten nach jedem zweiten oder dritten Waschstrich in den vollen Wassereimer getaucht und ausgedrückt werden, damit sich kein schmirgelnder Schmutz in den Schwammporen oder im Haarbesatz des Waschhandschuhs festsetzen kann.
- Eine langstielige Waschbürste, die sich besonders für die Felgen und Radkästen eignet.
- Einen großporigen Viskoseschwamm.
- Fliegenschwamm für Insektenrückstände.
- Großflächiges echtes Leder zum Trocknen des Wagens.
- Wassereimer für eine eventuelle Shampoowäsche oder um das Fensterleder auszuwaschen.

Technik-lexikon: Pflegemittel für die Außenwäsche

Autoshampoo. Hilft, ölige Rückstände auf dem Lack leichter zu entfernen.
Waschwachs. Hat ähnliche Eigenschaften wie Autoshampoo, schützt jedoch nach dem Trocknen den Lack gegen Umwelteinflüsse und verlängert so die Zeit bis zur nächsten Politur.
Felgenreiniger. Löst festgebackenen Bremsstaub.
Kunststoffpfleger. Speziell für Stoßfänger, die schon ausgebleicht sind. Enthält neben Pflegesubstanzen auch Farbstoffe. Der Kunststoffpfleger wird mit einem sauberem Schwamm aufgetragen und verteilt. Nach kurzer Einwirkzeit können Sie die überschüssige Flüssigkeit mit einem feuchtem Lappen abwischen.

Arbeitsschritte

① Schließen Sie alle Türen und Fenster. Naßgespritzte Polster sind kein Vergnügen.

② Säubern Sie zuerst Radhaus, Felgen und Türschweller. Sie müssen sonst den Restschmutz zweimal wegspülen.

③ Spritzen Sie den Unterboden gelegentlich mit Dampfstrahler oder Wasserschlauch ab. Im Winter sollten Sie die Unterseite bei jeder Wagenwäsche reinigen. Lassen Sie Ihr Fahrzeug ein oder zweimal im Jahr auf einer Hebebühne hochnehmen (Werkstatt oder Tankstelle) und prüfen Sie den Zustand des Unterbodenschutzes per Augenschein.

④ Die vorderen Stahlfelgen haben eine Reinigung oft bitter nötig, weil sich dort der Bremsstaub festsetzt. Felgen mit Felgenreiniger einsprühen. Die Einwirkzeit hängt ab von Verschmutzung und Produkt. Beachten Sie die Gebrauchsanweisung. Mit kleinem Schwamm den angelösten Schmutz wegwischen. Felgen mit kräftigem Wasserstrahl nachspülen.

Zur Felgenreinigung müssen Sie die Radabdeckung abheben. Am gründlichsten gelingt die Arbeit mit Kaltreiniger, ein Autoshampoo reicht jedoch auch.

⑤ Leichtmetallfelgen sollten regelmäßig mit Wasser und etwas Spülmittel gereinigt werden. Alufelgen sind sehr empfindlich gegen starke Reinigungsmittel – putzen Sie lieber zweimal im Monat, dann haben Sie länger Freude daran.

⑥ Zur Pflege filigraner Felgen lohnt sich die Anschaffung einiger Zahnbürsten. Ebenfalls sinnvoll: Sprühwachs zum Versiegeln. Bremsstaub und Schmutz können sich nicht durch die Wachsschicht fressen. Vorsicht: Das Wachs darf nicht auf Bremsscheiben oder -beläge gelangen.

Weichen Sie Ihr Auto gut ein

⑦ Wagen mit mäßigem Wasserdruck aus dem Schlauch abspritzen. In der Selbstwaschanlage mit Hochdruckreiniger: Programm »Spülen« wählen.

⑧ Wagen mit Schlauchbürste, Waschhandschuh oder Schwamm zuerst vom Dach bis zur Unterkante der Fenster waschen. Dann bewegt man sich rund um den Wagen.

Mit dem Schwamm sollte immer viel Wasser auf den Lack gebracht werden. Beachten Sie bei der Mischung des Waschwassers die Pflegemittel-Gebrauchsanweisung: Weniger ist meistens mehr.

Der Hochdruckreiniger mit Waschbürstenaufsatz spart Wasser und reinigt schonend und gründlich. Spezielle Waschzusätze lösen zuverlässig hartnäckigen Schmutz. Sie finden diese Gerätschaften in speziell eingerichteten Wasch-Centern.

⑨ Reinigungsschaum mit kreisenden Bewegungen und wenig Druck verteilen. Den Schaum kurz einwirken lassen.

⑩ Schmutzbrühe mit Gartenschlauch abspülen. In der Selbstwaschanlage: Programm »Spülen« wählen.

Benutzen Sie zum Trocknen des Lacks ein spezielles Trockenleder. Damit können Sie schnell und effizient arbeiten. Vorteil: Das weiche Leder hinterläßt bei sorgfältigem Gebrauch keine Kratzspuren im Lack.

⑪ Im letzten Waschgang reinigen Sie die Räder mit Waschbürste und Schlauch.

⑫ Nach der Wäsche den Wagen sofort abledern. Getrocknetes Waschwasser bildet einen grauen Kalkbelag auf dem Lack.

⑬ Leder vor Gebrauch ins Wasser tauchen, gut auswringen. Flächig auf dem Lack ausbreiten und breit gespannt zu sich herziehen.

⑭ Vor jedem neuen Durchgang Leder ausspülen und auswringen. Schlecht zugängliche Ecken (etwa am Radkasten) mit Baumwollappen oder altem Trockenleder trocknen. Schonen Sie Ihr gutes Leder, Schmutzrückstände würden es ruinieren.

Sorgen Sie für Durchblick

⑮ Zum Schluß sind die Außenseiten der Fensterscheiben an der Reihe. Besondere Aufmerksamkeit erfordert die Windschutzscheibe. Schlieren und Schmutzpartikel auf dem Glas reflektieren die Sonnenstrahlen und bewirken dadurch eine Blendung des Fahrers.

⑯ Am besten reinigen Sie die Scheibe mit Schwamm oder Lappen. Gehen Sie vor wie bei der Reinigung der Innenseiten. Kontrollieren Sie bei dieser Gelegenheit die Frontscheibe auf Steinschläge, Kratzer und Risse. Damit die Wisch-Waschautomatik während der Fahrt mit einer verschmutzten Scheibe fertig wird, sollten Sie spezielle Reinigungszusätze oder einen Schuß Spiritus ins Waschwasser geben.

⑰ Kontrollieren Sie nach der Wäsche Lack, Scheinwerfergläser und Frontstoßfänger gründlich auf hartnäckigen Schmutz, der sich nicht gelöst hat. Insektenreste, Vogelkot, Blütenpollenrückstände und Teerspritzer wirken aggressiv und sollten umgehend mit Spezialreiniger entfernt werden.

⑱ Teerentferner sollten Sie nicht auf frischen oder frisch ausgebesserten Lacken anwenden – die enthaltenen Lösungsmittel können die Lackschichten angreifen.

Insektenreste beseitigt man mit Insektenentferner. Verschmutzte Stelle einsprühen, einige Minuten wirken lassen (nicht in der Sonne!), dann mit einem Eimer Wasser abspülen. Bleibt noch ein Rest hängen, eingeweichtes Zeitungspapier darauf legen und über Nacht stehen lassen. Am nächsten Morgen kleben die Insektenreste an der Zeitung.

Alufelgen richtig pflegen

Praxistip

Alufelgen werden durch eine Lackierung vor Umwelteinflüssen geschützt. Wenn Sie gegen Bordsteine schrammen oder Rollsplit die Außenseiten der Räder malträtiert, hilft der beste Lack nichts mehr. Schrammen und Kratzer an den Felgen sollten Sie umgehend ausbessern, da sie vor allem dem aggressiven Staub der Bremsbeläge ideale Angriffsflächen bieten – der grau-schwarze Abrieb frißt kleine Löcher ins Leichtmetall. Kleine Schrammen und Blindstellen lassen sich mit Alupolitur ausbessern.

Scheinwerfer reinigen

Praxistip

Die Scheinwerfer sollten Sie häufiger waschen als die Karosserie Ihres Twingo. Schmutzpartikel auf dem Glas sorgen für Ablenkung und Absorption der Lichtstrahlen. Die Folgen: geringere Sichtweite, starke Blendung. Schon nach einer halben Stunde Fahrt auf feuchter Straße sind die Scheinwerfer zu über 60 % verschmutzt. Dadurch reduziert sich die Leuchtweite um etwa 35 Meter – eine Strecke, die Ihnen im Notfall bei einer Vollbremsung fehlt.

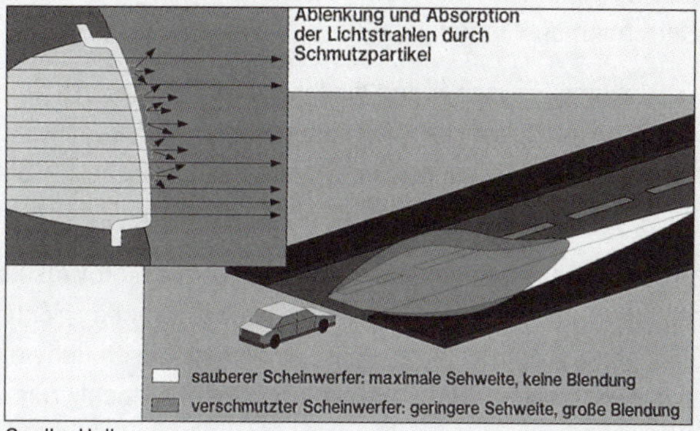

Quelle: Hella

Die Motorwäsche

Im Motorraum Ihres Twingo verbinden sich Öl und Staub mit der Zeit zu einem unansehnlichen Schmutzfilm, der sich über den Motor und andere Teile legt. Das ist in erster Linie ein ästhetisches Problem, das Sie mit Hilfe spezieller Reiniger lösen können. Wichtiger als die Schönheitspflege des Motors ist die Motorraumwäsche im Frühjahr.

Salzkrusten begünstigen Rost

Das im Winter auf die Straßen gestreute Salz dringt durch Ritzen und Schächte tief in den Motorraum und lagert sich an Kühler, Kanten und Kabeln ab. Diese Salzkrusten binden Feuchtigkeit und erleichtern die Rostbildung.

- Die Motorwäsche dürfen Sie nur dort vornehmen, wo es einen Ölabscheider gibt. Am besten machen Sie sich in einer Selbstwaschanlage oder auf einem Waschplatz ans Werk. Kontrollieren Sie nach der Motorwäsche, ob noch genug Schmierfett an Drosselklappengestänge, Gas- und Kupplungszug vorhanden ist. Bei Bedarf sollten Sie maßvoll nachfetten

Arbeits-schritte

① Der Motor sollte möglichst kalt sein – auf einem warmen Motor verdampft der Motorreiniger rasch, kann also nicht einwirken und den Schmutz lösen.

② Motor abstellen und Zündung ausschalten.

③ Schützen Sie empfindliche Bauteile wie Zündung, Lichtmaschine und Kraftstoffsystem mit Lappen oder Plastiktüten. Bei unbedachtem Ausspritzen des Motorraums sind Störungen an Zündung und Bordelektrik programmiert.

④ Nehmen Sie sich zuerst die Innenseite der Motorhaube vor. Mit viel Wasser einweichen, dann mit Schwamm und Shampoo reinigen und wieder abspritzen. Vergessen Sie nicht die Kanten, dort befinden sich echte Schmutznester.

⑤ Den Kühler mit der Waschlanze und reichlich Wasser reinigen. Insektenreste mit einem eiweißlösenden Mittel (Geschirrspülmittel) einsprühen, einwirken lassen und von der Rückseite des Kühlers her abspülen. Vorsicht: Harte Bürsten können die weichen Kühlerlamellen beschädigen.

⑥ Den Motorraum an allen Falzen, Trägern und ungeschützten Stellen abduschen.

⑦ Stärker verschmutzte Teile an Motor und Motorraum mit einem Kaltreiniger einsprühen. Nach einer kurzen Einwirkzeit mit scharfem Wasserstrahl nachspülen.

⑧ Um das Wasser wieder aus dem Motorraum herauszubekommen, benutzen Sie eine der an Selbstwaschanlagen meist vorhandenen Druckluftpistolen. Nicht zu nah an die zu trocknende Fläche herangehen.

Sprühen Sie den Motorreiniger auf die verschmutzten Stellen, lassen Sie ihn ein bis zwei Minuten einwirken. Spülen Sie den eingeweichten Schmutz mit der Sprühlanze (Programm "Spülen") ab. Beim Gartenschlauch mit scharfem Strahl spritzen, sonst wird die Schmutzschicht nicht vollständig gelöst.

Motorschutzlack

Praxistip

Damit sich der Schmutz im Motorraum nicht schnell wieder festsetzt, können Sie Motorblock und Peripherie mit einem besonders hitzefesten Motorschutzlack versiegeln. Für den restlichen Motorraum reicht ein Konservierungsspray oder -wachs.

- Der Lack bildet einen transparenten Schutzfilm über Motor und Aggregate und schützt dadurch diese Bauteile vor Feuchtigkeit und Korrosion. Außerdem verzögert der Schutzlack die erneute Schmutzbildung im Motorraum und erleichtert künftige Reinigungs-Arbeiten.
- Der Lack sollte allerdings nicht auf bewegliche Teile wie Gaszug oder Scharniere gesprüht werden. Sparen Sie auch den Griff des Ölpeilstabs aus.

Faltdach-Pflege beim Twingo

Das Faltschiebedach Ihres Twingo braucht regelmäßige Pflege, damit es lange vor Wind und Regen schützt und nicht brüchig wird. Vogelkot, Laub, Blütenstaub und Baumharze sollten Sie schnell entfernen, sonst sieht die Kunststoffhaut nach kurzer Zeit grau und fleckig aus. Verwenden Sie zur Reinigung des Gewebes keinen Dampfstrahler, sondern einen Schwamm oder eine weiche Bürste sowie einen milden Reiniger.

Arbeitsschritte

① Spülen Sie Staub und Schmutz zunächst mit sanftem Wasserstrahl ab.

② Faltdach mit lauwarmem Wasser und milder Seifenlauge reinigen. Drücken Sie nicht zu fest aufs Verdeck, streichen Sie mit dem Schwamm geradlinig von vorne nach hinten.

③ Schmutzbrühe mit viel Wasser, aber nicht zu hartem Wasserstrahl abspülen.

④ Faltdach mit weichem, nicht flusendem Lappen trocknen. Verwenden Sie auf keinen Fall Preßluft.

⑤ Nach dem Trocknen gelegentlich mechanische Teile und Laufschienen mit einem Fettgel einsprühen. Damit beugen Sie vorzeitigem Verschleiß vor.

Für die porentiefe Reinigung des Faltdachs brauchen Sie einen Schwamm und ein mildes Waschmittel. Eine Mischung von ein bis zwei Teelöffeln Geschirrspülmittel auf zehn Liter Wasser reicht aus. Danach mit viel klarem Wasser abspülen und sorgfältig trocknen.

Schmierdienst

Haubenverschlüsse, Scharniere, Türschlösser und Schienen vertragen gelegentlich eine kleine Schmierration. Die hält auf Dauer leichtgängig, was sonst quietschen, klemmen, klappern oder rosten würde. Bevor Sie sich an den Schmierdienst machen, sollten Sie mit einem Lappen die alten Reste von Fett und Öl wegwischen (das gilt auch für überschüssiges Öl und Fett nach der Schmieraktion). Halten Sie sich an folgende Faustregel: An Scharnieren und Gelenken mit engen Durchgängen, in die kein Fett eindringen kann, ist Öl oder Schmierspray günstiger. Gegeneinander reibende Flächen werden besser gefettet oder mit einer Schmierpaste behandelt, da diese Gleitstoffe besser haften. Die Innenteile der Türschlösser sollten Sie übrigens besser mit einem Schmierspray als mit Fett behandeln – der Türschlüssel wird sonst schmierig und verschmutzt die Jackentasche.

- Die Scharniere an **Türen und Heckklappe** sind gelegentlich für einen Spritzer Öl dankbar.
- Die **Türfeststeller** am unteren Türscharnier erhalten etwas Mehrzweckfett.
- Die **Schloßfallen an Türen, Kofferraumdeckel und Heckklappe** können mit Sprühfett behandelt werden.
- In den **Schlüsselschlitz der Schließzylinder** sollten Sie spätestens zu Beginn der kalten Jahreszeit etwas Rostlöser-Isolierspray sprühen. Es schmiert, verdrängt Feuchtigkeit und schützt vor Rost sowie Einfrieren im Winter. Am besten, aber etwas teurer, ist ein spezielles Schloßöl, mit dem man zugefrorene Schlösser auftauen und lange Zeit vor dem Zufrieren schützen kann.
- An der Stelle des **Motorhaubenschloßes**, wo der **Seilzug** aus der Umhüllung kommt, etwas Fett aufstreichen und durch mehrmalige Hebelbewegung in die Zugumhüllung ziehen.
- Den **Schließbügel der Motorhaube** und die **Schloßfalle am Querblech der Karosserie** dünn mit Fett bestreichen oder Schmierspray auftragen.
- Die **Motorhaubenscharniere** erhalten etwas Öl oder Schmierspray.
- Die **Gleitschienen des Schiebedachs** werden hauchdünn mit Silikonspray behandelt.
- Das **Gestänge der Drosselklappe** sowie Gas- und Kupplungszug nach der Motorwäsche bei Bedarf maßvoll nachfetten.

Praxistip

Öle und Fette richtig anwenden

Wenn Sie Schmierstoffe einkaufen, lassen Sie sich vom Fachpersonal Ihres Händlers beraten, welche Schmierstoffe für welchen Zweck die Richtigen sind. Die Philosophie »Weniger ist oft mehr« trifft beim Einsatz von Schmierstoffen den Nagel auf den Kopf. Fette und Öle auf Kleidungsstücken lassen sich nur mit großem Aufwand wieder entfernen.

Die Scheibenwaschanlage

Saubere Scheiben sind eine wichtige Voraussetzung für Ihre Sicherheit beim Fahren. Damit Sie unterwegs auch bei Regen und Schnee den Durchblick behalten, ist Ihr Twingo mit einer Scheibenwaschanlage ausgestattet. Auf der Frontscheibe läuft der Scheibenwischer in zwei Geschwindigkeiten. Dazu kommt eine Intervalleinrichtung, die etwa alle vier Sekunden eine Wischerbewegung auslöst. An der Heckscheibe sorgt ein zusätzlicher Wischer für freie Sicht. Gute Wischresultate erhalten Sie, wenn die Spritzdüsen das Waschwasser zielgenau auf die Scheiben spritzen.

Wischergummi nutzt ab

Außerdem müssen sich die Wischerblätter fest auf die Scheiben pressen. Die Lebensdauer der Wischergummis ist jedoch begrenzt. Sie werden mit der Zeit durch die Bewegungen der Wischer abgerubbelt, Ozon und UV-Stahlen machen das Material zusätzlich spröde. In der Frontscheibe verursachen zudem winzige Kratzer Scharten im Gummi, was die Waschwirkung auf Dauer beeinträchtigt. Das Wischergummi sollten Sie daher regelmäßig im Frühjahr ersetzen. Die meisten Arbeiten an der Scheibenwaschanlage können Sie selbst in die Hand nehmen – meist genügt dazu ein Schraubenzieher. Wenn Sie feststellen, daß Leitungen oder Sicherungen an einem der beiden Wischermotoren defekt sind, sollten Sie vor der Reparatur das Kapitel »Elektrik« lesen.

Scheibenwischer und Waschanlage prüfen

Arbeitsschritte | ständige Kontrolle

① Zündung einschalten, Wischerhebel betätigen.

② Läuft der Scheibenwischer in beiden Geschwindigkeiten? Geht er beim Ausschalten in die Parkstellung zurück?

③ Funktioniert die Wischer-Intervallschaltung?

④ Spritzt Wasser aus den Wascherdüsen?

⑤ Arbeiten Heckwischer und -wascher?

Scheibenwaschwasser auffüllen

Arbeitsschritte | ständige Kontrolle

① Im Sommer Wascherbehälter mit Leitungswasser auffüllen. Ein Anteil Reinigungsmittel verbessert die Waschwirkung. Im Winter sollten Sie zusätzlich Gefrierschutz zugeben.

② Erst Zusatzmittel und dann Wasser einfüllen, damit sich die Flüssigkeiten im Behälter gut vermischen.

③ Bei starkem Frost können die Wascherdüsen einfrieren. Zur Vorbeugung ein Drittel Brennspiritus beimischen (riecht aufdringlich). Damit die lange Zuleitung zur Heckscheibe nicht einfriert, vor dem Abstellen des Fahrzeugs einige Male die Heckscheiben-Waschanlage betätigen.

Wischergummi wechseln

Arbeitsschritte | 20000 km 12 Monate

① Wischerarm abklappen.

② Arretierungsfeder des Wischerblatts zusammendrükken, bis die Kerbe aus der Öffnung des Wischerarms austritt.

③ Wischerblatt nach unten drücken und aus dem Arm herausschwenken.

④ Der Wischergummi besitzt an einer Seite Aussparungen zum Einhängen der Wischerarm-Halteklammern. Die Erhebungen im Gummi mit dem Fingernagel oder einem kleinen Schraubendreher zurückdrücken, damit die Halteklammern ausgerastet werden können.

⑤ Wischergummi mit den seitlichen Metall-Federstreifen herausziehen.

⑥ Neues Wischergummi in die unteren Halteklammern des Wischerarms einhängen.

⑦ Federstreifen rechts und links in den Nut des Wischergummis einschieben und die Halteaussparungen der Streifen in die entsprechenden Erhebungen im Gummi einsetzen.

⑧ Gummierhebungen zum Einrasten der Halteklammern wieder zurückdrücken.

⑨ Beim Einsetzen des Wischerblatts darauf achten, daß die Kerbe in der Arretierungsfeder der Aussparung im Wischerarm gegenübersteht und dort einrasten kann.

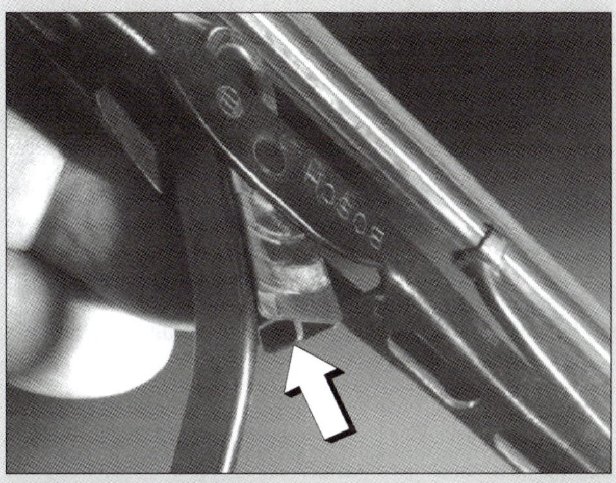

Wechsel des Wischerblatts: Erst den Wischerarm abklappen, dann das Gelenk des Wischerblattes an der kleinen Zunge (Pfeil) entsichern. Das Blatt kann jetzt aus dem »U« des Wischerarms geschoben werden.

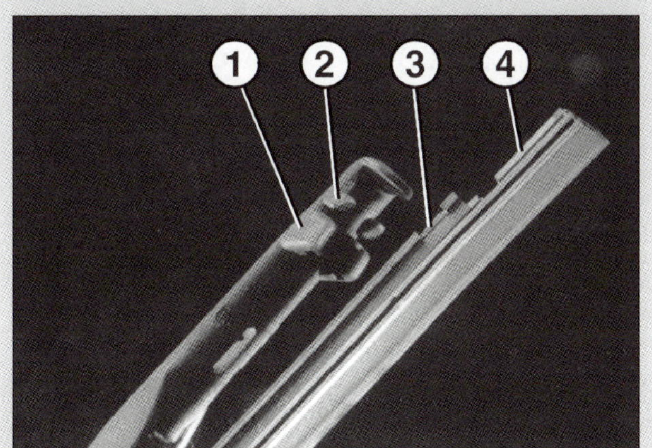

Wechsel des Wischergummis:
❶ Führungsnasen der Wischerblattschiene. ❷ Arretierungsklammern für das Wischergummi. ❸ Führungsprofil des Gummis. ❹ Nuten für Federstreifen.

Wascherdüse einstellen

Arbeitsschritte

① 1 Die Düsen sollten für klare Sicht nicht zu tief eingestellt sein. Sonst verschmiert bei höherem Tempo erst die Scheibe, bevor das Wasser die gesamte Fensterfläche bestreicht.

② 2 Düsen mit einer Nadel oder Büroklammer einstellen. Spitze vorsichtig in die Düsenöffnung stecken und die Düse in die gewünschte Spritzrichtung drehen.

Einstellung der Scheibenwaschdüsen:
Die Düsen wurden extra etwas höher ausgerichtet – so trifft der Sprühstrahl auch bei höherem Tempo (mit entsprechendem Winddruck) noch das ganze Wischfeld.

Immer eine freie Düse

Praxistip

Damit Sie nicht immer wieder zum Einstellen Ihrer Wascherdüsen die Stecknadel im Heuhaufen suchen müssen, raten wir Ihnen, das »Einstell-Werkzeug« seitlich in die Sonnenblende auf der Fahrerseite zu stecken. So hat die Nadel ihren festen Platz und ist immer zur Hand, wenn Sie die Düsen reinigen oder justieren wollen. Im Winter kann es schon mal vorkommen, daß die Düsenköpfe einfrieren. Auch hier hilft Ihnen die Nadel. Träufeln Sie etwas Türschloßenteiser oder Spiritus auf die Nadelspitze und befördern Sie die Flüssigkeit direkt in die Düsenköpfe, genau so, als wollten Sie eine Justierung vornehmen. Nach einigen Minuten ist die Düse wieder frei.

Wascherdüse ausbauen

Mit einer verstopften Wascherdüse werden Sie am besten fertig, indem Sie die Düse ausbauen und sie mit Druckluft durchblasen. Sie können das Teil auch mit einem dünnen Draht durchstoßen. Hilft das nichts, muß die Düse ausgewechselt werden. Verstopfungen der Wascherdüsen vermeiden Sie, wenn Sie in die Waschwasserleitung einen handelsüblichen Benzinfilter einbauen.

Arbeitsschritte

① Motorhaube öffnen. An der hinteren Motorhaubenkante den jeweiligen Schlauch der Wascherdüse vorsichtig mit einem Schraubendreher seitlich abhebeln.

② Mit einem durch den Ausschnitt gesteckten kleinen Schraubendreher zwei kleine Plastiknasen vorsichtig nach innen drücken und gleichzeitig die Wascherdüse nach außen drücken.

③ Wascherdüse von oben aus dem Ausschnitt der Motorhaube ziehen.

④ Achten Sie beim Eindrücken der Wascherdüse auf festen Sitz, sonst gibt es Probleme bei der Einstellung der Düse.

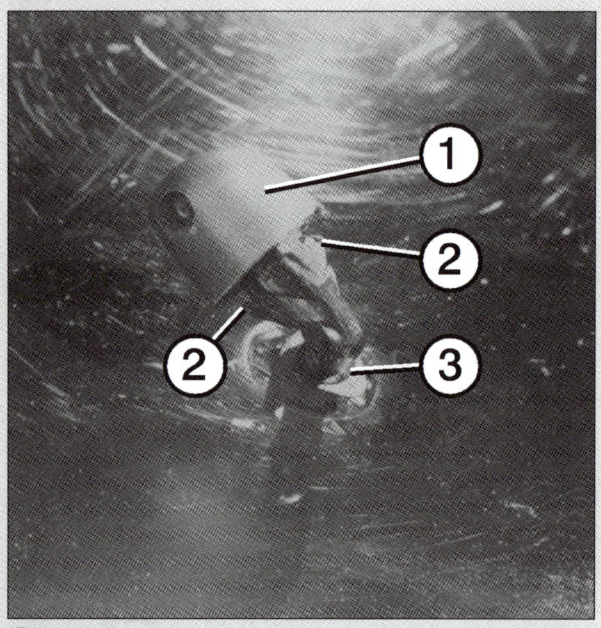

❶ Scheibenwascherdüse.
❷ Federzungen.
❸ Schlauch der Scheibenwascherpumpe.

Scheibenwischerarm ausbauen

Arbeitsschritte

Frontwischer

① Abdeckkappe von Wischerarmachse und Achse des Tandemgestänges mit einem Schraubendreher abhebeln.

② Jeweilige Haltemutter zwei Umdrehungen lösen.

③ Wischerarm seitlich gefühlvoll etwas hin- und herbewegen, damit er sich vom Konus der Wischerachse löst. Sitzt er fest, auf beiden Seiten Schraubendreher flach ansetzen und Wischerarm auf der Welle lösen. Um die Umgebung der Achse nicht zu beschädigen, am besten rechts und links einen großen Lappen unterlegen.

④ Beide Muttern mit Unterlegscheibe abschrauben und abnehmen.

⑤ Wischerarm von der Welle abziehen.

⑥ Den Wischerarm so montieren, daß das Wischerblatt annähernd parallel zur unteren Dichtung der Windschutzscheibe steht. Kontrollieren Sie nach der Montage den korrekten Lauf des Wischers. Das Blatt darf nicht an die Scheiben-Dichtungen stoßen.

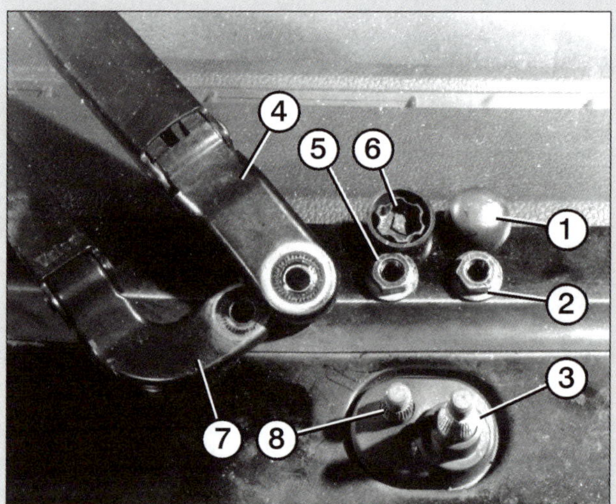

Zum Ausbau des Wischerarms ❹ die Abdeckkappe ❶ abhebeln und die Befestigungsmutter ❷ lösen und abschrauben. Wischerarm von der Wischerarmachse ❸ mit dem Tandemarm abheben. Abdeckkappe ❻ und Mutter ❺ für Tandemarm. ❼ Tandemarm. ❽ Tandemarm-Achse.

Im Winter sollten Sie öfters die Gelenke (Pfeile) des Tandemgestänges am Frontscheibenwischer schmieren, da sich hier Streusalz ablagert. Vorher die Gelenke reinigen.

Heckwischer

① Abdeckkappe hochklappen.

② Wischerachsen-Mutter zwei Umdrehungen lösen.

③ Wischerarm zum Lockern auf der Wischermotorachse gefühlvoll seitlich etwas hin- und herbewegen.

④ Mutter mit Unterlegscheibe abschrauben.

⑤ Schlauch der Scheibenwaschanlage neben der Achse abziehen und Wischerarm abnehmen.

⑥ Den Heckwischerarm so montieren, daß er in Ruhestellung parallel zur unteren Scheibendichtung steht.

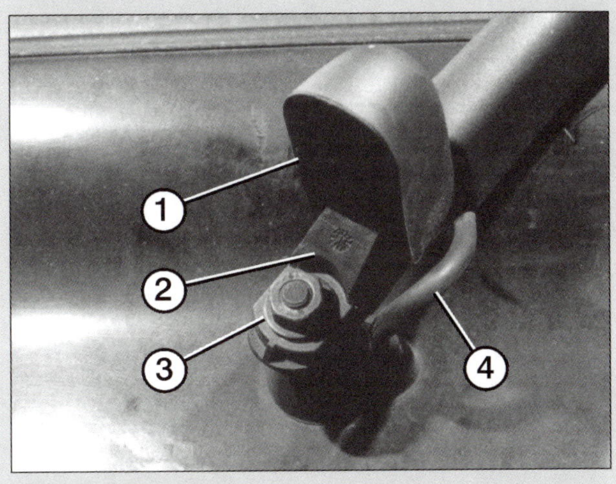

Heckscheibenwischer:
❶ Abdeckkappe. ❷ Wischerarm. ❸ Wischerachse mit Befestigungsmutter. ❹ Scheibenwascherschlauch.

Frontwischermotor ausbauen

Arbeits-schritte

① Wischerarm abbauen

② Im Motorraum den Unterdruckschlauch vom Unterdrucksensor (bis Modelljahr' 96) bzw. den Kühlmittelschlauch zum Ausgleichsbehälter (ab Modelljahr' 97) aus der Halterung hebeln.

③ Zum Ausbau der Wischermotorhalterung zwei Muttern und eine Schraube lösen und herausdrehen.

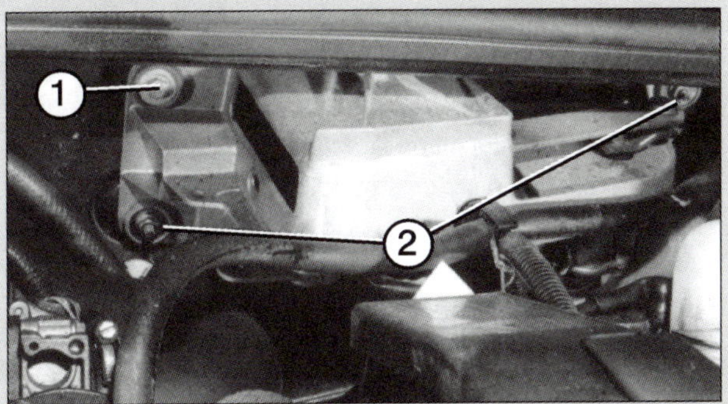

Motorhalterung des Frontscheibenwischers mit der Befestigungsschraube ❶ und den beiden Muttern ❷.

④ Motorhalterung mit Wischermotor und -gestänge vorsichtig abnehmen und Mehrfachstecker abziehen.

⑤ Vor Einbau des Wischermotors die Endstellung kontrollieren, sonst gibt es eventuell Probleme mit der Stellung des Wischerarms.

Praxistip

Die Kabelklemmen an den Wischermotoren

Frontwischermotor

Klemme	Funktion
A 1	Schnelle Wischergeschwindigkeit
A 3	Masse
B 1	Langsame Wischergeschwindigkeit
B 2	»+«-Endstellung
B 3	Endstellung
Heckwischermotor	
1	»+«-Heckscheibenwischer
2	Masse
3	»+«-Endstellung

Heckwischermotor ausbauen

Arbeits-schritte

① Den Arm des Heckwischers abbauen.

② Heckklappe öffnen und Innenverkleidung ausbauen. Dazu das Kunststoff-Formteil mit einer breiten Schraubendreherklinge und untergelegtem Lappen vorsichtig aus dem Heckklappenausschnitt bzw. den Klammern hebeln.

③ Mehrfachsteckverbindung zum Wischermotor trennen.

④ Die drei Halteschrauben der Motorhalterung herausdrehen.

⑤ Halterung komplett mit Wischermotor abnehmen.

⑥ Vor Ansetzen des Wischerarms kontrollieren, ob sich der Wischer in Endposition befindet, sonst gibt es eventuell Probleme mit der Wischerarm-Einstellung.

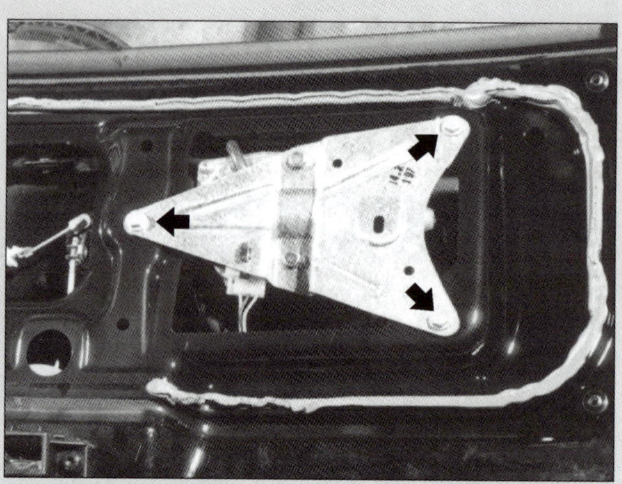

Diese drei Schrauben (Pfeile) müssen gelöst werden, dann kann die Heckwischermotorhalterung komplett mit dem Wischermotor abgenommen werden.

Scheibenwischer

Störungs-beistand

Störung	Ursache	Abhilfe
A Scheibenwischer laufen nicht	**1** Sicherung defekt	Austauschen
	2 Intervallmodul defekt	Motor austauschen
	3 Wischerantriebskurbel lose	Festziehen
	4 Kabel zum Wischerschalter unterbrochen	Leitungen überprüfen
	5 Kabel zum Wischermotor unterbrochen	Leitungen überprüfen
	6 Wischermotor durchgebrannt	Austauschen
B Heckscheibenwischer läuft nicht	**1** Siehe A1	
	2 Steckverbindungen an Schalter oder Motor sitzen nicht richtig oder sind oxidiert	Richtig aufstecken bzw. reinigen
	3 Siehe A5	
	4 Wischermotor defekt	Austauschen
C Scheibenwischer laufen nicht in Stufe I	**1** Klemme 3 am Wischermotor defekt	Motor austauschen
	2 Klemmen A7 und D3 im Schalter unterbrochen	Schalter austauschen
D Scheibenwischer laufen nicht in Stufe II	**1** Leitung Klemme 4 vom Wischerschalter zum Motor unterbrochen	Leitung überprüfen
	2 Klemmen A8 und D3 im Wischerschalter unterbrochen	Schalter austauschen
	3 Klemme 4 am Wischermotor defekt	Wischermotor austauschen

Scheibenwischer

Störungs-beistand

Störung	Ursache	Abhilfe
E Keine Wischerrück-stellung	1 Leitung Klemme A9 vom Wischerschalter zum Motor unterbrochen	Leitung kontrollieren
	2 Wischermotor defekt	Mit Prüflampe kontrollieren: Zwischen Klemme 3 und Masse muß die Lampe dauernd brennen. Zwischen Klemme 1 und Masse muß die Lampe kurz vor Erreichen der Parkstellung verlöschen. Wenn nicht, Wischermotor austauschen
F Scheibenwischer laufen nicht im Intervall-betrieb	1 Intervallmodul defekt	Wischermotor austauschen
	2 Leitung Klemme A6 zwischen Wischerschalter und Motor unterbrochen	Leitung überprüfen (grau/gelbes Kabel), ggf. Schalter austauschen
	3 Kontakt A6 im Wischerschalter defekt	Schalter austauschen
G Intervallbetrieb läßt sich nicht ausschalten	1 Siehe D1/E1	
	2 Kontakte im Wischerschalter öffnen nicht	Schalter austauschen
H Scheibenwischer stehen nach dem Ab-schalten nicht oder nur kurz in Parkstellung	Mangelhafter Kontakt am Schleifkontakt im Wischermotor	Motorabdeckung abschrauben, Kontakte blank-schleifen. Ggf. Wischermotor austauschen
I Heckscheiben-wischer läuft dauernd	1 Anschlußleitungen zum Wischermotor ver-tauscht	Kontrollieren und richtig anschließen
	2 Schalter hängt	Auswechseln

Wischerblätter

Störungs-beistand

Störung	Ursache	Abhilfe
A Wasser und Schmutz werden gleich-mäßig über das Wisch-feld verteilt	1 Scheibe durch Lackpflegemittel, ölhaltige Rück-stände oder Insektenleichen verschmutzt	Auf der Scheibe Messingputzmittel auftragen, antrocknen lassen, dann mit einem sauberen Lappen abreiben
	2 Wischergummi verschlissen	Austauschen
	3 Wischerarm am Anlenkpunkt des Wischerblat-tes verdreht und nicht parallel zur Windschutz-scheibe	Wischerarmende nachbiegen (in sich verdrehen)
B Im Wischfeld blei-ben feine Wasser-streifen stehen	Siehe A2	
C Im Wischfeld blei-ben feine Wassertropfen zurück	Neigungswinkel des Wischergummis zur Wind-schutzscheibe zu flach	Wischergummi austauschen

Wischerblätter

Störungs-beistand

Störung	Ursache	Abhilfe
D Im Wischfeld bleibt ein breiter Wasserfilm zurück	Ungleiche Druckverteilung durch verbogene oder defekte Anpreßfeder im Wischergummi	Wischerblatt austauschen
E Im Wischfeld bleiben einige Wasserfelder zurück	**1** Anpreßdruck des Wischerarms zu gering	Anpreßdruck überprüfen, Feder leicht einölen, ggf. Wischerarm ersetzen
	2 Scheibenwischerantrieb verschlissen	Kontrollieren, defekte Teile ersetzen
	3 Wischerarm lose auf seiner Achse	Festschrauben
	4 Wischerarm verbogen	Nachbiegen
	5 Wischerblatt verbogen	Austauschen
F Im Wischfeld bleiben oben am Rand Wasserfelder zurück	**1** siehe E1	
	2 siehe D	
G Wischerblatt rattert	**1** Zuviel Spiel in der Verbindung von Wischerarm und Wischerblatt bzw. dem Kunststoffverbindungsteil	Wischerblatt oder -arm auswechseln
	2 Wischerarm in sich verdreht	Wischerarm zurechtbiegen

Die Lackpflege

Jeder Quadratzentimeter glänzender Lack schlägt der Fahrzeugalterung ein Schnippchen. Die Pflege des Lacks ist daher eine lohnende Arbeit. Der Lack eines neuen Autos braucht zunächst freilich nicht viel Aufmerksamkeit. Eine regelmäßige gründliche Wäsche und die Beseitigung von Steinschlägen, Teerflecken und Insektenresten reichen als Pflege völlig aus. Doch nach zwei, drei Jahren haben Sonne, Regen, Schmutz und häufige Wagenwäschen dem Lack so zugesetzt, daß er eine sanfte Grundreinigung nötig hat. Machen Sie die Tropfenprobe: Wenn die Wassertropfen auf dem sauberen Lack mit unscharfen Rändern zerfließen, ist es Zeit für die Lackpflege.

Wundermittel Lackreiniger

Welches Pflegemittel für Ihr Fahrzeug das richtige ist, hängt vom Zustand des Lacks ab. Für einen neuen und gut erhaltenen Lack genügt eine milde Politur. Sie glättet die durch Umwelteinflüsse und mechanische Einwirkungen aufgerauhte Lackschicht, indem sie die mikroskopisch kleinen Furchen in der oberen Lackschicht behutsam glättet. Außerdem enthält eine Politur Wachskomponenten, die das Blechkleid konservieren. Ein Lackreiniger ist für neue Lacke reines Gift – für alte und verwitterte Lacke jedoch genau das richtige.

Für Lackpflege ist es nie zu spät

Ein Lackreiniger funktioniert wie eine Politur, enthält jedoch gröbere Schleifmittel, die auch mit stärkeren Verschmutzungen fertig werden. Tatsächlich ist es für die Lackpflege fast nie zu spät. Bevor Sie Ihrem gealterten Twingo eine Neulackierung spendieren, sollten Sie es mit einem Lackreiniger versuchen. Allerdings enthalten diese Wundermittel in der Regel keine konservierenden Komponenten. Sie müssen daher den aufbereiteten Lack in einem neuen Arbeitsgang mit einem Autowachs versiegeln.

Konservierung für den Lack

Es empfiehlt sich übrigens, die Konservierung bei neuen und aufbereiteten Lacken zwei- oder dreimal im Jahr zu erneuern. Das erhält den Glanz länger und verbessert den Langzeitschutz. Die meisten Polituren und Lackreiniger wirken ziemlich aggressiv. Arbeiten Sie deshalb nie unter direkter Sonneneinstrahlung. Die chemischen Verbindungen in der Politur können sonst förmlich in den Lack einbrennen.

Arbeitsschritte

① Vor der Lackpolitur das Fahrzeug gründlich waschen und trocknen.

② Prüfen Sie zuerst an einer unauffälligen Stelle, ob der Autolack Ihre Politur verträgt. Vorsicht bei Lackreinigern: Tragen Sie nur eine dünne Schicht auf, zuviel Reiniger nimmt mehr Decklack ab als nötig. Gehen Sie lieber in mehreren Durchgängen vor.

③ Politur oder Lackreiniger mit Baumwoll- oder Synthesewatte (handballengroße Stücke) oder weichem Tuch (kein Kunstfaserlappen) auftragen. Mit sanftem Druck in kreisförmigen Bewegungen einreiben. Nehmen Sie sich immer nur eine kleinere Fläche vor.

④ Nach kurzer Einwirkzeit bildet sich ein trockener weißer Belag, der mit einem Watteballen in kreisenden Bewegungen auspoliert wird. Vorsicht an Kanten bei verwittertem Lack: Nicht zu lange dieselbe Stelle bearbeiten, da man sonst schnell auf die Grundierung stößt.

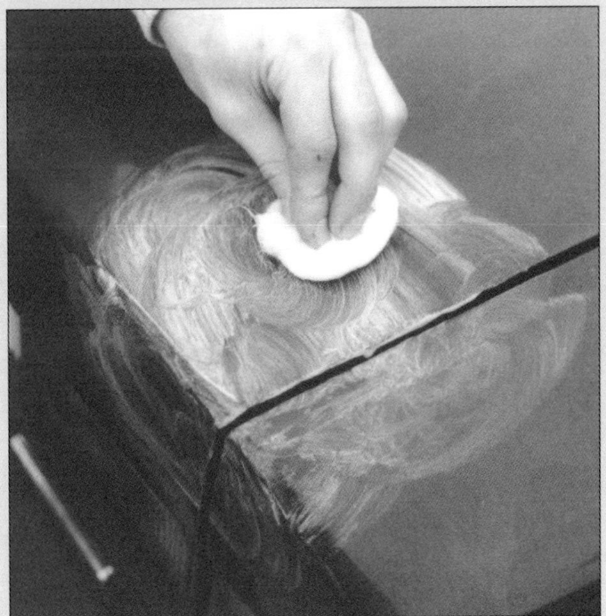

Teilen Sie die Karosserie in Abschnitte von etwa einem halben Quadratmeter ein. Bei größeren Flächen kommen Sie mit dem Auspolieren nicht nach. Eingetrocknete Politur läßt sich nur schwer verarbeiten.

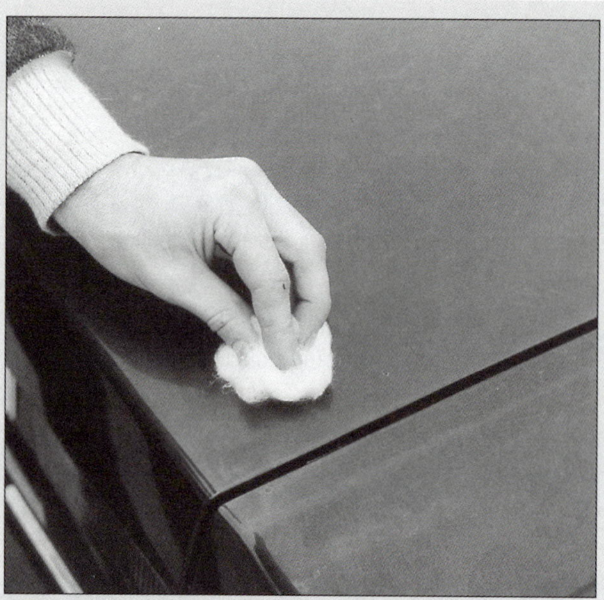

Damit der Lack klar und schlierenfrei erscheint, reibt man den weißen Belag mit großen Watteballen unter Druck glänzend. Wird die Polierbewegung schwerer, den Watteballen wenden oder erneuern.

⑤ Nach einiger Zeit geht das Polieren schwerer, weil Wachs- und Pflegemittelpartikel die Bewegungen einbremsen. Dann Watteballen wenden oder erneuern.

⑥ Zum Abschluß den Lack mit sauberem Baumwollappen abreiben, um noch vorhandenes Poliermittel und Watteflusen zu entfernen.

So konservieren Sie richtig

⑦ Autowachs mit Watte auftragen. Die Größe der zu bearbeitenden Fläche hängt vom verwendeten Produkt ab. Vorsicht: Konservierer haben einen hohen Lösemittelanteil. Sorgen Sie daher für ausreichende Belüftung.

⑧ Die Flüssigkeit mit Watteballen in kreisenden Bewegungen einreiben. Gleichmäßiges druckvolles Kreisen erzeugt bei guten Konservierern Tiefenglanz.

⑨ Die Watte darf nur mit wenig Widerstand über den Lack gleiten. Deshalb häufig die Watte wenden und rechtzeitig wechseln.

⑩ Weist der Lack nach dem Konservieren Streifen oder Wolken auf, liegt das meist an verschmierten Farbpartikeln, die eine vorhergehende Politur hinterlassen hat. An diesen Stellen nochmals mit einer Politur beginnen.

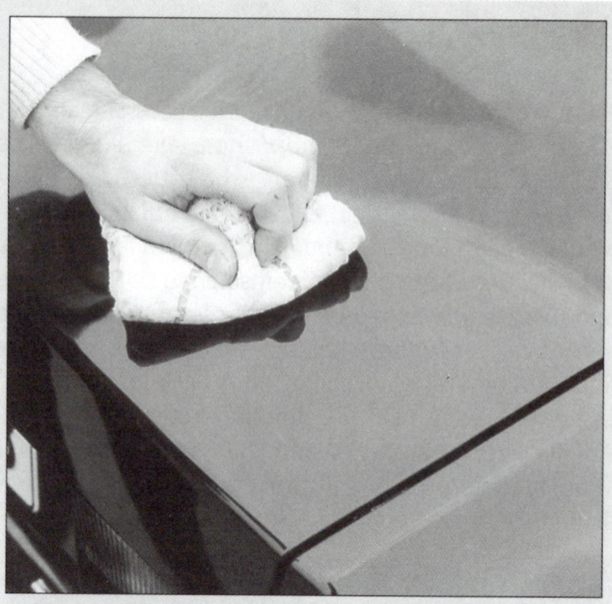

Reiben Sie die polierte Lackfläche zum Schluß noch mit einem sauberen Baumwollappen ab. Damit entfernen Sie eventuell noch vorhandenen Belag und natürlich auch die Watteflusen.

Wenn der Konservierer beim Auftragen fast vom Lack abperlt, ist die Oberflächenspannung des Lacks noch zu groß. Versuchen Sie es in diesem Fall vor der Konservierung mit einer milden Politur.

Lackschäden

Während der Fahrt verüben aufwirbelnde Steine immer wieder Anschläge auf die Karosserie Ihres Twingo. Bei hohem Tempo werden selbst winzige Sandkörner zu Geschossen, die wie Meteoriten im Lack einschlagen. Im Winter sind vor allem Frontpartie und Motorhaube gefährdet, wenn der Rollsplitt gegen das Blech prasselt. Steinschlagschäden sind jedoch kein Drama. Auch ein Parkrempler mit Kratzern und Schrammen bietet keinen Anlaß zur Panik. Solche Stellen lassen sich ebenso wie Fremdlack mit Lackreiniger oder Schleifpolitur oft einfach auspolieren.

Reparaturset bei Steinschlag

Viele Hersteller bieten für Lackschäden durch Steinschlag (etwa in der Größe eines Stecknadelkopfes) Reparatursets an, die sich so leicht handhaben lassen wie eine Flasche Nagellack. Eine Alternative ist Tupflack, bei dem der Krater mit einem Pinsel in mehreren Lackschichten aufgefüllt wird. Bei normalen Lacken helfen auch Wachsstifte in Wagenfarbe – der aufgetragene Wachsfilm hält freilich nur einige Wagenwäschen lang und muß dann erneuert werden. Die Lackbezeichnung und den Code für die Farbe Ihres Wagens finden Sie auf einem Schild am Türausschnitt der Beifahrerseite.

Lackschäden rechtzeitig beseitigen

Macken im Lack sollten Sie nicht ignorieren. Der Rost kann den angrenzenden Lack unterwandern – bei ungünstigen Bedingungen wie Nässe und Wärme schon in wenigen Tagen. Deshalb gilt: Lackschäden möglichst schnell ausbessern. Hat sich der Rost über Monate oder Jahre ungehindert ausgebreitet, erkennen Sie das meist an unschönen Kratern oder Löchern im Karosserieblech. In diesem Fall helfen nur noch aufwendige Restaurierungsarbeiten. Die können wir Ihnen hier freilich ebensowenig vorstellen wie die Behebung eines Blechschadens. Für solche Arbeiten empfehlen wir den Band 175 aus der Reihe »Jetzt helfe ich mir selbst«. Er informiert umfassend über alle Arbeiten rund um die Autokarosserie.

Mit dieser Grundausstattung bessern Sie Lackschäden aus:

- Abklebeband (Profimaterial verwenden).
- Zeitungen oder Folie zum Abkleben.
- Schleifklotz aus Holz oder Kork für flächiges Schleifen.
- Naß- und Trockenschleifpapier in verschiedenen Körnungen.
- Spachtel und Spachtelmasse, Härter. Spritzspachtel zum Ausgleich kleinerer Unebenheiten.
- Haftgrund, als Grundlage für den Lackaufbau.
- Decklack in der Farbe Ihres Fahrzeugs.
- Lackreiniger, Konservierer, Politur.

Steinschlagschäden ausbessern

Arbeitsschritte

① Stehen rund um den Lackkrater Ränder ab: Mit einer feinen Nadel abheben.

② Hat sich Rost gebildet, kratzen Sie ihn mit einem spitzen Taschenmesser vorsichtig heraus. Einen Tropfen Rostumwandler auf die Stelle tupfen und etwa eine Stunde einwirken lassen.

③ Die Schadstelle mit Waschbenzin oder Verdünnung reinigen, gründlich trocknen.

④ Etwas Haftgrund in den Sprühdosendeckel spritzen und mit Tupfpinsel oder Fingerkuppe dünn auftragen. Warten Sie, bis der Haftgrund getrocknet ist.

⑤ Mit Fingerkuppe oder kleinem Kunststoffmesser ein wenig Spachtel bündig zur umgebenden Lackfläche in den Krater drücken und trocknen lassen. Halten Sie Lappen und Verdünnung bereit, um Spachtelflecken auf dem Lack sofort abzuwischen.

⑥ Wenn Sie zuviel Spachtel eingebracht haben: Spannen Sie um ein Bleistiftende einen schmalen Streifen feines Schleifpapier, schleifen Sie den überschüssigen Spachtel bleistiftdrehend vorsichtig bei.

⑦ Ein wenig Lack in den Dosendeckel sprühen und eine Minute ablüften lassen. Den Lack sehr dünn mit Fingerkuppe oder spitzem Pinsel auftragen.

⑧ Wenn der Lack vollständig getrocknet ist (im Sommer nach etwa zwei, im Winter nach fünf Tagen): die ausgebesserte Stelle mit Politur, die Übergänge bei Bedarf mit Lackreiniger bearbeiten.

Kleinere Schrammen auspolieren

Arbeits-schritte

① Die Schadstelle mit Waschbenzin oder Verdünner reinigen.

② Polieren Sie die Fremdfarbe (falls vorhanden) mit Polierwatte, Schleifpolitur oder Lackreiniger in mehreren Arbeitsgängen aus dem Decklack. Halten Sie die Polierfläche möglichst klein.

③ Wenn die Ränder der Schramme noch rauh sind: Schleifen Sie diese Stellen mit einem kleinen Streifen feinstem Naßschleifpapier (mindestens Körnung 600) behutsam glatt. Dabei Schleifpapier immer wieder anfeuchten. Vorsicht: Schleifen Sie nicht die Decklackschicht durch.

④ Die Schadstelle mit einer milden Politur nachpolieren. Dabei werden Farbpartikel aus der unmittelbaren Lackumgebung in die Schramme hinein verteilt.

⑤ Zuletzt die bearbeitete Stelle mit Konservierer behandeln.

⑥ Wenn Sie auf gleichmäßigen Glanz Wert legen, anschließend das ganze Fahrzeug polieren.

Stärkere Schrammen ausbessern

Arbeits-schritte

① Bei tiefen Schrammen an Stoßfänger, Kotflügel oder Tür: Bauen Sie das Karosserieteil vor der Lackreparatur aus. Die Ausbesserung geht so leichter von der Hand.

② Schadensfläche mit Schleifpapier (Körnung 80 oder 100) eben schleifen. Ist Rost vorhanden, bis aufs blanke Blech schleifen, Rostumwandler auftragen und eine Stunde einwirken lassen.

③ Die Stelle mit Waschbenzin oder Verdünnung reinigen und entfetten, trocknen lassen.

④ Spachtel und Härter mischen. Die Spachtelmasse macht die Schadstelle zu dem angrenzenden Lack bündig.

Vorsicht: Der Spachtel läßt sich nur einige Minuten verarbeiten, weil der Härter schnell abbindet. Deshalb nur kleine Mengen vorbereiten. Bei geringen Unebenheiten können Sie auch Spritzspachtel aufsprühen.

⑤ Die Spachtelmasse gleichmäßig und zügig in mehreren dünnen Schichten auftragen. Nach etwa einer Stunde ist die Schicht ausgehärtet.

⑥ Unebenheiten mit Trockenschleifpapier (Körnung 240) vorsichtig abschmirgeln. Für den Feinschliff Naßschleifpapier (Körnung 400) verwenden und Fläche mit wenig Druck beischleifen.

⑦ Sind dann noch Riefen vorhanden – mit Spritzspachtel ausgleichen, aushärten lassen und mit Naßschleifpapier (Körnung 600) nachschleifen.

⑧ Vor dem Lackieren Schleifstaub sorgfältig abwischen.

Lackieren wie die Profis

⑨ Die Schadstelle mit wasserfestem und dehnbarem Lackierer-Klebeband, einer Folie oder alten Zeitungen abkleben. Billiges Klebeband weicht schnell durch und läßt bald auch Farbe passieren. Vorsicht: Beim Lackieren entstehen giftige Dämpfe. Sorgen Sie deshalb für eine gute Belüftung des Arbeitsplatzes.

⑩ Haftgrund (Füller) als feinporige Grundlage für den Decklack sprühen. Sauber arbeiten – Unebenheiten und Lacknasen verschwinden nicht mit zunehmenden Lackauftrag, sondern vergrößern sich. Haftgrund trocknen lassen, mit Naßschleifpapier (Körnung 600) planschleifen. Schleifrückstände abwischen.

⑪ Decklack aus der Sprühdose gleichmäßig und zügig in mehreren Schichten auftragen. Der Abstand vom Sprühkopf zur Lackierfläche sollte etwa 20 bis 30 Zentimeter betragen. Erwärmen Sie die Sprühdose vor dem Lackieren kurz in heißem Wasser. Der Sprühstrahl entweicht dann unter höherem Druck, ist feiner und erzielt eine glattere Oberfläche.

⑫ Die Ränder des Klebebands an der Reparaturstelle lösen, umknicken und diese Stellen nachsprühen. Das macht den Übergang zum Originallack unscharf.

⑬ Wenn der Lack vollständig getrocknet ist (im Sommer nach etwa zwei, im Winter nach fünf Tagen): die ausgebesserte Stelle mit Politur, die Übergänge mit Lackreiniger bearbeiten.

Farben und Lacke richtig entsorgen

Praxistip

Farb- und Lösungsmittelreste sind Sondermüll und dürfen nicht mit dem Hausmüll entsorgt werden. Spezielle Unternehmen entsorgen diesen Sondermüll fachgerecht und dadurch umweltfreundlich. Das gilt auch für verschmutzte Lappen, Pinsel und Spraydosen.
In vielen Städten und Gemeinden gibt es mobile Annahmestellen, die Sondermüll an festgesetzten Abholterminen kostenfrei annehmen. Fragen Sie bei Ihrem Umweltamt nach den Abholterminen oder den Öffnungszeiten der Deponie.

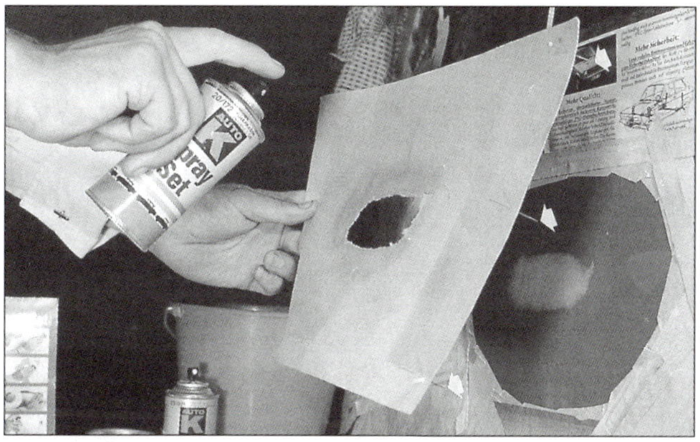

Wenn Sie mit der Spraydose lackieren: Schneiden Sie in ein großes Stück Pappe ein Loch in Größe der Schadensstelle. Der Sprühstrahl deckt dann nur die vorgesehene Fläche ab.

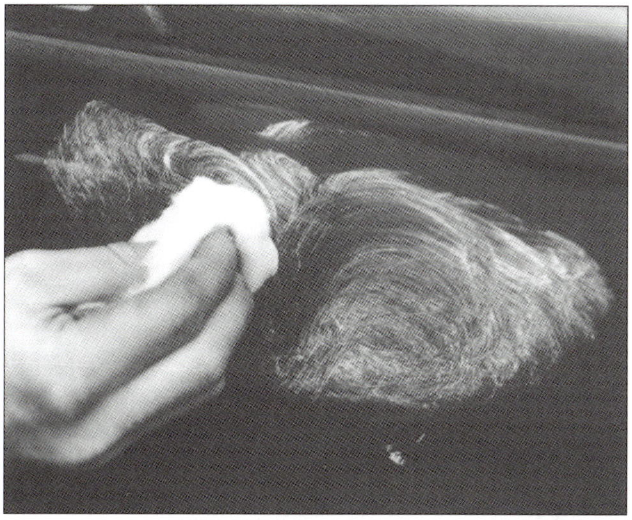

Kratzer oder Schrammen lassen sich mit Schleifpolitur oder Lackreiniger beseitigen, wenn noch ein Hauch Decklack vorhanden ist. Verwenden Sie nur hochwertiges Arbeitsmaterial aus dem Zubehörhandel.

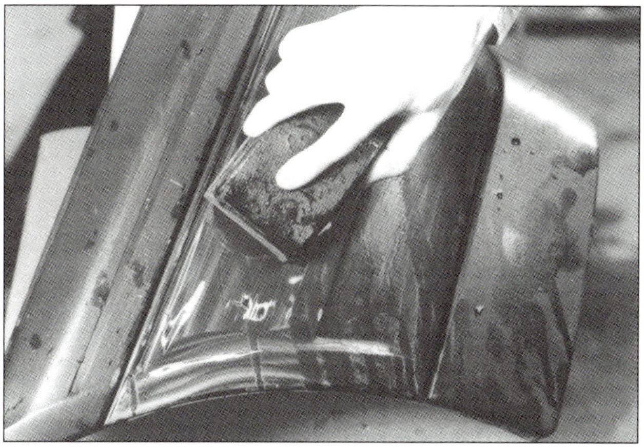

Schleifpapier um einen Schleifklotz wickeln, die Schadensfläche durch gleichmäßige Bewegungen in eine Richtung glatt schleifen. Den Klotz immer wieder in Wasser tauchen, damit der Schleifstaub herausgeschwemmt wird.

Wenn Sie zum ersten Mal mit Spachtel umgehen, sollten Sie erst üben, bevor Sie Ernst machen. Machen Sie auf einem alten Stück Autoblech einen Probedurchlauf. Das bringt das nötige Gefühl und Sicherheit im Umgang mit diesem Material.

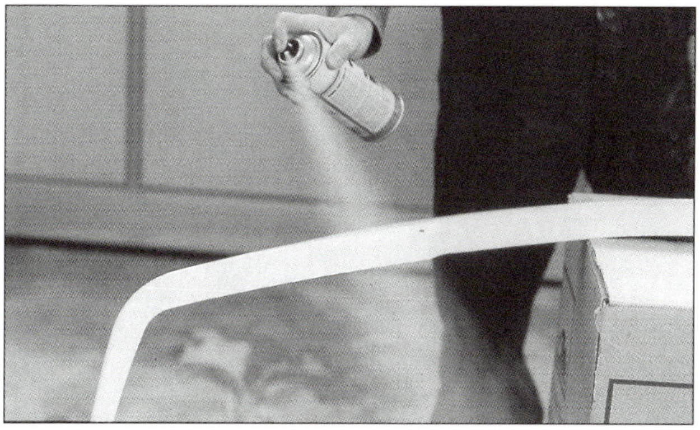

Halten Sie die Spraydose möglichst ruhig über der Lackierfläche. Führen Sie den Sprühstrahl am Lackierobjekt vorbei, nicht absetzen oder im Oval zurückführen – das vermeidet Lacknasen.

DER MOTOR

Der Econ-Motor (D7F) mit 40 kW/55 PS

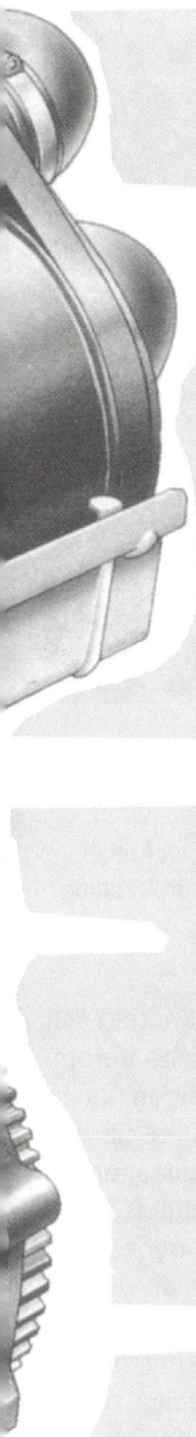

Wartung

Reparatur

Die Motorenpalette des Twingo ist ebenso klein wie seine Modellvielfalt groß. Easy und Matic, Enjoy, Liberty, Benetton & Co. rollen, je nach Baujahr, stets mit dem gleichen Benzinmotor vom Band. Bis zum September 1996 ist dies ein 55 PS starker 1,3-Liter-Motor (OHV); ab dem Modelljahr '97 gibt es den Twingo nur noch mit einem 1,2-Liter-Aggregat (Econ), das bei Verbrauch und Emissionen bessere Werte als sein Vorgänger aufweist und auch die Euro-2-Abgasnorm erfüllt. Beide Triebwerke sind kompakte, quer über der Vorderachse eingebaute Reihen-Vierzylinder mit jeweils zwei Ventilen pro Zylinder. Daß Renault seinen Kunden die Qual der Wahl erspart und nicht mehr Motoren anbietet, liegt am One-Box-Design des kleinen Franzosen: Das Motorabteil ist so eng geschnitten, daß größere Maschinen darin einfach keinen Platz finden würden.

Der OHV-Motor

Der OHV-Motor ist ein grundsolides, millionenfach gebautes Triebwerk, das manchem Renault-Fahrer noch in Erinnerung sein dürfte: Die kompakte Konstruktion sorgte bereits in den 60er Jahren in den beiden Baureihen Renault 6 und Renault 12 für Vortrieb. Im Twingo kommt freilich eine modifizierte Version dieses Motors mit Zentraleinspritzung (Monopoint) zum Einsatz.

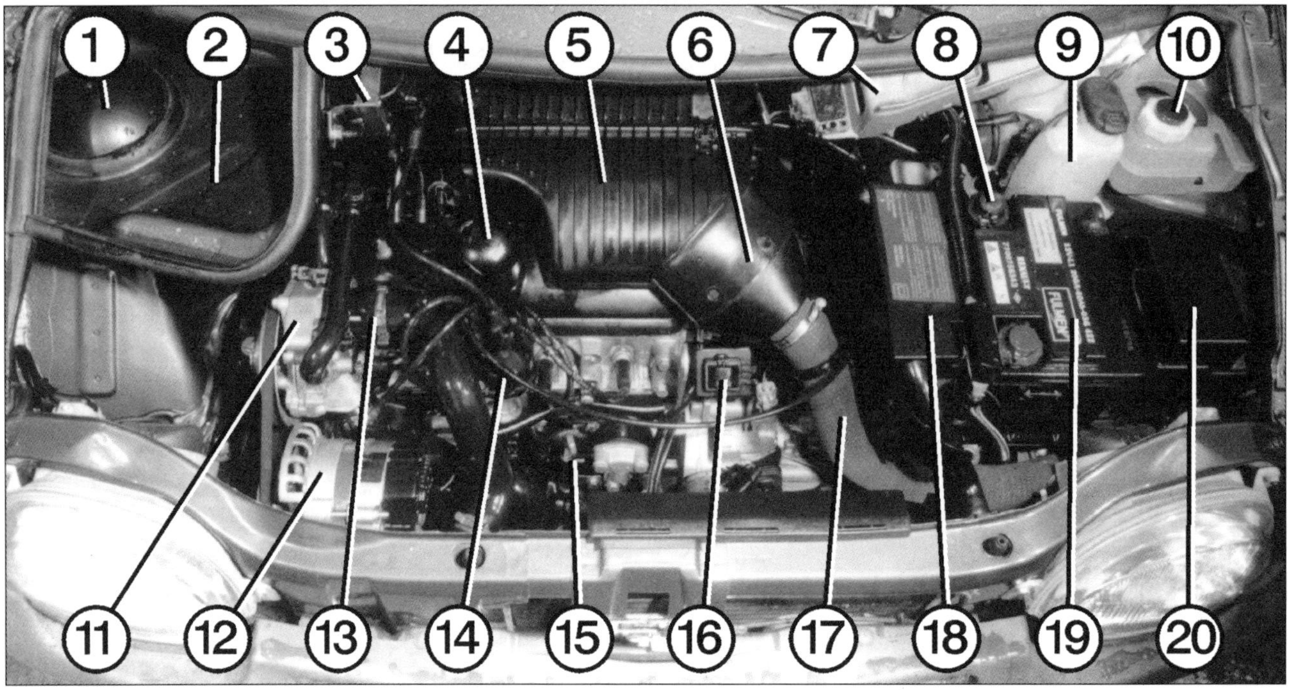

OHV-Motor (C3G) 40 kW/55 PS.
❶ Federbeindom rechts. ❷ Windfangkasten. ❸ Zündspule. ❹ Öleinfüllkappe. ❺ Ansauggeräuschdämpfer mit Luftfiltereinsatz. ❻ Ansaugluftvorwärmung. ❼ Scheibenwischermotorhalterung. ❽ Bremsflüssigkeitsbehälter. ❾ Vorratsbehälter für Scheibenwaschwasser. ❿ Ausgleichbehälter für Kühlflüssigkeit. ⓫ Wasserpumpe. ⓬ Generator. ⓭ Thermostat im Kühlerschlauch. ⓮ Zündverteiler. ⓯ Ölpeilstab. ⓰ Diagnosestecker. ⓱ Ansaugschlauch für Frischluft. ⓲ Steuergerät für Zündung und Benzineinspritzung. ⓳ Batterie. ⓴ Sicherungs- und Relaiskasten.

Er beschleunigt das 790 Kilogramm schwere Fahrzeug in rund 14 Sekunden auf 100 km/h und ermöglicht eine Höchstgeschwindigkeit von 150 km/h. Mit 6,5 L/100 km (Drittelmix) erreicht der Twingo im Verbrauch allerdings nur durchschnittliche Werte.

Französische Nomenklatur

Werksintern trägt der OHV-Motor die Bezeichnung C3G-A700. Das »C« steht in der Renault-Nomenklatur für einen Gusseisenblock und fünf Kurbelwellenlager, die Zahl »3« für parallel liegende Ventile und Benzineinspritzung. Mit dem »G« bezeichnet Renault einen Zylinder-Inhalt zwischen 1201 und 1275 Kubikzentimeter, »A-700« ist eine Angabe über den Motortyp.

Motor-Steuerung mit Stoßstangen

Der C3G ist ein sogenannter OHV-Motor (O = Over; H = Head; V = Valve), bei dem die beiden Ventile für den Einlaß der Frischgase und den Auslaß der Abgase hängend im Zylinderkopf angeordnet sind. Die für die Steuerung der Ventile zuständige Nockenwelle befindet sich bei dieser Konstruktion seitlich im Kurbelgehäuse. Sie hat jedoch keinen direkten Kontakt mit den obenliegenden Ventilen. Die erforderliche Verbindung stellt ein System aus Stößeln, Stoßstangen (auch: Stößelstangen) und Kipphebeln her. Diese bei älteren Motoren recht häufige Variante der Ventilsteuerung wird auch als »Stoßstangen-Motor« bezeichnet. Dabei drücken die Nocken der Nockenwelle gegen die Stößel, die den Druck über die Stoßstange an die auf dem Zylinderkopf montierten Kipphebel übertragen. Der so betätigte Hebel leitet die Bewegung an die Ventile weiter. Der Nachteil dieser Bauweise macht sich bei höheren Drehzahlen bemerkbar. Stößel und Stoßstange reagieren aufgrund der großen Massenkräfte sehr träge, was das rasche Schließen der Ventile beeinträchtigt. Der Motor brummt dann vernehmlich vor sich hin.

Rechts: Der OHV-Motor (C3G) mit 40 kW/55 PS.
❶ Öleinfüllkappe. ❷ Zylinderkopfdeckel. ❸ Zylinderkopf. ❹ Motorblock. ❺ Kurbelwellenflansch für Schwungrad. ❻ Ölwanne. ❼ Ölfilter. ❽ Ölpeilstab. ❾ Zündkerze. ❿ Wasserpumpe. ⓫ Keilriemenrad der Wasserpumpe.

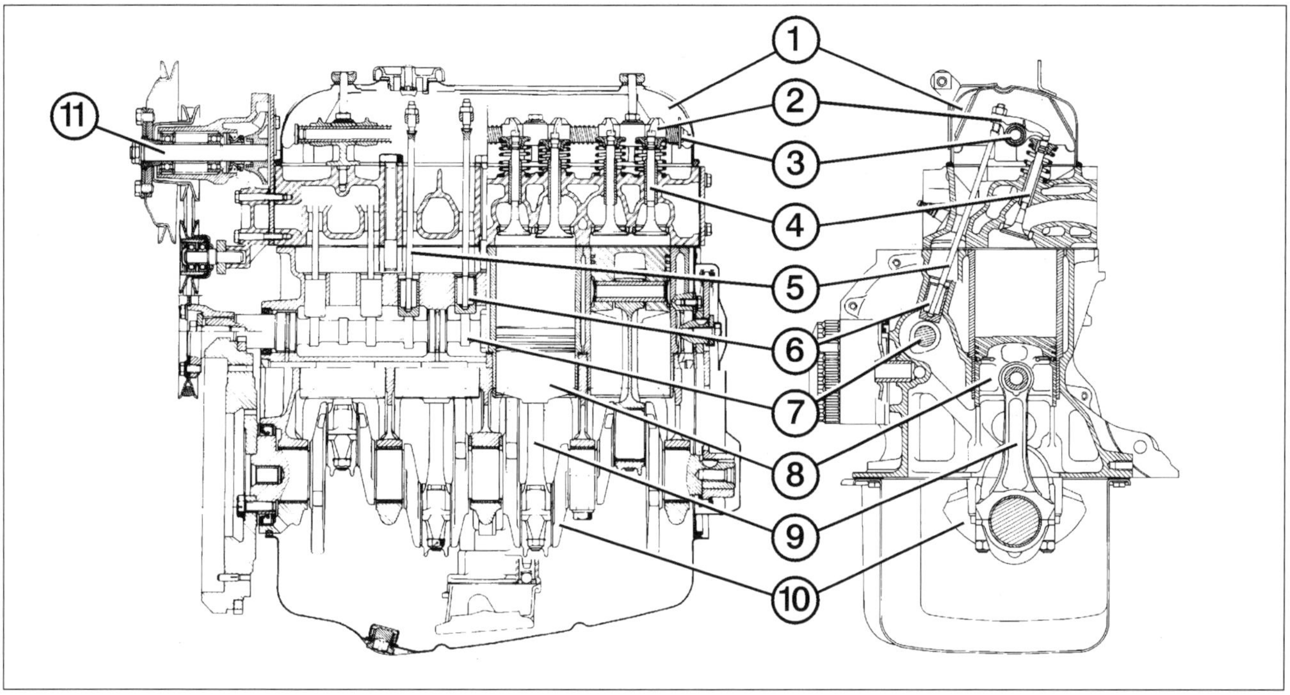

Längs- und Querschnitt des OHV-Motors (C3G) mit 40 kW/55 PS.
❶ Zylinderkopfdeckel. ❷ Kipphebel. ❸ Kipphebelwelle. ❹ Ventil. ❺ Stößelstange. ❻ Stößel. ❼ Nockenwelle. ❽ Kolben. ❾ Pleuel. ❿ Kurbelwelle. ⓫ Wasserpumpe.

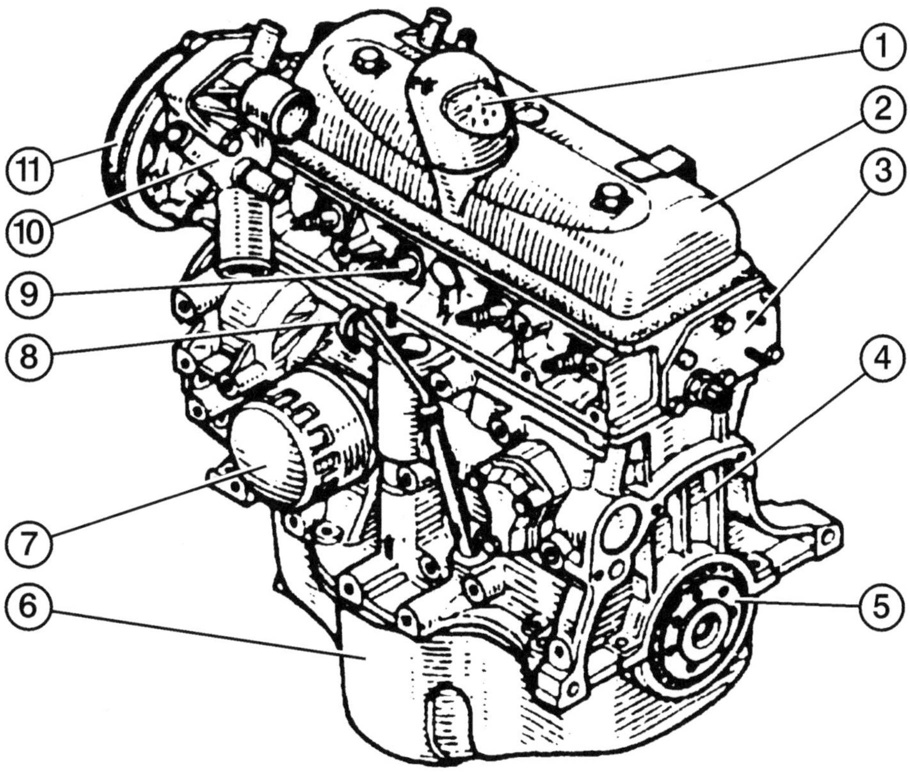

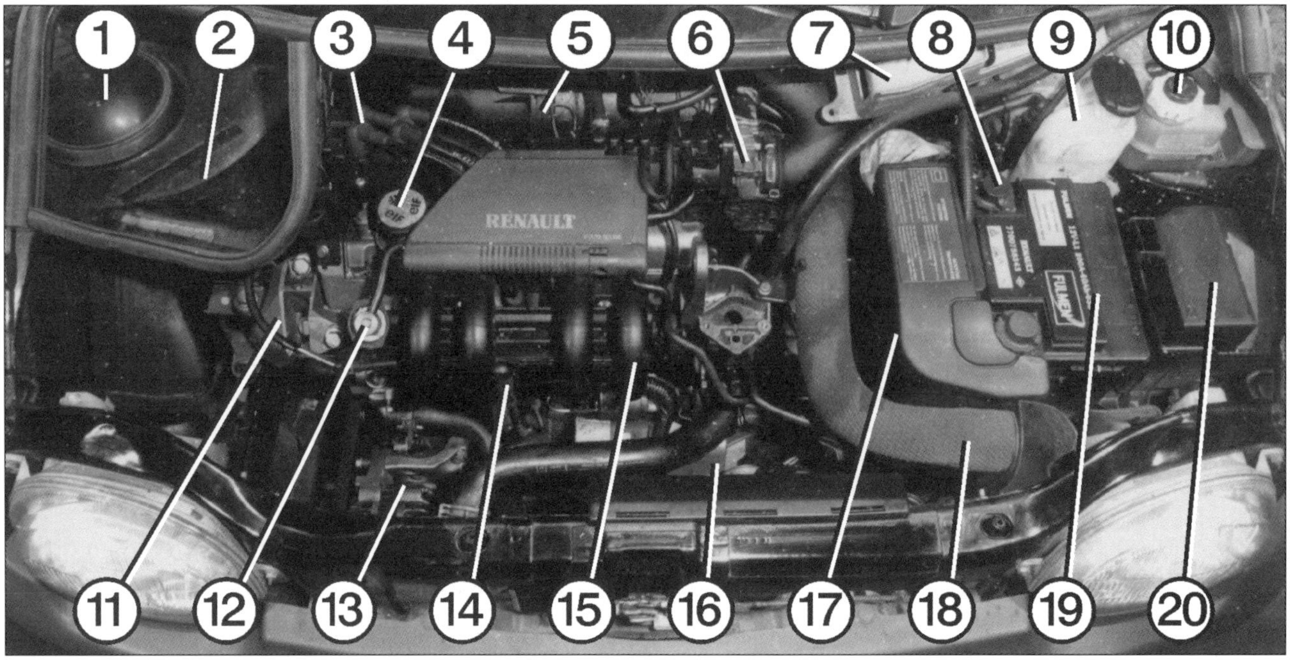

Econ-Motor (D7F) 43 kW/60PS.
❶ Abdeckung Federbeindom rechts. ❷ Windfangkasten. ❸ Doppelzündspule. ❹ Öleinfüllkappe. ❺ Ansauggeräuschdämpfer mit Luftfiltereinsatz. ❻ Drosselklappengehäuse. ❼ Scheibenwischermotorhalterung. ❽ Bremsflüssigkeitsbehälter. ❾ Vorratsbehälter für Scheibenwaschwasser. ❿ Ausgleichbehälter für Kühlflüssigkeit. ⓫ Motoraufhängung rechts. ⓬ Kraftstoffdruckregler mit Kraftstoffverteiler. ⓭ Generator. ⓮ Ölpeilstab. ⓯ Ansaugkrümmer. ⓰ Anlasser. ⓱ Steuergerät für Zündung und Benzineinspritzung. ⓲ Ansaugschnorchel für Frischluft. ⓳ Batterie. ⓴ Sicherungs- und Relaiskasten.

Der 1,2-Liter-Motor

Die über einen Zahnriemen von der Kurbelwelle angetriebene Nockenwelle (engl. camshaft) betätigt die Ventile direkt über Kipphebel. Man nennt diese Bauweise OHC-Motor (O = Over; H = Head; C = Camshaft). Konstruiert wurde das erstmals im Renault Clio eingesetzte Triebwerk mit Hilfe moderner Computertechnik und CAD-Verfahren. Kennzeichen dieser Konstruktion, die mit 170 statt bisher 200 Bauteilen auskommt, sind die geringeren Abstände zwischen den Zylindern, dünnere Motorwandungen und die konsequente Verwendung von Leichtmetall (zum Beispiel Zylinderkopf aus Aluminium). Dadurch reduziert sich das Gesamtgewicht des Econ im Vergleich zum CG3-Motor um 20 Prozent auf 82 Kilogramm. Ebenfalls am Computer ausgetüftelt wurde die platzsparende Anordnung der Zündanlage auf der Ventilkammerdeckel, der Sitz der Ölpumpe direkt am Kurbelwellenende mit direktem Kraftabgriff sowie die Luftfilterbox, die nahe am Ansaugluftsammler plaziert wurde.

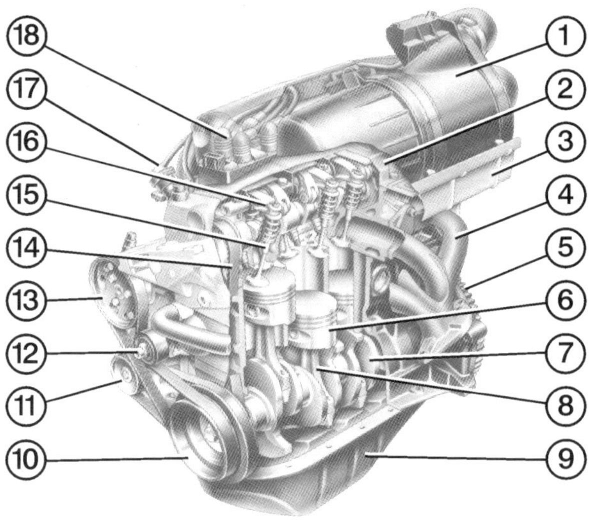

Der Econ-Motor (D7F) mit 43 kW/60 PS.
❶ Ansauggeräuschdämpfer mit Luftfilter. ❷ Zylinderkopfdeckel. ❸ Hitzeschutzblech des Auspuffkrümmers. ❹ Auspuffkrümmer. ❺ Motorschwungrad. ❻ Kolben. ❼ Kurbelwelle. ❽ Pleuel. ❾ Ölwanne. ❿ Doppel-Keilriemenscheiben der Kurbelwelle (bei Zusatzaggregaten). ⓫ Keilriemenscheibe des Generators. ⓬ Keilriemen-Spannrolle. ⓭ Keilriemenscheibe der Servolenkung (Hydraulikpumpe). ⓮ Zahnriemen. ⓯ Ventil mit Feder. ⓰ Kipphebel mit Einstellvorrichtung. ⓱ Kraftstoffdruckregler. ⓲ Doppelzündspule.

Econ mit 55 und 60 PS

Der Econ wurde im September 1996 mit einer Leistung von 55 PS eingeführt. Ab April 1997 arbeitet in Twingo-Modellen mit Klimaanlage eine 60 PS starke Variante, die im Oktober 1997 vollends die 55-PS-Version ablöst. Ausgestattet mit einer Multipoint-Benzineinspritzung, stellt der Econ bereits bei 2.500 Umdrehungen pro Minute das kräftige Drehmoment von 93 Newtonmetern zur Verfügung. Mit diesem Triebwerk erreicht der Twingo eine Spitzengeschwindigkeit von 151 Stundenkilometern, begnügt sich dabei jedoch mit einem Drittelmix-Verbrauch von 6,0 Litern bleifreiem Superbenzin auf 100 Kilometern.

Werkstatt oder Do it yourself?

Trotz ihres unkomplizierten Aufbaus können an den Twingo-Motoren Defekte auftreten. Reparaturen und Einstellarbeiten am Motor sind jedoch fast immer eine Sache für die Werkstatt. Dafür braucht man Fachwissen, Erfahrung und meist auch Spezialwerkzeuge. Ein falsch ausgetauschter Zahnriemen zum Beispiel kann schwere Schäden an Kolben und Ventilen verursachen. Überlassen Sie Reparaturen an Zylinderkopfdichtung und Ventilen der Werkstatt, ebenso die Beseitigung eines Lagerschadens. Wenn Sie nicht sicher sind, ob Sie eine Arbeit an den Innereien des Motors fachgerecht durchführen können: Verzichten Sie aufs Do it yourself. Es bleiben Ihnen trotzdem noch eine Reihe von Prüf- und Wartungsarbeiten, die Sie in Eigenregie durchführen können

Die Motoren der Twingo-Modelle

Modelljahr '96	Hubraum (cm³)	Leistung (kW/PS)
1,3	1239	40/55
Modelljahr '97		
1,2	1149	40/55
Easy 1,2	1149	40/55
Klima 1,2	1149	43/60
Klima Easy 1,2	1149	43/60
Matic 1,2	1149	43/60
Modelljahr '98		
1,2	1149	43/60
Easy 1,2	1149	43/60
1,2	1149	43/60

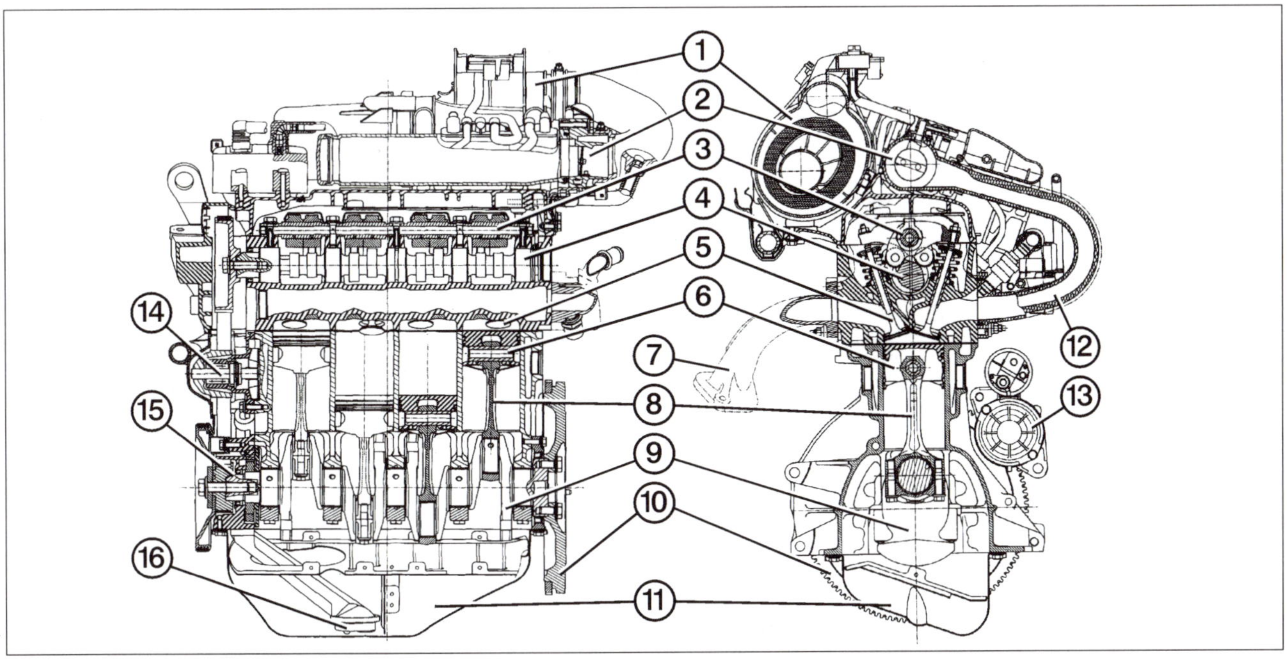

Längs- und Querschnitt des Econ-Motors (D7F) mit 43 kW/60 PS.
❶ Ansauggeräuschdämpfer mit Luftfilter. ❷ Drosselklappengehäuse. ❸ Kipphebelwelle mit Kipphebeln. ❹ Nockenwelle. ❺ Ventil. ❻ Kolben. ❼ Auspuffkrümmer. ❽ Pleuel. ❾ Kurbelwelle. ❿ Schwungrad. ⓫ Ölwanne. ⓬ Ansaugkrümmer. ⓭ Anlasser. ⓮ Wasserpumpe. ⓯ Ölpumpe. ⓰ Ansaugsieb mit Ansaug-Schnorchel der Ölpumpe.

Technik-lexikon

Bauteile des Motors

Motorblock. Hier sind die beweglichen Teile gelagert. Der Motorblock trägt auch Aggregate wie Lichtmaschine, Anlasser und Zündanlage. Er besteht bei beiden Twingo-Triebwerken aus Grauguß.

Zylinderkopf. Ist bei beiden Motoren aus Leichtmetall gefertigt und schließt den Zylinderraum nach oben ab. Der Zylinderkopf enthält Ansaug-, Abgas- und Wasserkanäle, die Ventilsitze, Lager und Führungen für Teile der Ventilsteuerung sowie die Zündkerzengewinde und den Brennraum. Die Zylinderkopfdichtung zwischen den Metallflächen von Zylinderkopf und Zylinderblock verhindert, daß an dieser Stelle Luft oder Kühlwasser in den Zylinder gelangen.

Zylinder. Bilden zusammen mit dem Zylinderkopf den Hubraum. Sie sind glatt ausgeschliffen (gehont) und exakt auf den Kolbendurchmesser abgestimmt. Für die Kühlung sorgt Wasser, das durch Kanäle in der Zylinderwand fließt.

Kolben. Nehmen den Verbrennungsdruck auf und geben ihn über die Pleuel an die Kurbelwelle weiter. Die Hauptbestandteile sind Kolbenboden, Ringzone mit Kolbenringen und Bolzenaugen für die Kolbenbolzen. Die beiden oberen Kolbenringe (Verdichtungsringe) verhindern, daß Gas aus dem Verbrennungsraum ins Kurbelgehäuse entweicht. Der untere Ring (Ölabstreifring) führt überschüssiges Schmieröl von der Zylinderwand in die Ölwanne zurück.

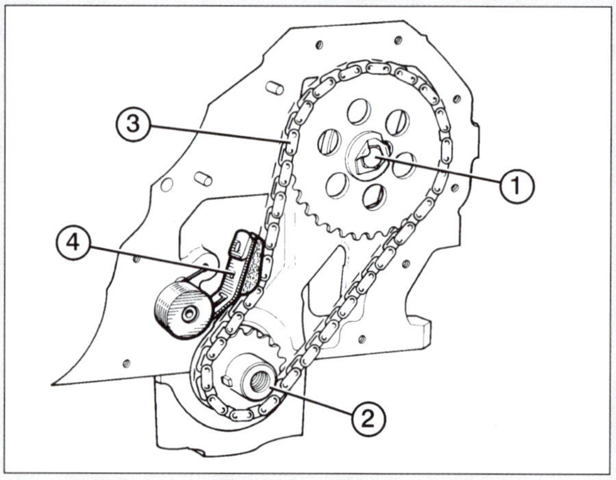

Beim OHV-Motor wird die Nockenwelle ❶ von der Kurbelwelle ❷ über eine Einfach-Rollenkette ❸ mit halber Kurbelwellendrehzahl angetrieben und von einem federbelasteten Kettenspanner ❹ auf Spannung gehalten.

Pleuel. Verbinden den Kolben mit der Kurbelwelle. Ihre Bestandteile: Pleuelkopf (umschließt den Kolbenbolzen), Pleuelschaft, Pleuelfuß und Pleuellagerdeckel (umschließen den Kurbelzapfen).

Kurbelwelle. Wandelt das Auf und Ab der Kolben in eine Drehbewegung um. Ihre Teile: Wellenzapfen (für Lagerung im Kurbelgehäuse), Kurbelzapfen, Kurbelwangen (verbinden Kurbelzapfen und Wellenzapfen). Bei allen Twingo-Motoren ist die Kurbelwelle an fünf Stellen im Motorblock in auswechselbaren Gleitlagerschalen gelagert.

Ventile. Lassen Frischgas ein- und Abgas ausströmen. Beim **OHV-Motor** (bis Modelljahr '96) sitzen die Ein- und Auslaßventile gegenüber den Stößelstangen in einer Reihe von oben im Zylinderkopf. Beim **Econ** sitzen die Ein- und Auslaßventile V-förmig geneigt im Zylinderkopf gegenüber. Sämtliche Teile, die am Öffnen und Schließen der Ventile beteiligt sind, nennt man Ventiltrieb.

Nockenwelle. Öffnet und schließt die Ventile zum richtigen Zeitpunkt. Beim **OHV** werden die Ventile von der seitlich im Motorblock sitzenden Nockenwelle über Stößelstangen und Kipphebel betätigt. Die Nockenwelle wird über eine Einfach-Rollenkette von der Kurbelwelle angetrieben und ist viermal gelagert. Beim **Econ** werden die Ventile direkt von der obenliegenden Nockenwelle über Kipphebel betätigt. Die Nockenwelle ist an fünf Stellen gelagert und wird über einen Zahnriemen von der Kurbelwelle angetrieben.

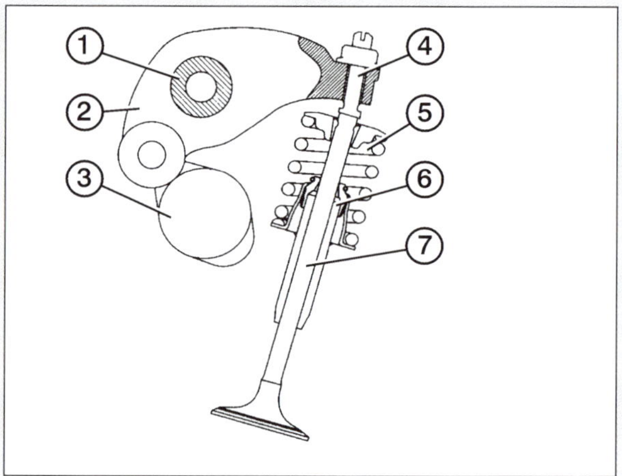

Der Ventiltrieb im Querschnitt.
❶ Kipphebelachse. ❷ Kipphebel. ❸ Nockenwelle. ❹ Ventileinstellschraube mit Kontermutter. ❺ Ventilfeder. ❻ Ventilschaftabdichtung im Zylinderkopf. ❼ Ventil.

Motor durchdrehen

Bei einer Reihe von Arbeiten an Motor sowie Zündung kommt es darauf an, daß sich die Kolben in den verschiedenen Zylindern nacheinander am oberen Punkt der Zylinderlaufbahn befinden (OT = oberer Totpunkt).

OHV: Der Kolben im Zylinder 1 (und 4) steht im oberen Totpunkt, wenn die OT-Markierung des Schwungrades der OT-Markierung am Schauloch der Kupplungsglocke gegenübersteht. Der Kolben von Zylinder 1 befindet sich ebenfalls im OT, wenn sich die Markierung der Zahnriemenabdeckung und des Nockenwellen-Zahnriemenrades genau gegenüberstehen (Schaulochabdeckung abnehmen).

Econ: Der Kolben im Zylinder 1 steht im oberen Totpunkt, wenn die OT-Markierung (rechteckige Markierung an der Zahnflanke) am Nockenwellen-Zahnriemenrad mit der des Zylinderkopfs übereinstimmt.

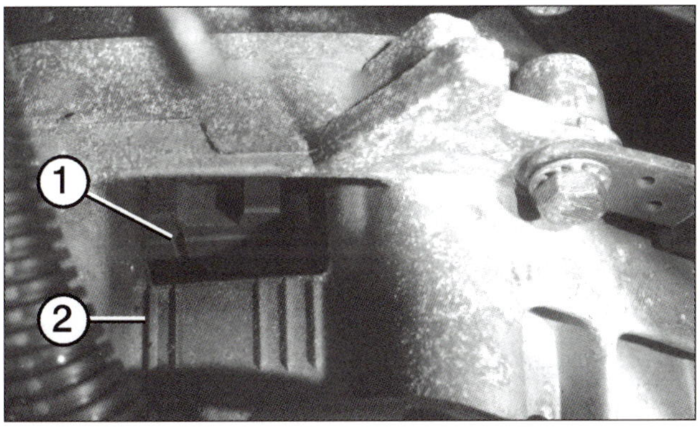

Die OT-Markierungen von Schwungrad ❶ und Kupplungsglocke ❷ beim OHV-Motor: Stimmt die OT-Markierung von Kupplungsglocke und Motorschwungrad im Schauloch überein, stehen Zylinder 1 und 4 im OT.

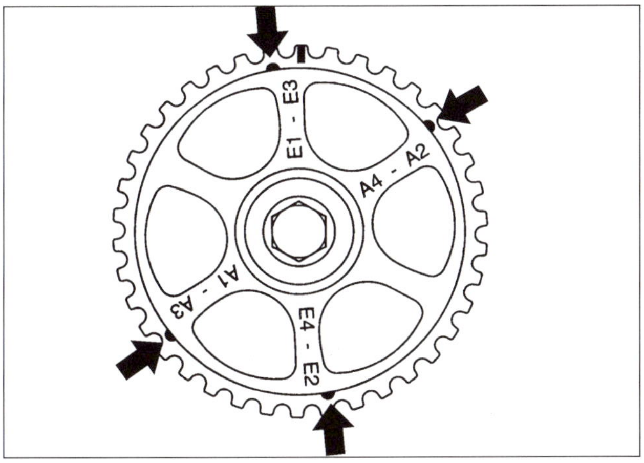

Arbeitsschritte

① Den Twingo wie zu einem Radwechsel auf einer Seite vorne aufbocken, den 4. oder 5. Gang einlegen. Drehen Sie an dem freihängenden Vorderrad, wird auch der Motor durchgedreht. Den gleichen Effekt erzielen Sie, wenn Sie den Wagen bei eingelegtem 4. oder 5. Gang jeweils ein Stück vorschieben.

② Sie können den Motor auch mit einer Stecknuß durchdrehen, die Sie an der Keilriemenscheibe der Lichtmaschine ansetzen. Der Motor dreht leichter, wenn Sie vorher die Zündkerzen herausschrauben. Vorsicht: Der Motor darf immer nur im Uhrzeigersinn durchgedreht werden.

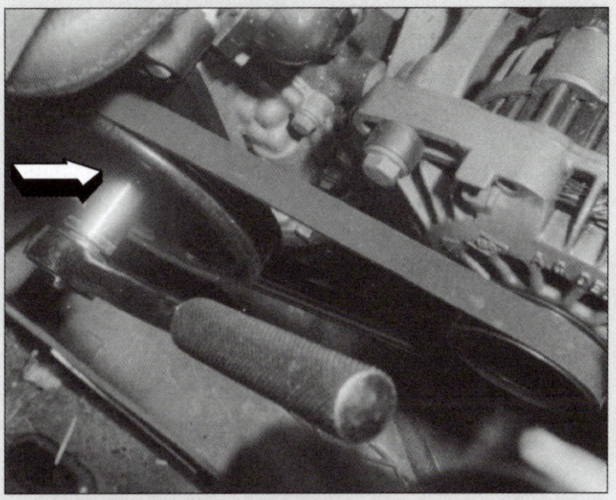

Twingo mit Getriebeautomatik:
Mit einer an der Kurbelwellenriemenscheibe angesetzten Stecknuß (Pfeil) können Sie die Kurbelwelle millimetergenau auf die gewünschte Position drehen.

③ **Econ:** Bei abgenommener Zahnriemenabdeckung den Motor keinesfalls an der Zentralschraube für das Nockenwellen-Zahnriemenrad durchdrehen – dabei kann unbemerkt der Zahnriemen um einen Zahn überspringen.

Links: Econ-Motor: Zylinder 1 steht im OT, wenn die obere Markierung am Nockenwellen-Zahnriemenrad (Pfeil deutet auf E 1) mit der Markierung der Zahnriemenabdeckung übereinstimmt. Einstellung der Ventile: Die Markierungen am Zahnriemenrad (**A** steht für Auslaßventil; **E** für Einlaßventil) müssen mit der entsprechenden Markierung an der Zahnriemenabdeckung übereinstimmen – dann können die jeweils numerierten Ventile eingestellt werden.

Technik-lexikon: Grundbegriffe zur Motortechnik

Viertaktprinzip. Die vier Arbeitstakte des Kolbens. **Ansaugen** (1. Takt): Kolben geht nach unten zum unteren Totpunkt (UT). Einlaßventil öffnet, das Kraftstoff-Luft-Gemisch strömt in den Zylinder. **Verdichten** (2. Takt): Kolben bewegt sich von UT zum oberen Totpunkt (OT). Einlaßventil schließt. Der Kolben verdichtet das eingeströmte Gemisch. **Verbrennen** (3. Takt): Kurz vor OT springt an der Zündkerze der Funke über. Das Gemisch verbrennt und drückt den Kolben nach UT. Über das Pleuel wird die Kurbelwelle in Umdrehung versetzt. **Ausstoßen** (4. Takt): Kolben bewegt sich wieder nach oben. Auslaßventil öffnet, die verbrannten Gase werden ins Auspuffsystem geschoben.

Hubraum. Der Raum, den die Kolben bei ihrer Bewegung von UT nach OT durchmessen. Wenn der Kolben seinen höchsten Punkt erreicht hat, bleibt noch der Brennraum, in dem sich das Kraftstoff-Luftgemisch befindet. Hubraum und Brennraum bilden zusammen den Zylinderraum.

Verdichtungsverhältnis. Das Verhältnis des Zylinderraums zum Brennraum. Es gibt an, auf den wievielten Teil des Zylinderraums das Kraftstoff-Luft-Gemisch verdichtet wird. Es beträgt beim OHV-Motor 9,2:1, beim Econ-Motor (D7F) 9,65:1.

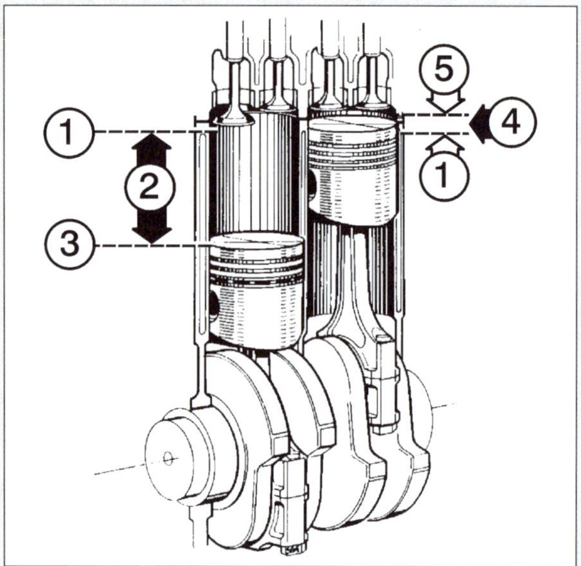

Der Hubraum ❷ erstreckt sich vom oberen ❶ bis zum unteren Totpunkt ❸. Zwischen dem OT, der im rechten Zylinder gerade durch den Kolbenboden begrenzt wird, und der Wölbung des Zylinderkopfes ❺ ist der Brennraum ❹.

Ventilspiel prüfen und einstellen

Wenn sich der Motor erwärmt, dehnen sich auch die Teile des Ventiltriebs aus. Das Ventilspiel zwischen Nockenwelle, Kipphebel und Ventilschaft berücksichtigt diesen Effekt. Die Ventile können jedoch nur bei richtig eingestelltem Ventilspiel perfekt arbeiten. Schon geringfügige Abweichungen von den richtigen Einstellwerten genügen, um Funktion und Lebensdauer des Motor zu beeinträchtigen. Ist das Ventilspiel zum Beispiel zu klein, liegen die Ventile nicht satt auf den Ventilsitzen. Darunter leiden vor allem die stark erhitzten Auslaßventile.

Sie können ihre Wärme nicht mehr an die Sitzringe abgeben, die Ränder der Ventilteller verformen sich, reißen ein und die Sitze verbrennen. Der Kompressionsdruck entweicht, der Motor verliert an Leistung, springt schlechter an und verbraucht mehr Kraftstoff. Auch ein zu großes Ventilspiel hat unangenehme Folgen. In diesem Fall öffnen die Ventile deutlich später. Die Zylinder werden schlechter gefüllt und der Motor kommt nicht auf volle Leistung. Der Ventiltrieb arbeitet lauter und verschleißt schneller.

Zylinderkopf-Deckeldichtung vor Arbeitsbeginn besorgen

In der Regel ist die Kontrolle des Ventilspiels beim Twingo nur nach einer Reparatur erforderlich – zum Beispiel nach einem Ausbau der Nockenwelle (bei defektem Lager) oder Kipphebelwelle (wenn die Lagerung an der Welle ausgeschlagen ist). Wenn sich die Ventile jedoch durch tackernde Geräusche bemerkbar machen, sollten Sie nach dem Rechten sehen. Besorgen Sie sich vor Arbeitsbeginn unbedingt eine neue Zylinderkopf-Deckeldichtung – die Dichtung reißt nämlich oft beim Abnehmen der Zylinderkopfhaube. Die alte Deckeldichtung ist meist so verhärtet, daß sie beim Anziehen der Zylinderkopfhaube nicht mehr richtig abdichtet. Bei beiden Twingo-Motoren prüft man das Ventilspiel bei kaltem Motor mit der Fühlerblattlehre.

Einstellwerte Ventilspiel

Motor (kW/PS)	Einlaßventil(mm)	Auslaßventil(mm)
OHV (40/55)	0,15	0,20
Econ (40/55; 43/60)	0,1	0,2

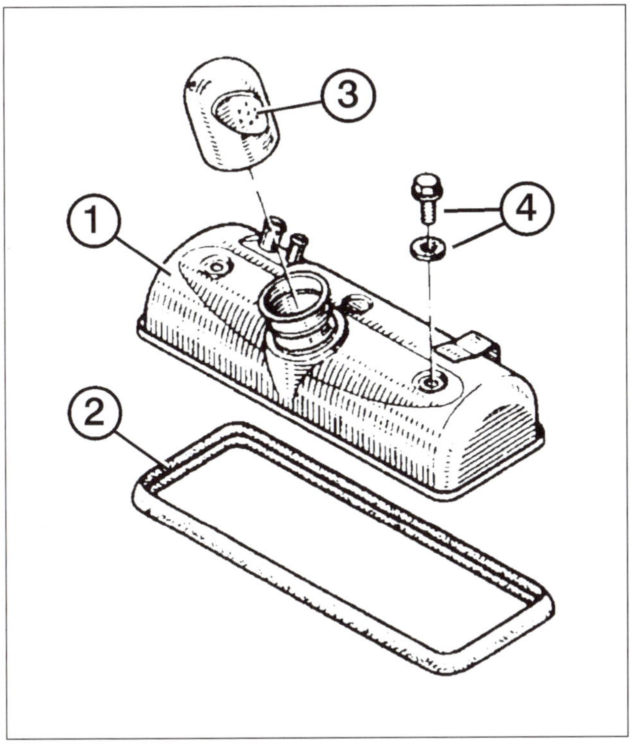

Die Teile der Zylinderkopfhaube beim OHV-Motor (C3G). ❶ Zylinderkopfhaube. ❷ Dichtung zwischen Zylinderkopf und -haube. ❸ Öleinfülkappe. ❹ Befestigungsschraube mit Unterlegscheibe.

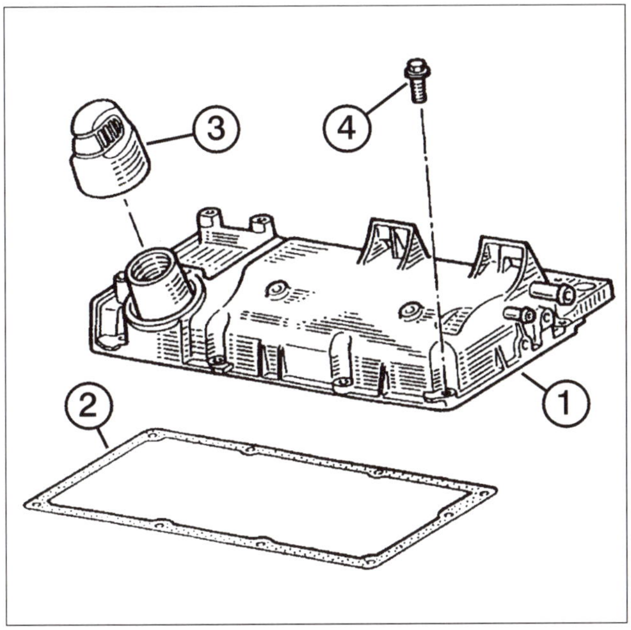

Die Teile der Zylinderkopfhaube beim Econ-Motor (D7F). ❶ Zylinderkopfhaube. ❷ Dichtung zwischen Zylinderkopf und -haube. ❸ Öleinfülkappe. ❹ Eine der Befestigungsschrauben.

Arbeitsschritte | W | 60000 km

Motor C3G

① Warmluft-Ansaugschlauch abbauen. Dazu Schlauchschelle lösen.

② Schlauch für Motorbe- und -entlüftung am Ansauggeräuschdämpfer abziehen.

③ Zwei Schrauben oben am Ansauggeräuschdämpfer lösen und rechte Klammer aufklipsen.

④ Ansauggeräuschdämpfer komplett mit Luftfilter abheben.

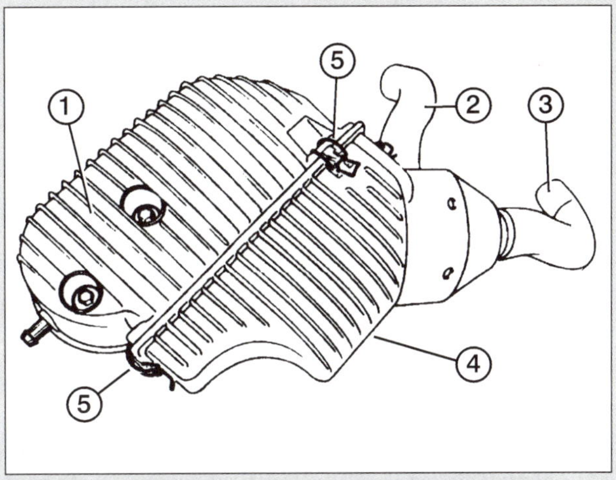

Der Ansauggeräuschdämpfer beim OHV-Motor (C3G). ❶ Luftkammer mit Befestigungsschrauben. ❷ Warmluftansaugschlauch. ❸ Frischluftansaugschlauch. ❹ Luftfiltergehäuse. ❺ Sicherungsklammern.

⑤ Zwei Schrauben oben an der Zylinderkopfhaube lösen und herausdrehen.

⑥ Haube mit Dichtung vom Zylinderkopf abheben. Sitzt der Deckel fest, lösen Sie ihn durch Schläge mit Handballen oder Hammerstiel.

⑦ Motor auf OT für Zylinder 1 stellen (Drehrichtung beachten).

⑧ Wenn Sie den Motor an der Riemenscheibe leicht hin- und herdrehen, überschneiden die Ventile an Zylinder 1 oder 4. Das liegt daran, daß sich beide Kipphebel bzw. Stößelstangen gegenläufig bewegen. Überschneiden zum Beispiel die Ventile des 4. Zylinders, muß das Ventilspiel des 1. Zylinders eingestellt werden.

Einstellung der Ventile: Einlaß- **(E)** und Auslaßventil **(A)** haben unterschiedliche Ventilspiele.

Einstellschema der Ventile

Ventile überschneiden an	Ventile einstellen an
Zylinder 4	Zylinder 1
Zylinder 2	Zylinder 3
Zylinder 1	Zylinder 4
Zylinder 3	Zylinder 2

⑨ Wählen Sie aus dem Fühlerblattfächer ein Blatt mit der richtigen Stärke. Schieben Sie es zwischen Kipphebel und Ende des Ventilschafts. Zur genauen Messung sollten Sie das Lehrenblatt schieben und nicht ziehen. Das Blatt sollte sich satt zwischen Kipphebel und Ventilschaft-Ende bewegen lassen. Ein stauchendes Blatt bedeutet zuwenig Ventilspiel.

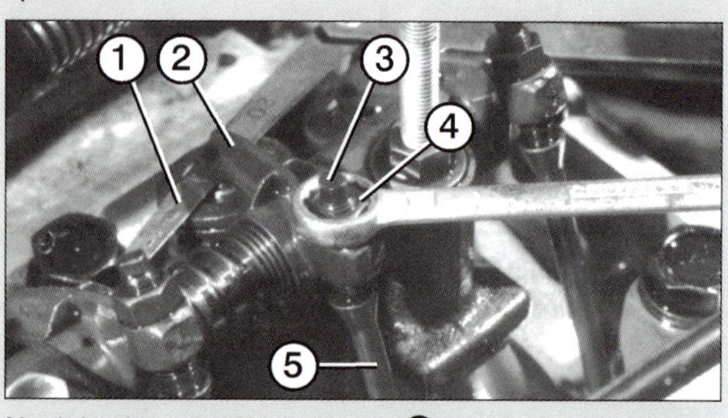

Nach Lockern der Kontermutter ❹ und Zwischenschieben des richtigen Fühlerblattes ❶ am Kipphebel ❷ stellt man gefühlvoll mit einem passenden Schlüssel oder einer Kombizange die Einstellschraube ❸ so ein, daß das Fühlerblatt satt zwischen Kipphebel und Ventilschaft-Ende bewegt werden kann. Dabei darf auch an der Stößelstange ❺ kein spürbares Spiel mehr vorhanden sein.

⑩ Stimmt das Spiel nicht mehr, die Kontermutter SW 10 etwas lösen. Dann die Einstellschraube (Vierkant) mit Kombizange oder Vierkantschlüssel so verstellen, bis sich die Lehre satt zwischen Kipphebel und Ventilschaft-Ende bewegen läßt.

Auslaßventile exakt einstellen

⑪ Arbeiten Sie beim Einstellen des Spiels der Auslaßventile besonders gewissenhaft; achten Sie darauf, daß sie nicht zu knapp eingestellt sind.

⑫ Anschließend die Kurbelwelle eine halbe Umdrehung weiterdrehen. In dieser Stellung überschneiden die Ventile von Zylinder 3; jetzt können die Ventile des 2. Zylinders eingestellt werden. Das gleiche Procedere gilt auch für die anderen Zylinder.

⑬ Wenn Sie die Zylinderkopfhaube wieder montieren: Setzen Sie eine neue Zylinderkopf-Deckeldichtung ein. Der Deckel muß richtig sitzen, sonst kann Öl herausdrücken.

⑭ Ventildeckelschrauben gleichmäßig festziehen.

⑮ Nach Montage der restlichen Teile den Motor warmlaufen lassen und Dichtung der Zylinderkopfhaube auf Dichtheit prüfen.

Econ

① Batteriemasse abklemmen.

② Die beiden Luftschläuche vom Ansauggeräuschdämpfer abziehen.

③ Nehmen Sie das Oberteil der Zündkabel-Abdeckung ab. In der Abdeckung befindet sich ein Abziehwerkzeug, mit dem Sie die Zündkabel von Zündspule und Zündkerzen abziehen können. Nicht am Zündkabel ziehen und unbedingt die jeweiligen Kabel für die zuständige Zündkerze markieren. Legen Sie die Zündkabel auf der rechten Seite ab.

④ Elektrische Steckverbindungen von Absolutdruckgeber, Leerlaufstellmotor, Drosselklappen-Potentiometer und Ansaugluft-Temperatursensor abziehen.

⑤ Stecker von Zündspule und Einspritzventilen abziehen.

⑥ Unterdruckleitungen der Motorbe- und -entlüftung am Magnetventil und am Ansaugkrümmer abziehen.

⑦ Unterdruckschlauch des Bremskraftverstärkers am Ansaugkrümmer abziehen.

⑧ Unterdruckschlauch vom Absolutdruckgeber und vom Kraftstoffdruckregler abziehen.

⑨ Kraftstoffzu- und -rücklauf am Kraftstoffverteilerrohr abziehen, Ölmeßstab herausnehmen.

⑩ Gaszug am Widerlager und Drosselklappenhebel aushängen.

⑪ Halterung des Drosselklappen-Gehäuses seitlich am Zylinderkopf abbauen (zwei Schrauben).

⑫ Ansaugkrümmer abbauen. Dazu oben auf der Zylinderkopfhaube zwei Schrauben und am Zylinderkopf vier Muttern lösen.

⑬ Die sechs Muttern der Ansaugkrümmerbefestigung am Zylinderkopf herausschrauben.

⑭ Auspuffkrümmer vorsichtig nach vorne oben schwenken, zwei Schrauben des Kraftstoffverteilerrohrs herausdrehen und Verteilerrohr abnehmen.

⑮ Ansaugkrümmer ablegen.

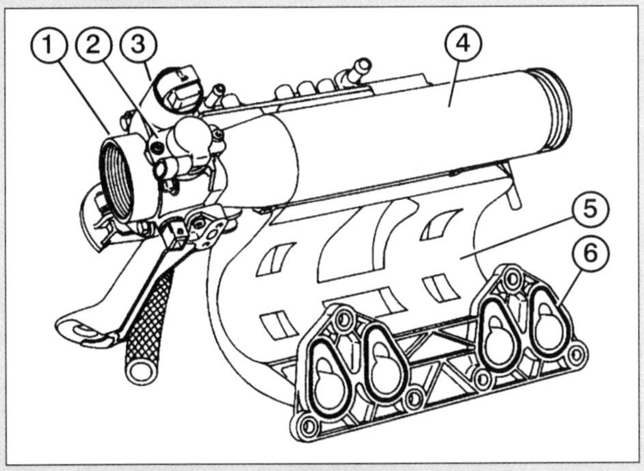

Ansaugkrümmer beim Econ-Motor.
❶ Drosselklappengehäuse mit Halter. ❷ Drosselklappenpotentiometer. ❸ Leerlaufregelventil. ❹ Luftsammelrohr mit Unterdruckanschlüssen. ❺ Ansaugkrümmer. ❻ Dichtungen zwischen Zylinderkopf und Ansaugkrümmer.

⑯ Acht Schrauben rings um die Zylinderkopfhaube lösen und Haube abnehmen. Haube mit Dichtung vom Zylinderkopf abheben. Sitzt der Deckel fest, lösen Sie ihn durch Schläge mit Handballen oder Hammerstiel.

⑰ Motor auf OT für Zylinder 1 stellen (Drehrichtung beachten). Zur Kontrolle und Einstellung des Ventilspiels ist das Nockenwellen-Zahnriemenrad mit fünf Markierungen versehen. Nur die rechteckige Markierung auf einer Zahnflanke entspricht dem OT. Die anderen vier Markierungen sind die Einstellmarkierungen für die einzelnen Ventile.

⑱ Drehen Sie den Motor ein kleines Stück im Uhrzeigersinn, bis sich die erste Einstellmarkierung im Schauloch mit der Markierung der Zahnriemen-Abdeckung deckt. Dann wird das Ventilspiel des Einlaßventils von Zylinder 1 und 3 kontrolliert und bei Bedarf eingestellt. Die Einlaßventile sitzen vorne auf der Ansaugkrümmer-Seite, die Auslaßventile von vorne gesehen hinten zur Spritzwand auf der Auspuffkrümmer-Seite.

⑲ Das Fühlerblatt mit der richtigen Stärke zwischen Kipphebel und Ventilschaft-Ende schieben.

Einstellen des Ventilspiels: Sie brauchen einen Gabel- oder Ringschlüssel SW 10 ❶ zum Lösen der Sicherungsmutter; eine Zange ❷ (besser einen kleinen passenden Gabelschlüssel) zum Einstellen der Ventile ❸. Außerdem eine Fühlerblattlehre ❹ mit 0,10 mm bzw. 0,20 mm Stärke.

⑳ Stimmt das Spiel nicht mehr, die Kontermutter SW 10 etwas lösen. Die Einstellschraube mit einer Kombizange oder Schraubendreher so verstellen, bis sich die Lehre satt zwischen Kipphebel und Ventilschaft-Ende bewegen läßt.

㉑ Arbeiten Sie beim Einstellen des Spiels der Auslaßventile besonders gewissenhaft; achten Sie darauf, daß sie nicht zu knapp eingestellt sind.

㉒ Anschließend die Kurbelwelle weiterdrehen, bis die zweite Einstellmarke mit der Markierung der Zahnriemen-Abdeckung fluchtet. Jetzt kann das Auslaßventil von Zylinder 1 und 3 kontrolliert und, falls nötig, eingestellt werden.

㉓ Die dritte Markierung auf dem Nockenwellen-Zahnriemenrad gilt für das Einlaßventil von Zylinder 2 und 4, die vierte Einstellmarke für das Auslaßventil von Zylinder 2 und 4.

㉔ Setzen Sie bei der Montage der Zylinderkopfhaube eine neue Zylinderkopf-Deckeldichtung ein. Der Deckel muß richtig sitzen, sonst kann Öl herausdrücken. Ziehen Sie die Schrauben des Ventildeckels gleichmäßig fest.

㉕ Verwenden Sie auch für den Ansaugkrümmer neue Dichtungen. Die Muttern bis zum Anliegen des Auspuffkrümmers am Zylinderkopf schrittweise anziehen. Dann mit 15 Nm festziehen.

㉖ Nach Montage der restlichen Teile den Motor warmlaufen lassen und Dichtung der Zylinderkopfhaube auf Dichtheit prüfen.

Praxistip

Überdrehzahlen und Motorlebensdauer

Überdrehzahlen verkürzen die Lebensdauer Ihres Motors. Drehen Sie das Triebwerk zu hoch, gibt es ein unüberhörbares Brummen von sich, das durch Schwingungen der Kurbelwelle oder flatternde Teile des Ventiltriebs verursacht wird. Werden die Schwingungen zu stark, kann ein Ventilstößel brechen. Das Ventil fällt aus, der Zylinder gibt keine Leistung mehr ab. Sie merken das an der nachlassenden Motorleistung. Im schlimmsten Fall brechen die Ventilfedern – das Ventil kann auf den auf- und abrasenden Kolben fallen. In der Regel bedeutet dies den Totalschaden des Motors.

Kompressionsdruck messen

Wenn Sie wissen wollen, ob sich der Motor Ihres Twingo noch in einem guten mechanischen Zustand befindet, sollten sie den Kompressionsdruck in den einzelnen Zylindern prüfen. Bei der Verbrennung des Kraftstoff-Luft-Gemischs entstehen in den Brennräumen der Zylinder enorme Drücke: bei Benzinern bis zu 60 bar. Für Kolben und Kolbenringe, Zylinderwände sowie Ventilsitze und Ventilschaftdichtungen bedeutet das hohe Belastungen. Schadhafte Brennraumdichtungen führen zu erhöhtem Öl- und Kraftstoffverbrauch, schlechteren Abgaswerten, schwächerer Leistung und mangelhaftem Kaltstartverhalten des Motors. Wenn diese Symptome bereits auftreten, hilft Ihnen die Messung des Kompressionsdrucks bei der Ursachenforschung.

Richtwerte für den Kompressionsdruck

Die Werte für den Kompressionsdruck (Verdichtungsdruck) unterscheiden sich bei den beiden Motortypen des Twingo. Die Richtwerte in der Tabelle gelten für einen Motor in einwandfreiem Zustand. Allerdings kommt es bei der Beurteilung des Motorzustands nicht allein auf die absolute Höhe des Kompressionsdrucks an. Die Werte sollten vielmehr in allen Zylindern gleich sein und nicht mehr als 2 bar voneinander abweichen. Bei einem älteren Motor sinkt der Kompressionsdruck. Gleichmäßig niedriger Druck in allen Zylindern ist dann normal. Erst wenn die Werte die Verschleißgrenze erreichen, sollten Sie sich auf Überholung oder Austausch Ihres Motors einstellen. Wenn zwischen den vier Meßwerten für die Zylinder Unterschiede von mehr als 3 bar bestehen, deutet das in der Regel auf eine dieser Ursachen hin:

- Verschleiß von Kolben oder Kolbenringen.
- Festsitzende Kolbenringe durch Verbrennungsrückstände im Zylinder.
- Unrunde Zylinder. Sind oft die Folge von Kolbenklemmern.
- Verbrennungs- oder Schmierölrückstände an Ventilschäften oder Ventilsitzen.
- Eingeschlagene Ventile.
- Verbrannte Ventile (bei zu kleinem Ventilspiel).

Sie können den Kompressionsdruck in Eigenregie messen, wenn Sie ein Kompressionsdruckgerät besitzen. Sie brauchen jedoch einen Helfer, der den Anlasser

Richtwerte für Kompressionsdruck

Motor (kW/PS)	Motortyp	normaler Verdichtungsdruck	Verschleißgrenze
1238 (40/55)	OHV	11–13	6
1149 (40/55; 44/60)	Econ	11–13	6

betätigt, während Sie den Prüfer bedienen. Zur exakten Ermittlung des Kompressionsdrucks sollten Sie vorher das Ventilspiel kontrollieren und bei Bedarf einstellen lassen. Auch der Anlasser Ihres Fahrzeugs muß in Ordnung sein. In der Mietwerkstatt gibt's neben einem Kompressionsdruckgerät oft auch einen Druckverlusttester, mit dem auch die Werkstatt arbeitet. Damit kann das für den Druckabfall verantwortliche Bauteil ausfindig gemacht werden.

So kommen Sie Fehlern auf die Spur

- Wenn der Kompressionsdruck zu niedrig ist: Träufeln Sie mit einer Spritzkanne etwas Motoröl ins Zündkerzenloch. Das dichtet den Raum zwischen Kolben und Zylinderwand besser ab. Messen Sie dann wieder den Kompressionsdruck.
- Bleibt der Wert zu niedrig, können Ventile, Ventilsitze, Ventilführungen, Zylinderkopf oder Zylinderkopfdichtung beschädigt sein.
- Erhalten Sie höhere Druckwerte, deutet dies auf Verschleiß an Kolbenringen oder Zylinderwand hin.

Arbeitsschritte

① Fahren Sie den Motor vor Arbeitsbeginn warm (Betriebstemperatur). Die Kolbenringe dichten bei warmem Öl besser ab.

② Zündung abklemmen, Zündkabel abziehen und alle Zündkerzen ausbauen.

③ Gummikonus des Druckprüfers auf das Kerzenloch des Zylinders Nr. 1 (OHV: Keilriemenseite; Econ: Schwungradseite) pressen oder passende Adapterleitung ins Loch der Zündkerze schrauben.

④ Handbremse anziehen, Schalthebel in Leerlauf-Stellung drücken.

⑤ Ein Helfer muß den Motor mit Anlasser etwa fünf Sekunden durchdrehen, bis der Zeiger des Druckprüfers nicht mehr ansteigt. Den Anlasser bei voll getretenem Gaspedal betätigen. So erhalten die Zylinder ihre größte Füllung.

⑥ Meßwert ablesen und notieren. Bei einem Druckschreiber mit Meßkärtchen weiterschalten für den nächsten Zylinder.

⑦ Entlüften Sie das Prüfgerät nach jeder Messung.

Der Gummikonus des Kompressionsdruck-Prüfers muß das Kerzenloch luftdicht abdichten. Ein Helfer betätigt nach Ihrem Kommando den Anlasser. Der Anlasser muß solange drehen, bis der Meß-Schreiber des Prüfgeräts zum Stillstand kommt.

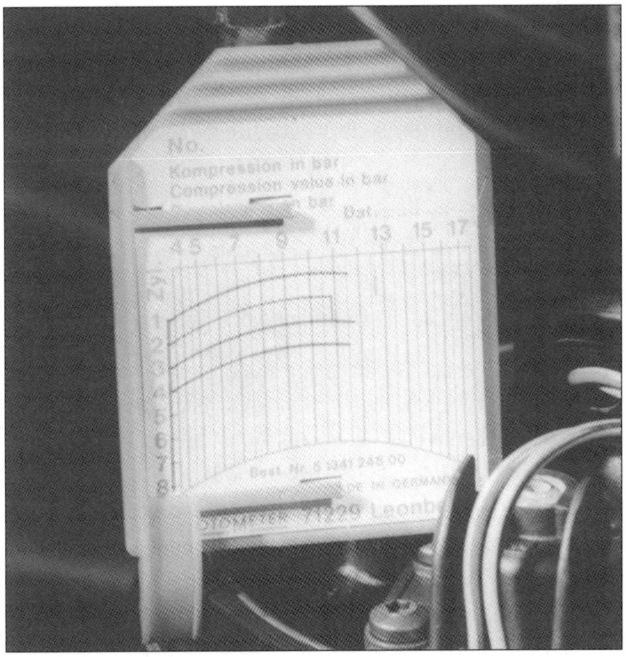

Wiederholen Sie den Meßvorgang bei allen vier Zylindern der Reihe nach. Wichtiger als der absolute Druck sind gleiche Werte in den Zylindern.

Kompessionsdruckluft strömt aus

Praxistip

Wenn Kompressionsdruckluft an einer der folgenden Stellen ausströmt, hat dies meist diese Ursachen:

- Ansaugkrümmer oder -geräuschdämpfer: defektes Einlaßventil.
- Geöffneter Kühler oder Kühlmittel-Ausgleichsbehälter: defekte Zylinderkopfdichtung oder Riß im Zylinderkopf.
- Geöffneter Öleinfüllstutzen oder Rohr für den Ölpeilstab: verschlissene Zylinderwände, Kolbenlaufbahnen oder Kolbenringe.
- Blasgeräusche am Auspuff: undichtes Auslaßventil.

Zustand des Keilriemens prüfen

Für jede der beiden Motorvarianten im Twingo gibt es einen speziellen Keilriemen, der die Lichtmaschine antreibt. Beim OHV-Motor ist dies ein Keilriemen mit keilförmigem Riemenprofil, der außerdem den Betrieb der Wasserpumpe übernimmt. Im Econ setzt Renault einen sogenannten Keilrippenriemen (Poly-V-Keilriemen) ein. Die Laufseite weist mehrere V-förmige Rippen auf. Diese greifen in die Laufrillen der Riemenscheiben, was den Riemenschlupf verhindert. Wenn Ihr Twingo mit einer Klimaanlage ausgestattet ist, braucht er einen zusätzlichen Keilriemen, der an der Kurbelwelle über eine doppelte Riemenscheibe läuft.

Arbeitsschritte | 20000 12 Monate

① Kontrollieren Sie die Oberfläche des Riemens.

② Drehen Sie den Motor einige Male ganz durch. Nur so können Sie wirklich alle Flächen des Keilriemens sehen. Oft hat der Riemen nur einen einzigen, aber tiefen Riß, der bei der Kontrolle möglicherweise genau auf der Riemenscheibe liegt.

③ Wenn Sie bei der Kontrolle des Keilriemens folgende Schäden feststellen, muß er gegen ein neues oder neuwertiges Teil ausgetauscht werden:

- Unregelmäßige Schleifspuren an den Riemenflanken.
- Poröse oder fransige Oberfläche.
- Risse im Riemen.

Keilriemenspannung prüfen

Der Keilriemen kann seine Antriebskräfte nur dann optimal übertragen, wenn er richtig sitzt. Er muß straff, aber nicht zu stramm gespannt sein. Ein Spiel von 2 bis 3 mm ist in Ordnung. Extrem hohe Riemenspannung schadet den Lagern der Lichtmaschine und der Kühlmittelpumpe (OHV). Außerdem wird der Keilriemen auf die Dauer überdehnt. Sitzt der Keilriemen dagegen lose, dreht er mit lautem Quietschen durch. Die Lichtmaschine liefert dann nicht mehr genug Ladestrom. Gleichzeitig steigt die Temperatur des Riemens, was seine Flanken frühzeitig verschleißen läßt. Ein durchrutschender Keilriemen kann beim OHV-Motor die Kühlung erheblich beeinträchtigen. Die Werkstatt prüft die Keilriemenspannung mit einem speziellen Prüfwerkzeug. Sie können die Riemenspannung aber auch provisorisch mit dem Daumen prüfen.

Arbeitsschritte | 20000 12 Monate

OHV

① Keilriemen oben zwischen Lichtmaschinen- und Wasserpumpen-Keilriemenscheibe kräftig mit dem Finger eindrücken. Ein älterer Riemen gibt bei korrekter Spannung etwa drei Millimeter nach. Ein neuer Riemen sollte etwas strammer eingestellt sein.

Econ

① Keilriemen von oben zwischen Lichtmaschinen- und Kurbelwellen-Keilriemenscheibe kräftig mit dem Finger eindrücken. Der Riemen darf maximal drei Millimeter nachgeben.

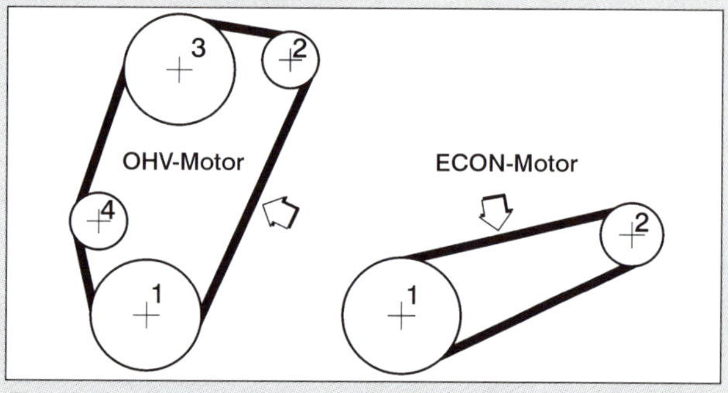

Der Verlauf des Keilriemens (Keilrippenriemens bei Fahrzeugen ohne Klimaanlage). ❶ Kurbelwelle. ❷ Generator. ❸ Wasserpumpe. ❹ Spannrolle.

Praxistip

Wenn der Keilriemen reißt

Leuchtet während der Fahrt die rote Ladekontrolle auf, deutet das auf einen gerissenen Keilriemen hin. Oft hört man auch einen harten Schlag gegen das Blech im Motorraum.

OHV-Motor. Auf keinen Fall weiterfahren. Andernfalls gerät die stillstehende Kühlflüssigkeit im Motorblock schnell ins Kochen und Sie riskieren einen Schaden am Motor. Lassen Sie den Wagen abschleppen. Sie können jedoch auch sofort einen neuen Keilriemen montieren – wenn Sie das für Ihren Motortyp richtige Teil rechtzeitig zum Bordwerkzeug in den Kofferraum gelegt haben.

Econ. Ein gerissener Keilriemen ist kein Problem. Zwar treibt er jetzt nicht mehr die Lichtmaschine an, aber mit dem Batteriestrom kommen Sie in der Regel noch bis in die nächste Werkstatt.

Keilriemen spannen

Arbeitsschritte

OHV-Motor

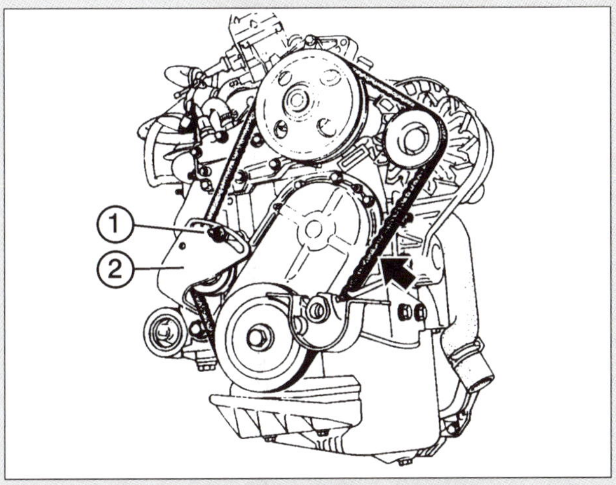

Nach Spannen der Spannrolle ❷ und Festziehen mit der Klemmschraube ❶ die Riemenspannung (Pfeil) kontrollieren und ggf. Spannvorgang wiederholen.

① Klemmschraube an der Keilriemen-Spannrolle lockern.

② Spannrolle nach außen vom Motor wegdrücken. Die Rolle halten Sie auf Spannung, indem Sie sie mit einem kräftigen Schraubendreher gegen den Motorblock stemmen.

③ Klemmschraube festziehen und die Spannung des Riemens prüfen. Bei Bedarf neu spannen.

Econ

① Den unteren Schraubbolzen des Lichtmaschinen-Schwenklagers am Motor lockern.

② Obere Spannschraube an der Lichtmaschine lockern.

③ Zwischen Lichtmaschine und Motor kräftigen Schraubendreher ansetzen, Lichtmaschine vom Motor wegdrücken und gleichzeitig die Klemmschraube des Spannbügels festziehen. Die Werkstatt benutzt zum Wegdrücken der Lichtmaschine eine spezielle Gewindestange, mit der die Lichtmaschine genau dosiert in Position gebracht werden kann.

④ Mutter der Spannschraube festziehen.

⑤ Mutter des Schraubbolzens am Schwenklager anziehen.

⑥ Lassen Sie den Motor etwa drei Minuten laufen und kontrollieren Sie dann die Spannung. Bei Bedarf erneut spannen.

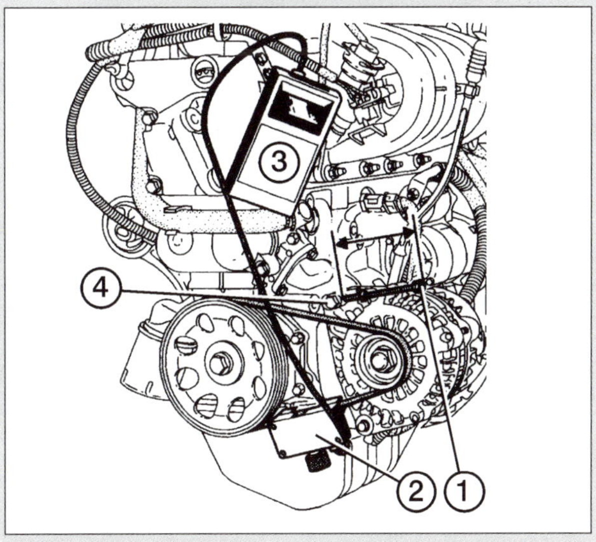

Die Werkstatt benutzt zum Einstellen der Keilriemenspannung einen am Keilriemenrücken angesetzten elektronischen Meßfühler ❷. Nach Lösen der Spannschraube ❹ wird dann die Schraubspindel ❶ so zwischen Motorblock und Generator gespreizt, bis das Anzeigegerät ❸ den exakten Spannwert anzeigt.

Zahnriemen und Nockenwelle

Technik-lexikon

Der Zahnriemen ist ein wichtiges Übertragungsteil der Ventilsteuerung. Seine Aufgabe ist der Antrieb der Nockenwelle. Der Zahnriemen sitzt außerhalb des Kurbelgehäuses auf Zahnrädern an Nockenwelle und Kurbelwelle, die im Verhältnis 2:1 übersetzt sind. Die Nockenwelle läuft also mit der halben Drehzahl der Kurbelwelle. Der Zahnriemen besteht aus Kunststoff, der mit Stahldrahteinlagen verstärkt ist. Er muß nicht geschmiert und kaum nachgespannt werden. Der Wartungsplan von Renault sieht beim Twingo einen Wechsel erst nach 120.000 Kilometern oder fünf Jahren vor. Da die Zahnriemen-Abdeckung auch ein Teil der Motoraufhängung ist, sollten Sie Kontrolle und Wechsel des Zahnriemens der Werkstatt überlassen

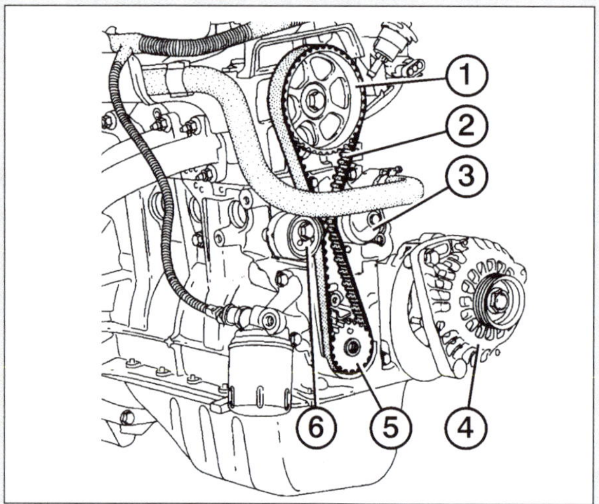

Der Verlauf des Zahnriemens. ❶ Nockenwellen-Zahnriemenrad. ❷ Zahnriemen. ❸ Wasserpumpen-Antriebsrolle. ❹ Generator. ❺ Kurbelwellen-Zahnriemenrad. ❻ Zahnriemen-Spannrolle.

Keilriemen montieren

Arbeitsschritte

OHV-Motor

① Klemmschraube an der Spannrolle lösen und Spannrolle nach innen zum Motor drücken.

② Riemenspannrolle durch Herausdrehen der Schraube am Spannrollen-Schwenklager ausbauen.

③ Alten Riemen gegen neuen Riemen austauschen.

④ Riemenspannrolle montieren und Schrauben lose beidrehen, dann den Keilriemen spannen.

Econ

① Den unteren Schraubbolzen des Lichtmaschinen-Schwenklagers am Motor lockern.

② Obere Spannschraube an der Lichtmaschine lockern und Keilrippenriemen entspannen.

③ Keilrippenriemen abnehmen und gegen neuen Riemen auswechseln.

④ Neuen Keilriemen montieren. Er darf auf keinen Fall mit einem Schraubendreher über die Riemenscheiben gewürgt werden – der nächste Riemenschaden ist sonst durch Bruchstellen im Unterbau des Keilriemens programmiert.

⑤ Lassen Sie den Motor bei einem neuen Keilriemen etwa 10 Minuten, bei einem gebrauchten etwa drei Minuten laufen. Kontrollieren Sie dann wieder die Spannung. Bei Bedarf erneut spannen.

Klopfgeräusche aus dem Motorraum

Klopfgeräusche aus dem Motorraum sind bei einem kalten Motor kein Grund zur Sorge. Bei einem betriebswarmen Motor dagegen deuten sie fast immer auf einen Lagerschaden hin. Die häufigsten Defekte treten an den Gleitlagern der Pleuel auf.

So erkennen Sie einen Lagerschaden

- Motor im Stand auf mittlere Drehzahlen bringen, Gas zurücknehmen. Taucht mit abfallender Drehzahl ein leichtes Klopfgeräusch auf, etwa »nack-nack-nack-nack«? Hören Sie dieses leichte Klopfen auch bei zügigem Beschleunigen?
- Dann möglichst nicht mehr weiterfahren. Der Schaden kann sich verschlimmern und ist dann mit einfachen Mitteln nicht mehr zu reparieren.
- Hartes »klack-klack-klack-klack« beim Hochdrehen des Motors, das bei zurückgenommenem Gaspedal leiser oder unhörbar wird, weist auf einen kapitalen Lagerschaden hin.

Zylinderkopfdichtung

Störungs-beistand

Erkennungsmerkmal	Ursache/Besonderheiten
A Kühlflüssigkeitsstand nimmt laufend ab	Kühlmittel gelangt in sehr geringer Menge in die Brennräume. Die Erscheinung kann sich ohne Merkmale über längere Zeit hinziehen
B Beträchtlicher Kühlmittelverlust. Der Wagen zieht bei warmgefahrenem Motor einen weißen Abgasschleier hinter sich her	Kühlmittel dringt in erheblicher Menge in einen Verbrennungsraum, verdampft dort und entweicht als weiße Schwaden zum Auspuff hinaus
C Aus dem geöffneten Ausgleichsbehälter steigen Luftblasen auf oder beim Öffnen des Verschlußdeckels sprudelt eine größere Menge Kühlmittel heraus	Verbrennungsgase werden ins Kühlsystem gedrückt. Aus der Einfüllöffnung riecht es nach Abgasen
D Buntschillernde Verfärbung an der Oberfläche des Kühlmittels	Öl aus dem Schmierkreislauf gelangt ins Kühlsystem
E Gräulich aussehende Emulsion am herausgezogenen Ölpeilstab oder Öl von Wasserbläschen durchsetzt	Kühlflüssigkeit ist ins Schmieröl geraten. Achtung: Wasser im Motoröl kann einen Lagerschaden verursachen. Zylinderkopfdichtung sofort wechseln lassen. Wagen zur Reparatur abschleppen

DAS SCHMIER-SYSTEM

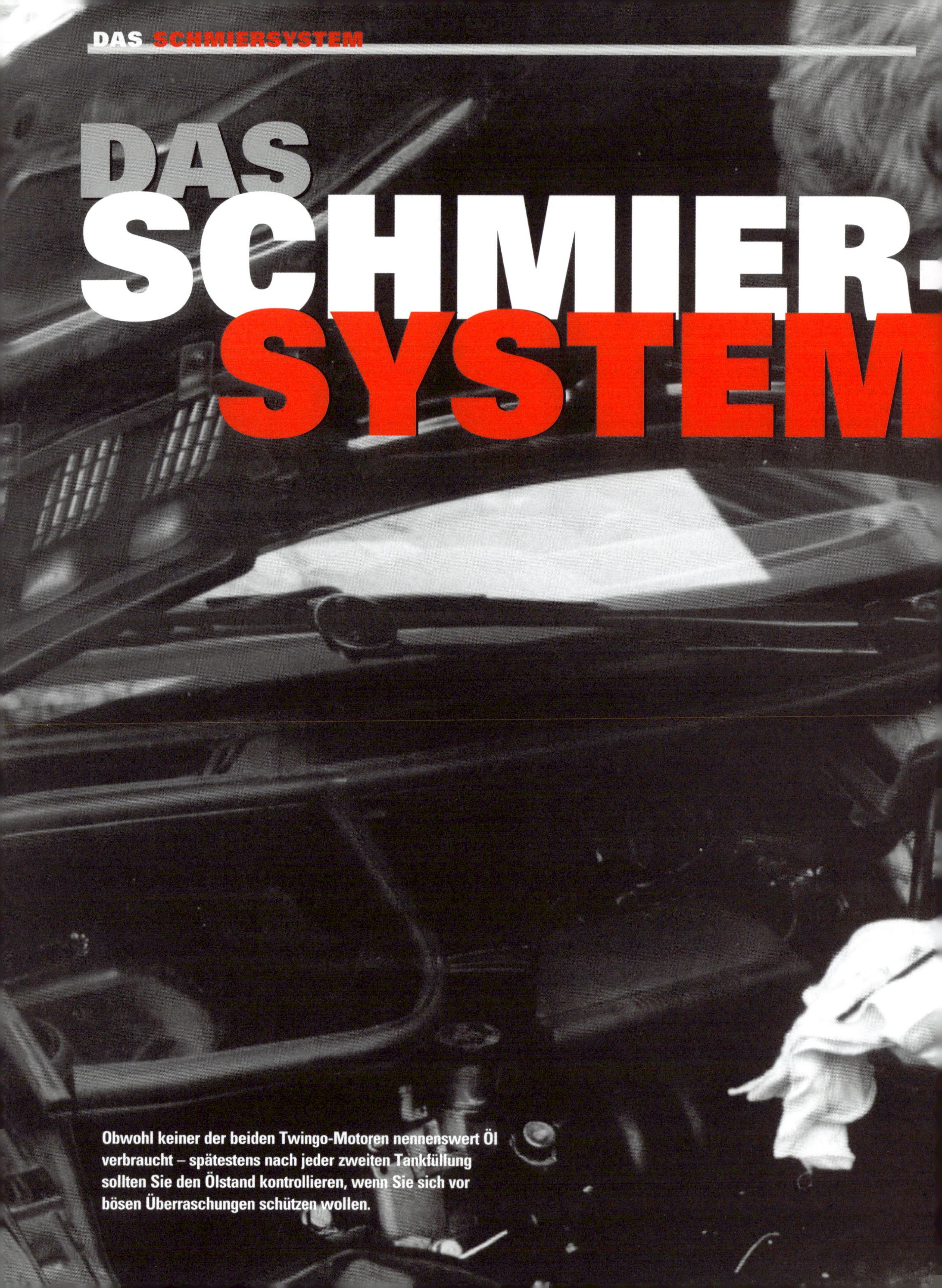

Obwohl keiner der beiden Twingo-Motoren nennenswert Öl verbraucht – spätestens nach jeder zweiten Tankfüllung sollten Sie den Ölstand kontrollieren, wenn Sie sich vor bösen Überraschungen schützen wollen.

Wartung

Alle Stellen im Motor, an denen Metalle aufeinandergleiten, müssen ständig mit Öl versorgt werden. Das sind zum Beispiel Kolben, Zylinderlaufbahnen sowie die Lager von Kurbelwelle und Nockenwelle. Ohne Schmierung wäre das Triebwerk schon nach wenigen Minuten ruiniert. Damit das Öl diese Aufgabe erfüllen kann, strömt es im Motorblock durch ein System von Leitungen und feinen Bohrungen an die richtige Adresse. Ein wichtige Rolle im Ölkreislauf spielt die Ölpumpe. Sie saugt über das Ölsaugrohr das Motoröl aus der Wanne und drückt es in die Leitungen. Zuvor muß das Öl den im Hauptstrom des Schmiersystems sitzenden Ölfilter passieren. Dort werden Verunreinigungen wie Ruß, Metallabrieb und Staub herausgefiltert. Dieser Filter verrichtet seine Aufgabe aber nur so lange, bis er vom Schmutz zugesetzt ist.

Ölfilter rechtzeitig wechseln

Deshalb sollte er bei jedem Ölwechsel ausgetauscht werden. Wenn der Filter nicht rechtzeitig gewechselt wurde, tritt ein Überdruckventil in Aktion. Es öffnet und das Motoröl umgeht den Filter. Damit ist zwar die

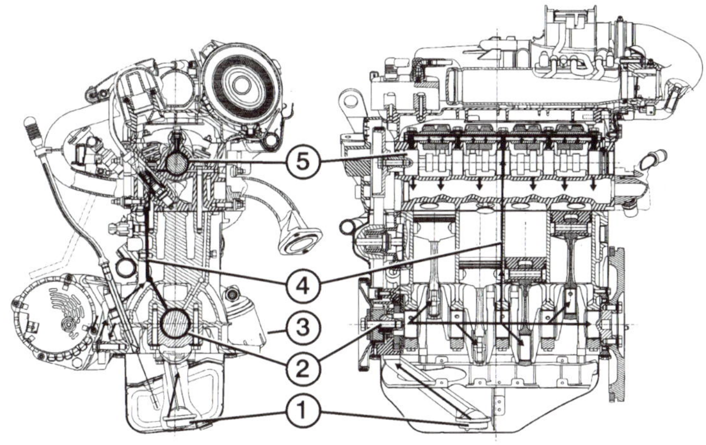

Der Schmierkreislauf des Econ-Motors (Auf- und Seitenriß). ❶ Öl-Ansaugschnorchel. ❷ Ölpumpe und Versorgungsleitung der Kurbelwelle. ❸ Ölfilter. ❹ Ölleitung zum Zylinderkopf. ❺ Nockenwellenschmierung.

Ölversorgung sichergestellt, doch ungefiltertes Motoröl bewirkt einen höheren Verschleiß an den Lagerstellen. Vom Filter aus gelangt das Motoröl über Bohrungen im Zylinderblock zu den Schmierstellen der Kurbelwelle und den Pleueln. Von den Gleitlagern der Kurbelwelle wird das Öl in den Zylinderkopf und zu den Lagerstellen der Nockenwelle sowie zur Kipphebelbrücke gedrückt. Von dort fließt das Öl durch Rücklaufkanäle zurück in die Ölwanne, wo es wieder von der Ölpumpe angesaugt wird.

Der Öldruck

Damit die Schmierung bei jeder Belastung des Motors sichergestellt ist, muß der Öldruck stimmen. Bei zu kaltem und sehr zähflüssigem Öl kann ein zu hoher Druck entstehen. Dann öffnet ein Überdruckventil eine Umgehungsleitung (Bypass) und leitet das Öl direkt auf die Saugseite der Ölpumpe zurück. Der Ölkreislauf bleibt in diesem Fall erhalten. Bei den Twingo-Motoren beträgt der korrekte Öldruck bei einer Drehzahl von 4000/min etwa 3,5 bar (Öltemperatur ca. 100°C; Mehrbereichsöl SAE 10W-30). Im Leerlauf werden nur etwa 0,8 bar erreicht. Informationen über den aktuellen Öldruck erhalten Sie freilich nur, wenn Sie einen Öldruckmesser als Zusatzinstrument eingebaut haben. Ansonsten müssen Sie sich auf die Öldruck-Kontrolleuchte verlassen (siehe Störungsbeistand).

Das Motoröl

Öl ist das Lebenselexier des Motors. Es vermindert die Reibung und den Verschleiß bei Kolben und Zylindern, Lagern und Ventiltrieb. Es dichtet die engen Räume zwischen Kolben, Kolbenringen und Zylinderwand so fein ab, daß der hohe Druck, der bei der Verbrennung entsteht, fast ohne Verluste auf die Kurbelwelle übertragen wird. Öl kühlt auch den Motor – zum Beispiel die Kolben in den Zylindern und die Lager von Kurbelwelle und Nockenwelle. Außerdem schützt es vor Rost, bindet Schmutzpartikel und einen Teil der Verbrennungsrückstände.

Multitalent Mehrbereichsöl

Die meisten Motoröle sind heute Mehrbereichsöle, die aus Rohöl hergestellt werden. Damit ein Mineralöl als Motoröl Karriere machen kann, braucht es Additive, spezielle Zusätze, die bis zu 20 Prozent seiner Chemie

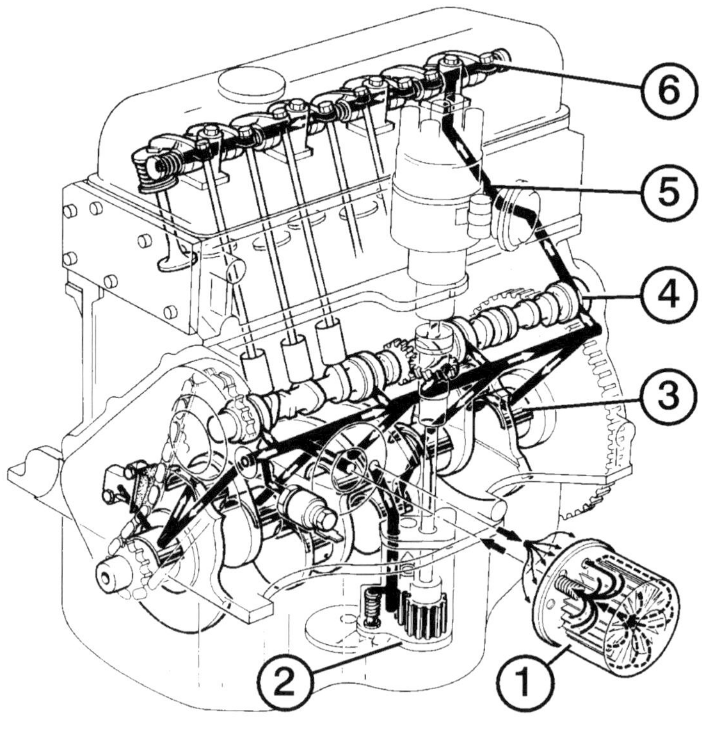

Der Ölkreislauf des OHV-Motors.
❶ Ölfilter. ❷ Ölpumpe mit Ansaugschnorchel und Überdruckventil. ❸ Kurbelwelle. ❹ Nockenwelle. ❺ Ölkanal für Kipphebelschmierung. ❻ Kipphebelachse.

Technik-lexikon

Begriffe und Normen rund ums Öl

Viskosität. Das Maß für die Fließfähigkeit des Schmieröls. Im Winter muß ein Motoröl so dünnflüssig sein, daß es nach dem Kaltstart sofort alle Schmierstellen versorgt. Im Sommer dagegen ist dickflüssiges Öl gefragt, das auch bei hohen Temperaturen den Schmierfilm nicht abreißen läßt.
SAE-Klasse (Society of Automotive Engineers). Bezeichnet die Klasse der Viskosität, zum Beispiel SAE 15 W-40. Je kleiner die erste Zahl, um so dünner fließt das Öl bei Kälte (W = Winter). Ein Öl mit 0 W schmiert noch bei minus 30 Grad, bei 5 W steigt dieser Wert auf minus 25 Grad, bei 15 W auf minus 15 Grad. Je höher die zweite Zahl, um so besser widersteht das Öl hohen Temperaturen.
ACEA (Association des Constructeurs Européen d'Automobiles). 1996 eingeführte europäische Ölnorm. Löst die CCMC-Norm ab. Für Benziner gibt's die Gruppen A1 (spritsparendes Öl), A2 (gering belastetes Öl), A3 (Hochleistungs-Öl). Für Diesel gilt die Einteilung B1, B2 und B3.
CCMC (Comittée des Constructeurs d'Automobiles du Marché Commun). Die Spezifikation besteht aus den Buchstaben G (Benziner) und PD (Diesel) sowie einer Zahl. Je höher diese ist, um so besser ist die Qualität des Öls.
API (American Petroleum Institute). Die Spezifikation besteht aus den Buchstaben S (Benziner) und C (Diesel) sowie einem weiteren Buchstaben. Je höher dieser im Alphabet steht, um so besser ist die Qualität des Öls.

ausmachen. Sie schützen das Öl auch vor Oxidation und verhindern das Aufschäumen bei hohen Drehzahlen. Eines der wichtigsten Additive sind die VI-Verbesserer (VI = Viskositätsindex) – lange Molekülketten, die beim Erhitzen quellen und beim Abkühlen wieder schrumpfen. Sie bewirken, daß sich das Öl den Temperaturen im Motor anpaßt und mehrere Viskositätsklassen überspannt. Diese VI-Verbesserer verschleißen jedoch bei hohen Temperaturen und verlieren ihre Wirkung. Außerdem setzen Wasser, Kraftstoff und Verbrennungsrückstände der Lebensdauer des Motoröls Grenzen. Ein dünnes Mineralöl hält die Drücke und Temperaturen im Triebwerk nicht gut aus. Ein rechtzeitiger Ölwechsel ist daher kein Luxus, sondern reine Notwendigkeit, wenn Ihr Motor reibungslos funktionieren soll.

Praxistip

Wenn die Öldruck-Kontrolleuchte ständig aufleuchtet

- Halten Sie sofort an, stellen Sie den Motor ab.
- Kontrollieren Sie zuerst den Ölstand. Fehlt Öl, langsam eine Tankstelle in der Nähe anfahren und auffüllen. Prüfen Sie, ob danach die Leuchte wirklich ausgeht.
- In allen anderen Fällen: Wagen in die nächste Werkstatt schleppen und Ursache feststellen lassen. So riskieren Sie keinen schweren Motorschaden.

Leichtlauföle

Auch Leichtlauföl (Synthetiköl) kommt nicht ohne Erdöl aus. Allerdings wird der Molekülaufbau des Rohöls in einem aufwendigen Verfahren (Cracken) aufgelöst und nach neuer Rezeptur mit speziellen Additiven neu zusammengesetzt. Synthetiköl ist im Prinzip nicht künstlicher als Mineralöl, aber durchweg teurer. Dafür versprechen die Hersteller einen geringeren Öl- und Kraftstoffverbrauch, eine größere Beständigkeit und langsamere Alterung. Das bedeutet theoretisch auch längere Ölwechselintervalle. Allerdings sieht Renault für Leichtlauföle keine längeren Ölwechselintervalle vor. Wenn Sie sich den Luxus dieses Spitzenöls leisten, sollten Sie sich trotzdem an die vorgesehenen Intervalle halten.

Ölverbrauch

Wenn Ihr Twingo-Motor technisch in Ordnung ist, verbraucht er so wenig Öl, daß zwischen den einzelnen Ölwechselintervallen kein Öl oder nur eine geringe Menge nachgefüllt werden muß. Das gilt jedoch nur, wenn Sie regelmäßig das Öl wechseln und den Motor nicht durch zu scharfe Fahrweise übermäßig belasten. Ihr Motor verbraucht Öl, weil es teilweise in den Verbrennungsraum gelangt und dort verbrennt. Ein undichter Motor, defekte Ventilschaftabdichtungen, falsch eingebaute Kolbenringe oder zuviel Spiel zwischen Ventilführung und Ventilschaft treiben den Verbrauch jedoch in die Höhe. Wenn der Ölstand zwischen den Messungen nicht abnimmt, ist dies freilich kein Grund zur Freude. Dann ist das Motoröl durch Kraftstoff und Kondenswasser verdünnt, was seine Schmiereigenschaft verschlechtert. Das kann vor allem im Winter vorkommen, wenn Sie das Fahrzeug nur auf kurzen Strecken bewegen. In diesem Fall sollten Sie das Öl vor den üblichen Intervallen wechseln; etwa schon nach 3000 Kilometern oder vier Monaten.

Welches Öl für den Twingo?

Für den Motor Ihres Twingo genügt ein Mehrbereichsöl. Renault empfiehlt in der Betriebsanleitung das hauseigene »Elf«-Motoröl. Daran brauchen Sie sich jedoch nicht zu halten. Über die Eignung entscheiden allein die Ölspezifikation und richtige Viskositäts-Klasse. Wenn Sie Öl nachfüllen, können Sie übrigens durchaus auch die Sorten verschiedener Hersteller mischen. Sie müssen dann jedoch damit rechnen, daß die Eigenschaften des Motoröls leicht beeinträchtigt werden. Jede Marke hat nämlich eine spezielle Kombination von Additiven, die ihre Wirksamkeit beim Mix mit einem anderen Öl verlieren können. Aus diesem Grund macht die Kombination von Mineralöl und Synthetiköl keinen Sinn. Vorsicht: Dieselöle, die ausschließlich für Dieselmotoren zugelassen sind, sollten Sie mit Ölen für Benzinmotoren nicht mischen. Sie riskieren sonst einen Motorschaden.

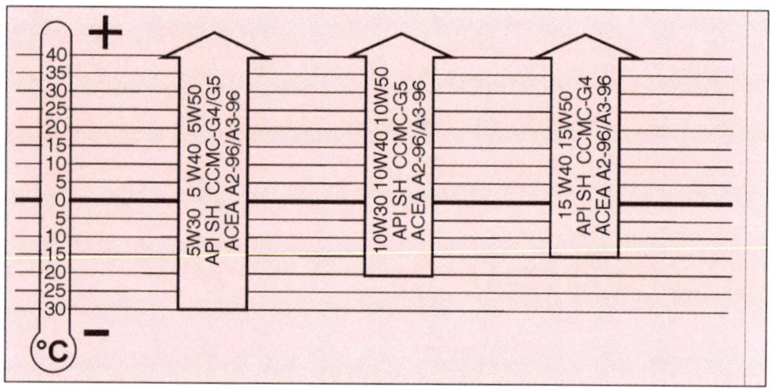

Die Ölviskositäts-Empfehlungen von Renault. In mitteleuropäischen Breitengraden genügt das ganze Jahr über ein Öl der Viskositätsklasse 15 W 40 oder 10 W 40. Nur bei extrem hohen oder niedrigen Dauertemperaturen sollten Sie eine andere Viskosität wählen.

Motoröl für die Twingo-Motoren

API SH	CCMC-G4 oder G5	ACEA A2

Motorölstand prüfen

Zum Ölpeilstab sollten Sie nach jeder zweiten Tankung greifen. In der Einfahrzeit oder bei einem älteren Motor mit erhöhtem Ölverbrauch ist es sinnvoll, das Öl bei jedem Volltanken zu kontrollieren. Der Peilstab sitzt beim OHV-Motor (C3G) neben dem Zündverteiler und beim Econ-Motor vor dem Ansaugkrümmer.

Arbeitsschritte | **ständige Kontrolle**

① Kontrollieren Sie das Öl vor dem Start bei kaltem Motor. Dazu Wagen auf waagrechtem Grund abstellen. Wenn der Motor warm ist: fünf Minuten warten, damit alles Öl in die Ölwanne abtropfen kann.

② Peilstab ziehen. Vorsicht bei betriebswarmem Motor: die umliegenden Motorteile sind sehr heiß. Ölstab mit sauberem, flusenfreiem Lappen oder Papiertuch abwischen, bis zum Anschlag wieder in das Führungsrohr oder die Öffnung im Motorblock stecken, kurz warten und wieder herausziehen.

③ Liegt der Pegel an der Spitze des Stabes zwischen den beiden Markierungen, ist alles in Ordnung. Reicht er nur bis zur unteren Markierung oder liegt er darunter: sofort Motoröl nachfüllen.

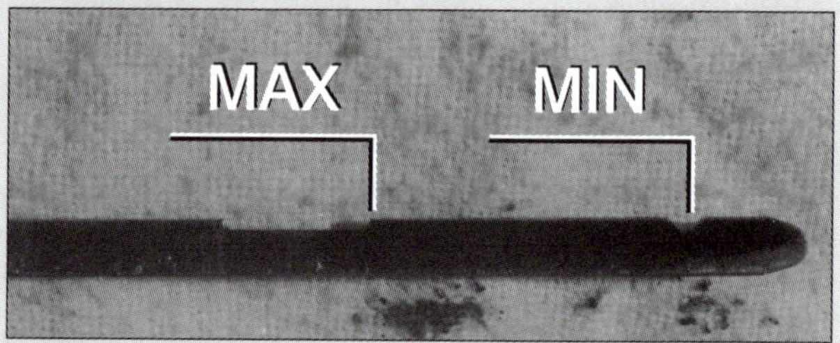

Der Ölstand sollte stets im markierten Bereich des Peilstabs liegen. Dunkles Motoröl bedeutet nicht, daß das Öl gewechselt werden müßte – diese Färbung entsteht bei Marken-Motoröl schon nach kurzer Laufzeit durch angesammelte Schmutzpartikel.

Ölstab zur Kontrolle des Ölstands mit sauberem und flusenfreiem Lappen oder Papiertuch abwischen. Bei der Ölstandskontrolle unterwegs: Vorsicht, der Motor ist heiß.

④ Die Nachfüllmenge zwischen der unteren und oberen Markierung beträgt 1,0 Liter. Ein halber Liter genügt, wenn der Ölstand die MIN-Marke (untere Markierung) nicht unterschreitet. Füllen Sie nur soviel Öl nach, daß sich der Pegel innerhalb der MAX-Marke (obere Markierung) bewegt. Überschüssiges Motoröl wird unter Umständen über die Kurbelgehäuseentlüftung angesaugt und verschmutzt den Luftfilter.

⑤ Benutzen Sie zum Nachfüllen einen sauberen Trichter.

Motoröl und Ölfilter wechseln

Beim OHV-Motor ist der Ölwechsel nach 10 000 Kilometern oder 12 Monaten, beim Econ-Motor erst nach 20 000 Kilometern oder 12 Monaten fällig. Wenn Sie mit Ihrem Twingo oft lange Strecken fahren, brauchen Sie das Intervall nicht auf den Kilometer genau einzuhalten. Sind Sie dagegen ausschließlich in der Stadt unterwegs, macht ein früherer Wechsel Sinn. Im Winter sind dann bereits vier Monate genug für das Motoröl.

Ölwechsel in Eigenregie?

Das Do it yourself lohnt sich nur, wenn Sie ein preiswertes Öl aus Zubehörhandel, Warenhaus oder Tankstelle verwenden. Ein konventioneller Ölwechsel, bei dem Sie das Öl ablassen und den Filter wechseln, erfordert Zeit, weil Sie das Fahrzeug dazu aufbocken müssen. Schneller und sauberer geht's bei einem SB-Ölwechsel mit einem Absauggerät an der Tankstelle. Diese Methode hat jedoch Nachteile: Der Schlamm bleibt in der Ölwanne, und ohne einen Filtertausch ist der Ölwechsel nur eine halbe Sache. In der Werkstatt kostet der Ölwechsel am meisten, weil man dort in der Regel nur teure Ölsorten verwendet. Lassen Sie die Arbeit von der Tankstelle erledigen, müssen Sie das Öl zwar dort kaufen, können sich jedoch die Marke selbst aussuchen

Soviel Öl brauchen Sie für den Ölwechsel

Motor	OHV (C3G)	Econ (D7F)
ohne Ölfilter	ca. 3,0 l	ca. 3,8 l
mit Ölfilter	ca. 3,5 l	ca. 4,0 l

Der Ölfilter ist auf den jeweiligen Motortyp abgestimmt. Fragen Sie beim Kauf nach dem richtigen Ersatzteil für Ihr Fahrzeug.

Arbeitsschritte | 10000 km/ 20000 km

① Fahrzeug warmfahren. Nur dann werden die Schmutzpartikel beim Auslaufen ausgeschwemmt.

② Den Twingo waagrecht stellen oder rüttelsicher aufbocken.

③ Flache Wanne, Schüssel oder einen aufgeschnittenen Plastik-Ölkanister mit entsprechendem Fassungsvermögen unterstellen.

Die Motoröl-Ablaßschraube (Pfeil) läßt sich nur mit einem Vierkantschlüssel (8 mm) herausdrehen. Sie sitzt unten im hinteren Bereich der Ölwanne und ist ohne Abbau der Spritzschutzabdeckung zugänglich.

Lösen des Ölfilters mit dem Spannbandschlüssel (eine preiswerte Variante des Ölfilterschlüssels). Bei Problemen den Filter durchstoßen und losdrehen.

④ Ölablaßschraube mit Innenvierkantschlüssel (SW 8) öffnen, Öl ins Gefäß laufen lassen. Vorsicht, es ist heiß.

⑤ Haben Sie den Wagen nur vorn aufgebockt: Ablassen, damit das Altöl ganz ausläuft. Achten Sie darauf, daß das Auffanggefäß nicht umkippt.

⑥ Ölfilter mit dem Ölfilterschlüssel lösen. Wenn er sich nicht löst: Treiben Sie einen Schraubendreher durchs Blechgehäuse (Vorsicht: heißes Öl läuft aus) und drehen Sie ihn dann los. Filter über Ölauffanggefäß entleeren, als Sondermüll entsorgen.

⑦ Dichtring am neuen Ölfilter mit Fett einreiben, Filter von Hand festdrehen.

⑧ Ölablaßschraube säubern und eindrehen. Nicht anknallen, sonst wird das abdichtende Gewinde in der Ölwanne beschädigt.

⑨ Öl einfüllen. Dann Motor kurz laufen lassen. Bis die Ölpumpe den Ölfilter gefüllt hat, brennt die Öldruckkontrolle, da sich der Öldruck erst aufbauen muß.

⑩ Öldichtheit an Ölfilter und Ablaßschraube kontrollieren.

Mit einem Trichter vermeiden Sie, daß Öl auf den Motorblock tropft. Wischen Sie den Trichter vorher aus, damit keine Schmutzpartikel in den Motor gelangen.

Öldichtigkeit prüfen

Arbeitsschritte | **20000 km 12 Monate**

① Ölschwitzflecken am Motor sind kein Grund zur Sorge. Motoröl kann sich bei starken Temperaturschwankungen durch die Poren von Dichtungen und Gehäusen arbeiten. Diese Form der Transpiration ist normal.

② Anders sieht die Sache aus, wenn Sie im Motorraum starke Ölspuren oder unter dem geparkten Wagen Ölflecken feststellen. Solchen Symptomen sollten Sie rasch nachgehen.

③ Ein undichter Motor ist ein Indiz für einen technischen Mangel, der sich schnell verschlimmern kann. Am besten nehmen Sie Ihren Motor nach einer Motorwäsche und einer anschließenden Probefahrt in Augenschein.

④ Ebenfalls einen Blick wert sind Ölfilter und Öldruckschalter. Kontrollieren Sie, ob der Ölfilter richtig sitzt. Ist er zu locker befestigt, muß er meistens ausgetauscht werden.

Ölfeuchte Stellen im Bereich von Zylinderkopfhaube und Zylinderkopfdichtung (Pfeile) sind in der Regel kein Grund zur Sorge.

Schmiersystem

Störungs-beistand

Die Öldruck-Kontrolleuchte leuchtet nur bei zu geringem Öldruck auf. In diesem Fall werden unter Umständen die Motorteile nicht mehr richtig geschmiert. Das kommt zum Beispiel vor, wenn Sie Ihren Twingo bei zu geringem Ölstand mit hohem Tempo durch eine Kurve fahren. Die Ölpumpe saugt dann Luft anstatt Öl aus der Ölwanne. Der Öldruck fällt abrupt ab, was zu schweren Lagerschäden führen kann. Wenn nach schnellen Autobahn- oder Paßfahrten die Öldruckleuchte im Leerlauf flackert, ist das ein Indiz dafür, daß der Öldruck durch zu heißes und damit dünnflüssiges Öl unter den normalen Druck gesunken ist. Das ist jedoch unproblematisch, wenn die Kontrolleuchte beim Gasgeben wieder verlöscht.

Störung	Ursache	Abhilfe
A Bei Einschalten der Zündung bleibt Öldruck-Kontrolleuchte dunkel	**1** Kontrolleuchte defekt	Auswechseln
	2 Steckverbindung korrodiert bzw. Kabelverbindung unterbrochen	Überprüfen und reinigen, ggf. Kabel reparieren
	3 Öldruckschalter defekt	Kontrollieren, ggf. auswechseln
B Öldruck-Kontrolleuchte brennt nach Anspringen des warmen Motors im Leerlauf weiter, geht aber beim Gasgeben aus	Heißes und damit dünnflüssiges Öl	
C Öldruck-Kontrolleuchte geht erst bei höheren Drehzahlen aus	Bypassventil in der Ölfilterhauptstromleitung klemmt	Öldruck überprüfen lassen, Ventil ggf. auswechseln lassen
D Öldruck-Kontrolleuchte brennt nach Anspringen des Motors und geht auch beim Gasgeben nicht aus	**1** Zu wenig Öl im Motor	Ölstand prüfen, ggf. Öl nachfüllen
	2 Ölansaugsieb in der Ölwanne zugesetzt bzw. Ölpumpe verschlissen	Überprüfen bzw. ersetzen lassen
	3 Siehe A2 und 3	Nur weiterfahren, wenn Ursache klar ist

DAS KÜHL-SYSTEM

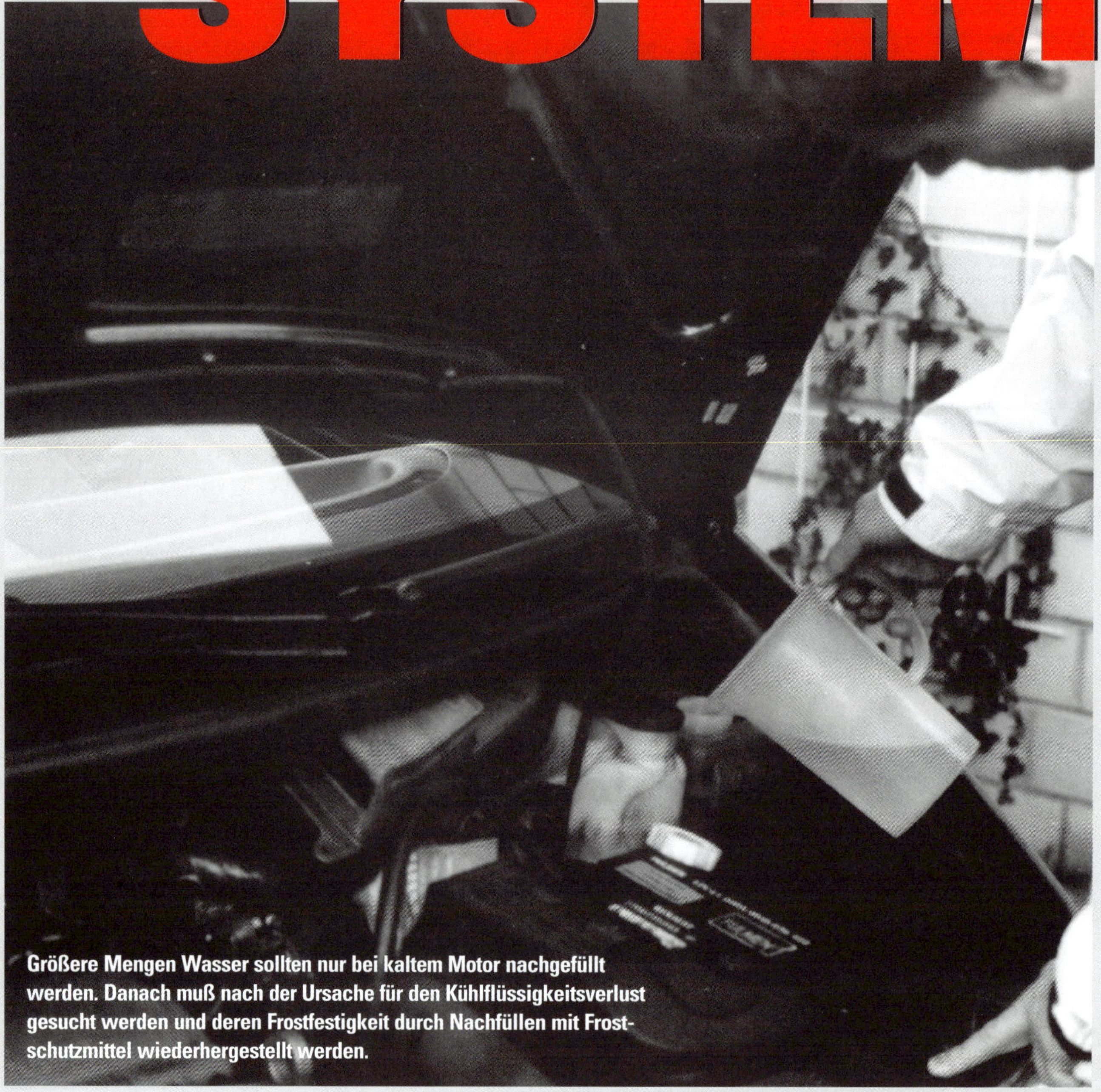

Größere Mengen Wasser sollten nur bei kaltem Motor nachgefüllt werden. Danach muß nach der Ursache für den Kühlflüssigkeitsverlust gesucht werden und deren Frostfestigkeit durch Nachfüllen mit Frostschutzmittel wiederhergestellt werden.

Wartung

Reparatur

Das Kühlsystem sorgt für die richtige Betriebstemperatur des Motors. Es besteht aus einer Reihe von Aggregaten wie Kühler und Thermostat, Wasserleitungen und einem Netz aus kleinen, genau bemessenen Kanälen in Motorblock und Zylinder, in denen die Kühlflüssigkeit zirkuliert. So entsteht ein Wassermantel, der die Verbrennungswärme über die Schläuche des Kühlsystems an den Kühler abführt. Welche Wege das Kühlmittel im Kühlsystem nimmt, hängt von der Temperatur des Motors ab.

Der Kurzschlußkreislauf

Nach dem Kaltstart zirkuliert das Kühlmittel zunächst im kleinen Kühlkreislauf, der sich auf Motor und Heizung beschränkt. In diesem sogenannten Kurzschlußkreislauf hält der Thermostat den Durchfluß zum Kühler geschlossen. Das Kühlmittel gelangt auf direktem Weg zurück in den Motor. So erhitzt sich die Kühlflüssigkeit schneller und der Motor wird schneller warm. Der Kühler tritt erst in Aktion, wenn die Kühlflüssigkeit eine bestimmte Temperatur erreicht hat. Der Thermostat öffnet, dabei wird kaltes Wasser aus dem Kühler mit bereits erwärmtem Wasser aus dem kleinen Kühlkreislauf vorgemischt. Diese allmähliche Kaltwasserbeimischung verhindert den sogenannten Kälteschock für den Motor.

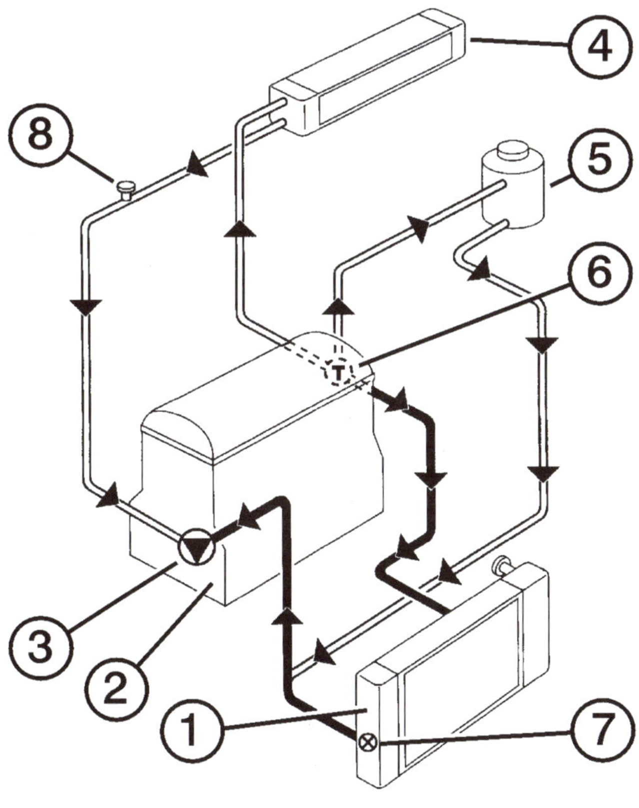

Kühlkreislauf des Econ-Motors. ❶ Kühler. ❷ Motorblock. ❸ Wasserpumpe. ❹ Wärmetauscher der Heizung. ❺ Ausgleichsbehälter der Kühlflüssigkeit. ❻ Thermostat. ❼ Thermoschalter des Kühlerventilators. ❽ Entlüftungsschraubventil.

Kühlung bei Betriebstemperatur

Solange die Wassertemperatur steigt, öffnet der Thermostat den Kaltwasserzufluß aus dem Kühler immer weiter und schließt gleichzeitig den Kurzschlußkreislauf. Bei Betriebstemperatur zirkuliert die Kühlflüssigkeit vom unteren Kühlwasserschlauch des rechten Kühlwasserkastens (in Fahrtrichtung) zur Wasserpumpe, die sie in Motorblock und Zylinderkopf drückt. Der größte Teil der Flüssigkeit läuft dann über den geöffneten Thermostat und den oberen Kühlwasserschlauch zurück zum rechten (Econ) bzw. linken Wasserkasten (OHV) des Kühlers, während der Rest zum Wärmetauscher der Heizung fließt. Das im Kühler unten abfließende kalte Wasser zieht heißes Kühlmittel oben in den Kühler nach. Dort wird es durch die Kühlerlamellen abgekühlt. Sinkt während der Fahrt die Wassertemperatur unter die vorgeschriebene Betriebstemperatur, sperrt der Thermostat den Kühlerdurchfluß erneut, bis sich das Kühlmittel wieder genügend erwärmt hat.

Überdruck und Kühlerventilator

Das Kühlsystem steht unter einem Überdruck von etwa 1,2 bar. Dadurch erhöht sich der Siedepunkt der Kühlflüssigkeit von 100°C auf rund 120°C. Die höhere Temperatur ermöglicht einen wirtschaftlicheren und damit kraftstoffsparenden Motorbetrieb. Wenn bei einem heißen Motor der Kühlmittel-Druck 1,2 bar übersteigt, tritt das Überdruckventil am Ausgleichsbehälter in Aktion. Es öffnet und läßt zum Druckausgleich etwas Wasserdampf entweichen. Trotzdem kann es zum Beispiel bei Fahrten in der Stadt vorkommen, daß das Kühlmittel im System überhitzt wird. Dann muß der Kühlerventilator den Kühler zusätzlich kühlen. Twingo-Motoren besitzen alle einen elektrisch angetriebenen Kühlerventilator. Dieser wird durch einen Thermoschalter im rechten Wasserkasten des Kühlers aktiviert, sobald die an ihm vorbeiströmende Kühlflüssigkeit eine bestimmte Temperatur überschreitet. Er schaltet den Ventilator wieder aus, wenn die Kühlmittel-Temperatur abgesunken ist.

Praxistip

Motor verliert Kühlmittel

Wenn Ihr Motor während der Fahrt viel Kühlmittel verliert, dürfen Sie auf keinen Fall kaltes Wasser nachfüllen. Der heiße Motor erhält dann einen Kälteschock, bei dem sich der Zylinderkopf verziehen kann. Die Zylinderkopfdichtung schließt nicht mehr richtig und Kühlmittel kann in den Schmierkreislauf des Motors gelangen. Im schlimmsten Fall reißt durch einen Kälteschock der Motorblock. Warten Sie, bis der Motor abgekühlt ist, füllen Sie Wasser nach und lassen Sie in der nächsten Werkstatt die Ursache für den Kühlmittelverlust feststellen.

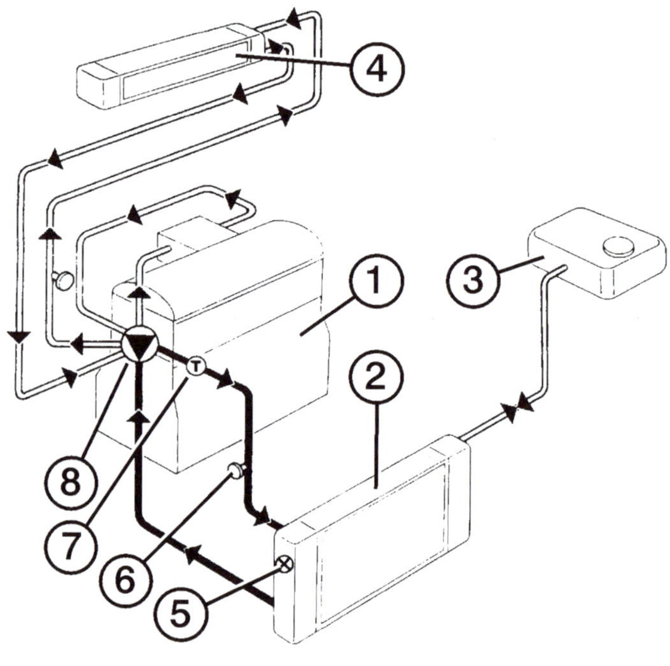

Kühlkreislauf des OHV-Motors.
❶ Motorblock. ❷ Kühler. ❸ Ausgleichsbehälter der Kühlflüssigkeit. ❹ Wärmetauscher der Heizung. ❺ Thermoschalter des Kühlerventilators. ❻ Entlüftungsschraubventil. ❼ Thermostat. ❽ Wasserpumpe.

Technik-lexikon

Die Teile des Kühlsystems

Wasserpumpe. Eine sogenannte Schleuderpumpe, die für den stetigen Kreislauf des Kühlmittels sorgt. Sie wird beim OHV-Motor vom Keilriemen, beim Econ direkt vom Zahnriemen angetrieben.

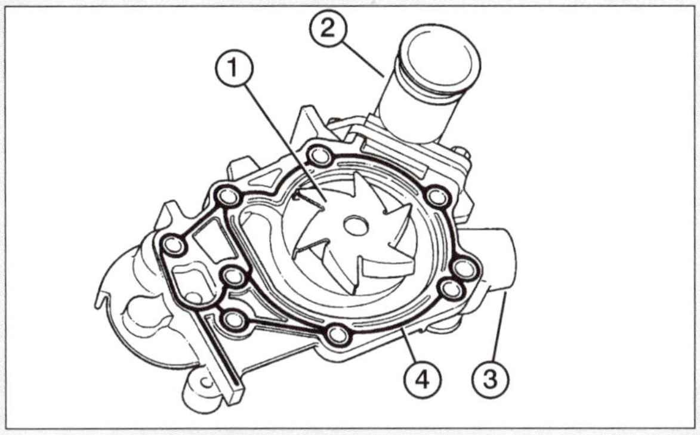

Das Schleuderrad ❶ der Kühlmittelpumpe (Econ) – eine einfache, wirkungsvolle Konstruktion. ❷ Ansaugstutzen. ❸ Auslaßstutzen. ❹ Dichtungsraupe.

Kühler. Besteht auf der linken und rechten Seite jeweils aus einem Kunststoff-Wasserkasten. Dazwischen befinden sich eine Vielzahl dünnwandiger Röhrchen, die durch ein Gerüst von Lamellen miteinander verbunden sind. Dadurch ist die vom Luftstrom bestrichene Fläche viele Quadratmeter groß. Der Kühler ist an zwei Befestigungspunkten oben und unten am Querträger der Karosserie montiert.

Thermostat. Hält die Wassertemperatur konstant. Er öffnet bei etwa 90 Grad Celsius und läßt das Wasser zum Kühler oder zurück in den Motor strömen. Im Inneren des Thermostats befinden sich eine mit Spezialwachs gefüllte Büchse und ein Ventilteller. Je mehr sich das Kühlmittel erwärmt, desto mehr verflüssigt sich das Wachs. Es dehnt sich zunehmend aus und öffnet so immer weiter das Ventil, das den Kaltwasserzufluß aus dem Kühler kontrolliert. Bei Betriebstemperatur ist das Ventil ganz geöffnet, der Kurzschlußkreislauf komplett geschlossen. Kühlt das Wasser ab, drückt eine Feder auf den Ventilteller und sperrt den Kühlerdurchfluß solange, bis sich das Kühlmittel wieder genügend erwärmt hat. Der Thermostat sitzt beim OHV-Motor im oberen Kühlmittelschlauch, beim Econ getriebeseitig in einem an den Zylinderkopf montierten Gehäuse.

Ausgleichsbehälter. Läßt bei zu hohem Druck durch ein Überdruckventil im Deckel Wasserdampf entweichen. Er sitzt im Motorraum links (in Fahrtrichtung).

Das Kühlmittel

Kühlflüssigkeit (Kühlmittel) besteht aus einer Mischung von Frost- und Korrosionsschutzmittel und Wasser. Der Wasseranteil beträgt bei beiden Motoren 65%. Außerdem enthält die Mischung beim OHV-Motor 35% Kühlkonzentrat GLACEOL AL Typ C, beim Econ 35% Kühlkonzentrat GLACEOL RX Typ D. Bei diesem Mischungsverhältnis bleibt das Kühlmittel bis -23°C flüssig. Erst bei -28°C beginnt das Kühlmittel zu gelieren (Stockpunkt). Der Korrosionsschutz verhindert, daß sich im Kühlsystem Kesselstein, Rost und andere aggressive Korrosionsstoffe bilden. Er verliert seine Wirksamkeit nach etwa vier Jahren und sollte dann erneuert werden. Zum Nachfüllen eignet sich jedes Frostschutzmittel, das einen Korrosionsschutz enthält – vorausgesetzt, es erfüllt die Renault-Spezifikation.

Kühlsystem auf Dichtheit prüfen

Arbeitsschritte | W | **20000 km 12 Monate**

① Sind die Wasserschläuche am Kühler, Motor und zur Heizanlage dicht?

② Den Zustand der Schläuche stellen Sie durch Kneten fest. Harte, spröde oder rissige Teile sollten Sie sofort austauschen.

③ Sitzen die Schlauch-Enden satt auf ihren Stutzen?

④ Sind die Spannschrauben der Schlauchschellen festgezogen? Sie können während der Fahrt und bei vollem Betriebsdruck im Kühlsystem nachgeben. Verrostete Schlauchschellen auswechseln.

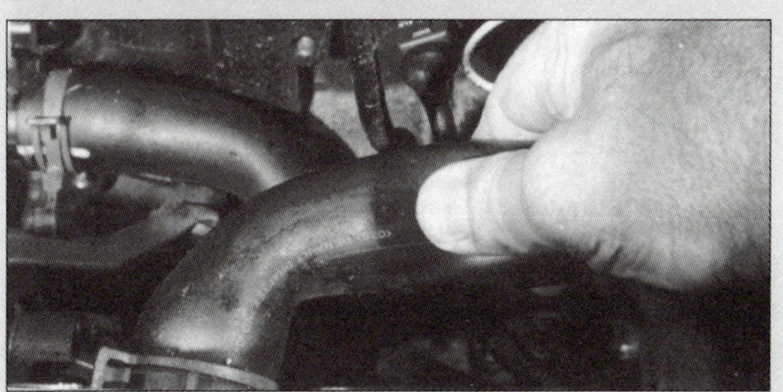

Bei Betriebstemperatur des Motors entdecken Sie nur durch kräftiges Kneten der Schläuche Verschleißspuren (oder Marderschäden) an den Kühlwasserschläuchen.

Kühlflüssigkeit prüfen und nachfüllen

Arbeitsschritte | **ständige Kontrolle**

① Stand des Kühlmittels am besten nur bei kaltem Motor kontrollieren – das Kühlsystem ist dann praktisch drucklos.

② Bei kaltem Motor soll der Pegel über der »MINI«-Markierung am Ausgleichsbehälter stehen. Vorsicht: Bei warmem Motor steht das Kühlmittel immer höher. Lassen Sie sich nicht durch einen zu hohen Stand täuschen.

③ Zum Nachfüllen den Verschlußdeckel öffnen. Legen Sie bei heißem Motor einen dicken Lappen über den Deckel und drehen Sie ihn langsam auf. Das baut den Druck im System allmählich ab. Wenn Sie den Deckel zu schnell öffnen, steht das Wasser nicht mehr unter Druck und sprudelt brühend heiß aus dem Behälter.

④ Ausgleichsbehälter nicht über die obere Markierung nachfüllen. Das Kühlmittel dehnt sich bei Erwärmung aus, der Überschuß entweicht aus dem System.

⑤ Kleinere Mengen können Sie bei warmem ebenso wie bei kaltem Motor einfüllen.

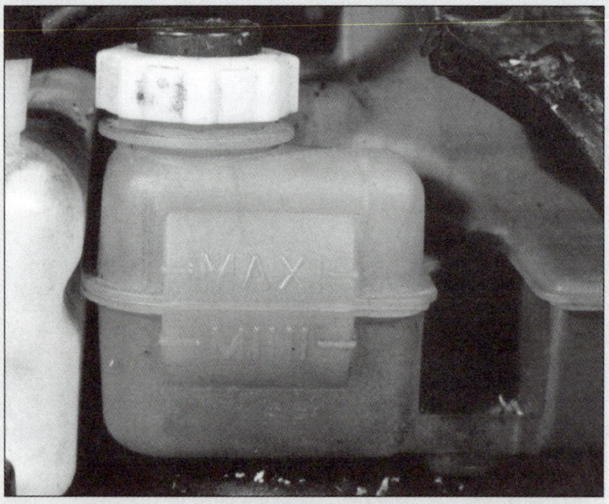

Der Kühlmittelstand soll sich zwischen den Marken »MINI« und »MAXI« bewegen. Extremes Über- oder Unterschreiten bedeutet in jedem Fall einen Defekt, nach dessen Ursache geforscht werden muß. Bei heißem Motor darf der Schraubdeckel erst vorsichtig um eine Umdrehung geöffnet werden, sonst besteht Verbrühungsgefahr. Zur Sicherheit ist es besser, zum Öffnen einen Lappen zu benutzen.

Kühlflüssigkeit wechseln

Arbeitsschritte | **120000 km 48 Monate**

① Am Verschlußdeckel des Ausgleichsbehälters den Druck aus dem Kühlsystem entweichen lassen. Vorsicht bei heißem Motor: Verbrühungsgefahr.

② Spritzschutz von der Motor-Unterseite abbauen.

③ Sauberes Auffanggefäß unter den Kühler bzw. Motor stellen und Schlauchschelle des unteren Kühlwasserschlauches lösen. Zur vollständigen Entleerung des Systems müssen Sie die Ablaßschraube öffnen, die getriebeseitig im Motorblock sitzt.

④ Damit die Kühlflüssigkeit besser ablaufen kann, den Verschlußdeckel vom Ausgleichsbehälter nehmen. Kühlflüssigkeit ablassen und Auffanggefäß abdecken.

⑤ Unteren Kühlerschlauch (ggf. mit neuer Schlauchschelle) montieren. Hatten Sie die Ablaßschraube geöffnet, diese festziehen.

⑥ Entlüftungsschraube öffnen. Sie sitzt in einem der beiden Heizungsschläuche.

Beim OHV-Motor kann der Heiz- ❶ und der Kühlkreislauf ❷ über getrennte Entlüftungsschrauben entlüftet werden. Luft im Kühlsystem beeinträchtigt die Heizwirkung erheblich.

⑦ Kühlmittel in den Einfüllstutzen des Ausgleichsbehälters füllen, bis keine Luftblasen mehr hochsteigen und aus dem Entlüftungsventil ein gleichmäßiger Kühlmittelstrahl austritt.

⑧ Entlüftungsschraube schließen.

⑨ Motor starten und mit erhöhter Drehzahl ca. vier Minuten laufen lassen.

⑩ Bei Bedarf Kühlmittel bis zur »MAXI«-Marke nachgießen.

⑪ Motor warmfahren. Dabei wird das Kühlsystem über den Verschlußdeckel des Ausgleichsbehälters weiter entlüftet. Kontrollieren Sie bei kaltem Motor noch einmal den Flüssigkeitspegel. Eventuell müssen Sie etwas Wasser nachgießen.

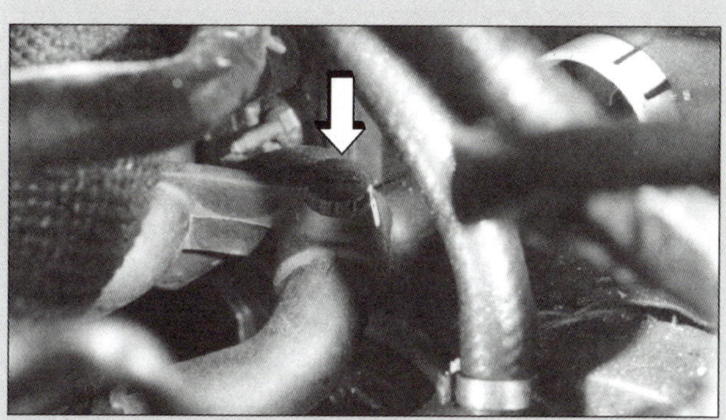

Beim Econ-Motor sitzt eine Entlüftungsschraube im Heizkreislauf (Pfeil), die andere direkt im linken Wasserkasten des Kühlers.

Frostschutz auffüllen

Auf Nummer Sicher gehen Sie beim Frostschutz, wenn Sie auch im Sommer stets eine 50%ige Mischung verwenden. Haben Sie jedoch öfters nur Wasser nachgefüllt, reicht die Konzentration des Frostschutzmittels für kältere Temperaturen nicht mehr aus. Dann muß der Schutz verstärkt werden – mit etwa 3/4 Liter Frostschutzmittel für einen um 10°C erweiterten Kälteschutz. Wollen Sie die Frostfestigkeit des Kühlmittels kontrollieren, brauchen Sie einen Hebemesser, eine Frostschutzspindel oder einen Aerometer. Damit wird das spezifische Gewicht (Kühlmitteldichte) der Flüssigkeit gemessen.

Vorsicht: Durch unterschiedliche Zugabe von Korrosionsschutzmittel können sich die spezifischen Gewichte bei den einzelnen Frostschutzprodukten unterscheiden. Wenn Sie keine auf den eingefüllten Frostschutz abgestimmte Spindel besitzen, ziehen Sie vom ermittelten Wert eine Meßtoleranz von 2 bis 3 Grad Celsius ab

Arbeitsschritte – **ständige Wartung**

① Sauberes Auffanggefäß unter den Kühler bzw. Motor stellen.

② Schlauchschelle des unteren Kühlwasserschlauches lösen und etwa 1-2 Liter Kühlmittel ablassen.

③ Kühlerschlauch wieder montieren.

③ Die benötigte Menge Frostschutzmittel in Ausgleichsbehälter gießen. Bei Bedarf die aufgefangene Kühlflüssigkeit nachfüllen.

Zum Nachprüfen der Kühlmittel-Frostfestigkeit brauchen Sie einen sogenannten Hebemesser, der je nach Ausführung mit Zeigern oder, wie hier, mit einer Spindel versehen ist.

Füllmenge und Mischung für Frostschutz (-25°C und -35°C)

Motor	Typ	Hubraum (cm³)	Füllmenge (Liter)	Konzentrat (Liter)		Wasser (Liter)	
				-25°C	-35°C	-25°C	-35°C
40kW/55PS	OHC	1239	5,5	1,9	2,8	3,6	2,7
40kW/55PS	Econ	1149	5,0	1,7	2,5	3,3	2,5
44kW/60PS	Econ	1149	5,0	1,7	2,5	3,3	2,5

Kühlsystem

Störungsbeistand

Störung	Ursache	Abhilfe
A Temperaturanzeigenadel steht im roten Bereich	1 Keilrippenriemen zu schwach gespannt oder gerissen	Riemenspannung kontrollieren oder Riemen ersetzen
	2 Zuwenig Flüssigkeit im Kühlsystem	Auffüllen, notfalls aus der Scheibenwaschanlage
	3 Kabel zur Temperaturanzeige hat Masseschluß	Kabel am Temperaturgeber abziehen, Zeiger muß zurückgehen, sonst Masseschluß; Kabelverlauf kontrollieren
	4 Thermostat öffnet den Kaltwasserzufluß aus dem Kühler nicht (Kühler kalt)	Thermostat ausbauen und ohne ihn weiterfahren oder Wagen abschleppen lassen
	5 Kühlerventilator schaltet nicht ein	Siehe Seite 77
	6 Überdruckventil im Verschlußdeckel des Ausgleichbehälters defekt	Ventil prüfen (lassen), Deckeldichtung kontrollieren, ggf. Verschlußdeckel ersetzen
	7 Anzeigeinstrument defekt	Austauschen
	8 Geber der Temperaturanzeige hat Kurzschluß	Austauschen
	9 Kühler verstopft oder Lamellen zugesetzt	Kühler reinigen
B Temperaturanzeige spricht sehr langsam an, schwache Heizleistung	Thermostat schließt nicht völlig, aufgeheizte Kühlflüssigkeit strömt zu früh durch den Kühler	Thermostat säubern, ggf. ersetzen
C Temperaturanzeige bleibt im unteren Bereich, gute Heizleistung	1 Siehe A7	
	2 Geber der Temperaturanzeige defekt	Austauschen

Thermostat

Störungsbeistand

Erkennungsmerkmal	Ursache/Besonderheiten
A Temperaturanzeige steigt langsam, Betriebstemperatur wird spät erreicht, Heizwirkung ungenügend	Thermostat-Ventilteller ist in »Offen«-Stellung blockiert (etwa durch Ablagerungen); der Zufluß zum Kühler bleibt ständig offen. Motor bleibt zu lange im Kaltlaufbetrieb. Es kommt jedoch kurzfristig zu keinen Schäden. Trotzdem Thermostat so bald wie möglich wechseln
B Temperaturanzeige steht trotz richtigem Kühlmittelstand im roten Bereich. Kühler und unterer Schlauch zum Kühler sind kalt	Thermostat-Ventilteller ist in »Geschlossen«-Stellung blockiert (etwa durch eine defekte oder undichte Thermostatbüchse). Auf keinen Fall weiterfahren, sonst entstehen schwere Hitzeschäden am Motor

Thermostat ausbauen und prüfen

Ausbau und Montage des Thermostats sind kein Problem. Besorgen Sie sich vor Arbeitsbeginn neben einem Ersatzteil auch einen neuen Dichtring, auf dem der Thermostat im Gehäuse sitzt. Die Dichtung des Thermostatgehäuses sollten Sie ebenfalls erneuern. Außerdem brauchen Sie ein Gefäß zum Auffangen des Kühlmittels. Den Thermostat sollten Sie nur bei kaltem Motor ausbauen. Sie können übrigens mit einem Einmachthermometer prüfen, ob das ausgebaute Bauteil wirklich defekt ist.

Kontrollieren Sie mit dem Einmachthermometer, ob das Ventil bei den in der Tabelle aufgeführten Temperaturen mit dem entsprechenden Hub von seinem Sitz abhebt. Bei gebrauchten Thermostaten ist eine Toleranz von ±3°C zulässig.

Bei diesen Temperaturen öffnet der Thermostat

Motortyp	Öffnung (bei °C)	ganz geöffnet (bei °C)	Ventilhub (mm)
OHV	89	101	7,5
Econ	88	100	9,0

Vorsicht: Ein klemmender Thermostat kann schwere Hitzeschäden am Motor Ihres Twingo verursachen. Das Kühlmittel fängt an zu kochen, die Kühlwirkung läßt rapide nach. Tritt der Defekt während der Fahrt auf, dürfen Sie auf keinen Fall weiterfahren. Lassen Sie den Wagen zur Reparatur abschleppen.

Arbeitsschritte

① Beide Motoren: Verschluß des Ausgleichsbehälters öffnen, um Druck im Kühlsystem abzubauen. Vorsicht bei warmem Motor: Verbrühungsgefahr.

② Motorabdeckung (Spritzschutz) abbauen. Auffangbehälter unter Kühler stellen, unteren Kühlerschlauch abziehen und etwa drei Liter Kühlflüssigkeit ablassen.

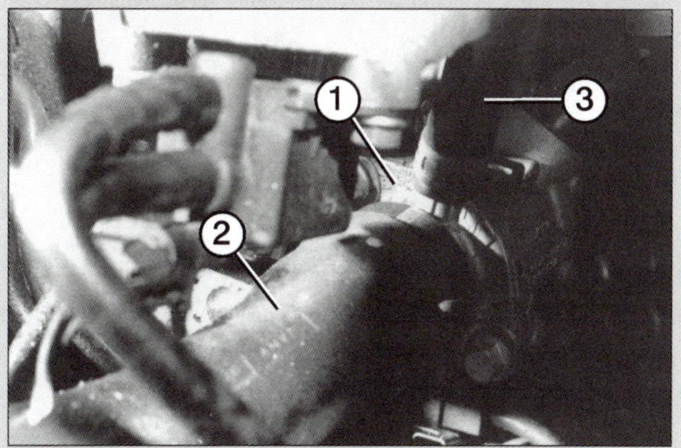

Beim Econ-Motor ist der Thermostat auf der getriebeseitigen Stirnseite in einem Gehäuse am Motor fixiert. Die von der Kühlmittelpumpe durch den Motor gedrückte Kühlflüssigkeit gelangt so durch den geöffneten Thermostat über den oberen Kühlerschlauch zurück zum Kühler.
❶ Thermostatgehäuse mit Kühlerschlauchstutzen.
❷ Oberer Kühlerschlauch. ❸ Schlauch zum Kühlmittel-Ausgleichsbehälter.

Econ

③ Oberen Kühlwasserschlauch, Heizungsschlauch und Schlauch zum Ausgleichsbehälter vom Thermostatgehäuse abbauen.

④ Schrauben des Thermostatgehäuses lösen, Gehäuse vorsichtig abnehmen. Ist es festgebacken, helfen Schläge mit dem Handballen.

OHV

③ Oberen Kühlerschlauch an der Kühlmittelpumpe durch Lösen der Schlauchschelle abbauen.

④ Die beiden Klemmschellen, die den Thermostat auf Position halten, abziehen. Thermostat aus dem Kühlerschlauch drücken. Dabei Einbaurichtung für den Wiedereinbau merken.

Der Thermostat ist beim OHV-Motor mit diesen beiden Schlauchschellen (Pfeile) im Kühlerschlauch fixiert.

Beide Motoren

⑤ Wenn Sie das ausgebaute (oder neue) Bauteil prüfen wollen: Thermostat in einen Topf mit Wasser hängen und erhitzen. Das Ventil muß bei den entsprechenden Temperaturen öffnen.

⑥ Vor dem Einbau des neuen Thermostats Dichtflächen von alten Dichtungs- und Dichtmittelresten säubern.

Kühlerventilator defekt?

Das Kühlsystem Ihres Twingo verkraftet ohne weiteres einen längeren Motorleerlauf oder eine Paßfahrt im Gebirge. Brennt plötzlich die Temperatur-Warnlampe des Kühlsystems, deutet das auf einen defekten Kühlerventilator hin. Sie müssen Ihre Fahrt deshalb aber nicht beenden. Lassen Sie den Motor abkühlen und fahren Sie mit zügigem Tempo in die nächste Werkstatt. Leerlauf und Schleichfahrt sollten Sie vermeiden, weil dabei kaum kühlende Luft durch die Lamellen des Kühlers strömt.

Vorsicht: Bei gerade abgestelltem und heißgefahrenem Motor niemals mit den Händen in die Nähe des Lüfters kommen! Der Ventilator kann auch bei ausgeschalteter Zündung unvermittelt loslaufen.

Arbeitsschritte

① Kontrollieren Sie zur Sicherheit zuerst die Sicherung.

② Ziehen Sie am Thermoschalter den Stecker ab.

③ Überbrücken Sie die Kabelstecker mit einem Stück Draht. So nehmen Sie den Thermoschalter aus dem Stromkreis heraus. Schaltet der Ventilator ein, ist der Thermoschalter defekt. Falls er nicht einschaltet, ist entweder das Zuführungskabel unterbrochen oder der Ventilator selbst defekt.

④ Klemmen Sie zur Weiterfahrt die Kabelbrücke gut fest. Damit das locker hängende Kabel kein Unheil anrichten kann, mit Klebeband fixieren. Den Doppelstecker zusätzlich kurzschlußsicher abkleben.

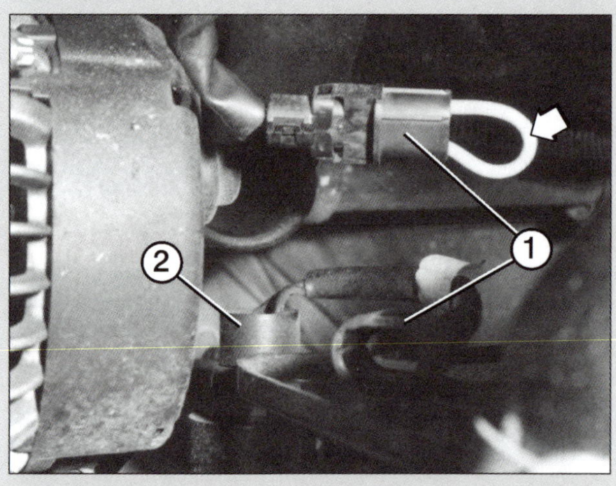

Ist der Lüftermotor wirklich defekt? Trennen Sie die Steckverbindung ❶ vom Thermofühler ❷ ab und überbrücken Sie die beiden Steckbuchsen mit einem Stück Draht (Pfeil). Funktioniert der Lüfter, muß er jetzt einschalten. Sie können den Lüftermotor aber auch direkt von der Batterie mit Strom versorgen. Wenn er dann nicht reagiert, ist er defekt.

Praxistip

Überbrücken von Stromverbindungen

Das Überbrücken von Stromverbindungen dient zur provisorischen Überprüfung von Schalterfunktionen etc. Verwenden Sie immer isolierte Drähte oder Kabel, damit kein Kurzschluß verursacht wird, wenn Sie mit der Brücke an die Fahrzeugmasse geraten. Am besten nehmen Sie eines der Prüfkabel Ihres Multimeters.

Motor des Kühlerventilators ausbauen

Arbeitsschritte

① Batteriemassekabel abklemmen und Kabelsteckverbindung trennen.

② Kabel von der Luftführung lösen.

③ Zum Ausbau die Verschraubung der Luftführung lösen (je nach Modell zwei bzw. vier Schrauben) und diese zusammen mit dem Lüfter vom Kühler abnehmen.

④ Lüfterrad festhalten, zentrale Befestigungsschraube lösen und Rad von der Welle abnehmen.

⑤ Lüftermotor von der Luftführung abbauen. Dazu drei Muttern lösen.

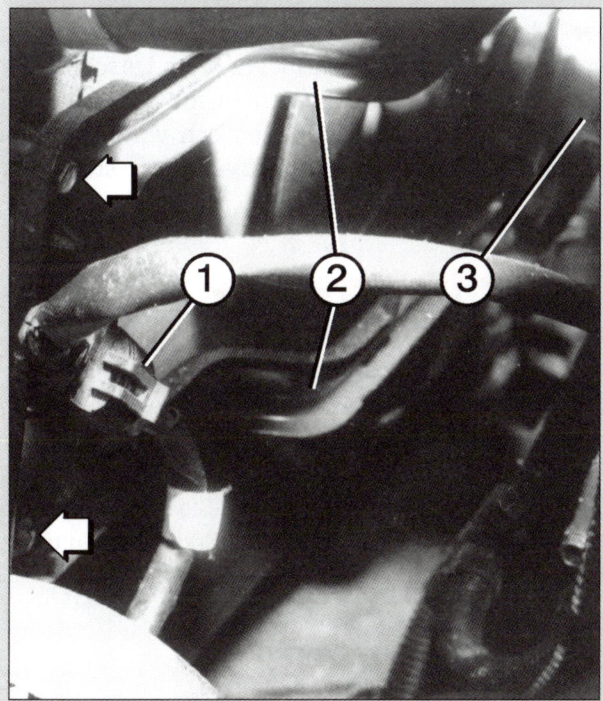

Nach Abschrauben der Steckverbindung ❶ und Lösen der beiden Befestigungsschrauben (Pfeile) links und rechts am Kühler, kann die Luftführung ❷ komplett mit Lüfter ❸ abgenommen werden. Zum Ausbau des Lüftermotors müssen ggf. die Nieten ausgebohrt und beim Einbau durch Blechschrauben ersetzt werden.

Kühler ausbauen

Arbeitsschritte

① Unter dem Fahrzeug den Motorspritzschutz abbauen. Kühlflüssigkeit ablassen und in Gefäß auffangen.

② Kühlerschläuche am Kühler abbauen. Dann Kabel vom Thermoschalter und Lüftermotor am Kühler abziehen.

③ Schrauben an der Halterung links und rechts am Kühler herausschrauben und Kühler zum Motor hin schwenken.

④ Die Luftführungsleiste vom Querträger abziehen.

⑤ Kühler komplett mit Luftführung und Lüftermotor aus der Gummilagerung am Querträger ziehen und nach oben aus dem Motorraum heben.

⑥ Vor dem Einbau die Gummilagerungen auf Verschleiß kontrollieren und bei Bedarf ersetzen.

Wenn der Kühler links und rechts unten gelöst ist, muß er unten zum Motor hin geschwenkt werden, damit die Gummilager oben am Querträger nach unten aus den Aufnahmen (Pfeile) rutschen können. Vorher noch die Luftführungsleiste ❶ vom Querträger ❷ abziehen.

Schläuche des Kühlsystems wechseln

Reißt während der Fahrt der Kühlwasserschlauch, können Sie die Leckstelle provisorisch mit Klebeband abdichten. Lösen Sie zur Sicherheit den Verschlußdeckel des Ausgleichsbehälters eine Umdrehung.

Dann baut sich nicht der volle Betriebsdruck auf und das Klebeband platzt nicht ab. Achten Sie während der Fahrt stets auf die Kühlmitteltemperatur-Warnlampe. Den schadhaften Schlauch sollten Sie schnell ersetzen. Kaufen Sie nur Originalschläuche in der richtigen Bogenform und dazu neue Schlauchschellen.

Arbeitsschritte

① Kühlmittel ablassen und in Gefäß auffangen.

② Schlauchschellen lösen, Schläuche abziehen.

③ Festsitzende Schlauch-Enden mit einem Schraubendreher lockern. Das Werkzeug zwischen Schlauch und Stutzen schieben und vorsichtig ringsum vom jeweiligen Anschlußstutzen hebeln.

④ Neue Schläuche weit genug auf die Stutzen schieben, damit sie nicht wieder abrutschen können.

⑤ Schraubschellen nicht mit Gewalt anziehen. Das Gewinde wird sonst überdreht und die nächste Undichtigkeit ist programmiert.

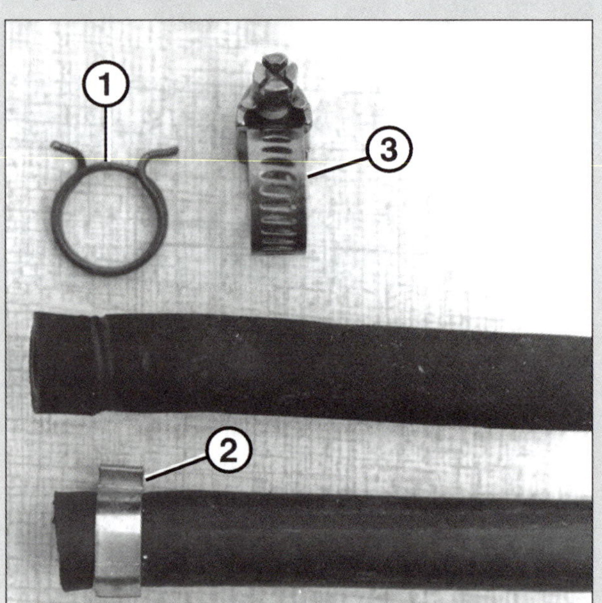

Nach der Demontage von Kühler- oder Kraftstoffschläuchen sollten Sie Klemmschlauchschellen ❶ und ❷ gegen Schraubschlauchschellen ❸ austauschen, die nicht so tief in den Schlauch einschneiden und in ihrer Klemmwirkung wesentlich besser zu dosieren sind.

Der Luftfilter

Der Motor braucht saubere Luft zur Verbrennung. Schmutzpartikel und Staubteilchen auf den Zylinderlaufbahnen würden nach kurzer Zeit Motorschäden verursachen. Die angesaugte Luft muß deshalb erst den Luftfilter im sogenannten Ansauggeräuschdämpfer passieren. Auch dieses Bauteil spielt eine wichtige Rolle im Ansaugsystem, weil es Ansauggeräusche unterdrückt und den wirbelnden Luftstrom beruhigt. Der Luftfilter besteht aus einem Filtergehäuse und einem Filtereinsatz, der wie eine Ziehharmonika gefaltetet ist.

Luftfilter braucht regelmäßige Wartung

Eine Gummdichtung dichtet ihn zum Gehäuse hin ab. Auf ihrem Weg durch den Filter lagern sich die unerwünschten Schmutzpartikel im feinporigen Filterpapier ab, größere Staubteilchen fallen ins Filtergehäuse. Der Filter kann seine Aufgabe freilich nur erfüllen, wenn er regelmäßig gewartet wird. Ein verschmutzter Filtereinsatz läßt nämlich nicht mehr genügend Ansaugluft in den Motor. Das Gemisch wird fetter, die Leistung sinkt und der Kraftstoffverbrauch steigt.

Luftfiltereinsatz reinigen und wechseln

Das Filterelement sollten Sie mindestens einmal im Jahr reinigen, nach zwei Jahren wechseln. Filtereinsätze für Ihren Twingo erhalten Sie beim Vertragshändler oder im Zubehörhandel. Sie brauchen übrigens nicht unbedingt ein Original-Ersatzteil – auch andere Hersteller bieten geeignete Einsätze an.

Arbeitsschritte — 60000 km / 2 Jahre

OHV

① Die Schnappverschlüsse am Ansauggeräuschdämpfer öffnen (einer oben, zwei links und rechts, einer unterhalb des Gehäuses).

② Filterkasten nach vorne abnehmen und Luftfiltereinsatz herausnehmen.

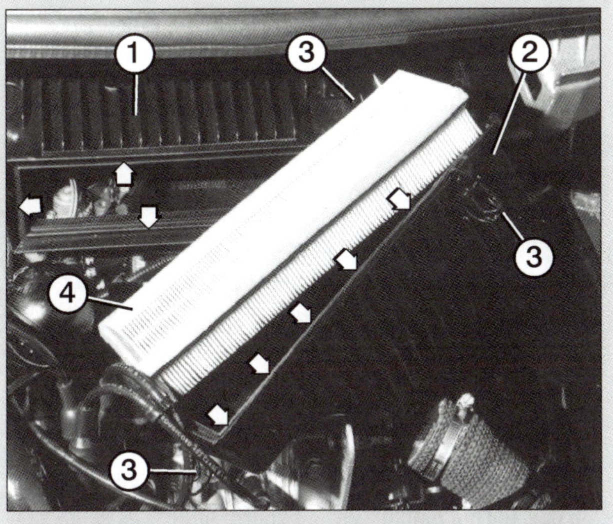

OHV-Motor: Nach Öffnen der Sicherungsklammern ❸ kann der Filterkasten ❷ vom Ansauggeräuschdämpfer ❶ abgenommen und der Filtereinsatz ❹ gewechselt werden. Beim Einsetzen des neuen Filters darauf achten, daß die Dichtung (Pfeile) exakt im Filterkasten des Ansauggeräuschdämpfers sitzt – sonst kann ungefilterte Luft am Filter vorbei in den Ansaugtrakt des Motors gelangen.

Econ

① Einen Schnappverschluß öffnen, den Dämpfungstopf (Resonator) etwas gegen den Uhrzeigersinn verdrehen, bis er vom Gehäusesockel freikommt.

② Dämpfungstopf vorsichtig durch Verkanten aus dem Motorraum nehmen.

③ Filtereinsatz aus dem Filtertopf nehmen.

Econ-Motor: Nach Lösen der Klammer ❹ und Verdrehen des Dämpfungstopfs ❶ in Pfeilrichtung kann der Luftfilter ❸ aus dem Filtertopf ❷ genommen werden.

Reinigung – beide Motoren

④ Papierfilter auf harter Unterlage ausklopfen. So entfernen Sie die gröberen Staubteilchen.

⑤ Den feinen Staub mit Druckluft ausblasen. Luftstrahl seitlich an den Filterlamellen vorbeistreichen lassen.

- Nicht von außen nach innen blasen, sonst wird der Staub noch fester in die Filterporen gedrückt.
- Nie den Papierfilter in Flüssigkeiten reinigen. Das verstopft die Filterporen hoffnungslos, die Leistung des Motors läßt nach und die Abgaswerte verschlechtern sich dramatisch.

⑥ Wenn Sie den Filter tauschen: Achten Sie beim Einsetzen des neuen Filterelements darauf, daß die Dichtung sauber im Gehäuse-Unterteil sitzt.

Die Ansaugluft-Vorwärmung

(nur OHV-Motor)

Der OHV-Motor ist mit einer Ansaugluft-Vorwärmung ausgestattet, die bei Temperaturen unterhalb von circa 24°C für einen gleichmäßigen Motorlauf sorgt. Gesteuert von einem Thermoelement, wird die vom Motor angesaugte Luft auf die jeweils günstigste Temperatur angewärmt. Dadurch vergast das Kraftstoff-Luft-Gemisch vor allem bei niedrigen Temperaturen besser. Außerdem beugt die Ansaugluft-Vorwärmung der Vereisung des Triebwerks vor. Hintergrund: Durch Druckabfall in der Einspritzeinheit verdunstet bei laufendem Motor ein Teil des Kraftstoffes – Kraftstoff und Gehäuse der Einspritzeinheit kühlen stark ab. Bei Temperaturen zwischen +3° und +8°C (in Extremfällen auch darüber) und hoher Luftfeuchtigkeit kann sich in der Einspritzeinheit eine dünne Eisschicht bilden, welche die einwandfreie Gemischbildung stört.

Symptome bei Störungen

Ein Defekt der Ansaugluft-Vorwärmung macht sich in den beiden Jahreszeiten meist durch spezielle Symptome besonders bemerkbar. Die können übrigens auch auftreten, wenn der Vorwärmschlauch nicht richtig am Auspuffkrümmer sitzt oder der Schlauch schadhaft ist.

In der kalten Jahreszeit

- Nach dem Kaltstart schlechter Leerlauf in der Warmlaufphase.
- Schlechter Übergang in andere Lastbereiche, Motor neigt zum Stottern.

In der warmen Jahreszeit

- Geringere Leistung, übliche Höchstgeschwindigkeit wird nicht erreicht.
- Höherer Kraftstoffverbrauch.

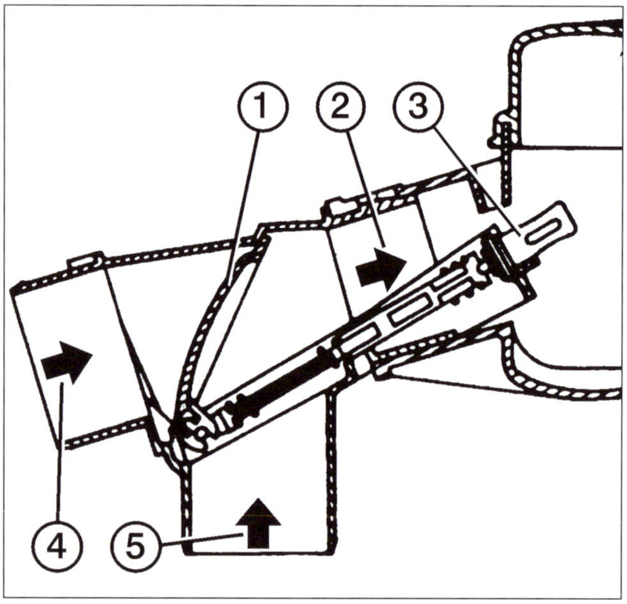

Das Funktionsprinzip zur Steuerung der Ansaugluft-Vorwärmung im Schnorchel des Ansauggeräuschdämpfers. ❶ Luftverteilerklappe. ❷ Ansaugluft zur Einspritzeinheit. ❸ Thermoelement. ❹ Kaltluftstutzen. ❺ Warmluftstutzen.

Ansaugluft-Vorwärmung kontrollieren

Den ersten Teil dieser Prüfung müssen Sie unbedingt am kalten Motor vornehmen. Nur so können Sie kontrollieren, ob das Klappenventil für den Kaltstart richtig steht. Im zweiten Teil der Arbeit prüfen Sie, ob der Wachsthermostat bei warmem Motor funktioniert (Ansprechtemperatur liegt bei ca. 24°C). Dazu müssen Sie vorher jedoch das Triebwerk auf Betriebstemperatur bringen. Eine pfiffige Alternative für Praktiker: Sie ersparen sich die Probefahrt, wenn Sie den Wachsthermostaten mit einem Fön anblasen.

Arbeitsschritte — 20000 km / 12 Monate

① Das Luftfiltergehäuse mit Frischluftkanal abnehmen.

② Bei kaltem Motor muß die Klappe so stehen, daß warme Luft vom Auspuffkrümmer angesaugt werden kann.

③ Schlauch zum Krümmer wieder einbauen und Motor warm fahren (Betriebstemperatur). Dann wieder Luftfiltergehäuse mit Frischluftkanal abnehmen. Vorsicht: Die Motorteile sind heiß.

④ Die Klappe muß jetzt so stehen, daß ausschließlich kühle Luft angesaugt wird.

⑤ Steht die Klappe nicht in der richtigen Position, tippen Sie das Teil mit einem Schraubendreher an – es sollte sich leicht bewegen lassen.

⑥ Funktioniert das Klappenventil dann immer noch nicht, muß der komplette Ansauggeräuschdämpfer ausgewechselt werden.

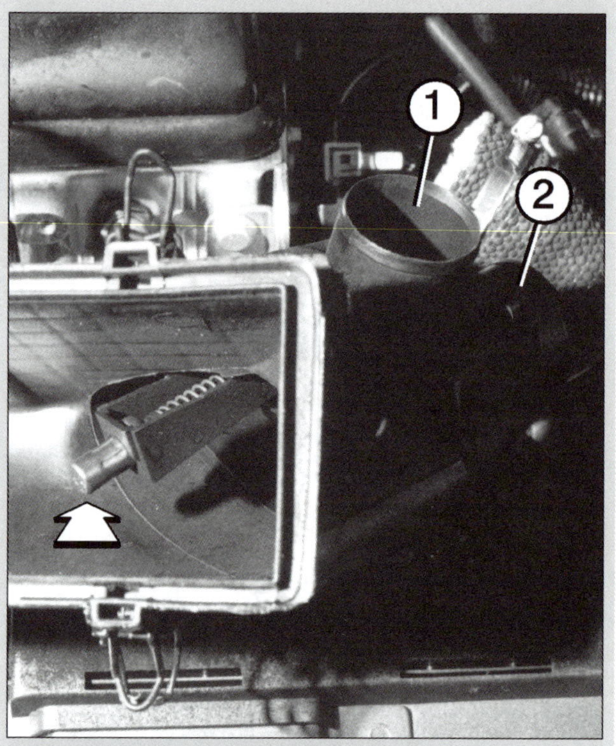

Zur Funktionskontrolle des Wachsthermostaten den Fühler (Pfeil) mit einem Fön anblasen – dann muß die Klappe im Verteilerstutzen des Ansauggeräuschdämpfers vom der Warmluft- ❶ auf den Frischluftansaugkanal ❷ umschwenken. Rührt sich nichts, ist der Thermostat defekt oder die Klappe klemmt.

Ansauggeräuschdämpfer ausbauen

Arbeits-schritte

OHV

① Warm- und Frischluftschlauch abbauen. Dazu die entsprechenden Schlauchschellen öffnen.

② Schlauch der Motorbe- und -entlüftung abziehen.

③ Zwei Schrauben oben am Ansauggeräuschdämpfer herausdrehen.

④ Ansauggeräuschdämpfer komplett vom Drosselklappen-Gehäuse abheben.

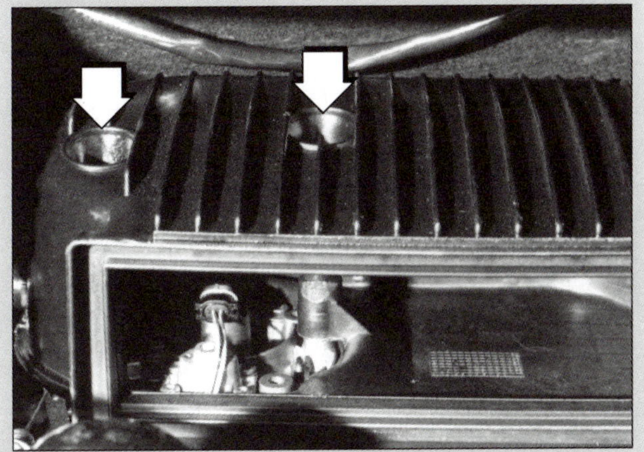

OHV-Motor (Ansaugschläuche vom Verteilerstutzen abgebaut): Wenn Sie die beiden Befestigungsschrauben (Pfeile) auf dem Ansauggeräuschdämpfer herausschrauben, läßt sich das Teil problemlos vom Gehäuse der Drosselklappe abheben.

Arbeits-schritte

Econ

① Luftfilter komplett mit Topf ausbauen.

② Beide Luftschläuche am Ansauggeräuschdämpfer abbauen.

③ Halterung des Gehäuses durch Lösen der Muttern ausbauen.

④ Ansauggeräuschdämpfer nach oben abheben.

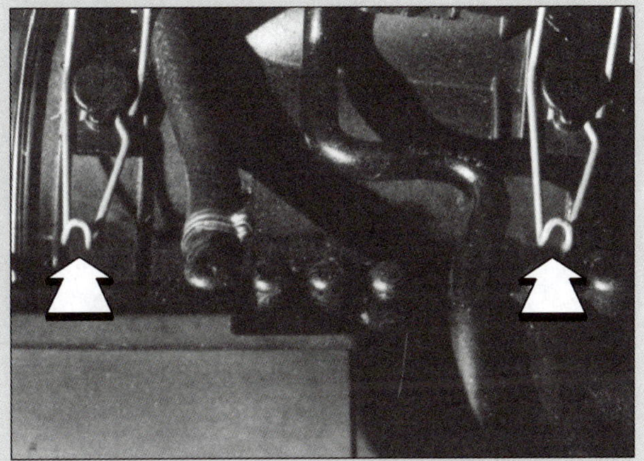

Econ-Motor (Luftschläuche vom Ansauggeräuschdämpfer abgebaut): Die beiden Gummi-Spannbänder durch Lösen der beiden Sicherungshaken (Pfeile) aushängen, dann kann der Ansauggeräuschdämpfer nach vorne aus dem Motorraum manövriert werden.

DIE KRAFTS EINS

TOFF-
PRITZUNG

Der Ansaugkrümmer mit Kraftstoffdruckregler und -verteiler beim Econ-Motor.

Reparatur

Die Benzineinspritzung gehört beim modernen Verbrennungsmotor längst zum Standard. Auch in Kleinwagen wie dem Renault Twingo haben die leistungsstarken und preiswerten elektronischen Module die Ära der Vergaser beendet. Das ist auch gut so, denn trotz aufwendiger Vergasertechnik war es zuletzt fast unmöglich, die immer strengeren Abgasvorschriften zu erfüllen. Während der OHV-Motor im Twingo noch eine Zentraleinspritzung besitzt, bei der das Drosselklappengehäuse fast einem Vergaser gleicht, ist im leistungsstärkeren Econ-Motor eine moderne Mehrpunkteinspritzung eingebaut, die alle aktuellen Abgasnormen problemlos erfüllt. Gesteuert wird das Einspritz- und Zündsystem von einem Steuergerät, das mit unglaublicher Präzision arbeitet, dabei aber so gut wie keine Verschleißerscheinungen kennt. So können die Abgaswerte ein ganzes Motorleben lang eingehalten werden.

Die Zentraleinspritzung

Der OHV des Twingo ist mit einer Zentraleinspritzung ausgestattet (bis Modelljahr '96). Sie bezieht die Werte zur Gemischaufbereitung vom Steuergerät, das auch das Zündsystem steuert. Die Zentraleinspritzung, auf dem Ansaugkrümmer befestigt, kommt mit einem einzigen Einspritzventil aus. Die Gemischbildung findet in einer Art Mischzentrum statt, das über Saugrohre mit den einzelnen Zylindern verbunden ist. In diesem Zentrum wird das Kraftstoff-Luftgemisch für alle Zylinder hergestellt und über die Saugrohre verteilt. Nachteil dieses Systems: Die Zuteilung des Gemischs ist nicht immer präzise, die Zylinder werden nicht stets gleichmäßig versorgt. Außerdem können nach dem Kaltstart Benzintröpfchen an den kalten Saugrohr-Wänden festkleben, die erst verdampfen, wenn sich das Rohr aufgewärmt hat. Im Winter und im Kurzstreckenverkehr macht sich das durch einen höheren Benzinverbrauch bemerkbar.

Die Mehrpunkteinspritzung

Der Econ-Motor (ab Modelljahr '97) besitzt eine Mehrpunkteinspritzung (Multipoint). Anders als bei der Zentraleinspritzung erfolgt die Kraftstoffverteilung an die Zylinder bei diesem System sehr präzise. Die Multipoint-Einspritzung versorgt nämlich jeden Zylinder individuell mit dem benötigten Gemisch. Für jeden Zylinder ist daher ein eigenes Einspritzventil zuständig. Dabei erfolgt die Einspritzung in einem speziellen Ryhtmus: Es werden stets zwei Zylinder gleichzeitig versorgt. Man nennt das semi-sequentielle Einspritzung.

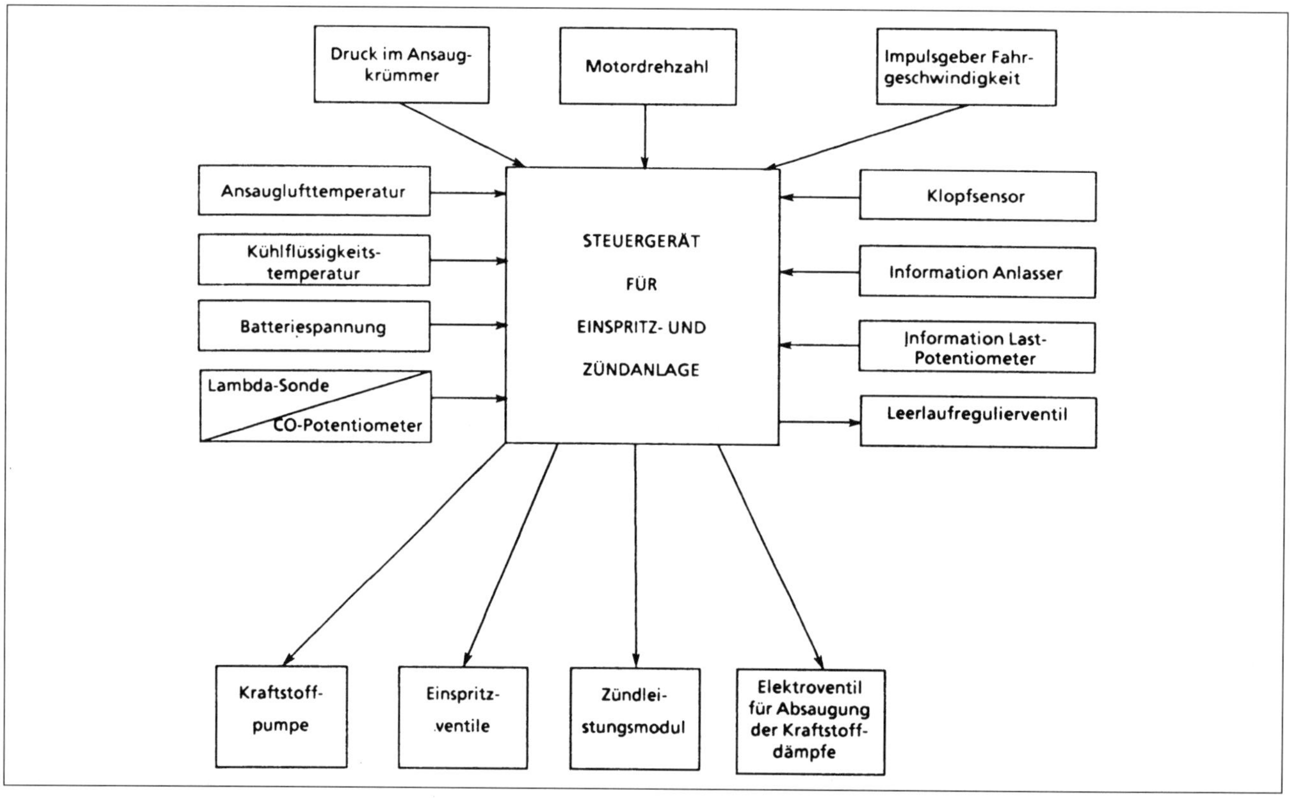

Funktionsschema der Ein- und Ausgangssignale am Motorsteuergerät der Mehrpunkt-Benzineinspritzung beim Econ-Motor (das Schema beim OHV ist ähnlich aufgebaut). Es genügt schon das fehlerhafte Signal eines Sensors oder Gebers, um das Gleichgewicht der Ausgangssignale für die Motorsteuerung der Kraftstoffeinspritzung und Zündung durcheinanderzubringen. Leistungseinbußen des Motors wären die Folge.

Die wichtigsten Teile der Kraftstoffeinspritzung

Steuergerät. Zuständig für die Gemischaufbereitung. Das Steuergerät regelt beim **OHV-Motor** die Öffnungsdauer des Einspritzventils, beim **Econ-Motor** die Öffnungsdauer der elektromagnetisch betätigten Einspritzventile. Das Steuergerät verwertet dazu aus den Motorkennfeldern Informationen zum Beispiel über Drehzahl, Saugrohrdruck, Ansaugluft- und Kühlmitteltemperatur. Diese Kennfelder sind Datensammlungen für die verschiedenen Lastzustände des Motors und die jeweils zugehörigen Kraftstoffmengen und Zündzeitpunkte. Das Steuergerät kann diese Werte nach Eingang sogenannter Korrektursignale (z. B. Ansaugluft- und Kühlmitteltemperatur) noch variieren.

Drehzahlgeber. Sitzt beim **OHV** am Getriebe an der Motorschwungscheibe. Wichtig für Motordrehzahl und für OT-Erkennung von Zylinder 1. Beim **Econ-Motor** sitzt der Drehzahlgeber (Impulsgeber) am Getriebegehäuse und ist zuständig für die Zündung. Übermittelt aber auch Signale (OT-Signal für Zylinder 1) für die Einspritzfrequenz der Einspritzventile.

Drosselklappe. Befindet sich im Drosselklappengehäuse der Zentral-Einspritzeinheit **(OHV)** unterhalb des Einspritzventils direkt vor dem Ansaugkrümmer.

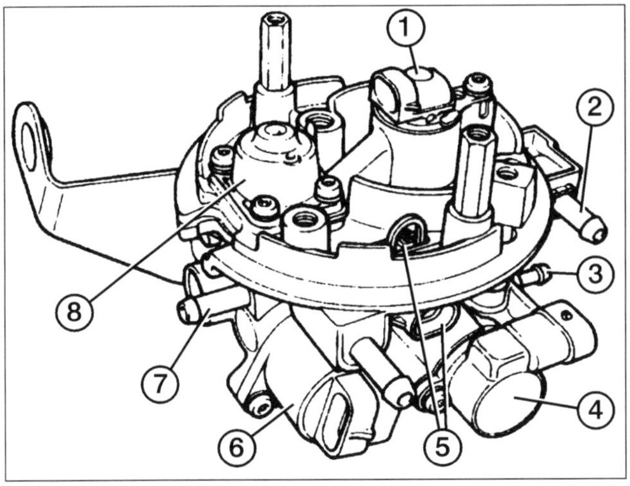

Zentral-Einspritzeinheit des OHV-Motors.
❶ Einspritzventil. ❷ Kraftstoffzulauf. ❸ Unterdruckleitung vom Aktivkohlebehälter. ❹ Drosselklappenpotentiometer. ❺ Ansaugluft-Temperaturgeber. ❻ Leerlaufregulierventil mit Schrittmotor. ❼ Anschluß für Vorwärmung der Einspritzeinheit. ❽ Kraftstoffdruckregler.

Ist über einen Bowdenzug mit dem Gaspedal verbunden. Beim **Econ** befindet sich die Drosselklappe im Drosselklappengehäuse direkt vor dem Sammelsaugrohr und ist über den Gaszug mit dem Gaspedal verbunden. Um ein Festklemmen beim Schließen zu vermeiden, bleibt die Drosselklappe beim Zurücknehmen des Gaspedals stets einen Spalt geöffnet. Diese Einstellung darf bei Wartungsarbeiten unter keinen Umständen geändert werden.

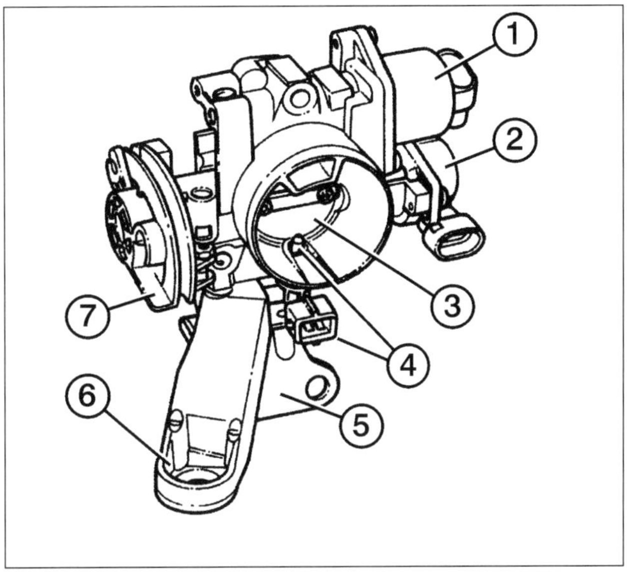

Drosselklappengehäuse beim Mehrpunkt-Benzineinspritzsystem (Econ).
❶ Leerlaufregulierventil mit Schrittmotor. ❷ Drosselklappenpotentiometer. ❸ Drosselklappe. ❹ Ansaugluft-Temperatursensor. ❺ Halterung des Drosselklappengehäuses am Zylinderkopf. ❻ Gaszug-Widerlager. ❼ Drosselklappenhebel.

Drosselklappen-Potentiometer. Gibt die Werte für geschlossene Drosselklappe (Leerlauf) sowie, je nach Lastzustand des Triebwerks, der verschiedenen Stellungen der Drosselklappe ans Steuergerät weiter. Schnelles Öffnen der Drosselklappe zum Beispiel erkennt das Steuergerät als Beschleunigen – die Einspritz-Zeit wird entsprechend verlängert.

Leerlaufdrehzahl-Stellmotor. Ist beim **OHV** seitlich an der Zentral-Einspritzeinheit, beim **Econ** seitlich am Drosselklappengehäuse montiert. Zuständig für eine konstante Leerlaufdrehzahl (temperaturabhängig). Dazu regelt er den Durchlaß eines Bypasskanals unter Umgehung der Drosselklappe. So wird der Motor in der Warmlaufphase oder/und beim Zuschalten von Verbrauchern mit mehr Luft für ein fettes Kraftstoff-Luft-Gemisch versorgt.

- Wenn Sie das Gaspedal zurücknehmen oder mit dem Fuß ganz vom Gas gehen (Schubbetrieb des Motors), ändert sich der Unterdruck im Ansaugkrümmer. Das Steuergerät meldet dies an den Stellmotor – die Drosselklappe schließt dann nicht sofort, sondern entsprechend dem Drehzahlabfall. Das reduziert auch den Anteil der unverbrannten Kohlenwasserstoffe (CO2) im Abgas.
- Wird der Motor abgestellt, gibt das Steuergerät dem Stellmotor das Signal zum völligen Schließen der Drosselklappe. Nach kurzer Zeit öffnet er die Drosselklappe wieder ein Stück. Durch diese Belüftung des Ansaugkrümmers werden Warmstarts erleichtert.
- Wird der Motor wieder gestartet, bringt der Stellmotor die Drosselklappe in die erforderliche Position. Dabei berücksichtigt das Steuergerät die aktuelle Motortemperatur – beim Starten muß daher das Gaspedal nicht mehr betätigt werden.

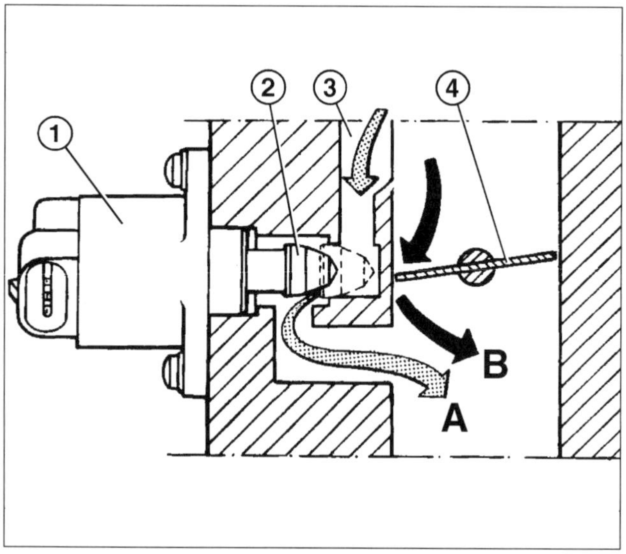

Funktion des Leerlaufdrehzahl-Stellmotors.
Durch den Spalt zwischen Drosselklappe ❹ und Saugrohrwand strömt eine konstante Luftmenge (B). In der Warmlaufphase (und wenn Verbraucher zugeschaltet werden) wird für eine gleichbleibende Leerlaufdrehzahl zudem eine variable Luftmenge benötigt (A). Diese gelangt über den Bypasskanal ❸ und den Ventilkegel ❷ des Leerlaufdrehzahl-Stellmotors ❶ in den Motor.

Einspritzventil beim OHV-Motor. Integriert in die Zentral-Einspritzeinheit, die sich auf dem Ansaugkrümmer befindet. Das Magnetventil bereitet die Kraftstoffmenge für die verschiedenen Lastzustände des Motors auf. Kommt vom Steuergerät ein Signal mit

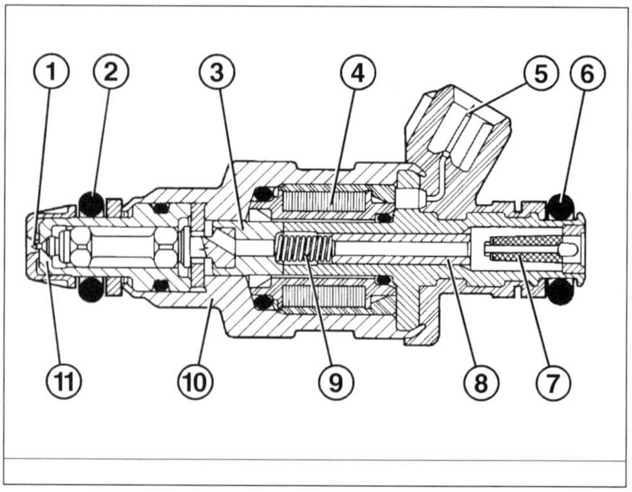

Einspritzventil (Schnittzeichnung)
❶ Ventilnadel. ❷ Unterer Dichtring. ❸ Magnetkern. ❹ Spulenwicklung. ❺ Elektrischer Anschluß. ❻ Oberer Dichtring. ❼ Kraftstoffilter. ❽ Druckfeder. ❾ Schraubenfeder. ❿ Ventilgehäuse. ⓫ Ventilöffnung.

hoher Stromstärke, wird die Düsennadel von ihrem Sitz gehoben; bei einem Signal mit niedriger Stromstärke (über einen Vorwiderstand) bleibt das Ventil geöffnet. Im Leerlauf wird das Einspritzventil bei jedem zweiten Ansaugtakt des Motors, im Fahrbetrieb bei jedem Ansaugtakt aktiviert. Dabei steht das Einspritzventil unter konstantem Kraftstoffdruck. Beim **Econ-Motor** sitzen die Einspritzventile direkt vor den Einlaßventilen der Zylinder. Vom Steuergerät genau berechnet, erfolgt die Kraftstoffeinspritzung in zwei gleichen Schüben jeweils in die Zylinder 1-4 und 2-3 (semi-sequentiell). Nach der ersten Umdrehung der Kurbelwelle wird die erste Hälfte der Einspritzmenge in die stehende Ansaugluft vor das geschlossene Einlaßventil gespritzt. Wenn das Einlaßventil öffnet (beim Vierzylinder immer nach zwei Umdrehungen der Kurbelwelle), strömt das Gemisch in den Zylinder, zusammen mit der zweiten Hälfte, die in die strömende Ansaugluft gespritzt wird.

Ansaugluft-Temperatursensor. Steckt beim **OHV** im Ansaugkanal, beim **Econ** im Ansaugrohr vor der Drosselklappe. Die durch den Sensor strömende Ansaugluft verändert den Widerstand (Temperaturmessung). Steigt die Lufttemperatur, sinkt der Widerstandswert im Sensor – das Steuergerät korrigiert das Gemisch.

Kühlmittel-Temperatursensor. Beim **OHV** seitlich beim Diagnosestecker in den Zylinderkopf geschraubt, beim **Econ** sitzt er neben dem Thermostatgehäuse im Zylinderkopf und ragt dort mit seinem Fühler in den

Kühlwassermantel. Nach dem Kaltstart zum Beispiel gibt der Sensor an das Steuergerät das Signal »Motor kalt«. Der Rechner regelt dann die Gemischanreicherung, indem er die Öffnungszeit des Einspritzventils (bzw. der Ventile) ändert und den Stellmotor für die temperaturabhängige Leerlaufdrehzahl aktiviert. Steigt die Kühlmitteltemperatur an, ändert sich der Widerstand des Sensors. Aus dieser Information berechnet das Steuergerät das erforderliche Kraftstoff-Luft-Gemisch, den Zündzeitpunkt und die Leerlaufdrehzahl.

Kraftstoffverteiler. Verteilt beim **Econ** den von der Kraftstoffpumpe kommenden Kraftstoff gleichmäßig auf die Einspritzventile. Dient auch als hintere Halterung der Einspritzventile.

Druckregler. Sitzt beim **OHV** im Gehäuse der Zentral-Einspritzeinheit. Funktioniert mechanisch durch eine federbelastete Membrane. Er regelt den Kraftstoffdruck (am Einspritzventil 1,05 ± 0,05 bar). Überschüssiger Kraftstoff wird über eine Rücklaufleitung zum Tank zurückbefördert. Beim **Econ-Motor** direkt am Kraftstoffverteiler montiert. Regelt den Kraftstoffdruck bei allen Lastzuständen des Motors (3,0 ± 0,2 bar). Der Druckregler ist über einen Unterdruckschlauch mit dem Oberteil des Ansaugluft-Sammelrohrs vor dem Ansaugkrümmer verbunden, was die unterschiedlichen Drücke in Kraftstoffverteiler und Ansaugkrümmer ausgleicht. So werden die Druckverhältnisse an den Einspritzventilen dem jeweiligen Lastzustand des Motors angepaßt. Überschüssiger Kraftstoff wird zum Tank zurückbefördert.

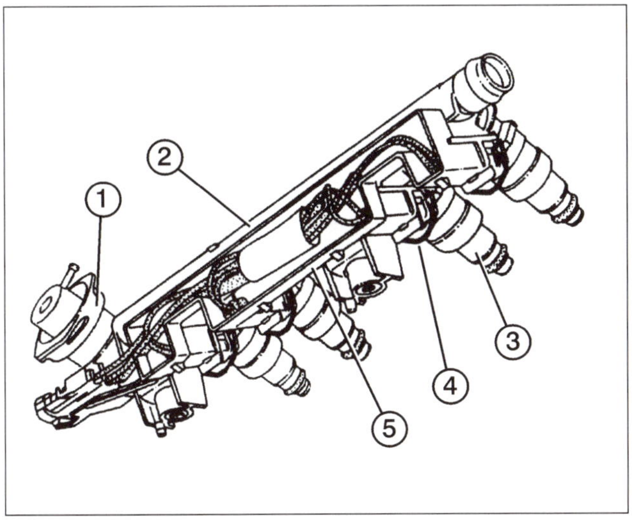

Kraftstoffverteiler mit Einspritzventilen.
❶ Kraftstoffdruckregler mit Unterdruckanschluß. ❷ Kraftstoffverteilerrohr. ❸ Einspritzventil. ❹ Steckverbindung zum Einspritzventil. ❺ Kabelbrücke für elektrische Leitungen zu den Einspritzventilen.

Lambda-Regelung. Wichtig für den Katalysator, der für einwandfreies Arbeiten auf den ständigen Wechsel von leicht angefettetem und abgemagertem Gemisch angewiesen ist. Die Lambda-Sonde übermittelt dem Steuergerät den aktuellen Restsauerstoffgehalt. Das Steuergerät bestimmt dann die Öffnungsdauer der Einspritzventile (und damit die zugeteilte Benzinmenge).

Klopfsensor. Unterhalb des Ansaugkrümmers in den Motorblock geschraubt. Meldet dem Steuergerät durch Schwingungsbilder, welcher Zylinder zu klopfender (unkontrollierter) Verbrennung neigt.

Geber der Fahrgeschwindigkeit. Sitzt am Getriebe und signalisiert dem Steuergerät die Geschwindigkeit des Fahrzeugs.

Technik-lexikon

Die Motorbelüftung

Die Funktion der Motorbe- und -entlüftung ist für eine optimale Schadstoffminderung äußerst wichtig. Mit zunehmendem Unterdruck im Ansaugkrümmer wird die durch Ölnebel gesättigte Luft des Kurbelgehäuses durch das Schlauchsystem je nach Lastzustand vor oder hinter dem Drosselklappengehäuse über den Ansaugkrümmer der Verbrennung zugeleitet. ❶ Drosselklappengehäuse. ❷ Ansaugkrümmer. ❸ Ansaugluftstutzen. ❹ Entlüftungsleitung vor der Drosselklappe (für mittleren und hohen Motorlastzustand). ❺ Entlüftungsleitung hinter der Drosselklappe (für alle Motorlastzustände). ❻ Zylinderkopfhaube.

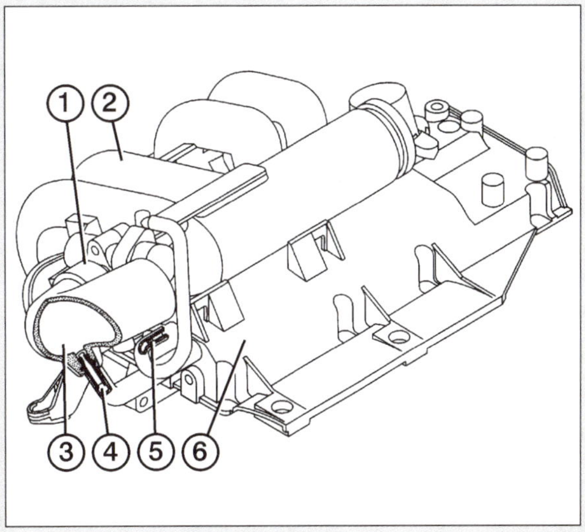

Zentral- und Mehrpunkt-Einspritzung

Störung	Ursache	Abhilfe
A Kalter Motor springt nicht oder schlecht an	1 Versorgungsrelais defekt	Überprüfen, siehe Kapitel »Instrumente und Geräte« unter »Schaltrelais«, ggf. austauschen
	2 Kraftstoffpumpe fördert nicht oder ungenügend	Benzin im Tank? Pumpe kontrollieren, Fördermenge messen lassen
	3 Druckregler defekt	Systemdruck messen lassen
	4 Unterdrucksystem undicht	Sämtliche Schlauchleitungen überprüfen
	5 Kühlmittel-Temperatursensor defekt	Prüfen lassen
	6 Drosselklappen-Potentiometer defekt	Prüfen lassen
	7 Zündanlage defekt	Zündsystem überprüfen lassen
	8 Drehzahlgeber defekt oder Kabelverbindung unterbrochen	Überprüfen, ggf. auswechseln lassen
	9 Steuergerät defekt	Kontrollieren lassen
	10 Ansaugsystem undicht (Nebenluft)	Sämtliche Schlauchleitungen überprüfen
B Warmer Motor springt nicht oder schlecht an	1 Siehe A1 – 10	
	2 Absolutdruckgeber defekt	Prüfen lassen
	3 Einspritzventil(e) undicht	Ventil(e) überprüfen lassen
C Motor springt an, stirbt aber wieder ab	1 Drosselklappen-Stellmotor arbeitet nicht	Stellmotor überprüfen (lassen)
	2 Siehe A6	
	3 Lambda-Sonde defekt	Funktion prüfen, ggf. ersetzen lassen
D Kalter Motor schüttelt im Leerlauf	1 Siehe A5	
	2 Siehe C1	
E Warmer Motor schüttelt im Leerlauf	Siehe C1	
F Leerlauf fällt beim Einschalten starker Stromverbraucher bzw. beim vollen Einschlag der Servolenkung ab	Siehe C1	
G Motor hat Aussetzer	1 Kraftstoffilter verstopft	Filter auswechseln
	2 Siehe A2 und 7	
	3 Siehe B2	
	4 Siehe C3	
H Schwankende Drehzahlen bei 2000–4000/min	Siehe A6 und 10	
I Motor stottert, setzt aus	Siehe A3 und 7	
J Motorleistung ungenügend	1 Siehe A2, 4 und 6	
	2 Drosselklappe geht nicht in Vollgasstellung	Gaszug einstellen
K Kraftstoffverbrauch zu hoch	Siehe A6 und 8	

Selbsthilfe bei der Einspritzanlage

Die Einspritzanlage bietet nur wenig Spielraum fürs Do it yourself. Eine Reparatur zum Beispiel im elektronischen Motormanagement ist in Eigenregie kaum möglich, zumal sich Fehler mit Heimwerkermitteln nicht aufspüren lassen. Dazu braucht es spezielle Prüfgeräte, die genau auf den jeweiligen Fahrzeugtyp abgestimmt sind. Oft sind auch mehrere Tests nacheinander nötig, um einen Defekt einwandfrei zu bestimmen. Nur so lassen sich Schäden an den elektronischen Bauteilen und Folgeschäden mit teuren Reparaturen verhindern. Störungen an der Einspritzanlage sind daher eine Sache der Werkstatt, die über das entsprechende Equipment und Know-how verfügt. Das Steuergerät kann übrigens mit einer herkömmlichen Werkzeug-Ausstattung ebenfalls nicht kontrolliert werden. In der Praxis ist hier allerdings nur selten mit Störungen zu rechnen. Geber, Schalter und Kabelverbindungen geben jedoch gelegentlich Anlaß zu Beanstandungen.

Programmierung der Einspritzanlage

Bei einer Reihe von Arbeiten an Ihrem Twingo ist es notwendig, daß Sie die Batterie abklemmen. In diesem Fall werden freilich alle im Steuergerät gespeicherten Werte gelöscht. Dazu gehören die Werte für Leerlauf, Teillast, Vollast sowie Verzögerung. Beim Wiederanklemmen der Batterie kann es daher zu Stottern, Aussetzern beim Beschleunigen und zu unrundem Leerlauf kommen. Das Steuergerät läßt sich aber wieder programmieren. Versuchen Sie es nach folgendem Muster:

Arbeitsschritte

① Fahren Sie den Motor warm (Betriebstemperatur).

② Motor abstellen, erneut starten und innerhalb von 10 Sekunden auf ca. 2500/min beschleunigen.

③ Fuß vom Gaspedal nehmen und Zündung ausschalten.

④ Arbeitschritt 2 und 3 wiederholen. Das Steuergerät speichert die Leerlaufwerte wieder neu. Wenn die Symptome noch da sind, sollten Sie in die Renault-Werkstatt fahren und die Störung beseitigen lassen.

Sichtprüfung der Einspritzanlage

Arbeitsschritte

① Überprüfen Sie folgende Schläuche und ihre Halteschellen auf festen Sitz sowie das Schlauchmaterial auf Risse:

- Unterdruckschlauch zum Absolutdruckfühler.
- Unterdruckschlauch des Bremskraftverstärkers.
- Sind die Schläuche der Motordurchlüftung in gutem Zustand? Oder sind sie verstopft, verschmutzt oder aufgequollen?

② Sind die Kraftstoffleitungen dicht?

③ Dichtheit des Druckreglers kontrollieren.

④ Kraftstoffrücklaufleitung vom Druckregler kontrollieren.

⑤ Wurden die Kabelstecker öfter auseinandergezogen und wieder zusammengesteckt, kann das mangelnden Kontakt zur Folge haben. Kontakte mit Kontaktspray behandeln. Nur im Notfall die Kontaktzungen mit viel Gefühl ein wenig nachbiegen.

Der Absolutdruckgeber ❶ ist in einem Halter an der Stirnwand befestigt. Bei Leerlaufschwankungen kann die Ursache an einem defekten oder nicht richtig aufgesteckten Unterdruckschlauch ❸ oder Undichtigkeiten am Verteilerstück ❹ liegen. Aber auch die Steckverbindung ❷ muß kontrolliert werden. Dabei nie am Kabel, sondern nach Lösen der Klammersicherung immer am Stecker ziehen.

Einspritzventil prüfen
(nur Zentral-Benzineinspritzung)

Arbeitsschritte

① Motor warmfahren (Betriebstemperatur).

② Lassen Sie das Triebwerk ungefähr drei Minuten im Leerlauf weiterlaufen.

③ Am besten lassen Sie sich bei dieser Arbeit von einem Helfer unterstützen.

④ Ansauggeräuschdämpfer abbauen.

⑤ Motor starten. Beobachten Sie jetzt den Spritzstrahl des Einspritzventils.

- Das Ventil muß ein gleichmäßiges Spritzbild abgeben.

⑥ Motor abstellen, um die Dichtheit des Ventils zu prüfen. Jetzt dürfen nicht mehr als zwei Tropfen pro Minute austreten.

Wenn der Motor nicht anspringt

① Hauptversorgungsrelais bzw. Sicherung der Einspritzanlage kontrollieren.

② Motor mit dem Anlasser durchdrehen lassen, das Einspritzventil muß sichtbar Kraftstoff abspritzen.

- Ist dies nicht der Fall, Stecker oben am Einspritzventil abziehen.

③ Multimeter an den beiden Anschlußkontakten des Einspritzventils anschließen und eine Durchgangsprüfung vornehmen.

④ Erfolgt keine Anzeige, ist das Einspritzventil defekt und das Ventil muß erneuert werden.

⑤ Wenn das Ventil trotz Anzeige nicht abspritzt, die Spannungsversorgung des Einspritzventils prüfen.

- Verwenden Sie dazu nur einen Leuchtdioden-Spannungsprüfer.
- Das Gerät an die beiden Kontakte im abgezogenen Anschlußstecker anschließen.

⑥ Anlasser betätigen lassen: Die Leuchtdioden müssen flackern, sonst Leitungsunterbrechung oder Steuergerät defekt.

Einspritzventil prüfen
(nur Mehrpunkt-Benzineinspritzung)

Arbeitsschritte

① Ein defektes Einspritzventil läßt sich unter Umständen durch bloßes Fühlen mit der Hand ausfindig machen. Das nicht funktionierende Ventil vibriert bei laufendem Motor nicht – im Gegensatz zu den anderen. Der Test sollte jedoch bei kaltem Motor gemacht werden.

② Zur Kontrolle der Spannung Stecker eines Einspritzventils abziehen, LED-Spannungsprüfer (keine Prüflampe) am Stecker anschließen.

③ Motor starten. Die Leuchtdioden im Spannungsprüfer müssen flackern, sonst fehlt die Versorgungsspannung. Eventuell hat auch das Steuergerät einen Defekt. Das können Sie jedoch nur in der Werkstatt feststellen lassen.

④ Zur Messung des Widerstands Stecker am Einspritzventil abziehen, Multimeter an den beiden Kontakten des Ventils anschließen. Bei 20°C muß der Widerstandswert bei 14,5 ± 1 Ohm liegen.

⑤ Bei stark abweichenden Werten muß das Ventil ersetzt werden.

Dichtheit prüfen

⑥ Kraftstoffverteilerrohr samt Einspritzventilen ausbauen.

⑦ Alle Stecker von den Einspritzventilen abziehen. Die Kraftstoffleitungen bleiben angeschlossen.

⑧ Zündung mehrmals aus- und einschalten, damit die Kraftstoffpumpe anläuft und das Kraftstoffsystem Druck aufbauen kann.

⑨ Einspritzventile beobachten. Bei jedem Ventil darf nur ein Kraftstofftropfen austreten. Tropft mehr ab, Ventil austauschen.

⑩ Wenn Sie den Spritzstrahl prüfen wollen, müssen Sie das Kraftstoffverteilerrohr samt Einspritzventilen ausbauen. Die Kraftstoffleitungen bleiben bei allen Ventilen angeschlossen. Ziehen Sie bis auf das jeweils zu prüfende Ventil von allen anderen Ventilen die Stecker ab. Stellen Sie ein Gefäß unter das Prüfventil.

⑪ Zündung einschalten. Am Ventil muß der Kraftstoff kegelförmig abgespritzt werden.

⑫ Prüfung an den übrigen Ventilen wiederholen.

Einspritzventil ausbauen
(nur Zentral-Benzineinspritzung)

Arbeitsschritte

① Batteriemassekabel abklemmen.

② Ansauggeräuschdämpfer abbauen.

③ Kraftstoffzulauf lockern, um den Druck im System abzubauen.

④ Mehrfachsteckverbindung am Ventil abziehen, Schraube der Ventilsitz-Sicherungslasche lösen und von der Einspritzeinheit abnehmen.

⑤ Einspritzventil vorsichtig aus dem Oberteil der Einspritzeinheit herausziehen. Dabei auf die Dichtungen (O-Ringe) achten. Der im Durchmesser kleinere Ring sitzt im unteren Bereich des Ventilsitzes.

⑥ Zum Einbau neue Dichtringe verwenden, mit Vaseline dünn einreiben oder mit Motoröl bestreichen.

⑦ Ventilsicherungslasche montieren und Mehrfachstekker aufstecken. Dabei auf korrekten Sitz des Steckers achten.

⑧ Kraftstoffzulauf festziehen, Ansauggeräuschdämpfer anbauen und Batterie anschließen.

Gaszug einstellen

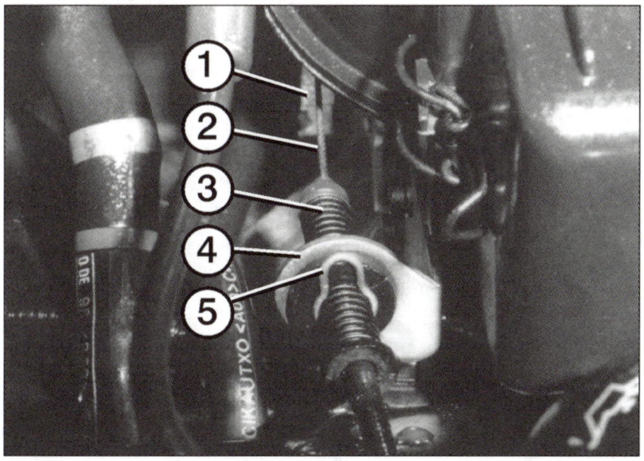

Der Gaszug beim OHV-Motor.
❶ Drosselklappenhebel. ❷ Gaszug. ❸ Einstellhülse. ❹ Gaszug-Widerlager. ❺ Sicherungsklammer.

Arbeitsschritte

① Einen Helfer das Gaspedal ganz niedertreten lassen.

② Einstellsegment am Widerlager der Einspritzeinheit bzw. Drosselklappengehäuse lösen. Dazu die Sicherungsklammer ziehen.

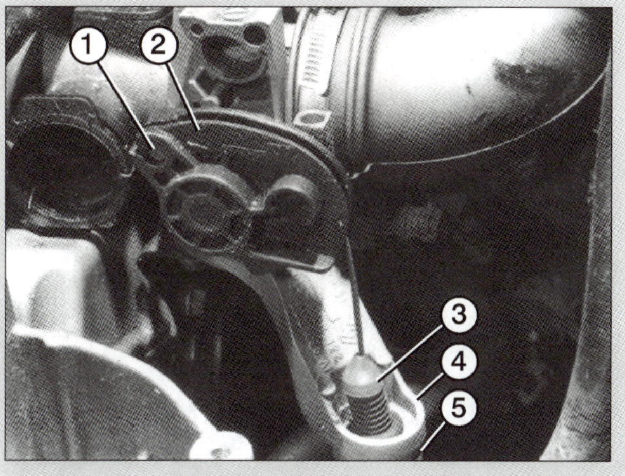

Nach Einhängen eines neuen Gaszugs ❶ in den Drosselklappenhebel ❷ muß das mit Rillen versehene Hüllenende ❸ bei voll getretenem Gaspedal soweit nach unten aus dem Widerlager ❹ herausgezogen werden, bis der Drosselklappenhebel gerade die Vollgasstellung erreicht hat. Die aufgeschobene Sicherungsklammer ❺ fixiert den Gastzug gegen Verstellen der Einstellung.

Gaszug ersetzen

Arbeitsschritte

① Gaszug am Gaspedal aushängen.

② Bei der Zentraleinspritzung Ansauggeräuschdämpfer ausbauen.

③ Gaszug mit Einstellhülse am Widerlager lösen.

④ Gaszug am Drosselklappenhebel aushängen.

⑤ Führungstülle aus der Stirnwand lösen und Gaszug vom Motorraum her aus der Stirnwand ziehen.

⑥ Beim Einbau darauf achten, daß die Führungstülle korrekt in der Stirnwand sitzt und die Außenhülle nicht beschädigt oder gar geknickt wird.

DIE ZÜND-ANLAGE

Wartung

Reparatur

Die Zündanlage hat beim Benzinmotor die Aufgabe, das Kraftstoff-Luft-Gemisch in den Brennräumen der Zylinder zu entflammen. Das Gemisch kann seine optimale Wirkung jedoch nur entwickeln, wenn es exakt zum richtigen Zeitpunkt gezündet wird. Läuft der Motor Ihres Twingo zum Beispiel mit 6000 Umdrehungen, müssen rund 100 Zündfunken in der Sekunde punktgenau an die einzelnen Zylinder verteilt werden.

Steuerung der Zündung

Für den genauen Zündzeitpunkt ist das Steuergerät zuständig, das auch das Einspritzsystem kontrolliert. Der Prozessor ist mit den Zündzeitpunkten für die verschiedenen Lastzustände des Motors programmiert. Um aus dem Speicher den richtigen Zündzeitpunkt auszuwählen, erhält das Steuergerät Informationen über den jeweiligen Belastungszustand des Motors. Dazu wertet es die von den einzelnen Sensoren übermittelten Daten wie Temperatur und Drehzahl des Motors sowie Stellung der Drosselklappe und Unterdruck im Ansaugkrümmer aus (siehe Techniklexikon, Absolutdruckgeber).

Bei der Zündanlage des OHV-Motors (C3G) ist der Zündverteiler lediglich noch für die Verteilung des Zündstroms zu den einzelnen Zündkerzen zuständig. Zündzeitpunkt und Zündzeitpunktverstellung erledigt das elektronische Steuergerät.

Der optimale Zündzeitpunkt

Wenn Sie das Gaspedal zum Beispiel nur gering treten (Teillast), verbrennt das Gemisch in den Brennräumen langsamer. Um die Energie des Kraftstoffs trotzdem vollständig zu nutzen, löst das Steuergerät in diesem Fall die Zündung früher aus. Die besten Werte stellen sich ein, wenn das Kraftstoff-Luft-Gemisch im Moment der höchsten Verdichtung gezündet wird. Das ist beim Viertaktmotor der Augenblick, in dem der Kolben von der Aufwärtsbewegung des Kompressionshubs in die Abwärtsbewegung des Arbeitstakts übergehen will.

Zündung und Verbrennung

Allerdings liegt der Zündzeitpunkt nicht exakt auf dem oberen Totpunkt (OT). Denn die Kraftstoffteilchen brauchen rund eine dreitausendstel Sekunde, bis sie sich entzünden. Der Startschuß für den Funken erfolgt deshalb noch während der Aufwärtsbewegung des Kolbens, der Verbrennungsdruck dagegen setzt ein, wenn der Kolben den OT gerade überschritten hat. Da das Kraftstoff-Luft-Gemisch stets die gleiche Zeit zum Entflammen benötigt, wird es mit steigender Motordrehzahl früher gezündet.

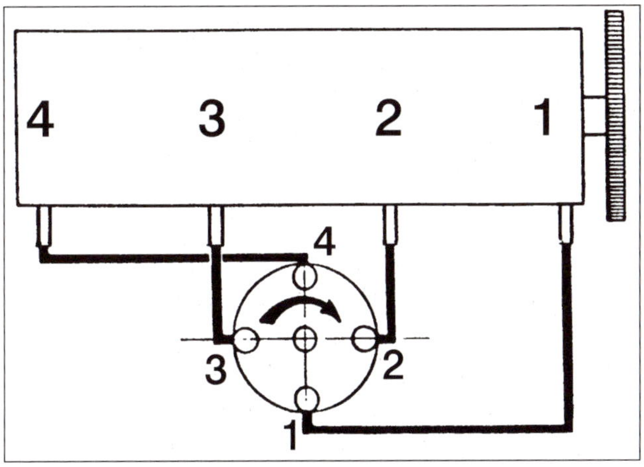

Anschlußschema der Zündkabel beim OHV-Motor. Um die Zündfolge besser nachvollziehen zu können, sind die Zylinder von 1 bis 4 gekennzeichnet. Der Pfeil zeigt die Verteiler-Drehrichtung.

Technik-lexikon: Informanten des Steuergeräts

Absolutdruckgeber. Ein druckempfindlicher Kristallchip reagiert auf den jeweiligen Unterdruck im Saugrohr mit Änderungen seines elektrischen Widerstands. Aus diesen Werten sowie den Informationen über die jeweilige Drehzahl bestimmt das Steuergerät die aktuelle Belastung des Motors.

Klopfsensor (nur Econ). In den Klopfsensor ist ein Piezokeramikteil eingesetzt, das mechanische Kräfte wie Zug und Druck in elektrische Spannung umsetzt. Bei normaler Verbrennung meldet der Klopfsensor dem Steuergerät ein gleichmäßiges Schwingungsbild aller vier Zylinder. Bei einer klopfenden Verbrennung wird dieses Bild ungleichmäßig. Das Steuergerät lokalisiert den betreffenden Zylinder und nimmt dort den Zündzeitpunkt solange zurück, bis die Verbrennung wieder normal abläuft.

Drehzahlgeber. Ein sogenannter Induktionsgeber, der über das Steuergerät den Strom zur Zündspule ein- und ausschaltet. Im Geber sind Magnet und Spule untergebracht. Das Gegenstück bilden 58 spezielle Impulsstege an der Motor-Schwungscheibe. Jedesmal, wenn ein Steg unter dem Geber vorbeiläuft, ändert sich das Magnetfeld des Dauermagneten – in der Spule wird Spannung erzeugt. Dieses Spannungssignal verwertet das Steuergerät als Information über die Motordrehzahl. Um die Stellung der Kurbelwelle zum genauen OT der einzelnen Kolben zu erfassen, fehlen am Geberrad 84° vor dem OT von Zylinder 1 und 4 als Bezugsmarke zwei Impulsstege. So erkennt das Steuergerät die OT-Punkte der Zylinder 1 und 4 bzw. 2 und 3.

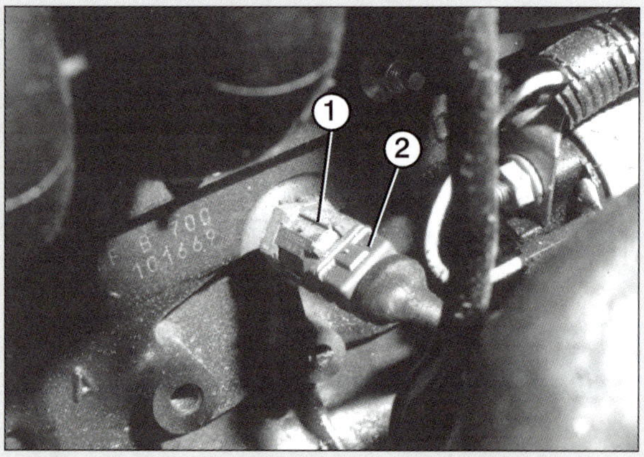

Der Klopfsensor ❶ ist zwischen Zylinder 2 und 3 in den Motorblock geschraubt. Bei Störungen kommt eine oxidierte oder nachlässig montierte Steckverbindung ❷ als Ursache in Frage.

Die Zündspule

Damit an der Zündkerze ein Funke überspringt, muß an den Zündkerzenelektroden eine Hochspannung anliegen. Sie beträgt je nach Zündanlage bis zu 30000 Volt. Um diesen Wert zu erreichen, muß die bescheidene Bordspannung von 12 Volt erst einmal transformiert werden. Diese Aufgabe übernimmt die Zündspule. Sie besteht aus einer Primärwicklung mit wenigen Windungen (ca. 100) aus dickem Kupferdraht (ca. 0,6 mm). Die Sekundärwicklung dagegen besteht aus einigen Tausend Windungen dünnem Draht (ca. 0,1). Beide Windungen liegen übereinander und umschließen einen lamellierten Eisenkern.

Batterie-Spannung und Hochspannung

Vom Steuergerät über das integrierte Zünd-Leistungsmodul gesteuert, erhält die Primärwicklung Strom von der Batterie (Niederspannung). Dadurch baut sich ein Magnetfeld auf, das durch den Eisenkern verstärkt wird. Unterbricht das Steuergerät diesen Stromkreis, bricht das Magnetfeld für Bruchteile von Sekunden schlagartig zusammen. Dabei entsteht eine Spannung von bis zu 400 Volt. Diese erzeugt in der Sekundärwicklung einen Hochspannungs-Stromstoß (Induktion), der über Zündkabel zu den Zündkerzen geleitet wird.

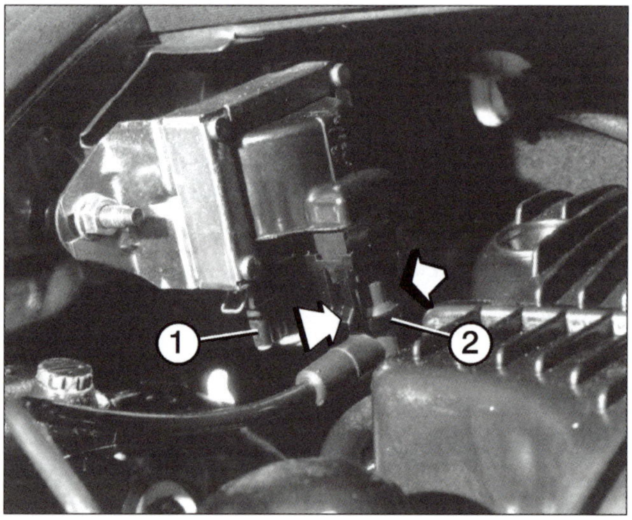

Die Zündspule des OHV-Motors ist am Windfangkasten im Motorraum befestigt. Über die Steckverbindung ❶ ist sie mit dem Steuergerät verbunden und gibt die Hochspannung über das Hauptzündkabel ❷ an den Zündverteiler weiter. Die besonders robust ausgelegte Klammersicherung (Pfeile) am Hochspannungsanschluß muß exakt eingerastet sein.

Econ-Motor: Zweifunken-Zündspule

Mit einem besonderen Zündspulen-Typ ist der moderne Econ-Motor ausgestattet. Hier kontrolliert das Steuergerät zwei in einem Bauteil zusammengefaßte Zweifunken-Zündspulen, die jeweils die Stromzufuhr zu zwei Zündkerzen besorgen. Sie bestehen im Prinzip aus zwei in Reihe geschalteten Einzelspulen und besitzen daher auch zwei Hochspannungsanschlüsse. Die Zweifunken-Zündspule produziert bei jedem Zündimpuls zwei Zündfunken – für den im Arbeitstakt befindlichen Zylinder und für den Auspufftakt des gegenüberliegenden Zylinders. Bei der Zündfolge des Econ-Motors (1 – 3 – 4 – 2) wird so gleichzeitig einmal in Zylinder 1 und 4 sowie 3 und 2 gezündet.

Der »verlorene« Zündfunke

Den Funken im Auslaßtakt bezeichnet man auch als Stützfunken – er spielt beim Zündvorgang keine Rolle (»verlorener« Zündfunken). Bei der nächsten Umdrehung der Kurbelwelle tauschen die Funken ihre Rollen. Wo vorher der Stützfunke war, ist jetzt der Zündfunke (und umgekehrt). Vorteil dieses Systems: Es spart den aufwendigen mechanischen Zündverteiler und vermeidet damit eine Reihe von Störungsmöglichkeiten wie Schwitzwasser, Korrosion der Kontakte, Kriechströme und Spannungsüberschläge.

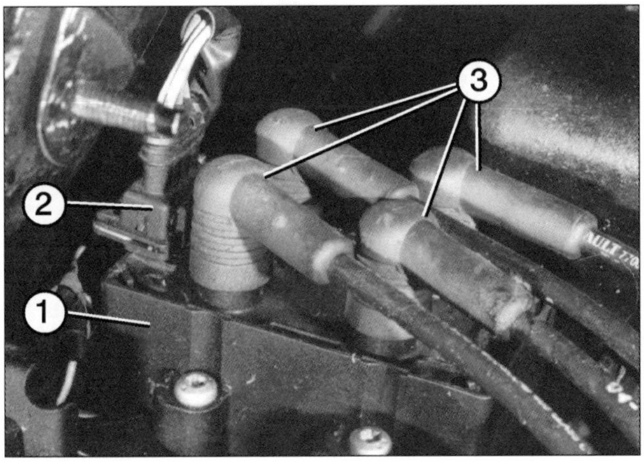

Beim Econ-Motor sitzt die Zündspule direkt auf der Zylinderkopfhaube (mit TORX-Schrauben T30 befestigt). Über die Mehrfachsteckverbindung ❷ wird die zu einem Bauteil zusammengefaßte Doppelzündspule ❶ vom Steuergerät angesprochen. Der in der Sekundärwicklung produzierte Hochspannungs-Stromstoß wird dann jeweils über zwei Zündkabel ❸ gleichzeitig einmal zu Zylinder 1 und 4 sowie 3 und 2 geleitet.

OHV-Motor: Der Zündverteiler

Der OHV-Motor arbeitet mit einem Zündverteiler, der gut zugänglich vorne im Motorraum sitzt und von der Nockenwelle über eine schrägverzahnte Verteilerwelle angetrieben wird. Dieser Zündverteiler ist Teil des sogenannten IEZ-Zündsystems (Integrierte Elektronische Zündung). Mit einer konventionellen Zündanlage hat dieses System allerdings nur den rotierenden, mechanisch arbeitenden Verteilerläufer gemeinsam. Die Aufgaben von Unterbrecher, Zündversteller, Fliehkraftversteller und Unterdruckversteller übernimmt das Steuergerät, das mit Hilfe einer elektronischen Kennfeldzündung und Sensoren für den rechtzeitigen Einsatz des Funkens sorgt. Das IEZ-Zündsystem arbeitet nahezu verschleißfrei und zuverlässiger als herkömmliche Zündverteilersysteme.

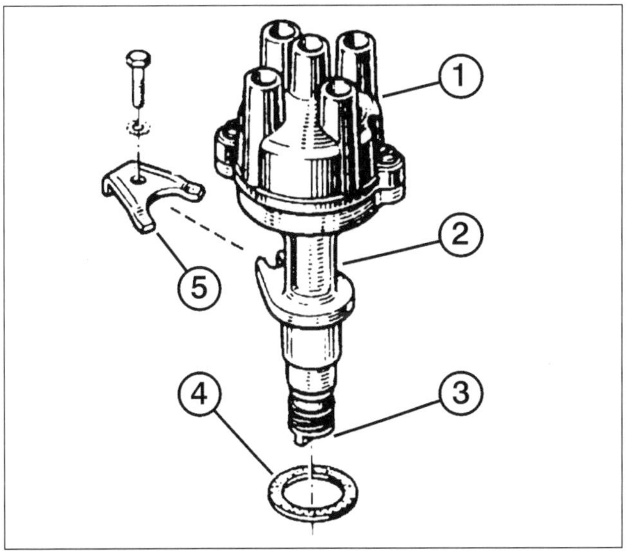

Der Zündverteiler des OHV-Motors.
❶ Verteilerkappe. ❷ Verteilerfuß. ❸ Verteilerwelle mit exzentrischem Nut. ❹ Distanzscheibe. ❺ Fixierplatte für Verteilerstellung.

Die Zündkerzen

Die Zündkerzen haben die Aufgabe, das Kraftstoff-Luft-Gemisch im Brennraum zu entzünden. Dabei entstehen Temperaturen von rund 2500 Grad und Drücke von bis zur 60 bar. Damit der Funke trotzdem zuverlässig zwischen den Elektroden überspringt, ist der Anschlußbolzen der Kerze von einem keramischen Isolator umgeben. Mittelelektrode und Anschlußbolzen stecken außerdem in einer elektrisch leitenden Glasschmelze, die für die Verankerung dieser Teile und die Abdichtung gegenüber dem Brennraum sorgt. Ist die erforderliche Zündspannung erreicht, springt der Strom als Funke von der Mittelelektrode zur Masseelektrode über und entzündet dabei die Kraftstoffteilchen im Brennraum.

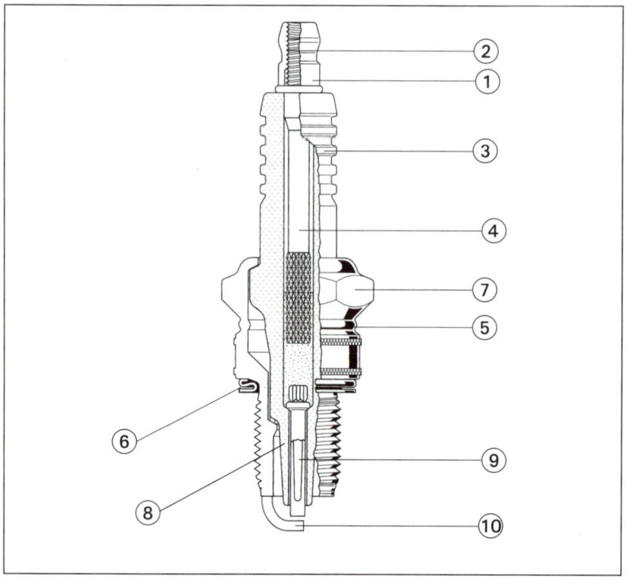

Die wichtigsten Teile der Zündkerze. Für eine einwandfreie Verbrennung muß die Zündkerze in Ordnung sein. Nach 15000 Kilometern ist ein neuer Satz Kerzen fällig. ❶ und ❷ Zündkabelanschlußmutter mit Gewinde. ❸ Keramikisolator mit Kriechstrombarriere. ❹ Anschlußbolzen. ❺ Stauch- und Warmschrumpfzone. ❻ Dichtring. ❼ Zündkerzenkörper. ❽ Isolatorfuß. ❾ Mittelkelektrode. ❿ Masseelektrode.

Der Wärmewert

Damit eine Zündkerze exakt arbeitet, muß sie nach dem Motorstart schnell ihre Selbstreinigungstemperatur von etwa 400 Grad erreichen. Sonst setzen sich Verbrennungsrückstände am Isolatorfuß fest. Bei Volllast darf die Temperatur etwa 800 Grad nicht überschreiten. Allerdings sind die Arbeitsbedingungen für die Zündkerzen nicht in allen Motoren gleich. Erst der sogenannte Wärmewert entscheidet, ob Zündkerze und Triebwerk zueinander passen. Verwenden Sie zum Beispiel eine Zündkerze mit zu hohem Wärmewert, kann sich der Isolatorfuß stark erhitzen. Das hätte unkontrollierte Glühzündungen zur Folge, die den Motor sogar zerstören können. Wählen Sie dagegen eine Zündkerze mit zu niedrigem Wärmewert, erreicht diese nicht die nötige Temperatur.

Technik-lexikon

Elektrodenabstand und Gewindelänge

- Neben dem richtigen Wärmewert müssen die Zündkerzen auch einen speziellen Abstand zwischen den beiden Elektroden aufweisen. Er beträgt bei den Motoren des Twingo 0,9 Millimeter.
- Dieser Abstand kann sich jedoch mit zunehmender Laufzeit der Zündkerzen verändern. Durch die hohe Spannung beim Funkenüberschlag werden nämlich immer wieder kleine Metallpartikel von den Elektroden abgesprengt. Dadurch vergrößert sich der Funkenspalt, was eine höhere Zündspannung erforderlich macht.
- Wird der Abstand zu groß, kann es zu Zündaussetzern kommen, eventuell springt dann der Motor überhaupt nicht mehr an.

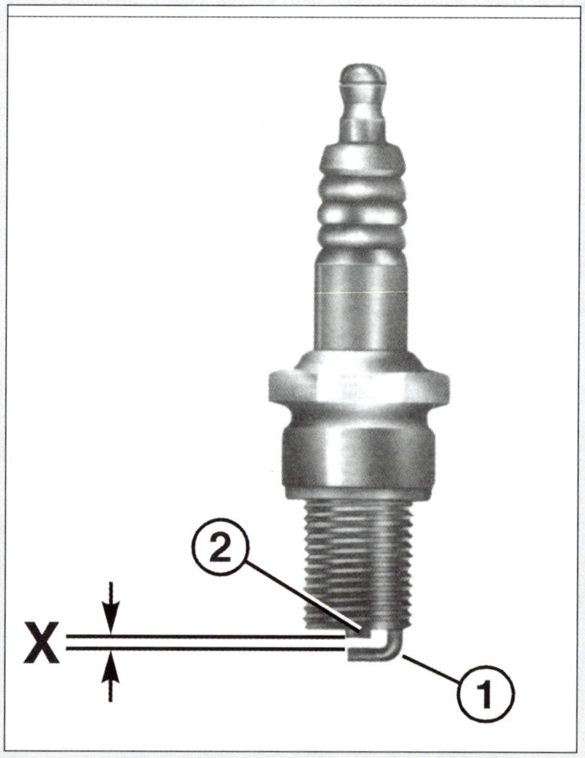

Sie können den Abstand der Elektroden selbst einstellen. Dazu brauchen Sie allerdings eine spezielle Fühlerlehre und einen Spezialeinsteller, mit dem sich die äußere Elektrode biegen läßt. Beide Werkzeuge erhalten Sie zum Beispiel bei den Kerzenherstellern. Gemessen wird der Abstand zwischen Masseelektrode ❶ und Mittelelektrode ❷.

Gefahrenhinweis

Arbeiten an der Zündanlage

Die Zündanlage gilt nach gesetzlichen Richtlinien als gefährliche Anlage. Für alle Arbeiten an diesem System sind besondere Sicherheitsmaßnahmen zu beachten. Überlassen Sie die Arbeit an der elektronischen Zündanlage daher der Werkstatt. Aber auch bei Wartungsarbeiten ist besondere Vorsicht angesagt.

- Berühren Sie bei eingeschalteter Zündung auf keinen Fall die spannungsführenden Teile von Primär- und Sekundärstromkreis – das bedeutet Lebensgefahr.
- Schalten Sie bei allen Wartungen und Reparaturen stets die Zündung aus. Das gilt zum Beispiel für den Wechsel der Zündkerzen ebenso wie für das An- bzw. Abklemmen elektrischer Leitungen und den Anschluß von Prüfgeräten.
- Bei eingeschalteter Zündung genügt eine Erschütterung des Fahrzeugs, um an einer Zündkerze einen Hochspannungsimpuls auszulösen. Bei Arbeiten im Motorraum bedeutet dies Lebensgefahr. Außerdem können Bauteile der Zündanlage zerstört werden.
- Wenn Sie elektrische Schweißarbeiten am Fahrzeug durchführen, müssen Sie beide Kabel an der Batterie abklemmen.

Zündkerzen wechseln

Renault schreibt im Wartungsplan einen Wechsel erst nach 60.000 Kilometern vor. In der Regel stehen die Kerzen dieses Intervall ohne Probleme durch. Springt der Motor nur unwillig an oder ruckelt er nach dem Start, kann dies freilich auch an den Zündkerzen liegen – unsichtbare Risse im Keramikisolator füllen sich beim Kaltstart mit kondensierendem Kraftstoff, wodurch der Zündfunke abgeleitet wird. Wenn Sie glauben, daß die Kerzen nicht richtig arbeiten, sollten Sie diese Teile zur Sicherheit austauschen. Die Kerzen sollen bei kaltem Motor gewechselt werden. Dazu benötigen Sie einen Steckschlüssel 21-mm (13/15").

Die Zündkerzen für den Twingo

Motor	Hubraum (cm³)	Zündkerzenfabrikat		
		BOSCH	EYQUEM	NKG
OHV	1239	W9DC		BP 5 ESZ
Econ	1149		FN 52 LS	BK 5 ESZ

Achten Sie beim Tausch der Zündkerzen darauf, daß die Kerzengewinde etwa 19 Millimeter lang sind.

Arbeitsschritte – 60000 km

① Zündkerzenstecker fassen und von den Stiften der Kerzen ziehen. Beim Econ-Motor gibt es dazu einen speziellen Abzieher aus Kunststoff, der in die Zündkabelabdeckung integriert ist.

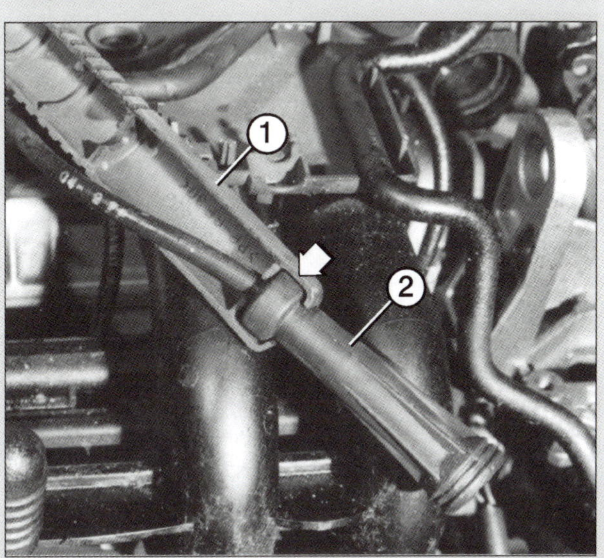

Econ-Motor: An dieser Stelle (Pfeil) muß der Zündkerzensteckerabzieher ❶ am Zündkerzenstecker ❷ angesetzt werden, um ihn von einer Zündkerze abziehen zu können. Auf keinen Fall den Stecker am Kabel packen.

② Einbautrichter der Zündkerzen reinigen (ausblasen), damit beim Ausbau der Kerzen kein Schmutz in die Bohrungen fällt.

③ Zündkerzen mit dem Kerzenschlüssel herausdrehen und in der Reihenfolge der Zylinder ablegen. Wenden Sie bei einer festsitzenden Zündkerze keine Gewalt an. Sonst kann das Kerzengewinde im Zylinderkopf (Leichtmetall) ausreißen. Bringen Sie in diesem Fall den Motor ausnahmsweise auf Betriebstemperatur und versuchen Sie dann, die Kerze auszubauen. Vorsicht: Sie können sich am heißen Motor die Hände verbrennen. Warten Sie mit dem Einbau neuer Kerzen, bis der Motor abgekühlt ist – dreht man eine kalte Kerze ins warme Triebwerk ein, sitzt sie später fest wie eingeschweißt.

④ Zum Einbau die neuen Zündkerzen handfest eindrehen (nicht verkanten), dann mit dem Zündkerzenschlüssel noch eine Vierteldrehung (90 Grad) anziehen. Dies entspricht etwa dem vorgeschriebenen Anzugsdrehmoment (25 Nm). Die Zündkerze läßt sich beim nächsten Wechsel besser herausdrehen, wenn Sie hochtemperaturfestes Kupferfett sparsam auf die Gewindegänge streichen.

⑤ Wenn Sie die alten Kerzen wieder verwenden, müssen Sie das Kerzengewinde vorher gründlich reinigen. Für den Einbau genügt es, den Kerzenschlüssel um 15 Grad zu drehen (Dichtring schon gepreßt).

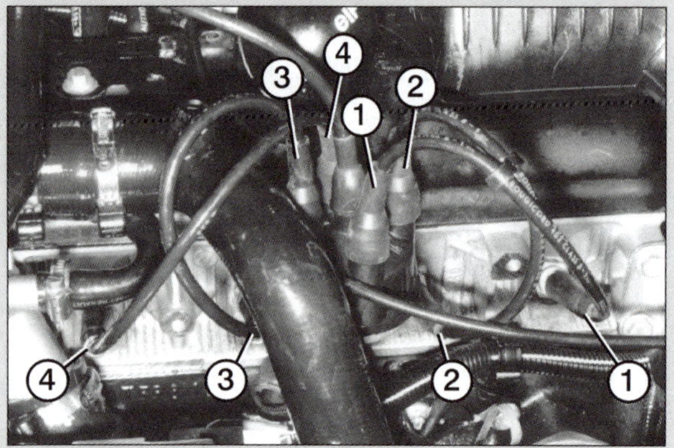

Die Reihenfolge, in der die Zündkabel in die Kappe des Zündverteilers des OHV-Motors gesteckt sind. Mit einem wischfesten Filzschreiber können Sie Zündkabel und den Verteilerdeckel auch mit der zugehörigen Zylinderzahl markieren – so sind Verwechslungen beim Aufstecken der Zündkabel ausgeschlossen.

Zündung lahmlegen

Das Steuergerät erleidet unweigerlich Schaden, wenn der Motor bei abgezogenem Hauptzündkabel vom Anlasser durchgedreht wird. Deshalb muß zu bestimmten Arbeiten die Zündung lahmgelegt werden. Dazu gibt es mehrere Möglichkeiten

Arbeitsschritte

① Die Niederspannungsversorgung der Zündspulen unterbrechen. Dazu Mehrfachstecker ❶ durch Drücken der Sicherungsklammer (Pfeil) von der Zündspule ❷ abziehen (siehe Abbildung oben rechts).

② Sie können auch die Zündkabel von der Zündkerze abziehen. Beim Econ-Motor: die jeweils zusammengehörenden Kabel 1/4 und 2/3 verbinden.

③ Zündkabel an die Polzange eines Starthilfekabels anklemmen.

④ Andere Polzange des Starthilfekabels fest am Motorblock oder Getriebe (»Masse«) anklemmen.

Mehrfachstecker ❶ durch Drücken der Sicherungsklammer (Pfeil) von der Zündspule ❷ abziehen

Technik-lexikon: Was sagt das Kerzengesicht?

Am Zustand der Kerzenelektroden (»Kerzengesicht«) können Sie erkennen, ob der Motor optimal arbeitet. Die Zündkerzen sind gewissermaßen Zeugen der Verbrennung im Zylinder. Achten Sie bei der Kontrolle der ausgebauten Zündkerzen auf diese Punkte:

Isolatorspitze hellgrau bis grau gefärbt. Gute Einstellung der Einspritzanlage, der Motor läuft wirtschaftlich.

Isolatorspitze weißlich gefärbt. Zündzeitpunkt stimmt nicht, automatische Zündzeitpunktverstellung im Steuergerät defekt.

Schwarze rußartige Ablagerungen. Zündkerze erreicht ihre Selbstreinigungs-Temperatur nicht (häufiger Kurzstreckenverkehr), falscher Wärmewert, CO-Gehalt zu hoch.

Ölschicht über Elektroden. Kolbenringe, Ventilführungen oder Abdichtungen der Ventilschäfte schadhaft. Möglicherweise haben Sie auch Motoröl oder Kraftstoff mit Zusätzen verwendet.

Tauschen Sie die Zündkerzen aus, wechseln Sie Öl und Kraftstoffmarke und prüfen Sie erneut den Zustand der Kerzen.

Motor und Zündanlage

Störungs-beistand

Störung	Ursache	Abhilfe
A Motor springt schlecht oder gar nicht an	**1** Zündspule oder Zündkerzen feucht bzw. verschmutzt, daher kein Zündfunke	Trocknen bzw. reinigen, ggf. mit Zündspray behandeln
	2 Steckverbindungen locker bzw. oxidiert	Kontrollieren, ggf. erneuern (lassen)
	3 Zündkerzen naß (nach häufigen Startversuchen)	Ausbauen und trocknen
	4 Drehzahl-/Positionssensor lose – zu großer Abstand zu Schwungscheibe	Festziehen
	5 Drehzahl-/Positionssensor defekt; Kabel hat Masse oder ist unterbrochen	Erneuern lassen; Kabel kontrollieren bzw. erneuern
	6 Zündspule(n) defekt	Austauschen
	7 Leistungsmodul bzw. Steuergerät defekt	Kontrollieren lassen und ggf. austauschen
B Motor läuft unrund, hat Zündaussetzer	**1** Zündkerze defekt	Austauschen
	2 Zündkabel unterbrochen	Leitung ersetzen
	3 Siehe A1 – 7	
C Motor hat keine Leistung	**1** Luftmassenmesser defekt oder Steckverbindung sitzt nicht korrekt	Kontrollieren lassen, ggf. ersetzen
	2 Kühlmittel, Ansaugluft-Temperatursensor defekt oder Stecker sitzt nicht korrekt	Steckverbindungen kontrollieren, Sensor ggf. ersetzen lassen
	3 Siehe A4 – 7	

Dieser Störungsbeistand setzt voraus, daß der Motor mechanisch in Ordnung ist und Kraftstoffversorgung sowie Benzineinspritzanlage einwandfrei arbeiten.

Sichtprüfung Zündspülen und Kabel

Arbeits-schritte | 20000 km 12 Monate

① Sitzen die Kabelanschlüsse und Mehrfachstecker an Zündspule(n) und Steuergerät fest?

② Die Zündkabel müssen fest in den Buchsen stecken. Sie können durch Erwärmung der eingeschlossenen Luft in den Buchsen etwas abheben und Fehlzündungen verursachen – der Motor beginnt zu stottern.

③ Wenn die Kabel und Zündkerzenstecker an den Kerzen nicht absolut fest sitzen, kann es aufgrund der hohen Spannungen zu Kriechströmen und Funkenüberschlägen kommen.

④ Kontrollieren Sie das Gehäuse der Zündspule(n). Es darf keine Risse oder Brandspuren aufweisen

⑤ Haben die Klemmen guten Kontakt zu den Kerzensteckern? Sie dürfen nicht oxidiert sein.

⑥ Prüfen Sie den Zustand der Zündkabel. Sie dürfen an keiner Stelle durchgescheuert sein. Kabel mit Scheuer- oder Schmorstellen sollten Sie umgehend ersetzen.

⑦ Bei einem defekten Kabel kann der Zündfunke schon vor der Zündkerze zur Masse überspringen – Sie hören das an Knack- oder Knattergeräuschen im Motorraum.

⑧ Streusalzschichten auf dem Zündkabel sollten Sie entfernen.

⑨ Um ganz sicher zu gehen, daß die Zündkabel keine Risse aufweisen und dadurch Fehströme erzeugen, gießen Sie bei laufenden Motor vorsichtig Wasser über die Kabel. Sprühen Funken, ist das Kabel defekt.

Drehzahlgeber prüfen

Die Funktion des Drehzahlgebers prüfen Sie durch eine Widerstandsmessung mit dem Multimeter (siehe auch Kapitel »Elektrik«). Kontrollieren Sie vor der Messung, ob der Drehzahlsensor fest verschraubt ist. Nur so können Sie sicher sein, daß der Abstand des Sensors zum Schwungrad stimmt.

Arbeitsschritte

① Zur elektrischen Kontrolle den Stecker am Drehzahlsensor abziehen.

② Den Widerstand an den beiden Steckkontakten messen.

③ Es müssen 200 ± 50 Ω gemessen werden.

Absolutdruckgeber prüfen

Arbeitsschritte

① Schlauch vom Druckgeber abziehen und mit Fingerspitze verschließen.

② Von Helfer Motor starten und mit mittlerer Drehzahl (ca. 2000/min) drehen lassen.

③ Bei gleichmäßiger Drehzahl den Schlauch wieder am Geber anschließen.

④ Da nun wieder vom Saugrohr ein Unterdruck am Geber anliegt, muß die Zündzeitpunktverstellung vom Steuergerät in Aktion treten.

⑤ Die Motordrehzahl muß bei gleicher Stellung des Gaspedals merklich höher werden.

⑥ Dreht der Motor nicht höher, ist vermutlich der Unterdruckschlauch undicht oder der Druckgeber defekt.

⑦ Der Motor quittiert dies mit verminderter Leistung und schlechteren Abgaswerten.

Verteilerdeckel prüfen
(nur OHV)

Arbeitsschritte — W 60000 km

① Die beiden Torx-Schrauben (T20) des Deckels lösen. Der Verteilerdeckel besitzt als Verdrehsicherung eine angegossene Nase, die in den Einschnitt im Verteilergehäuse einrasten muß, bevor die Schrauben später wieder festgedreht werden.

② Verteilerdeckel vom Verteilerunterteil abziehen, die Zündkabel bleiben aufgesteckt.

③ Der Deckel muß innen und außen sauber sein, damit keine Strombrücke über Schmutz, Abrieb oder Feuchtigkeit den Zündstrom ableitet. Bleistiftartige Striche im Verteilerdeckel sind Spuren von Kriechströmen, die sich eingebrannt haben. Diese können Sie provisorisch mit einem Schraubendreher oder Messer auskratzen. Die Stellen dann mit Alleskleber oder Nagellack überstreichen.

④ Die Kontaktkohle in der Mitte des Deckels muß glatt und glänzend sein, sich leicht einfedern lassen und ohne zu klemmen wieder zurückfedern.

⑤ Abbrand an den Kontakten abwischen.

⑥ Oxidierte Kontaktstellen (Grünspan) blankschleifen. Kontrollieren Sie, ob ein falscher Verteilerfinger zu weit entfernt an den Kontakten vorbeiläuft.

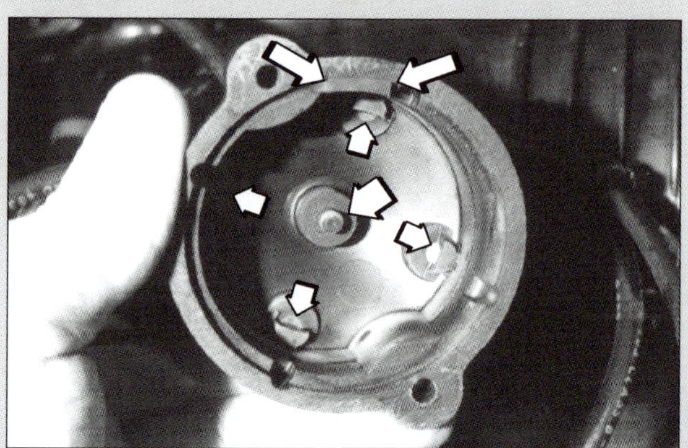

Verteilerkappe des Zündverteilers: Achten Sie auf übermäßigen Abbrand der Kontakte (kleine Pfeile); auf Zustand und Beweglichkeit der Schleifkohle (Pfeil in der Mitte) und Haarrisse in der Kappe. Beim Aufsetzen der Verteilerkappe auf richtigen Sitz der Nase (lange Pfeile) in der Aussparung des Verteilergehäuses achten.

Verteilerfinger prüfen

⑦ Verteilerfinger abziehen.

⑧ Der Verteilerfinger darf an seiner Kontaktzunge und über der Vergußmasse des Entstörwiderstands zwischen Mittenkontakt und der Zunge nicht verschmort sein.

Kontrolle des Verteilerfingers: Achten Sie an diesen Stellen (Pfeile) auf Abbrandspuren. Beim Aufsetzen der Staubkappe den richtigen Sitz der Kerbe im Verteilergehäuse überprüfen.

⑨ Der Verteilerfinger ist zur Sicherung gegen Verdrehen mit einer angegossenen Erhebung versehen, die in der Aussparung in der Verteilerwelle sitzen muß.

⑩ Werfen Sie zum Schluß noch einen Blick auf die Arretiererhebung zum Aufstecken auf die Verteilerwelle. Sie darf nicht abgeschert sein

Zündstrom prüfen

Arbeits-schritte

①Einen Kerzenstecker abziehen, Zündkerze herausschrauben.

② Stecker wieder auf die Zündkerze stecken. Dann die Kerze so auf dem Motorblock ablegen, daß sie einwandfrei Massekontakt hat.

③ Motor von einem Helfer starten lassen.

④ Springen kräftige Funken am Kabelende bzw. an der Kerzenelektrode über, ist Zündstrom vorhanden.

⑤ Springen keine Funken über, sollten Sie zunächst eine Sichtprüfung der Zündanlage vornehmen. Wenn Sie keine Unregelmäßigkeit feststellen, sollten Sie die Stromversorgung der Zündanlage prüfen.

Stromversorgung der Zündanlage prüfen

Für diese Arbeit brauchen Sie ein Multimeter (siehe Kapitel »Elektrik«). Beachten Sie, daß Meß- und Prüfgeräte nur bei ausgeschalteter Zündung an- und abgeklemmt werden dürfen.

Arbeits-schritte

① Die Zündspule erhält den Primärstrom an Klemme 3/+. Über die Primärwicklungen gelangt die Spannung von Klemme 4/- zum Leistungsmodul im Steuergerät. Die Zündspannung von circa 30 000 Volt (30 kV) wird über die Hochspannungs-Zündkabel von den Zündspulen direkt an die Zündkerzen weitergeleitet.

②Zur Spannungsmessung das Multimeter zwischen Klemme 3/+ und Masse anschließen. Die Stromversorgung durch die Batterie ist in Ordnung, wenn eine Spannung von mindestens 11,5 Volt anliegt. Liegt der gemessene Wert darunter oder messen Sie keine Spannung, kann dies folgende Ursachen haben:

- Die Batterie ist nicht richtig geladen.
- Die Verkabelung zum Zündschloß ist unterbrochen.
- Das Zündschloß an Kontakt 2G oder 2N ist defekt (dann dreht allerdings auch der Anlasser nicht).
- Die Verbindung zwischen Zündschloß und Mehrfachstecker des Steuergeräts ist unterbrochen.

Widerstand an der Zündspule prüfen

Mit einem Multimeter können Sie den Widerstand an Primärwicklung und Sekundärwicklung der Zündspule messen. Liegen die gemessenen Werte unter den Sollwerten oder zeigt das Meßgerät den Wert »unendlich«, ist ein Austausch der Zündspule fällig. Die Messung sollten Sie bei Raumtemperatur (20 Grad) durchführen. Vor der Arbeit Zündung ausschalten und alle Leitungen an der Zündspule abziehen oder abklemmen. Den Widerstand an der Primärwicklung messen Sie zwischen Plus-Klemme und Masse, den der Sekundärwicklung an den beiden Hochspannungsausgängen der Zündspule.

Arbeitsschritte

① Mehrfachstecker an der Zündspule bei ausgeschalteter Zündung abziehen.

OHV-Motor

② Mit einem Ohmmeter (Meßbereiche 0–1 Ω und 1–10 kΩ) zwischen Zündspulenklemme 2 und 3 (Primärwicklung) messen. Sollwert 0,6 ± 0,2 Ω.

③ Den Widerstand an der Sekundärwicklung zwischen Kontakt 3 und 4 messen. Sollwert zwischen 2–12 kΩ.

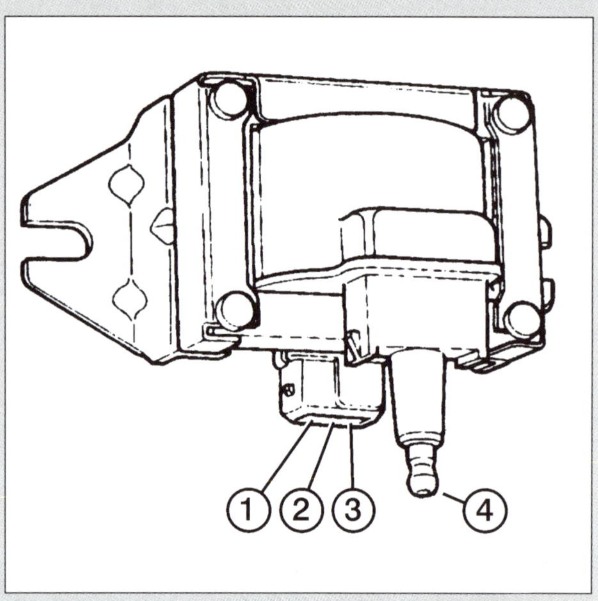

Die Zündspule des OHV-Motors und ihre Anschlüsse.
❶ Frei. ❷ Stromversorgung vom Kraftstoffpumpenrelais. ❸ Zündspulensteuerung vom Steuergerät. ❹ Hochspannungsausgang zum Zündverteiler.

Econ

④ Mit einem Multimeter (Meßbereiche 0–10 Ω) zwischen Zündspulenklemme 2 und 3 (Primärwicklung) messen. Sollwert 1,6 Ω.

⑤ Den Widerstand an der Sekundärwicklung zwischen Kontakt 4 und 1 messen. Sollwert 1,6 Ω.

⑥ Fehlt es an der Zündspannung, obwohl das Steuergerät in Ordnung ist, muß die Zündspule ersetzt werden. Achtung: Ein Windungsschluß in der Zündspule läßt sich mit diesen Messungen nicht feststellen.

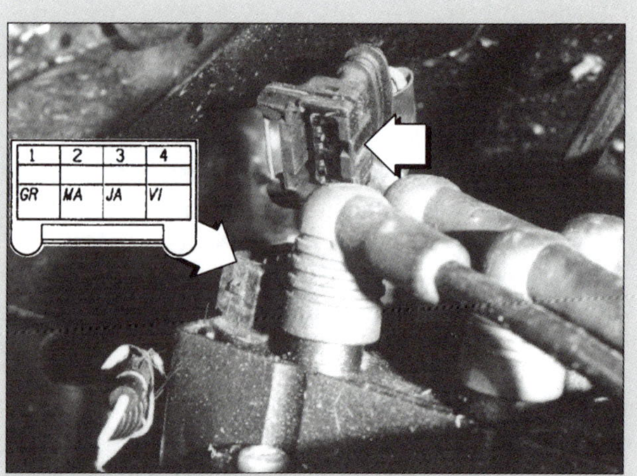

Bei abgezogenem Mehrfachstecker (Pfeil) kann der Widerstand an der Zündspule gemessen werden.

Kontakt 1	graues Kabel	Sw	Zylinder 1 und 4
Kontakt 2	braunes Kabel	Pw	Zylinder 2 und 3
Kontakt 3	gelbes Kabel	Pw	Zylinder 1 und 4
Kontakt 4	violettes Kabel	Sw	Zylinder 2 und 3

Sw = Sekundärwicklung
Pw = Primärwicklung

Zündspule ausbauen

Arbeitsschritte

① Beim Econ-Motor sitzt die Zündspule direkt auf der Zylinderkopfhaube und ist dort mit Torx-Schrauben (T30) befestigt.

② Massekabel der Batterie abklemmen.

③ Mehrfachstecker von der Zündspule abziehen.

④ Zündkabel aus der Zündspule ziehen und für den Wiedereinbau kennzeichnen.

⑤ Schrauben lösen und Zündspule vom Halter abnehmen.

⑥ Beim Einbau der Zündkabel darauf achten, daß die Stecker exakt sitzen. Die Anschlüsse an der Spule (Econ) sind mit den Zahlen 1 bis 4 gekennzeichnet. Beim Aufstecken der Kabel darauf achten, daß die Zündkabel auf keinen Fall vertauscht werden.

Zündverteiler ausbauen
(nur OHV-Motor)

Renault stellt den Zündzeitpunkt bereits am Fließband mit einer hohen Genauigkeit ein. Den Zündverteiler sollten Sie daher nur ausbauen, wenn es unbedingt erforderlich ist.

Arbeitsschritte

① Batterie-Massekabel abklemmen.

② Stellung des Verteilers zum Motorblock mit einem Schraubenzieher markieren (einritzen).

③ Halteschrauben (Torx T40) aus dem Zylinderkopf drehen und Verteiler herausnehmen.

④ Beim Einbau kann der Verteiler nur in einer Stellung eingebaut werden, da die Mitnehmerklaue versetzt (außermittig) angeordnet ist.

Der Zündverteiler des OHV-Motors: ❶ Verteilerdeckel. ❷ Verteilergehäuse. ❸ Verteilerfuß. ❹ Klemmplatte mit Schraube für Verteilerposition.

DIE KRAFTST VERSORG

Nicht nur auf der Straße, sondern auch beim Tankstop spielt der Twingo durch sparsame Verbrauchswerte eine seiner Stärken aus. Wichtig ist nur, daß er immer mit unverbleitem Superkraftstoff bzw. Super Plus der Norm DIN EN 228 ab 95 ROZ betankt wird.

Wartung

Reparatur

Der Kraftstofftank Ihres Twingo besteht aus Kunststoff und befindet sich vor der Hinterachse unter der Rücksitzbank. Er faßt bei allen Modellen 40 Liter. An der Oberseite des Kraftstofftanks ist der Geber für die Kraftstoff-Vorratsanzeige zusammen mit der Kraftstoffvor- und -rücklaufleitung angebracht. Diese Leitungen müssen einem hohen Betriebsdruck von ca. 1 bar (OHV) bis 3 bar (Econ) widerstehen. Sie sind daher aus besonders druckfestem Material gefertigt und werksseitig mit Schellen (Klemm- bzw. Schraubschellen) und Schnellkupplungen gesichert.

Ausgeklügeltes Belüftungssystem

Eine Pumpe befördert den Kraftstoff über dieses Leitungssystem vom Tank zum Motor. In die Vorlaufleitung ist ein Kraftstoffilter zwischengeschaltet. In den Einfüllstutzen aus Gummi münden auch die Tank-Be- und -Entlüftung. Durch dieses ausgeklügelte Belüftungssystem entweicht die Luft, wenn der Tank mit Kraftstoff gefüllt wird. Während der Fahrt strömt durch diese Leitung entsprechend der verbrauchten Kraftstoffmenge von außen Luft in den Tank hinein, so daß sich kein Unterdruck bilden kann. Die Entlüftungsleitung des Kraftstofftanks führt freilich nicht einfach ins Freie. Sie ist vielmehr mit dem Aktivkohlebehälter verbunden, der die austretenden Kraftstoffdämpfe bindet.

Die wichtigsten Bauteile der Kraftstoff-versorgung

Kraftstoffpumpe. Eine elastisch aufgehängte Tauchpumpe, direkt im Tank eingebaut (Intank-Kraftstoffpumpe). Umgeben von einem Behälter mit Sieb, der auch bei stark schwappendem Kraftstoff (z.B. in Kurven) die Versorgung ermöglicht. Die Pumpe wird elektrisch betrieben und ist mit dem Geber der Kraftstoffanzeige in einem Bauteil zusammengefaßt. Ein Überdruckventil läßt zuviel geförderten Kraftstoff und Gase direkt in den Kraftstofftank entweichen und hält den Systemdruck auch bei ausgeschalteter Zündung aufrecht

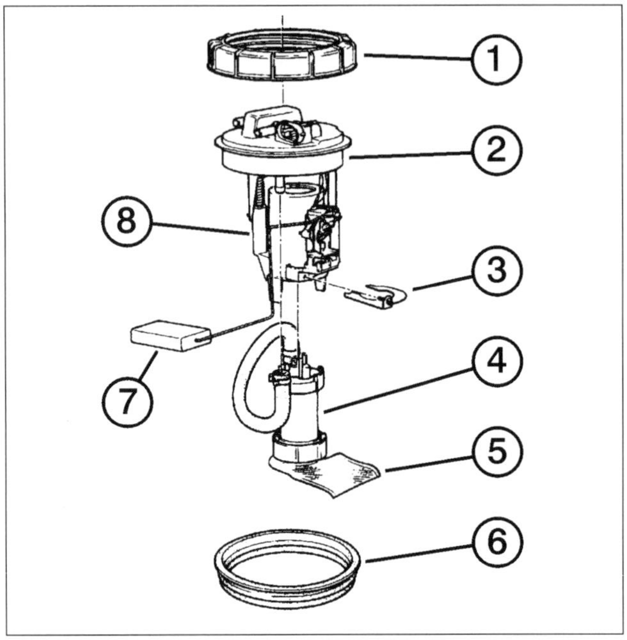

Die kombinierte Einheit Kraftstoffpumpe/Kraftstoffvorratgeber. ❶ Ringmutter. ❷ Verschlußdeckel. ❸ Sicherungsspange. ❹ Kraftstoffpumpe. ❺ Kraftstoffsieb. ❻ Ringdichtung. ❼ Schwimmer. ❽ Kraftstoffvorratgeber. Bei einem Pumpendefekt kann der Kraftstoffvorratgeber von der Pumpe getrennt werden.

Kraftstoffilter. Filtert flüssige und feste Fremdstoffe aus dem Kraftstoff. Beim Tank in die Kraftstoffvorlaufleitung eingebaut. Enthält zwei Filterelemente, an denen Verunreinigungen abgeschieden werden.

Aktivkohlebehälter. Sitzt vor der Batterie im Motorraum. Bindet die Kraftstoffdämpfe in der Entlüftungsleitung. Je nach Lastzustand des Motors öffnet das Steuergerät über ein Magnetventil einen Unterdruckschlauch zum Ansaugkrümmer – die Kraftstoffdämpfe werden aus dem Aktivkohlebehälter abgesaugt und der Verbrennung zugeführt.

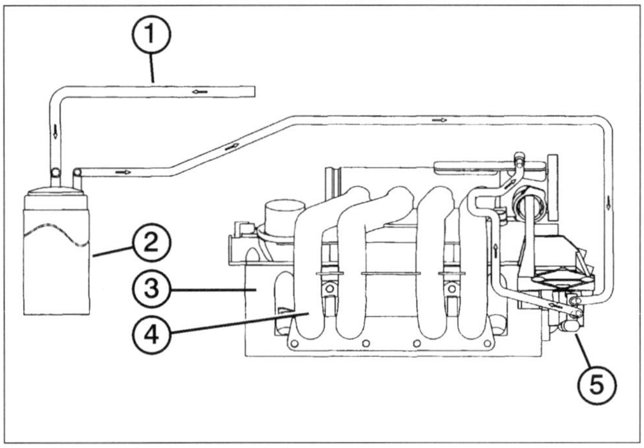

Das Absorbtionssystem der Kraftstoffdämpfe.
❶ Entlüftungsleitung vom Kraftstofftank. ❷ Aktivkohlefilter. ❸ Zylinderkopf. ❹ Ansaugkrümmer. ❺ Magnetventil zur Steuerung des Systems.

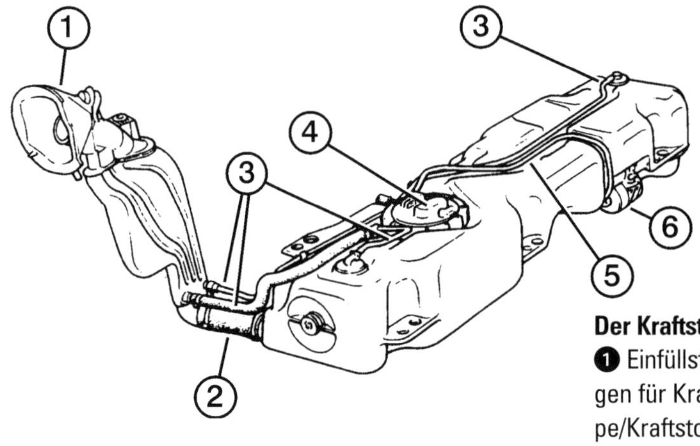

Der Kraftstofftank des Renault Twingo.
❶ Einfüllstutzen. ❷ Verbindungsstück zum Tank. ❸ Leitungen für Kraftstofftank-Entlüftung. ❹ Einheit Kraftstoffpumpe/Kraftstoffvorratgeber. ❺ Kraftstoffzufuhr. ❻ Kraftstoffilter.

Der Kraftstoff

Die Benzinmotoren des Renault Twingo benötigen alle den Kraftstoff Euro Super (ROZ 95). Sie können aber auch den umweltfreundlicheren Kraftstoff Super Plus tanken (ROZ 98). Das ist zum Beispiel sinnvoll, wenn Ihr Twingo im Urlaub bei voller Belastung und hohen Außentemperaturen längere Strecken zurücklegen muß. Sie werden sehen: Mit Super Plus im Tank verbraucht der Twingo weniger Sprit. Im übrigen haben Sie es auch selbst in der Hand, wieviel Sprit Ihr Fahrzeug verbraucht.

So sparen Sie Kraftstoff

Beschleunigen Sie stets zügig, schalten Sie jedoch möglichst früh in den nächsthöheren Gang. Ist die gewünschte Geschwindigkeit erreicht, wählen Sie den höchstmöglichen Gang und lassen den Wagen mit wenig Gas rollen. Der Motor soll nur beim Überholen oder beim Einspuren in den fließenden Verkehr hochdrehen. Außerdem sollten Sie auch beim kurzen Halt vor einer Eisenbahnschranke, Baustellenampel oder im Stau den Motor abstellen – bereits bei 5 bis 7 Sekunden Wartezeit sparen Sie Kraftstoff.

Kontrolle der Tankdurchlüftung

Arbeitsschritte | 60000 24 Monate

① Motor warmfahren (Betriebstemperatur), dann im Leerlauf drehen lassen.

② Am Magnetventil den vom Aktivkohlebehälter kommenden Schlauch abziehen.

③ Am Ventilanschluß prüfen, ob Unterdruck anliegt. Ist dies nicht der Fall, sollten Sie das Magnetventil prüfen.

④ Dazu Massekabel der Batterie abklemmen und Stecker vom Magnetventil abziehen.

⑤ Schläuche vom Magnetventil abziehen und Ventil abnehmen. Merken Sie sich den Sitz der Anschlüsse für den Wiedereinbau.

⑥ Versuchen Sie, an einem Schlauchanschluß durchzublasen. Das darf nicht möglich sein.

Gefahrenhinweis — Der Umgang mit Kraftstoff

Der Umgang mit Kraftstoff ist gefährlich. Nehmen Sie daher Wartungsarbeiten und Reparaturen an Teilen der Kraftstoffanlage nicht auf die leichte Schulter. Vor allem beim Entleeren des Kraftstoffbehälters müssen Sie mit äußerster Vorsicht vorgehen. Grundsätzlich müssen Sie beim Umgang mit Kraftstoff folgende Vorsichtsmaßnahmen beachten:

- Zuerst die Batterie abklemmen, Kabel gegen Berühren mit den Polen der Batterie sichern.
- Kraftstoffbehälter nur im Freien entleeren. Dazu brauchen Sie ein entsprechendes Abpumpgerät (z. B. kraftstoffeste Balgen-Schlauchpumpe). Auf keinen Fall den Kraftstoff durch die Öffnung des Gebers der Kraftstoff-Vorratsanzeige auskippen oder durch Ansaugen an einem Schlauch mit dem Mund entleeren – Vergiftungsgefahr durch die hochgiftigen Kraftstoffzusätze!
- CO2-Pulver- oder Schaumlöscher der Brandklasse B muß in greifbarer Nähe sein.
- Den Kraftstoffbehälter nie über einer Grube entleeren. Die entweichenden Gase sind schwerer als Luft, würden für mehrere Stunden in der Grube bleiben. Folge: Gesundheitsschädigung durch Einatmen, akute Explosionsgefahr.
- Stellen Sie sicher, daß sich während der Arbeit mit Kraftstoff keine eingeschalteten elektrischen Geräte, offenen Flammen, Wärme- und Funkenquellen im Raum befinden.
- Kraftstoff darf nur in einen verschließbaren, klar beschrifteten Behälter umgefüllt werden. Dazu gibt's spezielle Behälter mit Flammschutz und Druckausgleichsverschluß.
- Im entleerten Kraftstofftank befinden sich Restgase. Auch die sind gefährlich. Alle Arbeiten deshalb mit besonderer Vorsicht ausführen.

Kraftstoffilter ersetzen

Arbeitsschritte | 60000 km

① Massekabel der Batterie abklemmen.

② Fahrzeug hinten aufbocken.

③ Auffangbehälter unter den Kraftstoffilter auf den Boden stellen.

④ Lappen um die Leitungen legen.

⑤ Schnellkupplung der Zulaufleitung vorsichtig öffnen, damit der Druck in der Leitung langsam abgebaut wird. Die Werkstatt benutzt dazu eine Spezialzange, mit der die beiden Kupplungsteile zum Öffnen auseinandergedrückt werden können. Ohne die Spezialzange oder ein ähnliches Werkzeug ist es fast unmöglich, die Kupplung zu trennen.

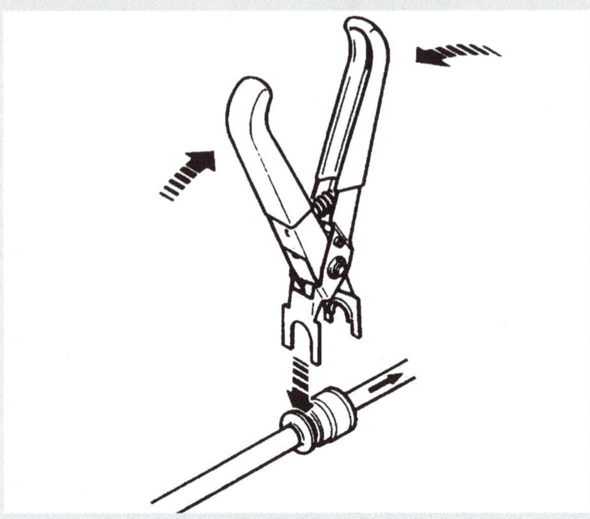

Zum Trennen der Kraftstoffleitung an den Verbindungskupplungen benutzt die Werkstatt eine Spezial-Spreizzange (Renault-Werkzeug Mot. 1265), mit der die Leitungskupplung auseinandergedrückt werden kann.

⑥ Andere Schnellkupplung am Filter trennen und abziehen.

⑦ Klemmschraube lösen und Filter aus der Halterung ziehen. Den alten Filter als Sondermüll entsorgen.

Der Kraftstoffilter ist auf der linken Fahrzeugseite neben dem Kraftstofftank in einem eigenen Halter angebracht. Wenn Sie die Renault-Spezialzange nicht besitzen, müssen Sie sich zum Trennen der beiden Kraftstoffleitungen ein Werkzeug mit gleicher Funktion besorgen. Beim Einsetzen eines neuen Filters auf die Durchflußrichtung achten.

⑧ Beim Einbau auf richtige Einbaurichtung achten (Pfeile zeigen die Durchflußrichtung an).

⑨ Anschlüsse reinigen, auf richtigen Sitz der beiden Dichtungen achten (ggf. neue Dichtungen einsetzen) und Kupplungsteile bis zum Einrasten zusammenschieben.

⑩ Batterie anschließen und Zündung einige Male ein- und ausschalten, damit sich Druck im System aufbaut.

⑪ Leitungsanschlüsse auf Undichtigkeiten überprüfen.

Kraftstoff ablassen

Der Tank besitzt keine Ablaßschraube. Da die Kraftstoffsaugleitung und der Rücklauf an der Tankoberseite sitzen, kann man nicht einfach eine Leitung abziehen und den Kraftstoff auslaufen lassen.

Arbeitsschritte

① Ist der Tank noch gut gefüllt, durch den Einfüllstutzen einen Schlauch so tief wie möglich in den Tank schieben.

② Obere Schlauchöffnung mit dem Finger dicht verschließen. Das Auffanggefäß muß unterhalb des Tankbodenniveaus stehen. Schlauch wieder ein Stück herausziehen und ins Gefäß halten. Reicht der Schlauch weit genug in den Kraftstoff, fließt er jetzt durch das Gefälle heraus. Ansaugen von Kraftstoff mit dem Mund gefährdet die Gesundheit.

③ Befindet sich zu wenig Kraftstoff im Tank, hilft diese Methode meist nicht mehr. Dann müssen Sie den Kraftstoff mit einer kraftstoffesten Handpumpe (Schlauch-Balgenpumpe) abpumpen.

Leitungen und Schläuche ausbauen

Vorsicht: Das Kraftstoffsystem steht auch längere Zeit nach dem Abschalten des Motors noch unter Druck. Deshalb beim Losschrauben einer Kraftstoffleitung bzw. beim Trennen einer Schnellkupplung einen Lappen bereithalten, damit kein Kraftstoff herausspritzen kann.

Arbeitsschritte

① Schnellkupplungen trennen.

② Bei Quetschklemmen mit einem feinen Schraubendreher unter die Schelle fahren und diese durch seitliches Hebeln lockern.

③ Schlauch unter Drehbewegungen abziehen. Ist dies nicht möglich, kleinen Gabelschlüssel hinter dem Schlauchende ansetzen und Schlauch damit abdrücken.

④ Zum Anschluß der Schläuche am besten Schraubschellen verwenden

Technik-lexikon

Kraftstoff - Begriffe und Normen

Normalbenzin/Superbenzin. Fast identisch bei Reinheitsgrad, Verhalten bei Verdampfung (wichtig für Entzündbarkeit) und Energiebilanz (Heizwert je Kilogramm Kraftstoff). Entscheidender Unterschied: die Klopffestigkeit. Sie ist bei Super höher als bei Normalbenzin.

Klopffestigkeit. Je höher das Kompressionsverhältnis ist, um so leichter kommt es zu Selbstentzündungen im Zylinder, wenn der Kraftstoff nicht klopffest genug ist. Superkraftstoff hält höhere Drücke aus als Normalbenzin, entzündet sich daher schwerer. Haben Sie Ihren Twingo aus Versehen mit Normalbenzin betankt, klingelt der Motor laut, wenn Sie aus niedrigen Drehzahlen heraus voll beschleunigen. In diesem Fall nur bei mittleren Drehzahlen weiterfahren, zwischendurch Tank mit Superbenzin auffüllen.

Oktanzahl. Steht für die Klopffestigkeit eines Kraftstoffs. An der Zapfsäule findet man in der Regel die Bezeichnung **»ROZ«** (Research-Oktanzahl), seltener die Spezifikation **»MOZ«** (Motor-Oktanzahl). Die Oktanwerte für die Mindestanforderungen an bleifreien Kraftstoff wurden in Deutschland früher vom Deutschen Institut für Normung (DIN) nach DIN 51 607 festgeschrieben. Heute gilt die Euro-Norm EN 228.

Fehlersuche an der Kraftstoffpumpe

Die elektrische Kraftstoffpumpe wird über ein Relais im Motorraum mit Spannung versorgt. Sie ist nur in Betrieb, wenn der Motor läuft oder wenn Sie den Zündschlüssel zum Anlassen des Motors drehen. Ein zweites Relais tritt in Aktion, wenn der Motor bei eingeschalteter Zündung stillsteht (Steuergerät empfängt keine Drehzahlimpulse mehr). Das Relais unterbricht über eine Sicherheitsschaltung im Motor-Steuergerät die Stromzufuhr. So kann zum Beispiel nach einem Unfall kein Benzin auslaufen. Die Prüfung der Kraftstoffpumpe ist eine Arbeit für die Werkstatt. Wenn Sie einen Defekt an diesem Bauteil vermuten, sollten Sie sich auf folgende Fehlersuche beschränken.

Arbeitsschritte

① Zündung lahmlegen.

② Kraftstoff-Druckleitung am Druckregler (Zentral-Benzineinspritzung) bzw. Verteilerrohr (Mehrpunkt-Benzineinspritzung) lösen – Lappen gegen herausspritzendes Benzin bereithalten.

③ Schon bei stehendem Motor müßte etwas Benzin austreten, da das Kraftstoffsystem unter Druck steht.

④ Tritt kein Benzin aus, Zündung einschalten (Anlasser nicht betätigen!).

⑤ Wenn die Pumpe nicht reagiert: Sicherheitsschalter im Motorraum auf dem rechten Innenkotflügel kontrollieren. Ist der Knopf herausgesprungen, wieder hineindrücken. Läuft die Pumpe jetzt, sollten Sie nach der Ursache für das Herausspringen des Knopfes suchen – er darf nur bei einer starken Erschütterung reagieren (Aufprall ab etwa 25 km/h).

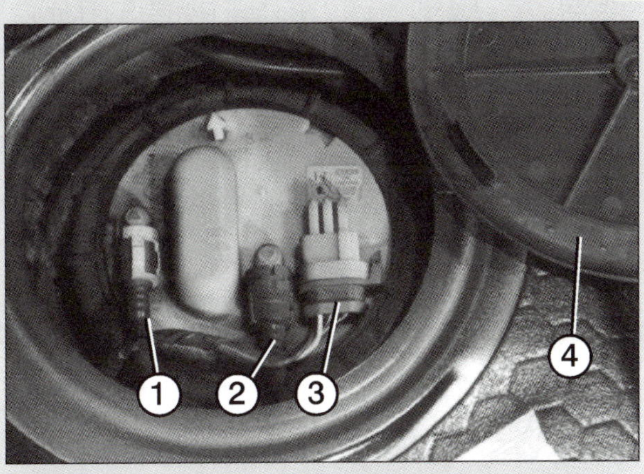

Die Einheit Kraftstoffpumpe/Kraftstoffvorratgeber unter der Klappe der Rückbank. ❶ Mehrfachsteckverbindung. ❷ Kraftstoffleitung zum Motor. ❸ Kraftstoffrücklauf. ❹ Abdeckung.

⑥ Kommt weiterhin kein Benzin, Sicherung kontrollieren bzw. Pumpenrelais prüfen.

⑦ Ist die Sicherung defekt, muß sie erneuert werden. Läuft die Pumpe jetzt, sollten Sie nach der Ursache für den Sicherungsdefekt suchen.

⑧ Bauen Sie die Abdeckung unter der Rücksitzbank aus. Manchmal hilft schon ein leichter Schlag auf das Pumpengehäuse. War die Pumpe nur leicht blockiert, läuft sie vielleicht wieder.

⑨ Sitzt der Kabelstecker an der Pumpe richtig?

⑩ Läuft die Pumpe immer noch nicht, mit Dioden-Spannungsprüfer (eine normale Prüflampe könnte am Steuergerät Schaden anrichten) feststellen, ob überhaupt Spannung anliegt. Dazu Zündung einschalten.

⑪ Liegt Spannung an, dürfte die Pumpe defekt sein. Oder ein Kabel ist unterbrochen.

⑫ Läuft die Pumpe, ohne daß am Druckregler Kraftstoff kommt, ist der Kraftstoffilter oder die Kraftstoffleitung verstopft oder eine Kraftstoffleitung geknickt.

⑬ Läuft die Pumpe nach allen Prüfungen nicht, bleibt nur noch der Ausbau der Pumpe, um sie zu kontrollieren und bei Bedarf auszuwechseln.

Technik-lexikon

Die elektrische Kraftstoffpumpe

Die elektrische Kraftstoffpumpe wird über ein Relais im Motorraum mit Spannung versorgt. Sie ist nur in Betrieb, wenn der Motor läuft oder wenn Sie den Zündschlüssel zum Anlassen des Motors drehen. Ein zweites Relais tritt in Aktion, wenn der Motor bei eingeschalteter Zündung stillsteht (Steuergerät empfängt keine Drehzahlimpulse mehr). Das Relais unterbricht über eine Sicherheitsschaltung im Motor-Steuergerät die Stromzufuhr. So kann zum Beispiel nach einem Unfall kein Benzin auslaufen.

Kraftstoffpumpe ausbauen

Arbeitsschritte

① Batteriemassekabel abklemmen.

② Rücksitzkissen nach vorne klappen, Schutzabdeckung vom Karosserieboden abbauen.

③ Mehrfachstecker von der Kraftstoffpumpe abziehen.

④ Tank und angrenzende Bereiche reinigen.

⑤ Kraftstoffvor- und -rücklaufleitung abbauen. Dazu die beiden Schnellverschlüsse trennen.

⑥ Hartholzkeil am Sicherungsring ansetzen und mit dosierten Hammerschlägen losdrehen. Die Werkstatt benutzt einen Spezialsteckschlüssel.

⑦ Tankgeber-Pumpeneinheit vorsichtig aus der Tanköffnung ziehen.

⑧ Vor Einbau der Pumpe alle Dichtflächen gründlich reinigen.

⑨ Eine beschädigte Dichtung grundsätzlich erneuern.

⑩ Tankgeber-Pumpeneinheit genau zu den Markierungen am Tank ausrichten.

⑪ Vor Ansetzen des Sicherungsrings den korrekten Sitz der Dichtung nochmals kontrollieren.

⑫ Batterie anschließen und Zündung einige Male ein- und ausschalten, damit sich Druck im System aufbaut.

⑬ Leitungsanschlüsse auf Undichtigkeiten überprüfen.

Die Auspuffanlage

Die Auspuffanlage hat die Aufgabe, die Schadstoffe im Abgas möglichst gering zu halten (Katalysatorbetrieb). Außerdem werden durch das Auspuffsystem die Geräusche, die bei der Verbrennung entstehen, auf ein Minimum reduziert. Der Twingo ist ab Werk mit einer zweiteiligen Auspuffanlage ausgestattet. Sie besteht aus Auspuffkrümmer, einfachem vorderen Auspuffrohr mit Lambda-Sonde und Dreiwege-Katalysator – er bildet mit dem Auspuffrohr ein Bauteil. Daran angeflanscht ist der Nach- oder Hauptschalldämpfer mit entsprechend langem Zwischenrohr. Hitzeschutzbleche im Rohrverlauf verhindern zu starke Hitze-Abstrahlung auf die Bodengruppe.

Lebensdauer des Auspuffs

Der Auspuff Ihres Renault Twingo ist für etwa 60 000 Kilometer gut. Die Lebensdauer hängt natürlich auch von den Einsatzbedingungen Ihres Fahrzeugs ab. Sind Sie überwiegend auf kurzen Strecken unterwegs, fallen wesentlich mehr Kondensat, Ruß und aggressive Säuren im Innern der Anlage an als beim Langstreckenbetrieb mit voll durchgewärmtem Motor.

- Das vordere Auspuffrohr mit angebautem Kat ist seltener als die anderen Teile vom Rost bedroht, weil dort die Verbrennungsgase noch mit Temperaturen zwischen 800 und 1000°C einströmen.
- Im Auspuffrohr und dem Nachschalldämpfer kühlen die Abgase zunehmend ab; am Endrohr sind sie nur noch 150-300°C heiß. Im letzten Nachschalldämpfer tritt daher das meiste Kondenswasser auf. Es vermischt sich mit Verbrennungsrückständen zu aggressiven Säuren und läßt das Auspuffblech von innen nach außen durchrosten.
- Die vorderen Teile der Auspuffanlage können bei Langstreckenfahrten unter Temperaturspannungen leiden, wenn bei Regen das heiße Blech ständig kalten Duschen ausgesetzt ist. Dann kann das Material reißen oder brechen.
- Spritz- und Salzwasser fördern den Rostfraß von außen. Steinschlag oder Aufsetzen auf hartem Untergrund wirken ebenso lebensverkürzend wie Schwingungen, die bei defekten oder fehlenden Aufhängegummis entstehen

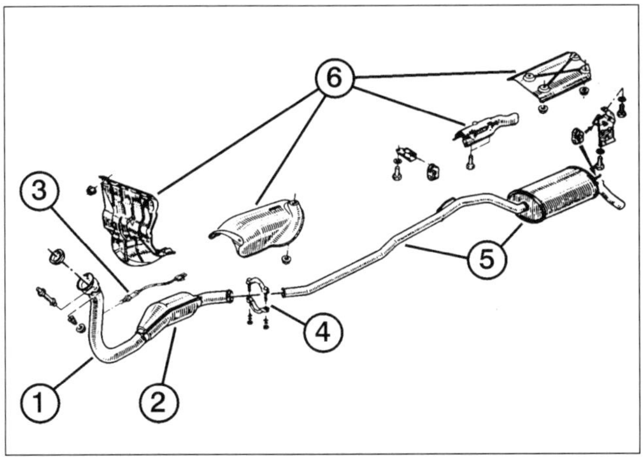

Die Auspuffanlage des Renault Twingo.
❶ Vorderes Auspuffrohr mit Ringdichtung. ❷ Katalysator. ❸ Lambda-Sonde. ❹ Verbindungsschelle. ❺ Hauptschalldämpfer und mittleres Auspuffrohr mit Aufhängung. ❻ Hitzeschutzbleche.

Kraftstoff besteht im wesentlichen aus den Elementen Kohlenstoff und Wasserstoff. Bei der Verbrennung im Motor verbindet sich der Kohlenstoff mit dem Sauerstoff der Luft zu Kohlendioxid (CO2), der Wasserstoff (H) vereinigt sich mit Sauerstoff (O2) zu Wasser (H2O). Aus einem Liter Kraftstoff entsteht rund 0,9 Liter Wasser, das durch die Verbrennungswärme unsichtbar aus dem Auspuff entweicht. Im Winter können Sie nach dem Kaltstart eines Fahrzeugs oft weiße Auspuffwolken beobachten – ein Hinweis auf kondensierendes Wasser.

Twingo mit geregeltem Dreiwege-Kat

Die in Deutschland angebotenen Twingo-Modelle sind alle mit einem geregelten Dreiwege-Katalysator ausgerüstet. Der Katalysator verringert in seinem Arbeitsleben den Anteil des Kohlenmonoxids durchschnittlich um etwa 85 Prozent, der Kohlenwasserstoffe um 80 und der Stickoxide um 70 Prozent. Mit zunehmender Laufleistung des Fahrzeugs verliert er jedoch einen Teil seiner Wirkung. Die Bezeichnung »geregelt« weist darauf hin, daß die Verminderung der Schadstoffe durch die Zusammensetzung des Kraftstoff-Luft-Gemisches beeinflußt (geregelt) wird.

Lambda-Sonde mißt Sauerstoff

Dazu sitzt am Einlaßrohr des Katalysators die Lambda-Sonde, die den Sauerstoffanteil im Abgas ständig mißt. Nach diesen Meßwerten gibt das Steuergerät den Be-

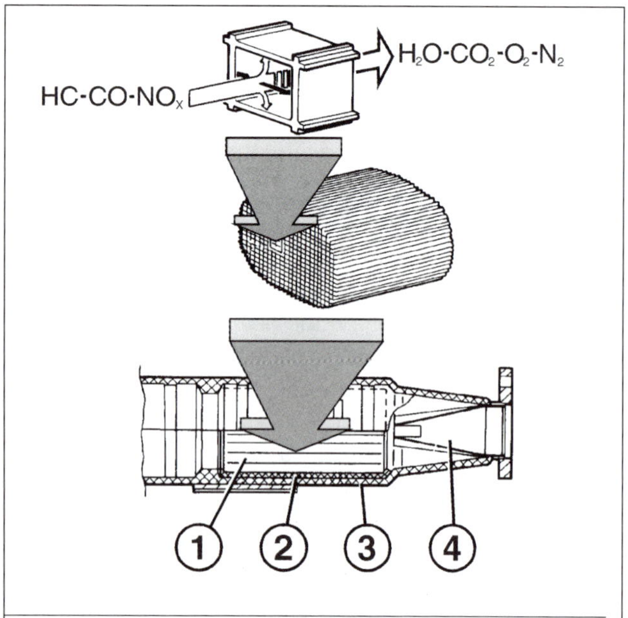

Oxidationsvorgang im Katalysator (Schema).
Der Kat besteht aus der Wabenstruktur des Keramikträgers ❶, der in einem elastischen, schwingungsdämpfenden Metallgewebe ❷ eingebettet ist. Dieses Paket ist von einem hochtemperaturfesten Edelstahlgehäuse ❸ umgeben. Damit die einströmenden Auspuffgase die Katalysatorwaben gleichmäßig durchströmen, ist davor ein Trichtersieb ❹ angeordnet.

fehl zum Anreichern oder Abmagern des Kraftstoff-Luft-Gemisches. Das geschieht in rasch wechselnder Folge: Luftüberschuß zur Verbrennung der Kohlenwasserstoffe, Luftmangel zur Verringerung der Stickoxide. Die aus dieser Mischung entstehenden Abgase gelangen in den Katalysator, der sie nahezu vollständig in Stoffe wie Kohlendioxid, Wasserdampf und Stickstoff umwandelt.

Arbeitstemperaturen des Katalysators

Damit Katalysator und Lambda-Sonde ihre Arbeit aufnehmen können, müssen sie erst einmal kräftig angeheizt werden (Katalysator: ca. 300°C.). Das dauert in der Regel 25 - 80 Sekunden. Beide Bauteile reagieren jedoch auf zu große Hitze sehr empfindlich. Wenn sich zum Beispiel unverbranntes Gemisch im heißen Katalysator entzündet, läßt dies die Temperaturen in gefährliche Höhen ansteigen. Steigen die Temperaturen im Katalysator über 900°C, altert er rapide, ab 1200°C wird er zerstört. Bei Temperaturen ab 1400°C schmilzt der Keramikkörper der Lambda-Sonde. Das Auspuffsystem verstopft und der Motor verliert Leistung.

Praxistip

Umgang mit dem Kat

- Wenn der Motor wegen einer defekten Zündanlage nicht startet, sollten Sie unbedingt aufs Anschieben oder Anschleppen verzichten – unverbrannter Kraftstoff kann in den Katalysator gelangen, was ihn auf Dauer schädigt. Wenn Sie sich nicht sicher sind, ob der Motor zum Beispiel nur wegen einer leeren Batterie nicht startet – lassen Sie den Wagen lieber fachmännisch abschleppen.
- Zündaussetzer oder Fehlzündungen deuten auf einen Defekt an der Zündanlage hin. Lassen Sie dies sofort überprüfen.
- Wenn Sie Unterbodenschutz auftragen: Das Mittel darf nicht an den Katalysator kommen.
- Kontrollieren Sie gelegentlich bei aufgebocktem Fahrzeug, ob der Hitzeschutz über dem Katalysator nicht beschädigt ist.
- Durch einen Riß im Auspuffrohr vor der Lambda-Sonde ermittelt die Sonde einen erhöhten Sauerstoffanteil im Abgas – das Gemisch wird angefettet, der Kraftstoffverbrauch steigt.

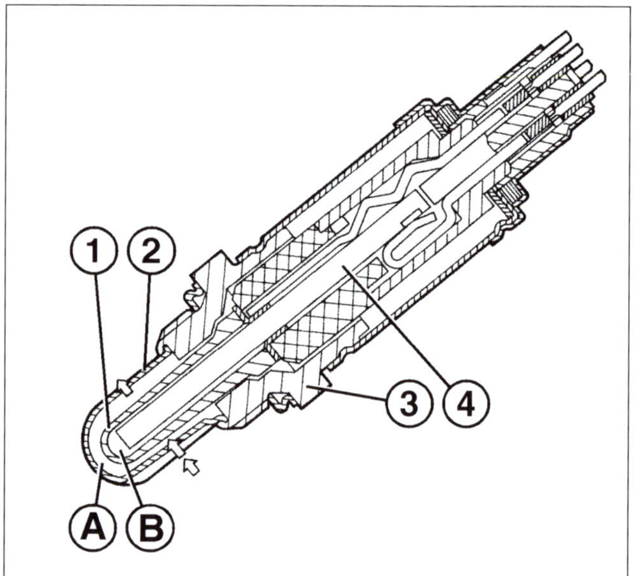

Die Lambda-Sonde (Schnitt).
Die Außenseite **(B)** der Sonde steht mit der Außenluft in Verbindung, die Innenseite **(A)** ragt in den Abgasstrom. Durch den unterschiedlichen Sauerstoffanteil entsteht eine unterschiedliche elektrische Spannung. Diese Werte werden an das Steuergerät gemeldet, das die Einspritzmenge entsprechend verändert. ❶ Keramisches Stützrohr. ❷ Schutzmantel. ❸ Sondengehäuse. ❹ Elektrischer Widerstand.

Technik-lexikon

Begriffe rund ums Abgas

Kohlenmonoxid (CO). Wird bei der Abgasuntersuchung gemessen. Exakte Steuerung der Einspritzmenge und der Zündverstellwerte sowie gleichmäßige Gemischverwirbelung im Verbrennungsraum sind Voraussetzung für einen niedrigen CO-Anteil. In geschlossenen Räumen giftig, verbindet sich in der Luft mit Sauerstoff zum ungefährlichen Kohlendioxid, das indes wesentlich am Treibhauseffekt beteiligt ist.

Kohlenwasserstoffe (HC). Werden an kalten Stellen und engen Winkeln im Brennraum teilweise nicht verbrannt. Ihr Anteil hängt ab von der Konstruktion des Motors (unveränderliche Größe); zu fettes oder zu mageres Gemisch erhöhen jedoch den Ausstoß. Zusammen mit Stickoxiden für Smog (schwer auflösbare Abgasnebelwolken) verantwortlich.

Stickoxide (NO_x). Ihr Anteil steigt bei hohen Verbrennungstemperaturen. Das ist z.B. bei Motoren der Fall, die für geringem CO- und HC-Ausstoß ausgelegt sind (reduziert Kraftstoffverbrauch). Können bei starker Konzentration Atmungsorgane reizen. In Verbindung mit Wasser bildet sich Salpetersäure (saurer Regen).

Schwefeldioxid (SO_2). Bildet sich in geringen Mengen nur bei Dieselmotoren. Ursache sind die im Dieselkraftstoff enthaltenen Schwefelanteile. Unter Einwirkung von Licht entsteht Schwefelsäure oder schwefelige Säure, die beide zum sauren Regen beitragen. Der Verkehr ist jedoch nur zu 3% für das Entstehen von schwefeligen Säuren verantwortlich.

Abgassonderuntersuchung (ASU). Für Fahrzeuge mit geregeltem Kat seit Dezember 1993 Pflicht. Am Neuwagen ist die ASU-Plakette drei Jahre gültig, dann sind Kontrollen im Zweijahres-Rhythmus fällig. Die Abgasuntersuchung führen markengebundene und freie Werkstätten, Tankstellen, DEKRA und TÜV durch. Damit Ihr Twingo diese Prüfung besteht, muß die Auspuffanlage intakt sein, ins Ansaugsystem darf keine Nebenluft eintreten. Lassen Sie den Twingo stets in der Werkstatt warten, gehört die ASU zum Service dazu.

Tips für Arbeiten an der Auspuffanlage

Auf rostigem Blech können Sie nicht mehr richtig schweißen. Der Erfolg von Reparaturen an einer durchgerosteten Auspuffanlage ist daher meist nur von kurzer Dauer. Auspuffkitt und Bandagen halten zwar recht lange, aber das Blech bricht dann bald neben der Reparaturstelle aus. Bei Auspuffanlagen mit mehr als einem Schalldämpfer kommt es häufig vor, daß nach dem Austausch des ersten wenige Monate später auch der zweite den Geist aufgibt. Werkstätten wechseln deshalb die Auspuffanlage in der Regel komplett aus. Das muß jedoch nicht immer sein. Prüfen Sie den Zustand der Anlage genau und entscheiden Sie erst dann, ob Sie einzelne Teile oder das ganze System austauschen.

Arbeitsschritte

① Der Wagen muß absolut rüttelsicher aufgebockt sein. Er soll schließlich nicht kippen, wenn Sie heftig an den Rohren drehen oder zerren.

② Wenn sich beim Demontieren eine Verschraubung nicht lösen läßt, sollten Sie sie durch Überdrehen abreißen. Beim Einbau grundsätzlich neue Schrauben und Muttern verwenden.

③ Haltegummis zur Sicherheit ebenfalls gleich austauschen.

④ Ist schon einmal ein Teil der Auspuffanlage ersetzt worden, lassen sich die Steckverbindungen der Rohrenden am besten in erhitztem Zustand trennen. Die Werkstatt nimmt dafür einen Schweißbrenner. Sie können aber auch einen Propangasbrenner für Heimwerker verwenden. Halten Sie bei dieser Arbeit unbedingt einen Feuerlöscher bereit. Wenn Sie das Gerät nicht haben: Versuchen Sie es mit Rostlösemitteln.

⑤ Die Rohre werden durch kräftige Drehbewegungen oder Hammerschläge getrennt.

⑥ Hilft das nicht, sägen Sie die Rohrverbindung des defekten Schalldämpfers knapp 10 Zentimeter hinter der Verbindungsstelle ab. Den Rest des Rohres mit der Metallsäge in Längsrichtung aufsägen und mit einem kräftigen Schraubendreher aufhebeln.

Zustand der Auspuffanlage kontrollieren

Die Auspuffanlage ist mit dem Auspuffkrümmer durch Bolzen und Muttern fest verbunden. Am Fahrzeugboden hängt sie freischwingend in Gummistegschlaufen.

Arbeitsschritte | 60000 km 24 Monate

① Gummistegschlaufen auf Brüchigkeit, Einrisse oder sonstige Schäden überprüfen, bei Bedarf ersetzen. Zur Kontrolle den Auspuff an den Gummischlaufen etwas nach unten ziehen.

② Verschraubungen am Auspuffkrümmerflansch auf festen Sitz überprüfen.

③ Halten Sie mit einem Lappen in der Hand das Auspuffendrohr zu. Der Motor muß nach kurzer Zeit ausgehen. Hören Sie zischelnde Geräusche und läuft der Motor ungestört weiter, ist die Anlage an der Geräuschstelle undicht.

④ Ein sehr dumpfer Auspuffton und Knallen im Schiebebetrieb weisen auf einen durchgerosteten Auspuff hin.

⑤ Klopfen Sie den Schalldämpfer mit einem Hammer rundum gründlich ab, auch an den Stirnseiten. Dabei nicht zu zaghaft hämmern. Klingt es bei jedem Schlag hell, ist das Blech noch gesund. Wird das Klopfgeräusch an manchen Stellen dumpfer, ist die Außenhaut bereits geschwächt und wird bald durchbrechen.

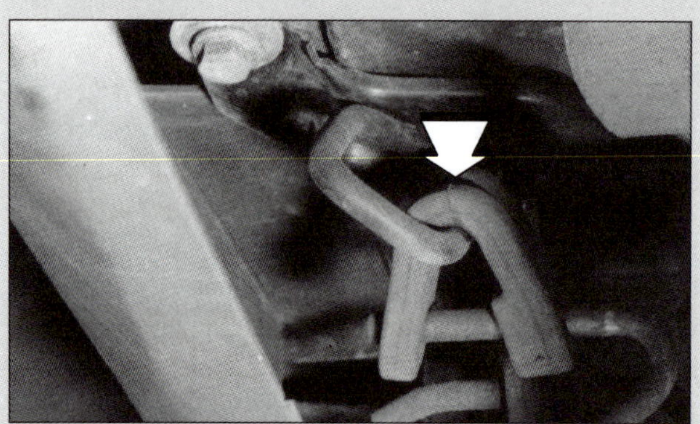

Die Gummistegschlaufen (Pfeil) am Auspufftopf sind recht robust, doch sollten Sie bei der Kontrolle der Auspuffanlage nicht vernachlässigt werden. Verdreckte und verkrustete Gummistegschlaufen sollten Sie zur Kontrolle reinigen – darunter verbirgt sich oft eine verschlissene Aufhängung.

Auspuffanlage wechseln

Unsere Anleitung beschreibt den Ausbau der kompletten Auspuffanlage von vorne nach hinten. Wenn Sie nur einzelne Teile auswechseln, brauchen Sie natürlich nur den für Ihre Reparatur zutreffenden Abschnitt zu berücksichtigen. Denken Sie beim Ersatzteilkauf daran, daß Sie selbstsichernde Muttern durch neue ersetzen müssen. Auch bei ausgebauten Dichtungen und altersschwachen Haltegummis sind Neuteile fällig.

Arbeitsschritte

① Fahrzeug rüttelsicher aufbocken.

② Motorspritzschutz abbauen.

③ Steckverbindung der Lambda-Sonde trennen.

④ Vorderes Auspuffrohr am Auspuffkrümmer lösen (zwei Stehbolzenmuttern) und vorsichtig absenken.

⑤ Hinteren Stoßfänger abbauen (vier Schrauben, zwei Muttern), siehe auch Kapitel »Karosserie«.

⑥ Hitzeschutzschild unter dem Kraftstofftank ausbauen.

⑦ Klemmschelle des Katalysators lösen und Katalysator mit vorderem Auspuffrohr abnehmen.

⑧ Mittleres Auspuffrohr mit Nachschalldämpfer abnehmen. Dazu die Gummistegschlaufen durch leichte Drehung aushängen.

⑨ Vor dem Einbau den Flansch des Auspuffkrümmers mit Schmirgelleinen von Kohlerückständen reinigen.

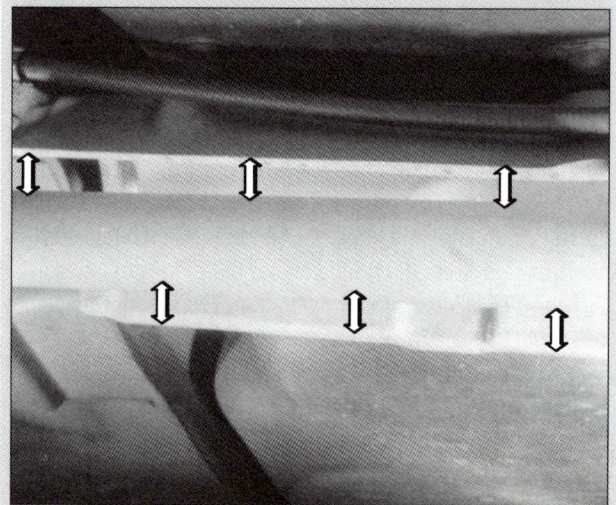

Besonders beim Hitzeschutzschild unter dem Kraftstofftank muß der gleichmäßige Abstand (Pfeile) zum Auspuffrohr stimmen.

⑩ Die Gewinde der Stehbolzen mit einer Drahtbürste reinigen und mit etwas Kriechöl einsprühen.

⑪ Beim Einbau alle Teile der Auspuffanlage am Fahrzeug erst einmal lose montieren, die Schraubverbindungen an Flanschen und Schellen handfest beidrehen. Die Verbindungsschelle so montieren, daß die Öffnung nicht auf einem Rohrschlitz sitzt.

⑫ Auspuffanlage in ihren Gummistegschlaufen ausrichten. Die Gummistegschlaufen sollen unter gleichmäßigem Zug stehen und dürfen nicht verformt sein.

⑬ Die Auspuffanlage muß auch genügend Abstand zur Karosserie bzw. zu den einzelnen Hitzeschilden haben. Durch Drehen bzw. Verschieben in Längsrichtung die Anlage ausrichten – der Abstand zwischen der Schalthebelkulisse des Auspuffrohrs zum Fahrzeugboden soll 145 mm, zum rechten Längsträger 347 mm betragen.

⑭ Hitzeschild am Kraftstofftank montieren und auf korrekten Sitz achten.

⑮ Da der Auspuff vor dem Katalysator absolut dicht sein muß, ggf. den Dichtring am Auspuffkrümmer erneuern.

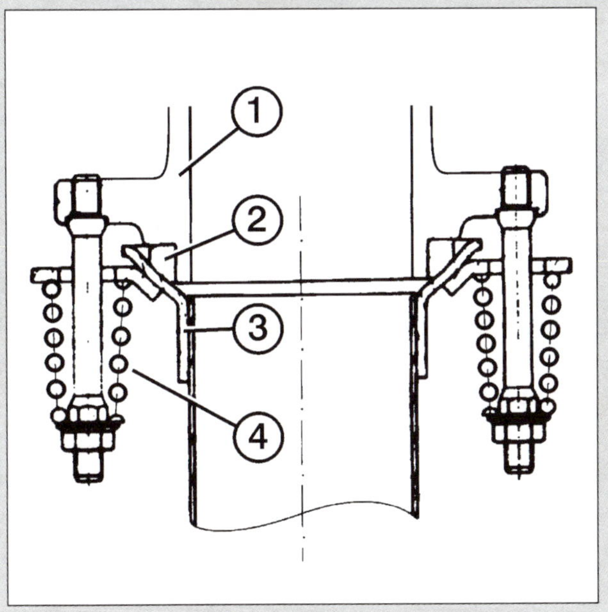

Die Abbildung zeigt den Sitz der Ringdichtung ❷ zwischen Auspuffkrümmerflansch ❶ und trichterförmigem Anschlußstück des vorderen Auspuffrohrs ❸. Durch die federbelasteten Schraubbolzen ❹ wird das Auspuffrohr bei allen Temperaturen immer mit dem richtigen Anpreßdruck gegen die Dichtflächen gedrückt.

⑯ Machen Sie eine Probefahrt: Die Auspuffanlage darf nicht an die Unterseite anschlagen (mindestens 25 mm Abstand). Brumm- oder Dröhngeräusche deuten auf eine verspannt eingebaute Auspuffanlage hin. Dann Klemmschelle wieder lösen (Vorsicht an den heißen Rohren!) und Auspuffanlage erneut ausrichten.

Katalysator wechseln

Arbeitsschritte

① Auspuffanlage abkühlen lassen, dann Fahrzeug aufbocken.

② Motorspritzschutz abbauen.

③ Steckverbindung der Lambda-Sonde trennen.

Nach Abbau der Motorabdeckung ist die Steckverbindung der Lambda-Sonde (Pfeil) zugänglich.

④ Vorderes Auspuffrohr am Auspuffkrümmer lösen (zwei Stehbolzenmuttern) und vorsichtig absenken.

⑤ Katalysator vom mittleren Auspuffrohr trennen (Klemmschelle) und abnehmen. Setzen Sie das Bauteil vorsichtig ab, damit es nicht beschädigt wird.

⑥ Zum Einbau alle Verbindungsstellen reinigen.

⑦ Da der Auspuff vor dem Katalysator absolut dicht sein muß, ggf. den Dichtring am Auspuffkrümmer erneuern. Auf keinen Fall Auspuffdichtmasse verwenden. Eine undichte Verbindung am Auspuffkrümmer verschlechtert Leistung und Abgasverhalten drastisch.

DIE KRAFTÜ TRAGU

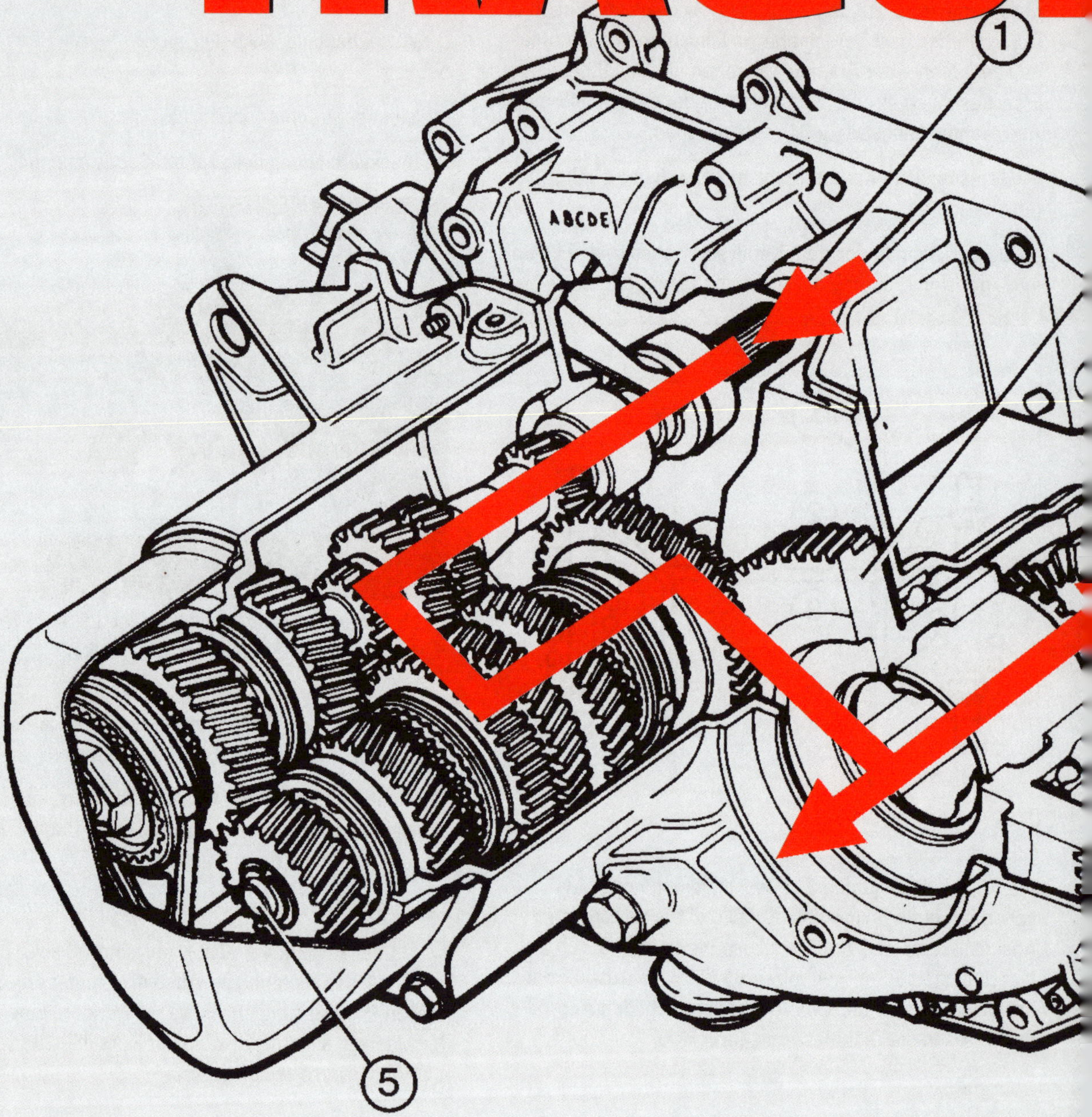

BER-
IG

Wartung

Reparatur

Das aufgeschnittene Fünfganggetriebe.
❶ Eingangswelle. ❷ Tellerrad des Ausgleichgetriebes. ❸ Antriebswelle. ❹ Kegelrad des Ausgleichgetriebes. ❺ Hauptwelle.

Das System der Kraftübertragung besteht aus Getriebe, Kupplung und Achsantrieb. Alle Akteure müssen perfekt zusammenarbeiten, um die vom Motor produzierte Leistung an die Antriebsräder zu übertragen. Dazu sind sie durch ein ausgeklügeltes System aus Gelenken, Wellen und Zahnrädern miteinander verbunden. Welche Kraft tatsächlich an den Rädern benötigt wird, hängt natürlich davon ab, was Sie Ihrem Fahrzeug während der Fahrt gerade abverlangen. Dazu kommt, daß der Motor nur in einem begrenzten Drehzahlband eine verwertbare Leistung anbietet. Damit Ihr Twingo beim Beschleunigen und Bergfahren trotzdem genügend Zugkraft entwickelt, ist das Getriebe mit verschiedenen Gängen (Übersetzungen) versehen.

Übersetzungen für die Zugkraft

Beim Anfahren zum Beispiel wird an den Antriebsrädern ein großes Drehmoment benötigt, während der niedrig drehende Motor nur ein geringes Drehmoment zur Verfügung stellt. Legen Sie den ersten Gang ein, wird die Motordrehzahl durch die Übersetzung ins Langsamere vergrößert. Auf der schnellen Autobahn-Fahrt im fünften Gang verhält es sich genau umgekehrt. Dann ist eine Übersetzung ins Schnellere wirksam, die Motordrehzahl wird im Vergleich zur Drehzahl der Antriebsräder verkleinert. Das Getriebe paßt also die Umdrehungen des Motors der gewünschten Geschwindigkeit an den Rädern an.

Kupplung unterbricht den Kraftfluß

Allerdings muß der direkte Kraftfluß vom Motor zum Getriebe auch unterbrochen werden können. Das ist dann erforderlich, wenn Sie das Fahrzeug starten, mit laufendem Motor an einer roten Ampel stehen oder die Gänge wechseln wollen. Bei Fahrzeugen mit Schaltgetriebe übernimmt die Kupplung diese Aufgabe. Sie ermöglicht auch ruckfreies Anfahren, indem sie die unterschiedlichen Drehzahlen von Kurbelwelle und Antriebswelle des Getriebes ausgleicht. Etwas komplizierter ist die Technik beim Renault Twingo Easy – hier ist eine elektrohydraulische Servokupplung am Werk, die ohne Kupplungspedal auskommt. Beim Twingo Matic übernimmt ein Dreistufen-Automatikgetriebe die Kupplungsarbeit. Vorteile dieser Systeme: Der Motor läßt sich nicht mehr abwürgen, außerdem sorgt ruckfreies Schalten für entspannteres Fahren.

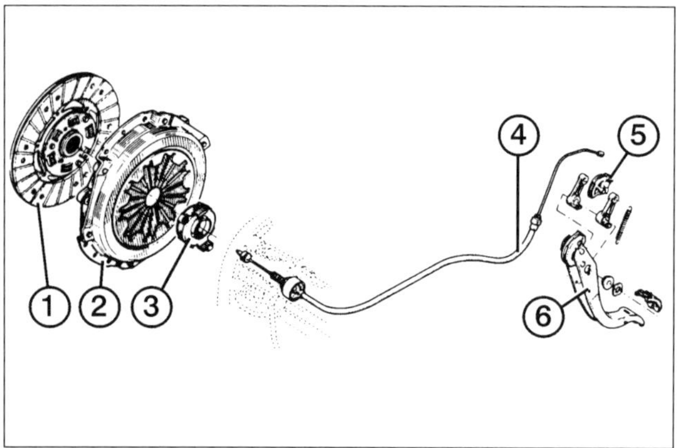

Die wichtigsten Teile der Kupplung.
❶ Mitnehmerscheibe. ❷ Kupplungsdruckplatte. ❸ Ausrücklager. ❹ Kupplungsseilzug. ❺ Nachstellautomatik. ❻ Kupplungspedal.

Die Kupplung

In allen Twingo-Modellen mit Schaltgetriebe arbeitet eine sogenannte Einscheiben-Trockenkupplung. Das ist eine ebenso einfache wie zweckmäßige Konstruktion. Fürs Do it yourself hat sie freilich den Nachteil, daß ein Verschleißteil wie die Mitnehmerscheibe nicht ohne weiteres zugänglich ist. Dafür muß zum Beispiel das Getriebe vom Motor getrennt und nach unten ausgebaut werden. Das ist jedoch eine Arbeit, die viel Know-how und Spezialwerkzeuge erfordert. Den Austausch von Kupplungsteilen sollten Sie der Werkstatt überlassen.

Die wichtigsten Teile der Kupplung

Motorschwungscheibe. Ist fest mit der Kurbelwelle verbunden.
Kupplungsscheibe (Mitnehmerscheibe). Sitzt auf der Eingangswelle des Getriebes. Auf beiden Seiten sind Beläge aufgenietet. Die Scheibe des Twingo hat einen Außendurchmesser von 181,5 Millimetern.
Kupplungsdruckplatte. Preßt die Kupplungsscheibe mittels Tellerfeder gegen die Schwungscheibe. Ist mit der Schwungscheibe fest verschraubt.
Ausrücklager. Beim Tritt aufs Kupplungspedal wird über den Kupplungszug der Ausrückhebel mit der Ausrückgabel betätigt. Die Ausrückgabel drückt das Ausrücklager auf der Ausrückwelle gegen die tortenförmig eingeschnittene Tellerfeder der Kupplungsdruckplatte.
Nachstellautomatik. Im Twingo mit mechanischer Kupplungsbetätigung sorgt eine Nachstellautomatik dafür, daß bei zunehmendem Verschleiß des Kupplungsbelags das Pedalspiel nachgestellt wird. Dazu verkürzt die Nachstellautomatik den Seilzug der Kupplung.

- Ein Zahnsegment mit Raste, im Drehpunkt des Kupplungspedals gelagert, hält den Kupplungszug durch eine Zugfeder im Hebel des Kupplungspedals auf Spannung.
- Bei entsprechendem Kupplungsverschleiß greift eine Zahnraste beim Betätigen des Kupplungspedals in den nächsten Zahn des Zahnsegments und hält so den Zug stets gleich gespannt.

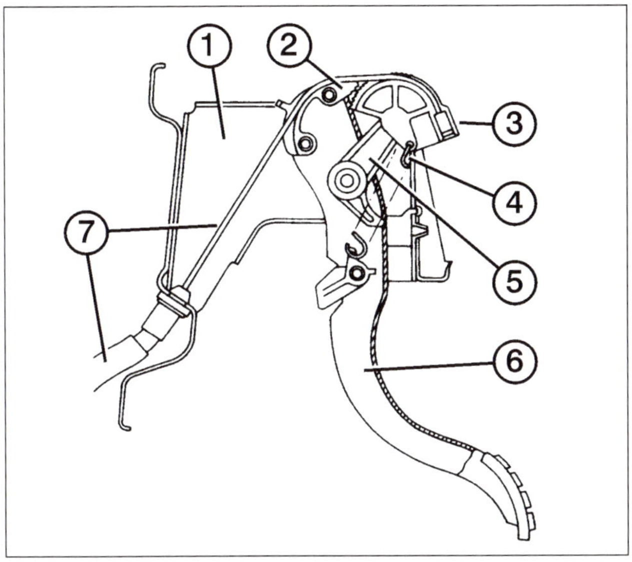

Die Schnittzeichnung zeigt die Teile der Nachstellautomatik. ❶ Pedalträger. ❷ Zahnnocken. ❸ Zahnsegment mit Aufnahme des Kupplungsseilzug-Endstücks. ❹ Zugfeder. ❺ Schwenkhebel des Zahnsegments. ❻ Kupplungspedal. ❼ Kupplungsseilzug.

Technik-lexikon: So funktioniert die Kupplung

Kupplungsspiel. Solange das Kupplungspedal nicht gedrückt wird, sorgt das Kupplungsspiel dafür, daß das Ausrücklager nicht ständig unter Druck steht. Das Kupplungsspiel wird kleiner bei abnutzenden Belägen (Pedalspiel wird größer). Die Druckplatte nähert sich dem Ausrücklager. Liegt das Lager ohne Spiel an der Ausrückgabel an, stützt sich die Tellerfeder der Druckplatte gegen das Ausrücklager ab. Statt die Mitnehmerscheibe gegen die Anlageflächen von Schwungscheibe und Druckplatte zu pressen, wird die Feder entlastet und die Reibungskraft geringer – die Kupplung rutscht durch.
Auskuppeln. Wenn Sie das Kupplungspedal treten, überwindet das Ausrücklager die Federkraft der Tellerfeder. Die Druckplatte wird entlastet und bei völlig durchgetretenem Pedal zurückgezogen. Die Mitnehmerscheibe kann nun im Raum dazwischen frei umlaufen.
Einkuppeln. Die Tellerfeder der Druckplatte drückt die Mitnehmerscheibe langsam gegen das Motorschwungrad, bis sie sich mit der gleichen Drehzahl dreht. So werden die Kräfte sanft übertragen. Dabei schleifen die Anlageflächen eine kurze Zeit aufeinander, ehe die Reibung wieder so groß ist, daß die Motorleistung vollständig auf das Getriebe übertragen wird.

Kupplung prüfen

Eine schleifende Kupplung macht sich zuerst bemerkbar, wenn Sie Ihr Fahrzeug im höchsten Gang beschleunigen. Der Motor dreht hoch, ohne daß die Fahrgeschwindigkeit zunimmt. Die folgende Prüfmethode zeigt Ihnen, ob die Kupplung noch gut funktioniert. Diesen Test sollten Sie jedoch nur gelegentlich durchführen. Außerdem muß dafür die Handbremse ebenso wie die Nachstellautomatik der Kupplung in Ordnung sein.

Arbeitsschritte — W 60000 24 Monate

① Handbremse anziehen und Motor starten.

② Legen Sie den 3. Gang ein; dann langsam einkuppeln und Gas geben.

③ Bei einwandfreier Kupplung wird der Motor abgewürgt.

④ Dreht der Motor durch, ist die Nachstellautomatik am Ende ihres Nachstellspiels angelangt. In diesem Fall ist ein Kupplungstausch fällig.

Trennt die Kupplung richtig?

Wenn kratzende oder krachende Geräusche den Schaltvorgang untermalen, trennt meistens die Kupplung nicht mehr richtig. Machen Sie folgende Probe mit dem nicht synchronisierten Rückwärtsgang – so schließen Sie eine mögliche Ursache dieser Geräusche durch ein defektes Getriebe aus.

Arbeitsschritte

① Motor im Leerlauf drehen lassen.

② Kupplungspedal voll durchtreten, etwa drei Sekunden warten, dann Rückwärtsgang einlegen. Wenn Sie jetzt das kratzende Geräusch hören, läuft die Mitnehmerscheibe nicht ganz frei – die Kupplung trennt nicht sauber.

③ Kontrollieren Sie in diesem Fall die Funktion der Nachstellautomatik.

Nachstellautomatik kontrollieren

Arbeitsschritte

① Zur Grundeinstellung des Seilzugs das Kupplungspedal mehrmals treten.

② Bei losgelassenem Kupplungspedal die Seilzughülle an der Ausrückgabel am Getriebe zurückziehen.

③ Bei richtiger Einstellung und Funktion muß sich die Hülle circa 2 cm zurückziehen lassen.

④ Ist dies nicht möglich, die Freigängigkeit der Nachstellautomatik kontrollieren.

⑤ Bei getretenem Kupplungspedal können Sie auch gleich den Funktionsweg der Ausrückgabel kontrollieren. Er soll bei intakter Kupplung 17 bis 18 mm betragen.

Die Kupplungsmörder

Praxistip

Die Kupplung Ihres Twingo ist ein sehr robustes Bauteil. Im Lauf eines Fahrzeuglebens wird sie viele tausend Mal getreten. Sie können einiges dazu beitragen, damit die Kupplung eine hohe Kilometer-Laufleistung erreicht. Beachten Sie folgende Ratschläge:

- Anfahren mit hoher Motordrehzahl (Kavalierstart) oder im 2. Gang bewirkt einen starken Verschleiß der Kupplungsbeläge.
- Wenn Sie während der Fahrt den Fuß nicht neben dem Kupplungspedal abstellen, sondern ihn darauf ausruhen lassen, schleift die Kupplung ständig leicht. Das halten die besten Beläge nicht lange aus.
- Ebensowenig die Unsitte, das Fahrzeug an einer Steigung mit Kupplungs- und Gaspedal in der Waage zu halten.
- Wenn Sie stets mit eingelegtem 1. Gang und durchgetretenem Kupplungspedal an der roten Ampel warten, ist dies ebenfalls ein Verschleißfaktor. In diesem Fall wird das Ausrücklager stark beansprucht.
- Kuppeln Sie lieber aus, solange die Ampel rot zeigt, und legen Sie den 1. Gang erst ein, wenn die Ampel auf Gelb schaltet.

Fahren mit gerissenem Kupplungszug

Wenn unterwegs der Kupplungszug reißt, bedeutet dies nicht das Ende der Fahrt. Ein nahes Ziel oder die nächste Werkstatt erreichen Sie auch ohne Betätigung der Kupplung. Bei feinfühligem Umgang mit Gaspedal und Schalthebel können Sie sogar hoch- und herunterschalten.

Arbeitsschritte

Anfahren

1. Gang einlegen und Anlasser betätigen. Der Twingo ruckelt los und setzt sich mit anspringendem Motor in Bewegung. Wer während der Fahrt nicht schalten will, fährt auf diese Weise in der Ebene im 2. Gang an.

Hochschalten

1. Gang nur knapp über Leerlaufdrehzahl hinausdrehen (ca. 1000/min). Gas etwas zurücknehmen, Schalthebel in Leerlauf-Stellung ziehen. Wenn der Gang klemmt, ein wenig Gas geben. Gaspedal loslassen und Schalthebel in Richtung des 2. Gangs drücken. Bei richtiger Drehzahl von Motor und Getriebe rutscht der Gang fast von selbst hinein.

- Wenn Sie zu lange gewartet haben, müssen Sie ein wenig Gas geben, damit sich die Fahrstufe ohne knirschende Zahnräder einlegen läßt.
- Hat es nicht geklappt, halten Sie nochmals an und versuchen das Ganze von neuem.
- In die weiteren Gänge schalten Sie auf die gleiche Weise hoch. Am leichtesten geht dies in niedrigen Geschwindigkeiten: In den 3. Gang bei 30 km/h, in den 4. bei 40 km/h und in den 5. bei 50 km/h.

Herunterschalten

Geht am besten bei niedrigen Drehzahlen und Geschwindigkeiten.

- Zuerst mit dem Fuß vom Gas gehen und Gang herausnehmen.
- Dann behutsam Gas geben um die Motordrehzahl anzuheben. Gleichzeitig den Schalthebel in Richtung des niedrigeren Gangs drücken. Bei richtiger Motordrehzahl rutscht der Gang fast ohne Nachdruck hinein.

Kupplungszug ersetzen

Arbeitsschritte

① Kupplungszug an der Ausrückgabel aushängen. Dazu das Seil zwischen Hebel und Widerlager kurz mit dem Daumen durchdrücken und wieder loslassen.

② Wenn Sie mit Kombizange arbeiten: Setzen Sie sie circa 15 mm vom Seilende an, um die Kunststoffumhüllung nicht zu beschädigen.

③ Kupplungsseil am Pedal aushängen. Dazu das Pedal treten, damit der Seilzug aus der Hülle gezogen wird.

④ Seilzug am Zahnsegment aushängen und Zughülle an

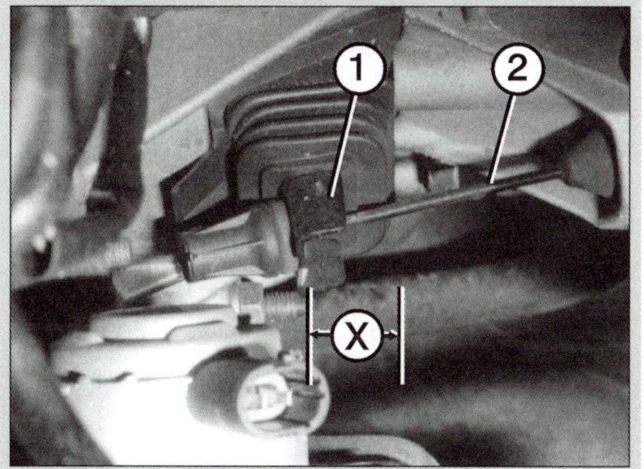

Beim Tritt aufs Kupplungspedal muß die Ausrückgabel ❶ vom Kupplungsseilzug ❷ bei **»X«** 17–18 mm ausgelenkt werden, sonst wird die Mitnehmerscheibe zwischen Schwungscheibe und Kupplungs-Druckplatte nicht freigegeben. Stimmt dieses Maß nicht, die Nachstellautomatik überprüfen oder die Ausrückgabel und die weiteren Übertragungsteile auf Verschleiß kontrollieren.

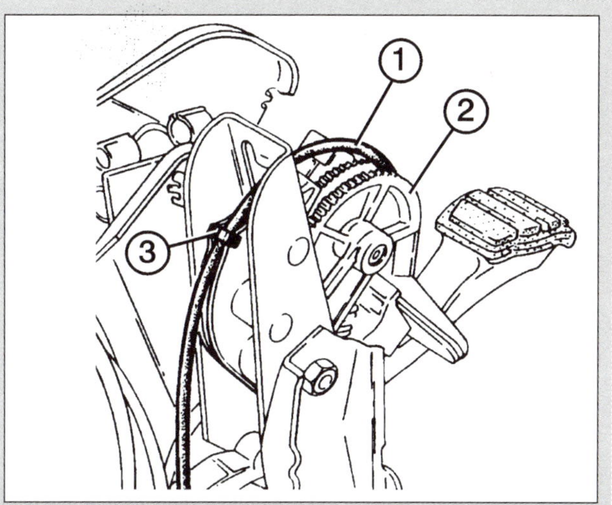

Zum Ausbau des Kupplungsseilzugs ❶ im Wageninnern das Kupplungspedal betätigen und den Seilzug aus der Endstückaufnahme des Zahnsegments ❷ ziehen. Um den Seilzug abnehmen zu können, muß er auch noch aus der Ringhalterung ❸ am Zahnnocken ausgehängt werden. Der komplette Seilzug wird dann vom Motorraum her durch die Stirnwand gezogen.

der Zughalterung (Ring) aushängen.

⑤ Kupplungszug aus den Halterungen am Boden lösen und vom Motorraum aus herausziehen.

⑥ Der Einbau des neuen Zugs geschieht in umgekehrter Reihenfolge. Überprüfen Sie vor dem Einbau die Freigängigkeit der Nachstellautomatik.

⑦ Achten Sie beim Verlegen des Kupplungszugs besonders auf den korrekten Sitz des Zugs in der Stirnwand.

Kupplung

Störungs-beistand

Störung	Ursache	Abhilfe
A Kupplung rutscht	**1** Kupplungseinstellung falsch	Prüfen, ggf. korrigieren
	2 Kupplungsbeläge abgenutzt	Mitnehmerscheibe ersetzen lassen
	3 Anpreßdruck der Kupplung zu gering	Kupplungsdruckplatte ersetzen lassen
	4 Kupplungsbelag verölt	Mitnehmerscheibe und defekte Getriebe- oder Kurbelwellendichtung ersetzen lassen
	5 Kupplung wurde überhitzt	Defekte Teile ersetzen lassen
B Kupplung trennt nicht	**1** Siehe A1	
	2 Kupplungsseil angerissen	Auswechseln
	3 Mitnehmerscheibe klemmt auf Getriebewelle	Kerbverzahnung muß gereinigt und geschmiert werden
	4 Mitnehmerscheibe hat Schlag	Mitnehmerscheibe ersetzen lassen
	5 Mitnehmerscheibe verzogen oder Belag gebrochen	Mitnehmerscheibe ersetzen lassen
	6 Belag nach sehr langer Standzeit an Schwungscheibe festgerostet	Anfahren, wie unter »Fahren mit gerissenem Kupplungszug« beschrieben. Kupplungspedal dauernd durchgetreten halten. Gaspedal ruckartig durchtreten und loslassen, um die Kupplung loszubrechen. Andernfalls wechseln lassen
C Kupplung trennt nicht und rutscht gleichzeitig durch	Kupplungsdruckplatte defekt	Auswechseln lassen
D Kupplung rupft	**1** Siehe A3	
	2 Motor- oder Getriebeaufhängung locker oder defekt	Motor- oder Getriebeaufhängung festziehen oder ersetzen
	3 Unebenheiten auf der Anlagefläche von Schwungscheibe oder Druckplatte	Defektes Teil ersetzen lassen
	4 Falsche Beläge	Mitnehmerscheibe ersetzen lassen
	5 Seilzug hakt bzw. klemmt	Seilhülle um ca. 180° drehen, dann Pedal mehrmals treten. Falls keine Besserung spürbar, Kupplungsseil auswechseln
E Kupplungs geräusche	**1** Unwucht der Kupplungsdruckplatte bzw. der Mitnehmerscheibe	Defektes Teil ersetzen lassen
	2 Torsions-Dämpferfeder defekt	Mitnehmerscheibe ersetzen lassen
	3 Ausrücklager defekt	Ausrücklager ersetzen
	4 Nietverbindungen in der Kupplung locker	Kupplungsdruckplatte ersetzen lassen

Das Schaltgetriebe

Die Twingo-Modelle mit Schaltgetriebe sind serienmäßig mit einem Fünfganggetriebe ausgestattet. Die Vorwärtsgänge beim Twingo sind alle vollsynchronisiert, die Übersetzungsverhältnisse der einzelnen Gänge genau auf die jeweilige Motorleistung abgestimmt. Die Motorleistung wird über die Kupplung auf die Antriebswelle (Eingangswelle) des Schaltgetriebes geleitet. Auf dieser Welle sitzen fünf Zahnräder (plus eines für den Rückwärtsgang). Diese Zahnräder stehen mit den dazu passenden Zahnrädern auf der Abtriebswelle ständig im Eingriff. Die Zahnräder auf beiden Wellen sind auf stiftartigen Rollen (Nadeln) gelagert – es besteht keine starre Verbindung zwischen Welle und Rad.

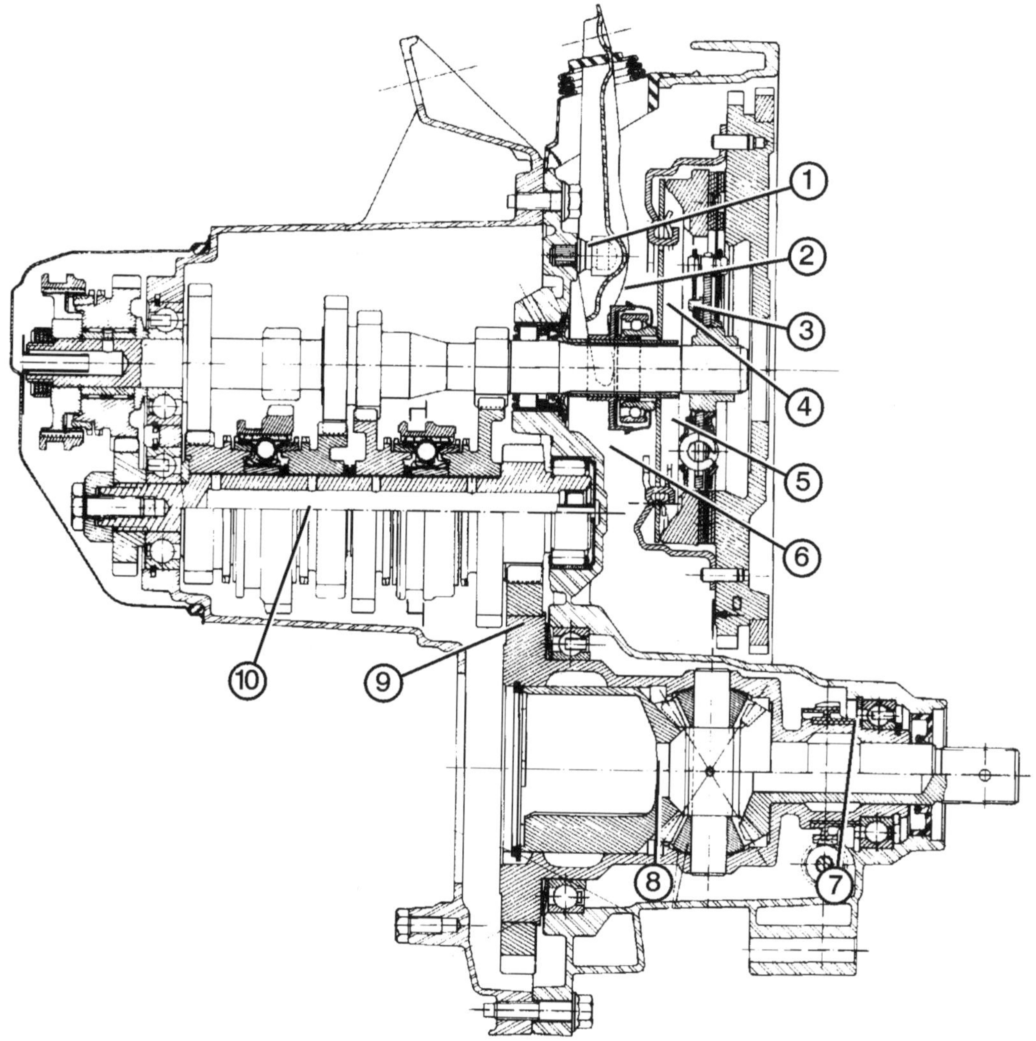

Fünfganggetriebe mit Kupplung:
❶ Ausrückgabel. ❷ Kupplungsdruckplatte. ❸ Motorschwungrad. ❹ Kupplungs-Mitnehmerscheibe. ❺ Eingangswelle. ❻ Kupplungs-Drucklager. ❼ Antriebswelle. ❽ Kegelrad des Ausgleichsgetriebes. ❾ Tellerrad. ❿ Getriebe-Hauptwelle.

Zahnräder und Wellen

Die Zahnräder laufen frei um, bis eines von ihnen durchs Schalten in einen Gang mit seinem Gegenpart auf der anderen Welle gekuppelt wird. Dazu wird zunächst auf jeder Welle über einen Synchronring eine starre Verbindung zwischen Zahnrad und Welle hergestellt – das Zahnrad sitzt jetzt fest auf der Welle und kann eine kraftübertragende Verbindung mit dem Gegenrad eingehen. Damit die Zahnräder ineinandergreifen können, müssen zuerst die Drehzahlen der Wellen übereinstimmen. Zu diesem Zweck schleift ein Teil einer Welle über Reibelemente gegen ein Teil der anderen Welle. Durch die Reibung wird die schnellere Welle abgebremst, bis beide Wellen gleich (synchron) drehen.

Vorwärtsgänge und Rückwärtsgang

Die ersten drei Gänge übersetzen die Drehzahl ins Langsamere. Der vierte Gang ist der sogenannte direkte Gang, der die Motordrehzahl etwa im Verhältnis 1:1 überträgt. Im fünften Gang ist die Drehzahl der Abtriebswelle größer als die Motordrehzahl. Damit Ihr Auto auch rückwärts fahren kann, sitzt auf jeder Antriebswelle ein zusätzliches Zahnrad, das den Drehsinn der Antriebsräder umkehrt. Mit dem Schalthebel wählen Sie den gewünschten Gang – eine Schaltstange überträgt die Bewegung des Schalthebels auf ein Schaltsegment am Getriebe.

Reparaturen am Getriebe nur in der Werkstatt

Die Zahnradsätze im Twingo haben eine sehr hohe Lebenserwartung. Wenn das Getriebe trotzdem einmal defekt ist, müssen Sie die Reparatur unbedingt der Werkstatt überlassen. Das Zerlegen der Wellen und Zahnräder erfordert Spezialwerkzeuge und viel Know-how. Selbst Fachwerkstätten schicken reparaturbedürftige Getriebe in der Regel zu einem Spezialbetrieb.

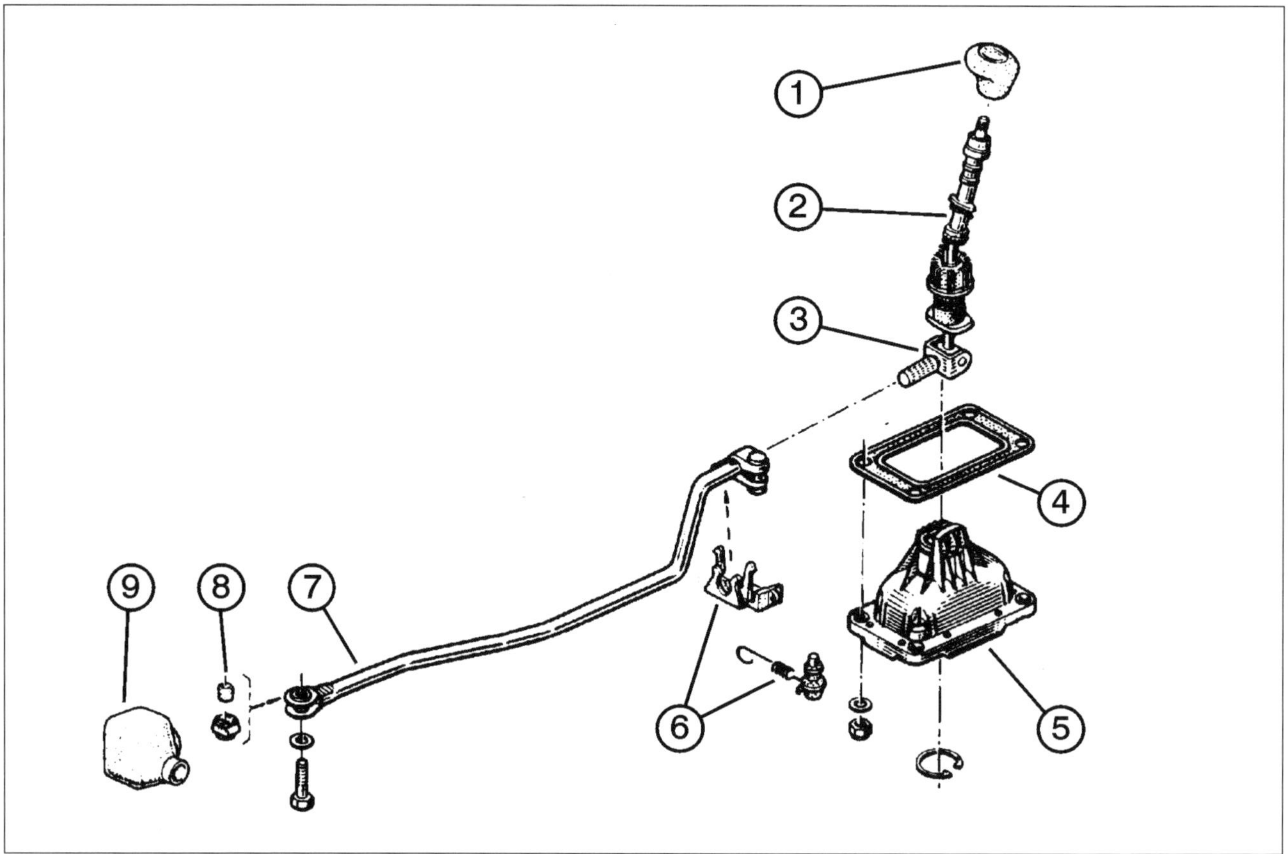

Die Teile der Schaltbetätigung.
❶ Schalthebelknauf. ❷ Schalthebel mit Rückwärtsgangsperre. ❸ Schalthebelgelenk. ❹ Zwischenplatte. ❺ Schalthebelgehäuse. ❻ Schaltstangenrückholfeder mit Schaltstangenführung bei 3./4.-Gangschaltebene. ❼ Schaltstange. ❽ Führungsbuchse mit Muffe. ❾ Spritzschutz.

Schaltung einstellen

Wenn die Schaltung Probleme bereitet, kann sie mit Hilfe eines Helfers ohne großen Aufwand eingestellt werden. Kontrollieren Sie vor Arbeitsbeginn, ob die Teile der Schaltbetätigung nicht verbogen und die Lagerbuchsen nicht verschlissen sind. Die Werkstatt benutzt zur Einstellung eine spezielle Einstellehre (B.Vi.1133), die an der Getriebe-Schaltwelle angesetzt wird.

Arbeitsschritte

① Den 1. Gang einlegen.

② Wagen aufbocken.

③ Spritzschutz abbauen.

④ Für mehr Arbeitsspielraum ggf. Auspuffanlage aushängen und vorsichtig etwas absenken.

⑤ Die Rückholfeder an der Schaltstange aushängen.

⑥ Schraube der Schaltstangen-Klemmschelle lösen.

⑦ In 1.-Gang-Stellung den Hebel der Getriebeschaltwelle gleichzeitig nach unten und nach hinten drücken und in dieser Stellung halten. Hier setzt die Werkstatt die Einstelllehre ein.

⑧ Schalthebel seitlich gegen das Schaltgehäuse drücken, bis zwischen Hebel und Gehäuse ein Abstand von 2 bis 5 mm besteht.

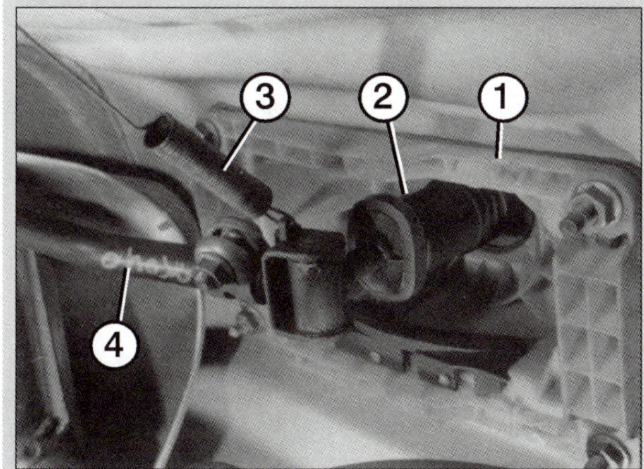

Das Schaltgestänge unter dem Fahrzeugboden.
❶ Schalthebelgehäuse. ❷ Schalthebel mit Anschlag. ❸ Rückzugfeder. ❹ Schalthebelstange zum Getriebe.

⑨ In dieser Position Klemmschraube der Schaltstange mit 30 Nm wieder festziehen. Dabei darauf achten, daß sich die Schaltstange nicht verdreht. Die Klemmflächen der Schaltwelle und des Klemmstücks der Schaltstange müssen fettfrei sein.

⑩ Zur Kontrolle nochmals das Spiel am Schalthebel messen – es muß zwischen 2 und 5 mm betragen.

Getriebeölstand kontrollieren

Das Schaltgetriebe des Renault Twingo ist mit einer Dauerfüllung versehen. Denn im Getriebe wird – anders als im Motor – das Schmiermittel nicht verbraucht. Getriebeöl kann jedoch durch undichte Stellen ins Freie gelangen. Zeigt das Getriebegehäuse von außen keine öldurchtränkte Schmutzkruste, ist dieser Wartungspunkt schon erledigt. Andernfalls muß der Ölstand geprüft werden.

Spezifikation des Herstellers

Wenn Sie Öl nachfüllen, muß das Schmiermittel den Anforderungen des Herstellers entsprechen. Renault schreibt das Getriebeöl »TRANSELF B 80 W« vor, was der Zähflüssigkeitsklasse SAE 80 entspricht. Ein kompletter Ölwechsel ist nur nach Getriebereparaturen fällig. In diesem Fall brauchen Sie 3,4 Liter neues Getriebeöl.

Arbeitsschritte (W) 60000 24 Monate

① Den Twingo waagrecht und rüttelsicher aufbocken.

② Motorraum-Spritzschutz ausbauen.

③ Öleinfüllschraube aus dem Getriebegehäuse herausdrehen. Läuft bereits etwas Getriebeöl heraus, stimmt der Ölstand.

- Wollen Sie bei der Kontrolle ganz sicher gehen, biegen Sie ein Stück Draht rechtwinklig ab und prüfen Sie damit den Ölstand von der Unterkante der Einfüllöffnung aus. Er muß bis zum unteren Rand der Einfüllöffnung reichen.

④ Stimmt der Ölstand, Einfüllschraube einschrauben und festziehen.

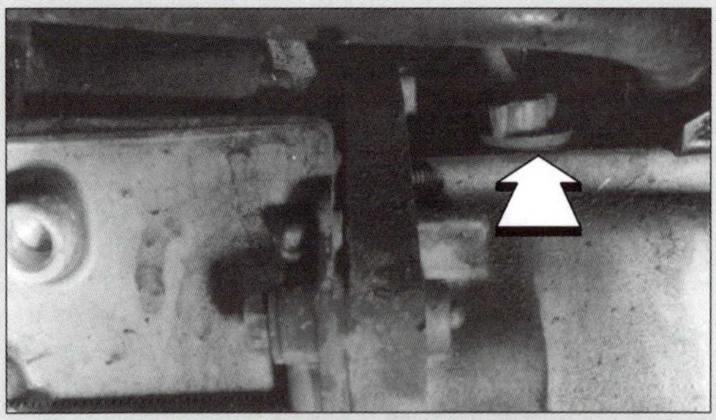

Die Einfüllschraube (Pfeil) am Schaltgetriebe ist gut zugänglich. Kaum einsehbar ist jedoch die Einfüllöffnung bei der Kontrolle des Getriebeölstands. Deshalb ist die Kontrolle mit einem rechtwinklig gebogenen Draht die sicherste Methode.

Getriebeöl wechseln

① Wenn Sie das Getriebeöl wechseln, gehen Sie zunächst wie bei der Kontrolle vor; stellen Sie dann eine Auffangwanne unter das Fahrzeug.

② Ölablaßschraube unten am Getriebe herausschrauben, Öl auslaufen und ganz abtropfen lassen.

③ Ölablaßschraube einschrauben und festziehen.

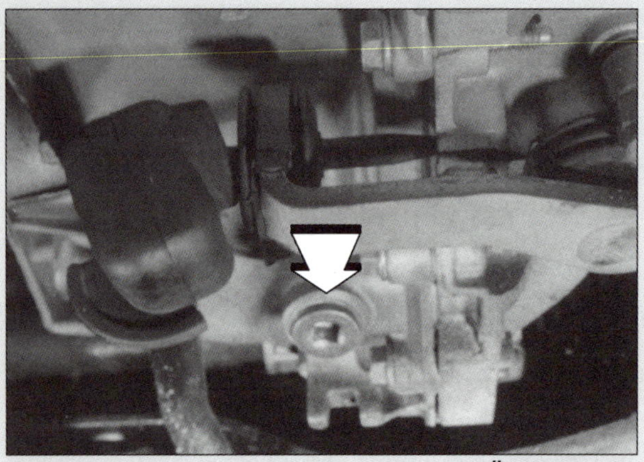

Mit einem 8-mm-Vierkantschlüssel kann die Ölablaßschraube am Schaltgetriebe geöffnet werden. Zum schnelleren Ablaufen des Getriebeöls sollten Sie auch die Einfüllschraube öffnen.

Getriebeöl einfüllen

① Bei größerem Ölmangel (mehr als 5 mm von Unterkante Einfüllöffnung) oder für einem Ölwechsel das vorgeschriebene Getriebeöl mit Hilfe von Trichter und Schlauch oder einer Ölspritzkanne einfüllen, bis es aus der Einfüllbohrung läuft. Das Einfüllen des sehr zähflüssigen Getriebeöls durch die seitliche Getriebeöffnung ist allerdings eine Geduldsprobe. Am besten lassen Sie diese Arbeit von Tankstelle oder Werkstatt erledigen.

② Einfüllschraube einschrauben und festziehen.

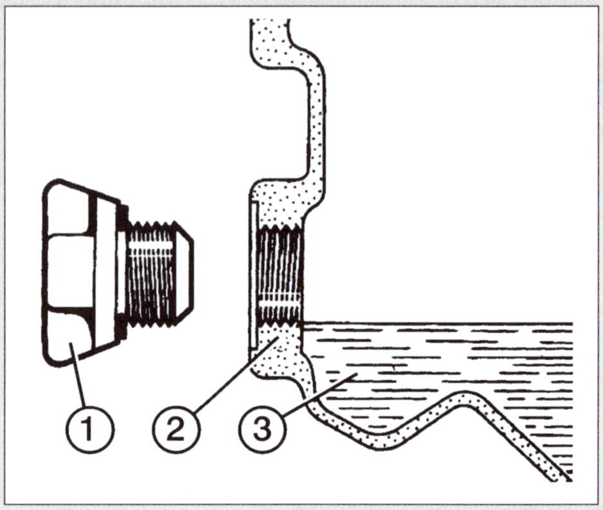

So muß nach Herausdrehen des Einfüllstopfens ❶ das Getriebeöl ❸ am Einfüllgewinde des Schaltgetriebes ❷ stehen.

Getriebegeräusche

Praxistip

- Geräusche aus dem Getriebe bedeuten fast immer einen Verschleiß von Zahnrädern oder Wellenlagern.
- Solche Geräusche treten in der Regel nur bei Fahrzeugen auf, die schon eine hohe Laufleistung auf dem Buckel haben.
- Kontrollieren Sie in diesem Fall zunächst einmal den Ölstand im Getriebe.
- Ein heulendes Geräusch nur in einem Gang bedeutet, daß die Verzahnung des betreffenden Gangradpaares vermutlich verschlissen ist.
- Bei Geräuschen in allen Gängen liegt die Ursache am Achsantrieb oder an den Wellenlagern des Getriebes.
- Rauhe, mahlende Geräusche, die erst bei warmem Getriebe hörbar werden, deuten auf schlagende Synchronringe hin.
- Wenn Sie sich nicht sicher sind, befragen Sie einen »alten Hasen« in Ihrer Werkstatt, er kann Ihnen zuverlässig Auskunft über die Störgeräusche geben.

Die Servokupplung

Der Twingo »Easy« ist mit einer elektrohydraulischen Servokupplung ausgestattet, die ohne Kupplungspedal auskommt. Geschaltet wird freilich wie bei einem normalen Schaltgetriebe. Das System der Servokupplung besteht aus einer Elektropumpe, einem speziellen Steuergerät und mehreren Sensoren. Der Geber für die Fahrgeschwindigkeit zum Beispiel informiert das Steuergerät über die aktuelle Geschwindigkeit Ihres Twingo. Die Informationen über die Motordrehzahl erhält das Steuergerät der Servokupplung vom Steuergerät, das die Benzineinspritzung kontrolliert.

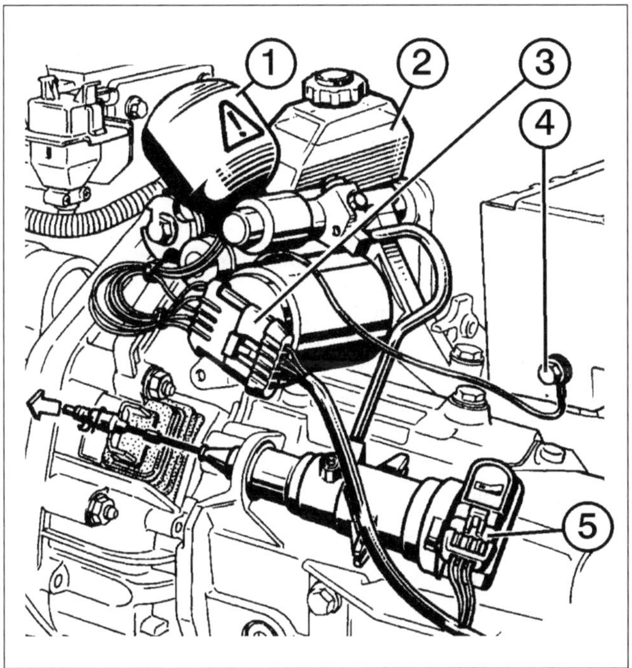

Das Servo-Kupplungssystem mit Vorratsbehälter.
❶ Druckspeicher. ❷ Vorratsbehälter. ❸ Steckverbindung vom Steuergerät zur Hydraulikpumpe. ❹ Masseverbindung. ❺ Steckverbindung zum Kupplungs-Arbeitszylinder.

muß zum Anlassen des Motors der Schalthebel in Leerlaufposition stehen. Bei eingelegtem Gang können Sie den Twingo nicht starten. Sie müssen zuerst den Schalthebel betätigen – die Servokupplung kuppelt aus, der Leerlauf kann eingelegt und der Motor angelassen werden. Im Schaltknauf befindet sich ein Drucksensor mit zwei Kontakten: Ein Zugkontakt, wenn am Schalthebel gezogen wird; ein Druckkontakt, wenn am Schalthebel gedrückt wird. Dadurch erkennt das Steuergerät, daß der Fahrer den Gang wechseln möchte.

Bei Leerlaufdrehzahl und eingelegtem Leerlauf befindet sich die Kupplung in Position »ausgekuppelt«. Haben Sie dagegen einen Gang eingelegt, befindet sich die Kupplung in Position »Schleifpunkt«.

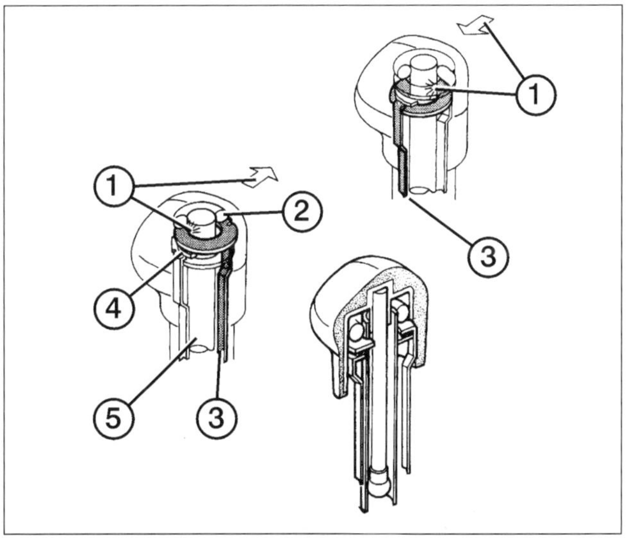

Der Schaltknauf mit den beiden Sensorfunktionen.
❶ Sensorkontaktpunkt bei Druck- und Zugrichtung. ❷ Lastring. ❸ Kontaktsignal zum Steuergerät. ❹ Isolierung. ❺ Masse.

So funktioniert die Servokupplung

Ist der Motor Ihres Twingo abgestellt, befindet sich die Kupplung in der Position »eingekuppelt«. Schalten Sie die Zündung ein, prüft das Steuergerät der Servokupplung zunächst den integrierten Fehlerspeicher. Liegen keine Störungen vor, schaltet es die Hydraulikpumpe ein und setzt das System unter Druck. Da die Servokupplung mit einer Anlaßsperre verbunden ist,

Anfahren

Zum Anfahren legen Sie den ersten Gang ein und betätigen das Gaspedal. Die Motordrehzahl muß mindestens 400/min über der im Steuergerät gespeicherten Drehzahl für den Leerlauf liegen. Damit die Kupplung beim Anfahren nicht zu sehr schleift, vergleicht das Steuergerät Motordrehzahl und Fahrgeschwindigkeit in Abhängigkeit des eingelegten Ganges. Lassen

Sie den Twingo mit laufendem Motor und eingelegtem Gang aus dem Stillstand ein Gefälle hinunterrollen und beschleunigen dann, wird bei einer bestimmten Geschwindigkeit automatisch eingekuppelt.

Hoch-/Herunterschalten

Wenn Sie den Fuß vom Gaspedal nehmen, kuppelt die Servokupplung aus. Der Wechsel in den höheren oder niedrigeren Gang funktioniert dann wie bei einem normalen Schaltgetriebe. Das Steuergerät erkennt das Ende des Schaltvorganges, sobald sich der Ganggeber auf dem ihm zugeordneten Nocken am Schaltgestänge befindet. Dann wird eingekuppelt. Das gelegentliche Ruckeln beim Herunterschalten vermeiden Sie, indem Sie beim Passieren der Leerlaufstellung Gas geben.

Zündung abschalten

Nach dem Abschalten der Zündung bleibt für das Steuergerät noch Arbeit (Stromversorgung durch Batterie). Es speichert die aktuellen oder bereits festgestellten Fehler im Fehlerspeicher und hält die Kupplung ausgekuppelt, bis sich der Motor im Stillstand befindet. Dann wird wieder eingekuppelt.

Der Warnton der Servokupplung

Störung. Registriert das Steuergerät beim Einschalten der Zündung eine Störung, löst es einen Warnsummer aus. Schalten Sie dann die Zündung wieder aus und kurze Zeit später wieder ein. Bleibt der Warnsummer stumm, können Sie weiterfahren. Tönt er dagegen weiter, sollten Sie unbedingt eine Renault-Werkstatt aufsuchen, die den Fehler mit einem speziellem Diagnosegerät ausfindig macht.

Anfahren. Fahren Sie im zweiten oder dritten Gang an, kann es vorkommen, daß die Kupplung zu stark schleift. Dann löst das Steuergerät einen Warnton aus. Legen Sie in diesem Fall in den ersten Gang ein. Der Warnton tritt ebenfalls in Aktion, wenn Sie den Twingo am Berg mit Kupplung und Gas »in der Waage« halten wollen.

Herunterschalten. Legen Sie unbeabsichtigt einen Gang ein, bei dem der Motor überdreht wird und mechanische Schäden davontragen könnte, schleift die Kupplung und begrenzt dadurch die Drehzahl auf circa 6000/min. Das dauert so lange, bis Fahrgeschwindigkeit und Motordrehzahl im Verhältnis zum eingelegten Gang übereinstimmen. Dabei ertönt der Warnsummer.

Kontaktschalter in der Fahrertür. Die Vorrichtung aktiviert den Summer, wenn Sie das Fahrzeug bei laufendem Motor und eingelegtem Gang verlassen wollen.

Die wichtigsten Teile der Servokupplung

Technik-lexikon

Hydraulikpumpe mit Druckspeicher. Erzeugt den hydraulischen Druck, der für die Versorgung des Kupplungs-Nehmerzylinders und für das Füllen des Druckspeichers erforderlich ist. Wird elektrisch betrieben. Eingeschaltet wird die Pumpe vom Steuergerät über einen Druckschalter, der bei 41 bar öffnet und bei 31 bar schließt. Ein Elektroventil steuert die Fördermenge zum Nehmerzylinder der Kupplung und bestimmt so die Position der Kupplung. Steht der Pumpenmotor, erlaubt der gefüllte Druckspeicher noch vier bis fünf Kuppelvorgänge.

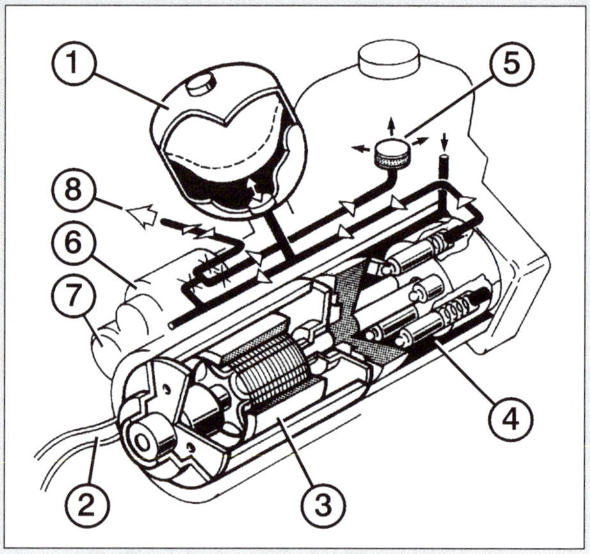

Die Hydraulikpumpe mit Druckspeicher.
❶ Druckspeicher. ❷ Stromversorgung. ❸ Elektromotor. ❹ Hydraulikpumpe. ❺ Vorratsbehälter mit Filter. ❻ Elektroventil. ❼ Druckschalter. ❽ Hydraulikleitung zum Kupplungsnehmerzylinder.

Nehmerzylinder der Kupplung. Vom Druck der Hydraulikpumpe in Betrieb genommen, betätigt der Nehmerzylinder über einen kleinen Seilzug die Ausrückgabel der Kupplung. Dabei informiert ein mechanisch mit dem Kolben des Nehmerzylinders verbundener Geber das Steuergerät über die jeweilige Stellung der Kupplung.

Ganggeber am Schaltgestänge (Potentiometer). Ist am Getriebegehäuse angebracht und tastet mit einem Stößel einen am Schaltgestänge befindlichen Schaltnocken ab. Das liefert dem Steuergerät die Information über Anfang und Ende eines Gangwechsels sowie über den gerade eingelegten Gang. Dazu hat das Steuergerät für jeden Gang einen bestimmten Speicherbereich. Entspricht die

Technik-lexikon: Die wichtigsten Teile der Servokupplung

erhaltene Information nicht dem Speicherwert, schaltet das Steuergerät auf eine eingeschränkte Funktion um – am Armaturenbrett ertönt dann ein Warnsummer.

Geber am Gaspedal. Ein Drehpotentiometer, durch das Gaspedal betätigt, informiert das Steuergerät über die Motorbelastung. Damit das Gaspedal stets korrekt steht, ist es mit einer Rückzugfeder versehen.

Vorsicht: Diese Feder dürfen Sie auf keinen Fall entfernen. Sonst kann sich der Twingo ohne Ihr Zutun von alleine in Bewegung setzen

- wenn im Motorraum der Hebel der Drosselklappe betätigt wird;
- wenn ein Gang eingelegt ist;
- wenn der Motor läuft.

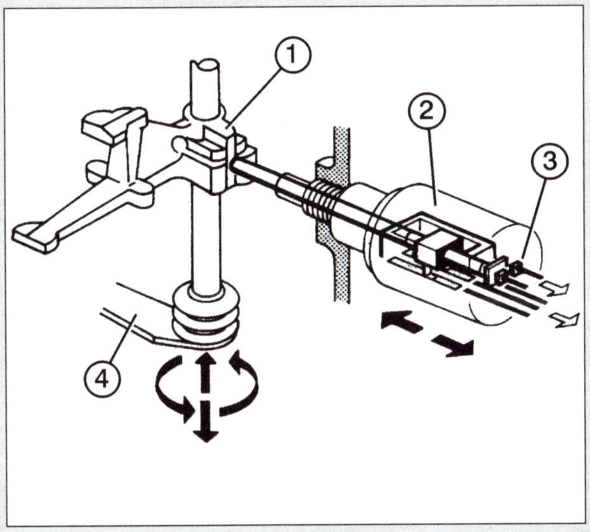

Der Geber am Schaltgestänge.
❶ Schaltfinger mit Gangnocken. ❷ Geber mit Potentiometer. ❸ Schalter für Rückfahrscheinwerfer. ❹ Schaltgestänge.

Technik-lexikon: Die wichtigsten Teile der Servokupplung

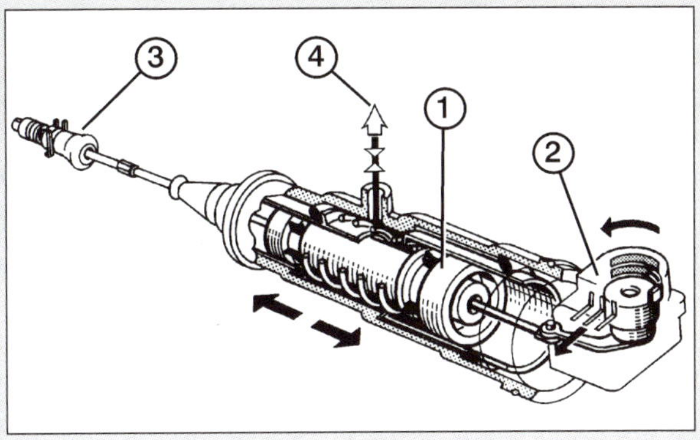

Der Nehmerzylinder der Kupplung.
❶ Kolben des Arbeitszylinders. ❷ Geber für die Kupplungsposition. ❸ Verbindung zur Kupplungsausrückgabel. ❹ Hydraulikleitung von der Hydraulikpumpe.

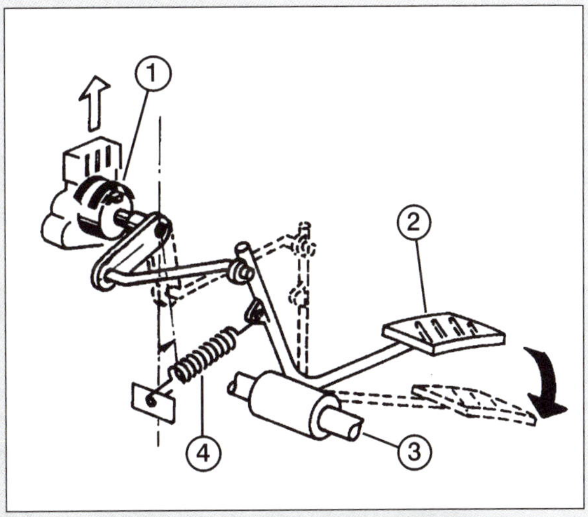

Das Gaspedal beim Twingo mit Servokupplung.
❶ Drehpotentiometer für die Lastzustände des Motors. ❷ Gaspedal. ❸ Pedalachse. ❹ Rückholfeder.

Das Automatikgetriebe

Der Twingo »Matic« ist mit einem Dreistufen-Automatikgetriebe ausgestattet, das von dem Steuergerät elektronisch geregelt wird, das auch für das Einspritz- und Zündsystem zuständig ist. Allerdings ist es dazu mit einem erweiterten Programm ausgestattet. Kernstück der Getriebeautomatik sind die sogenannten Planetenradsätze. Sie bestehen aus einem Zahnrad, um das drei weitere Zahnräder umlaufen. Über diese Anordnung ist ein Ringrad (Sonnenrad) mit Innenverzahnung gestülpt. Das Geniale an diesen Getrieben ist die Art, diese Radsätze zu schalten.

Automatischer Schaltvorgang

Die Übersetzungsänderung erfolgt lediglich durch Festhalten oder Loslassen von Teilen des Planetenradsatzes. Geschaltet wird also ohne Unterbrechung des Kraftflusses vom Motor zu den Rädern. Das Halten und Lösen besorgen hydraulisch gesteuerte Lamellenkupplungen und -bremsen. Um ein mehrstufiges Getriebe zu erhalten, sind drei Planetenradsätze hintereinander geschaltet. So entsteht eine Dreigang-Getriebeautomatik mit Rückwärtsgang.

Der Drehmomentwandler

Bei der Getriebeautomatik befindet sich zwischen dem Dreigang-Planetengetriebe und dem Motor ein hydraulischer Drehmomentwandler, der mittels einer Wandlerflüssigkeit das eingeleitete Motor-Drehmoment ans Getriebe weitergibt. Dazu treibt der Motor im Drehmomentwandler ein Pumpenrad an – die ATF-Flüssigkeit wird über ein sogenanntes Leitrad gegen das mit dem Getriebe verbundene Turbinenrad gedrückt, das sich dann in Bewegung setzt. Zwischen dem Pumpenrad und dem Turbinenrad besteht immer eine gewisse Drehzahldifferenz. Sie ist beim Anfahren am größten und nimmt mit zunehmender Geschwindigkeit immer mehr ab. Es herrscht also immer ein gewisser Schlupf.

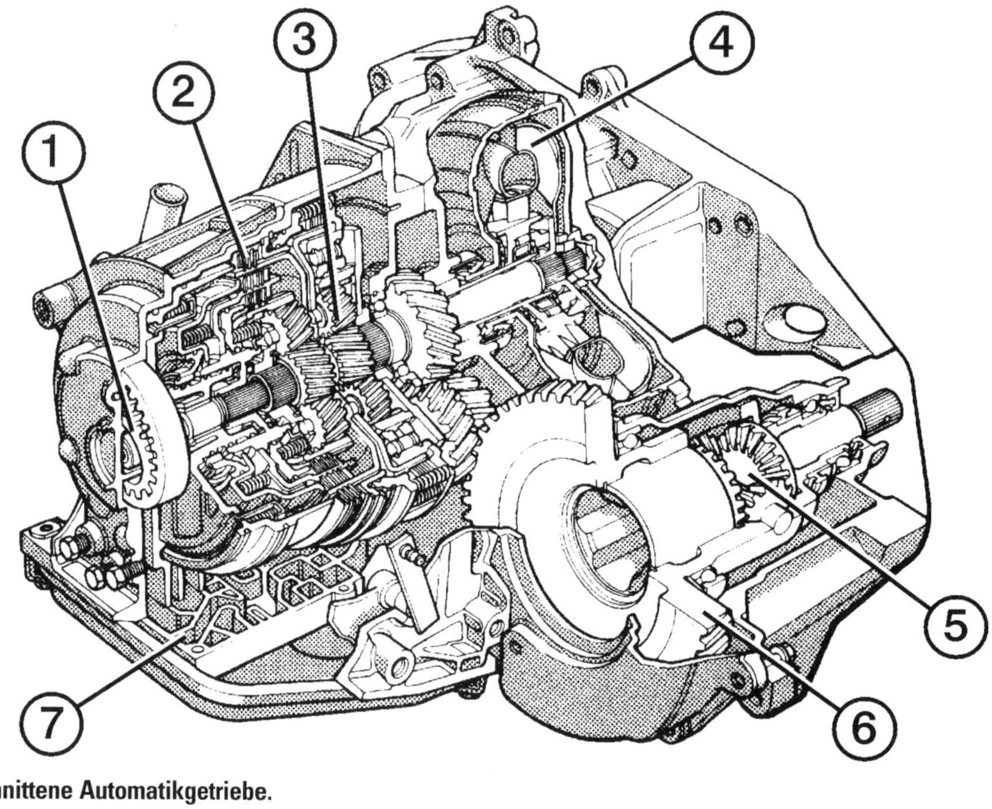

Das aufgeschnittene Automatikgetriebe.
❶ Ölpumpe. ❷ Lamellenkupplung. ❸ Planetenradsatz. ❹ Drehmomentwandler. ❺ Kegelräder des Ausgleichgetriebes. ❻ Tellerrad. ❼ Schaltschiebergehäuse.

Technik-lexikon **Stellungen des Wählhebels**

P (Parken). In dieser Position wird das Antriebsrad im Ausgleichsgetriebe des Getriebes blockiert. Dazu greift eine Klaue in ein mit Nocken versehenes Rad am Antriebsrad des Ausgleichsgetriebes. Die Räder lassen sich in dieser Stellung nicht drehen und bleiben blockiert. Wenn Sie Ihren Twingo parken, sollten Sie den Wählhebel auf »P« stellen – allerdings nur bei stehendem Fahrzeug.
R (Rückwärtsgang). Um diesen Gang einzulegen, muß der Wagen stehen und der Motor im Leerlauf drehen. Wird während der Vorwärtsfahrt irrtümlich der Rückwärtsgang eingelegt, verhindert oberhalb einer bestimmten Geschwindigkeit ein Sicherheits-Steuerventil das Einrücken der Rückwärtsgang-Kupplung.
N (Neutral). In dieser Position besteht zwischen Motor und Antriebsrädern keine Verbindung. Im Gegensatz zur »P«-Stellung sind die Antriebsräder nicht blockiert, da alle Kupplungen gelöst sind und kein Radsatz festgehalten wird.
D (Drive). In dieser Stellung wird auf die Vorwärtskupplung ein hydraulischer Druck ausgeübt. Dadurch wird das Drehmoment des Motors auf die Antriebsräder gebracht. Der Twingo bewegt sich dabei mit »Kriech«-Geschwindigkeit vorwärts. Dies kann durch leichtes Bremsen verhindert werden. Beim Beschleunigen besteht normaler Fahrbetrieb mit allen drei Fahrstufen.
2 (2. Gang). Diese Stellung ist für Gefälle und Steigungen oder Anfahren bei Schnee und Eis vorbehalten. Das Getriebe bleibt beim Beschleunigen im 2. Gang. Nehmen Sie Gas weg, setzt der Motorbremseffekt ein.
1 (1. Gang). Braucht nur bei extremem Gefälle oder Steigung eingelegt werden. Das Getriebe bleibt auch beim Beschleunigen im 1. Gang. Beim Gaswegnehmen setzt der volle Motorbremseffekt ein.
Wählhebelsperre: Zum Einlegen von »R«, »2« (außer von Stellung »1« in »2«) und »P« sowie zum Verlassen von »P« muß erst der seitliche Sperrknopf am Wählhebel gedrückt werden.

- Der Motor kann nur in Wählhebelstellung »P« oder »N« angelassen werden.
- Bei eingelegter »R«-, »D«-, »1«- oder »2«-Position verhindert ein Sicherheitsschalter am Getriebe den Startvorgang.

Automatikgetriebe prüfen

Achten Sie während der Fahrt gelegentlich darauf, ob das Automatikgetriebe noch richtig funktioniert. Die Art, wie die Schaltvorgänge erfolgen, gibt Aufschluß über den Zustand des Automatikgetriebes.

Arbeits-schritte

Hochschalten.

Bei teilweise durchgetretenem Gaspedal ist der Gangwechsel kaum wahrnehmbar; bei Vollgas oder Kickdown werden die Übergänge zwar etwas deutlicher, doch muß der höhere Gang stets geschmeidig fassen. Kurzes Hochdrehen des Motors beim Gangwechsel deutet auf Fehler hin, die genauer untersucht werden müssen.

Herunterschalten.

Das Herunterschalten darf bei niederen Geschwindigkeiten (Fuß vom Gas) kaum spürbar sein. Ein Stoß ist beim Zurückschalten mit Teil- oder Vollgas normal. Das Zurückschalten ohne Gas mit dem Wählhebel dauert eine bis zwei Sekunden. Wird bei zwangsweisem Zurückschalten mit dem Wählhebel zugleich Gas gegeben, erfolgt der Gangwechsel ohne Verzögerung.

Ölstand im Automatikgetriebe kontrollieren

Das Automatikgetriebe des Renault Twingo ist mit einem speziellen Getriebeöl, dem ELF RENAULTMATIC D2 befüllt. Falsches Getriebeöl kann beim Twingo Matic einen Totalschaden des Getriebes verursachen. Auch ein ungenauer Ölstand kann zu Problemen führen. Sie sollten die Ölkontrolle daher sehr sorgfältig durchführen. Bei zu niedrigem Ölstand werden die Kupplungen nicht kraftschlüssig und rutschen durch, weil die Ölpumpe Luft ansaugt. Die dadurch entstehende Schaumbildung verursacht vorzeitigen Verschleiß der Getriebeteile. Außerdem zersetzt sich das Öl, verharzt und bildet Ölschlamm. Bei zu hohem Ölstand wird das Öl durch die sich drehenden Teile zu stark aufgewirbelt und dadurch zu sehr erhitzt. Dies hat die gleiche Wirkung, wie wenn bei zu niedrigem Ölstand Luft angesaugt wird.

ATF-Flüssigkeit wechseln

Bei normalem Fahrbetrieb sieht der Renault-Wartungsplan einen Wechsel der ATF-Flüssigkeit im automatischen Getriebe alle 60.000 km vor. Bei häufigem Hängerbetrieb oder zahlreichen Fahrten im Gebirge ist ein Ölwechsel schon nach 20 000 Kilometern sinnvoll. Das ist jedoch eine Arbeit für die Renault-Werkstatt, die nicht nur die alte Ölfüllung absaugt, sondern auch das Ölsieb erneuert.

Arbeitsschritte | W 20000 12 Monate

① Das Getriebe muß bei der Kontrolle kalt, d.h. die ATF-Flüssigkeit sollte nicht mehr als ca. 20°C warm sein.

② Den Twingo auf ebenem Boden abstellen.

③ Kontrollieren, ob der Ölstand wenigstens MIN-Niveau anzeigt.

④ Wählhebel bei laufendem Motor mindestens drei Mal langsam durch alle Wählstellungen schalten, damit das Hydrauliksystem im Getriebe mit Öl aufgefüllt wird.

⑤ Wählhebel in Position »P« oder »N« stellen und eine Minute warten.

⑥ Bei Leerlaufdrehzahl des Motors Meßstab herausziehen.

- Prüfen Sie die Beschaffenheit des Getriebeöls nach Farbe und Geruch – beides gibt Aufschluß über den Zustand des Getriebes.
- **Sauber und rot.** Die Beschaffenheit des Öls ist in Ordnung.
- **Verbrannt und dunkel gefärbt.** Kupplungen sind verbrannt. Das Getriebe muß ausgewechselt, die Ölkühlerleitungen sowie der Ölkühler durchgespült werden.
- **Feste Rückstände im Öl** (Metallabrieb). Getriebe erneuern bzw. auswechseln lassen.
- **Verharztes und klebriges Öl.** Getriebe war oft überhitzt – ausbauen und überholen lassen.

⑦ Peilstab mit einem sauberen, nicht flusenden Lappen abwischen und wieder bis zum Anschlag hineinstecken.

⑧ Falls erforderlich, das vorgeschriebene Hydrauliköl mit Trichter durch das Ölmeßstabrohr nachfüllen. Nach der Ursache für den Ölverlust forschen.

⑨ Ist das Getriebe überfüllt, muß Öl abgesaugt werden.

Wählhebelseilzug einstellen

Ein falsch eingestellter Seilzug führt oft zu Problemen beim Automatikgetriebe. Es kann zum Beispiel vorkommen, daß die Wählhebelposition nicht exakt mit der entsprechenden Position am Schaltsegment des Getriebes übereinstimmt.

Arbeitsschritte

① Wählhebel in Position »D« drücken. Dabei auf das Einrasten des Druckpunkts achten.

② Unter dem Twingo die Einstellkappe des Seilzugs am Gehäuse der Schaltkulisse entgegen dem Uhrzeigersinn um 90° verdrehen. So ist die Einstellung des Schaltseilzugs entriegelt.

③ Durch Drehen der Einstellhülse die Länge des Wählhebelseilzugs so verändern, daß am Getriebe zwischen Seilzugwiderlager und Kugelgelenkachse des Schaltsegments ein Abstand von 138,6 mm besteht.

④ Einstellkappe im Uhrzeigersinn um 90° verdrehen. Damit ist die Schaltseilzugeinstellung verriegelt.

⑤ Anschließend alle Wählhebelstellungen auf richtige Einstellung kontrollieren.

- Besonders wichtig ist die korrekte Anlaßfunktion in den Positionen »P« und »N«.
- In Wählhebelstellung »P« kontrollieren, ob der Twingo auch tatsächlich gegen Wegrollen blockiert ist.

Automatikgetriebe

Störung	Ursache	Abhilfe
A Verzögerter Einschaltstoß bei manueller Gangvorwahl	**1** ATF-Stand stimmt nicht	Getriebeölstandskontrolle durchführen
	2 Mehrfachstecker sitzen nicht korrekt oder sind oxidiert	Alle Steckverbindungen kontrollieren
	3 ATF verunreinigt	ATF wechseln
	4 Gestörte Kupplungs- oder Bremsband-Funktion bzw. falscher Steuerdruck	Druckprüfung durchführen lassen
	5 Schaltzug beschädigt, klemmt oder falsch eingestellt	Einstellen (lassen)
B Harter Einschaltstoß bei Vorwärts- oder Rückwärtsgang-Vorwahl	**1** Siehe A1–4	Leerlaufdrehzahl einstellen (lassen)
	2 Leerlaufdrehzahl zu hoch	»Falschluft«-Prüfung durchführen
	3 Unterdrucksystem undicht	Kontrollieren und ggf. erneuern (lassen)
	4 Achswellengelenke oder Motorlager ausgeschlagen	
C Schaltzeitpunkte unkorrekt	**1** Siehe A1, 3 und 4	
	2 Steuergerät hat Defekt	Überprüfen und ggf. austauschen lassen
D Fahrzeug fährt in der 2. oder 3. Fahrstufe an	**1** Siehe A1, 4 und 5	
	2 Siehe C 2	
	3 Druckprobleme durch innere Undichtigkeiten	Druckprüfung durchführen und Getriebe überholen lassen
E Getriebe schaltet direkt von der 1. in die 3. Fahrstufe	**1** Siehe A1 und 4	
	2 Bremsband verschlissen	Erneuern lassen
F Kein Zurückschalten bei Kickdown	**1** Siehe A1, 4 und 5	
	2 Siehe C 2	
G Motor dreht beim Zurückschalten zwischen den Fahrstufen hoch	**1** Siehe A1, 4 und 5	
	2 Siehe C 2	
	3 Siehe E 2	
H Keine Motorbremswirkung	**1** Siehe A1–5	
	2 Siehe C 2	
	3 Siehe E 2	
I Parksperre hält nicht in Wählhebelposition »P«	Siehe A 5	
J Motor kann in »N« oder »P« nicht gestartet werden	**1** Siehe A2 und 5	
	2 Magnetschalter defekt	Kontrollieren und ggf. auswechseln lassen
	3 Bremsfunktionsschalter defekt	Kontrollieren und ggf. auswechseln
K Motor kann in allen Wählhebelpositionen gestartet werden	**1** Siehe A5	
	2 Schalter der Startsperre defekt oder Kabel hat Masseschluß	Überprüfen und ggf. austauschen lassen

Der Achsantrieb

Der Achsantrieb ist die letzte Zwischenstation, die das vom Motor produzierte Drehmoment auf dem Weg zu den Antriebsrädern erreicht. Seine Aufgabe besteht darin, die vom Getriebe kommenden Drehzahlen ins Langsamere zu übersetzen, das Drehmoment zu vergrößern und gleichmäßig an die Antriebsräder zu übertragen. Das Getriebe gibt das gewandelte Drehmoment über ein kleines und ein großes Zahnrad (Achsantriebsrad) an den Achsantrieb weiter. An das große Zahnrad ist das Gehäuse des Achsantriebs angeschraubt. Die Antriebswellen stellen die kraftschlüssige Verbindung zwischen Achsantrieb und Radnabe her.

Achsantrieb und Antriebswellen

Achsantrieb. Sitzt mit dem Ausgleichsgetriebe (Differential) und dem Schaltgetriebe (beim Twingo Matic: Automatikgetriebe) in einem Gehäuse. Darin befinden sich auch vier ineinandergreifende Kegelräder, von denen zwei mit den Antriebswellen verbunden sind.

Geradeausfahrt. Beide Vorderräder rollen mit der Drehzahl des Achsantriebsrades. Das Ausgleichsgetriebe dreht im gleichen Tempo, die Kegelräder stehen still.

Kurvenfahrt. Das kurvenäußere Rad muß einen längeren Weg zurücklegen als das innere. Die unterschiedlichen Radumdrehungen müssen also ausgeglichen werden, da sonst der Wagen ruckartig mit durchdrehenden Vorderrädern durch die Kurven fahren würde. Jetzt treten die Kegelräder in Aktion: Die schnellere Drehung des äußeren Kegelrades wirkt über die beiden Übertragungskegelräder auf das Kegelrad auf der Kurveninnenseite ein. Dieses dreht sich dann langsamer.

Kraftübertragung auf Räder (vom Ausgleichsgetriebe). Erfolgt über eine kurze (linke Seite) und eine lange Antriebswelle (rechts), da sich das Getriebegehäuse versetzt zur Mittelachse des Fahrzeugs befindet.

Gleichlaufgelenk. Auf Getriebeseite ein sogenanntes Verschiebegelenk. Auf Radseite mit dem Achsstummel verschweißt. Gleichlaufgelenke ermöglichen eine gleichmäßige Übertragung des Drehmoments, weil sie kaum störende Einflüsse durch Lenkeinschlag oder Einfederungszustand zulassen.

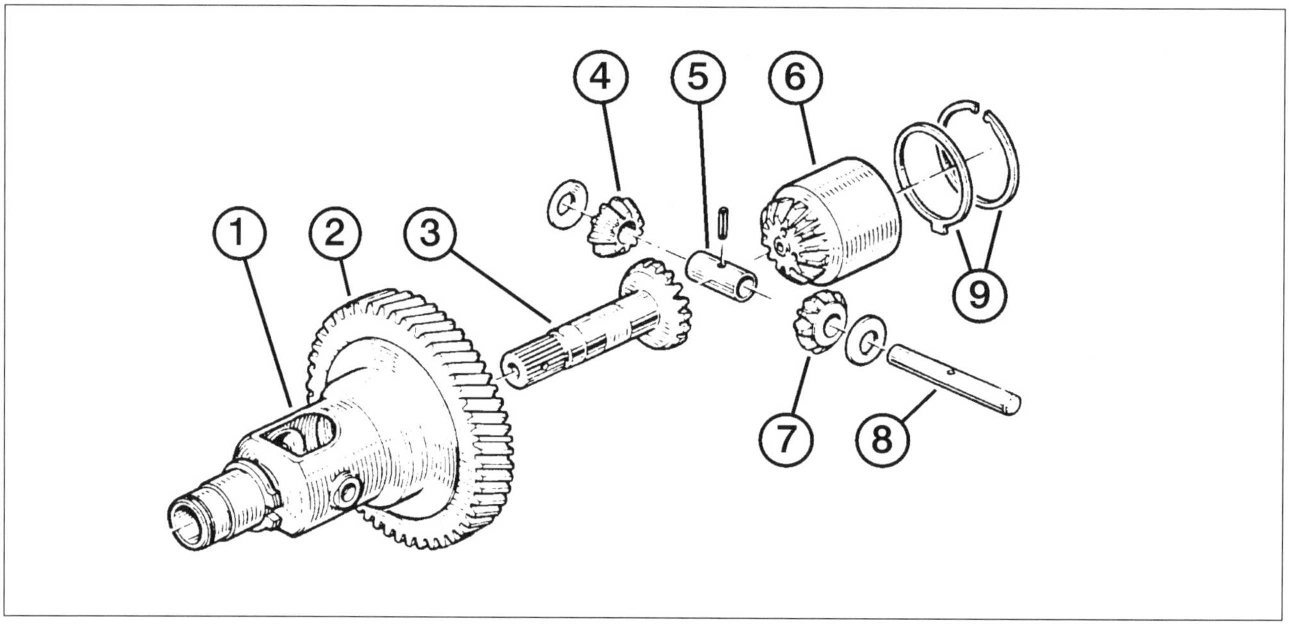

Der Achsantrieb des Getriebes.
❶ Differentialgehäuse. ❷ Tellerrad. ❸ Getriebeausgangswelle. ❹ und ❼ Satelliten-Kegelräder. ❺ Distanzhülse. ❻ Planetenrad. ❽ Satellitenachse. ❾ Distanz- und Sicherungsring.

Stümpfe der Antriebswellen. Laufen auf der Radseite in zwei Kugellagern des Lenk-Schwenklagers. Im Gegensatz zur Kerbverzahnung der Radnabenseite hat die Kerbverzahnung der Getriebeseite einen leichten Drall, was Klackgeräusche beim Anfahren vermeidet.

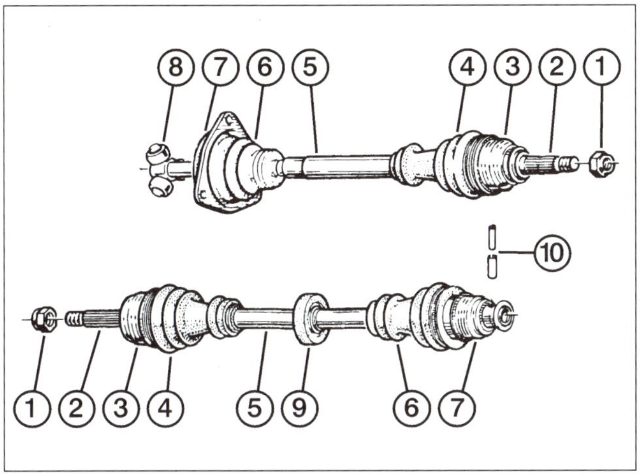

Antriebswellen.
❶ Radnabenmutter. ❷ Achswellenstumpf (radseitig). ❸ Gelenkkapsel. ❹ Gelenkmanschette (radseitig). ❺ Antriebswelle. ❻ Gelenkmanschette (getriebeseitig). ❼ Gelenkkapsel. ❽ Gelenkstern. ❾ Schwingungsdämpfer (nur an rechter Antriebswelle). ❿ Spannstifte.

Manschetten der Antriebswellen prüfen

Arbeitsschritte | 20000 km 12 Monate

① Wagen vorn mit frei hängenden Rädern aufbocken.

② Am Rad drehen und beide Gummimanschetten der Welle auf feine Risse und spröde Stellen kontrollieren. Dringen Schmutz und Feuchtigkeit ein, dauert es nur kurze Zeit, bis das Gelenk hinüber ist.

③ Sitz der Haltebänder prüfen.

④ Fettspuren an der Manschette sind ein Alarmsignal – fehlt Schmiermittel, kann dies das Gelenk zerstören. Die Gelenke sind mit MoS2-Fett (Renault-Vorschrift: MOBIL CVJ 828, MOBIL EXF 57C oder Black Star) gefüllt.

⑤ Beschädigte Manschetten sofort ersetzen. Dazu müssen Sie die Antriebswelle aus dem jeweiligen Antriebsgelenk ausbauen.

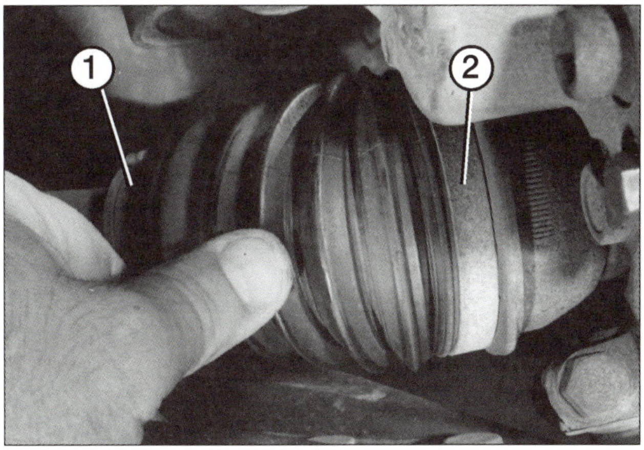

Bei der Kontrolle der Gelenkmanschetten sollten Sie auch den festen Sitz des inneren ❶ und äußeren ❷ Spannbandes überprüfen.

Praxistip

Wenn die Antriebswelle knackt

Die Lebensdauer der Antriebswellen hängt auch von Ihrer Fahrweise ab. Vermeiden Sie Vollgasstarts mit eingeschlagenen Vorderrädern und Anfahren mit durchdrehenden Antriebsrädern. Geräusche, die auf einen Defekt hinweisen, können plötzlich auftreten, dann aber wieder für mehrere Tage aufhören. Rhythmische Schlag- oder Knack-knack-knack-Geräusche beim Gasgeben und im Schiebebetrieb (können sich beim Lenkeinschlag verändern) deuten auf einen Defekt am radseitigen Gelenk hin. Wenn bei eingeschlagenen Rädern das Lenkrad vibriert und zittert, ist vermutlich ebenfalls das äußere Gelenk beschädigt. Ein Knackgeräusch beim Anfahren mit eingeschlagenen Rädern kann einen Defekt an der Antriebswelle bedeuten. Achtung: Ein Schaden am Radlager äußert sich mit dem gleichen Symptom.

Antriebswelle ausbauen

Arbeitsschritte

① Radnabenmutter bei noch am Boden stehenden Fahrzeug lösen. Lassen Sie einen Helfer die Bremse treten.

② Wagen vorn mit frei hängenden Rädern aufbocken, Vorderrad abbauen.

③ Bremszange komplett mit Bremssattel ausbauen und so

im Radhaus aufhängen, daß der Bremsschlauch spannungsfrei und nicht in sich verdreht ist.

④ Beim Ausbau der linken Gelenkwelle das Getriebeöl ablassen.

⑤ Die drei Schrauben am Getriebeflansch herausschrauben.

⑥ Zum Ausbau der rechten Gelenkwelle mit einem Dorn (5 mm) den Spannstift zwischen Antriebsgelenkwelle und Getriebe-Antriebswellenstumpf heraustreiben.

⑦ Kugelgelenk der Spurstange vom Lenk-Schwenklager abdrücken.

⑧ Untere Federbeinhalterung vom Lenk-Schwenklager abbauen.

⑨ Bei bestimmten Antriebswellentypen sind die Achszapfen mit ihrer Verzahnung in die Radnabe geklebt. Deswegen muß der Achszapfen mit einem Abzieher aus der Radnabe gedrückt werden (Werkzeug T.Av.1050).

Beim Abnehmen der Gelenkwelle die Gelenke nicht überdehnen

⑩ Lenk-Schwenklager nach außen ziehen und dabei die Gelenkwelle vorsichtig aus dem Getriebe bzw. der Radnabe nehmen.

⑪ Beim Abnehmen der Welle eine unnötige Belastung der Gelenke durch Überdehnung vermeiden. Der Beugungswinkel der inneren wie der äußeren Gelenke darf nicht überdehnt werden. Außerdem dürfen die Gelenkmanschetten nicht beschädigt werden.

⑫ Bei neuen Wellen sind an den Gelenken Schutzkäfige angebracht, die eine übermäßige Beugung der Gelenke verhindern. Deshalb sollten diese Käfige erst am Schluß der Montagearbeiten abgenommen werden.

⑬ Beim Einbau der linken Gelenkwelle die Auflagefläche der Gelenkmanschette am Getriebe säubern.

⑭ Schutzkäfig vom getriebeseitigen Gelenk abnehmen. Dabei auf keinen Fall z.B. mit einem Schraubendreher zu Werke gehen – die Gefahr, daß die Manschette beschädigt wird, ist zu groß.

⑮ Antriebswelle so gerade wie möglich ins Getriebe einsetzen. Die drei Schrauben der Manschette am Getriebeflansch einsetzen und mit 25 Nm festziehen.

Einbau der rechten Gelenkwelle – vorher gut schmieren

⑯ Beim Einbau der rechten Gelenkwelle die Verzahnung des getriebeseitigen Gelenkes mit Fett (Molykote BR2) schmieren.

⑰ Antriebswellengelenk in die Verzahnung des Getriebe-Antriebswellenstumpfes schieben und mit einem Dorn die Spannstiftbohrungen zur Aufnahme zweier neuer Spannstifte ausrichten.

⑱ Spannstifte eintreiben und Bohrungen mit Curil abdichten.

⑲ Die Verzahnung der radseitigen Wellenstümpfe mit einem flüssigen Sicherungsmittel bestreichen (z.B. SCEL-BLOC von Loctite) und in die Radnabe einschieben.

⑳ Mangels Einziehwerkzeug kann der Achswellenzapfen auch mit der Radnabenmutter eingezogen werden. Anschließend Nabenmutter wieder etwas lösen.

㉑ Bremssattel mit Bremszange einbauen.

㉒ Wenn Sie die linke Gelenkwelle ausgebaut haben, Getriebeöl auffüllen.

㉓ Rad montieren und Fahrzeug abbocken. Dann die Gelenk-Schutzkäfige ohne Werkzeug von Hand auseinanderdrücken und abnehmen.

㉔ Radnabenmutter bei getretener Bremse mit 250 Nm festziehen.

Antriebsgelenkmanschette wechseln (Getriebeseite, Gelenktyp GI 62)

Getriebeseitig sind bei den Twingo-Modellen verschiedene Antriebsgelenke eingebaut – der Gelenktyp GI 62 oder der Gelenktyp RC 490. Mit welcher der beiden Ausführungen Ihr Fahrzeug ausgestattet ist, können Sie erst feststellen, nachdem Sie die Antriebswelle ausgebaut haben. Den Gelenktyp GI 62 erkennen Sie an der Gumminmanschette mit fünf Bälgen, Gelenktyp RC 490 weist dagegen nur zwei Bälge auf. Legen Sie das ausgebaute Antriebsgelenk zur Sicherheit dem Ersatzteilhändler vor – er wird Ihnen das passende Teil heraussuchen. Im nächsten Abschnitt beschreiben wir den Ausbau des Gelenktyps GI 62, im übernächsten den des Gelenktyps RC 490.

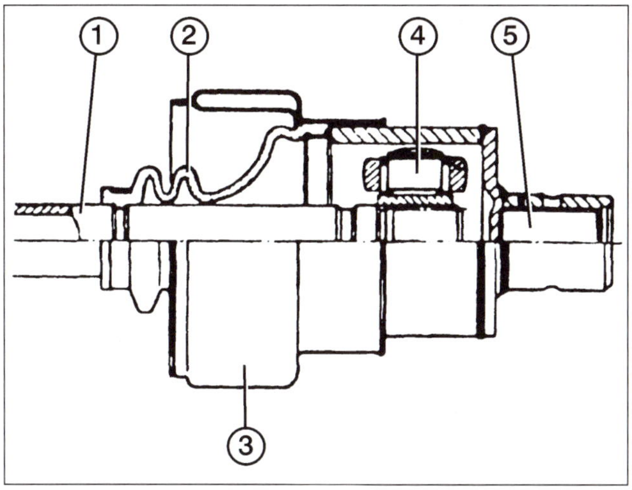

Oben: Antriebswellengelenk RC 490,
unten: Antriebswellengelenk GI 62.
❶ Antriebswelle. ❷ Gelenkmanschette. ❸ Stahlmanschette. ❹ Gelenkstern. ❺ Getriebe-Antriebswellenstumpf.

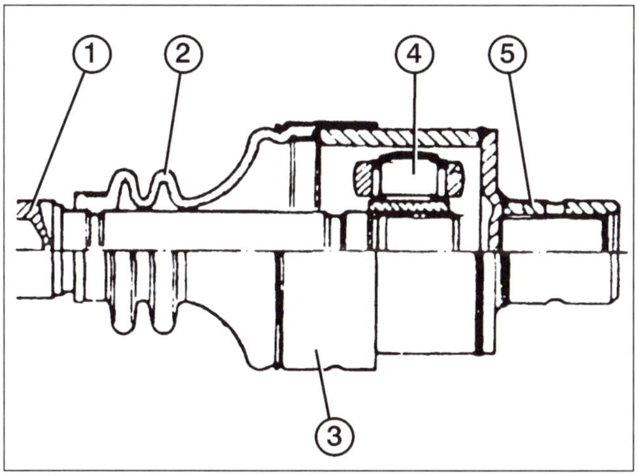

Arbeitsschritte

① Antriebswelle ausbauen.

② Die Ringfeder mit einem Schraubendreher von der Gelenkkapsel abhebeln.

③ Gummihaltering an der Antriebswelle mit einem Seitenschneider durchtrennen.

④ Mit einem Seitenschneider oder mit einer Schneideklinge den Faltenbalg aufschneiden.

⑤ Mit einer Rohrzange die Sicherungsplatte in der Gelenkkapsel umbiegen und Gelenkkapsel vom Gelenk abziehen.

⑥ Achten Sie darauf, daß die Rollen nicht von den Lagerzapfen rutschen. Alle Teile (Rollen, Lager und Nadeln) sind aufeinander abgestimmt und eingelaufen und dürfen nicht vertauscht werden. Deshalb zur Sicherung das Gelenk mit Klebeband umwickeln.

⑦ Vorhandenes altes Fett entfernen und auf Schmutzpartikel untersuchen. Bei stark verschmutztem Fett das Gelenk säubern (kein fettlösendes Mittel verwenden) und auf Verschleißspuren kontrollieren. Gelenk ggf. austauschen.

⑧ Falls vorhanden, den Sicherungsring mit einer Sicherungszange abnehmen und Gelenk von der Antriebswelle abpressen.

⑨ Beim Zusammenbau die Manschette mit Gummi-Sicherungsring auf die Antriebswelle schieben. Etwas Fett erleichtert das Aufschieben.

⑩ Gelenk auf die Verzahnung der Antriebswelle aufsetzen und auf die Welle pressen.

Gelenk beim Zusammenbau sichern

⑪ Falls vorhanden, den Sicherungsring anbringen oder das Gelenk mit drei Körnerschlägen (alle 120°) sichern.

⑫ Die vorgeschriebene Fettmenge (130 g) in der Manschette verteilen.

⑬ Eine Anlageplatte (siehe Bild) anfertigen.

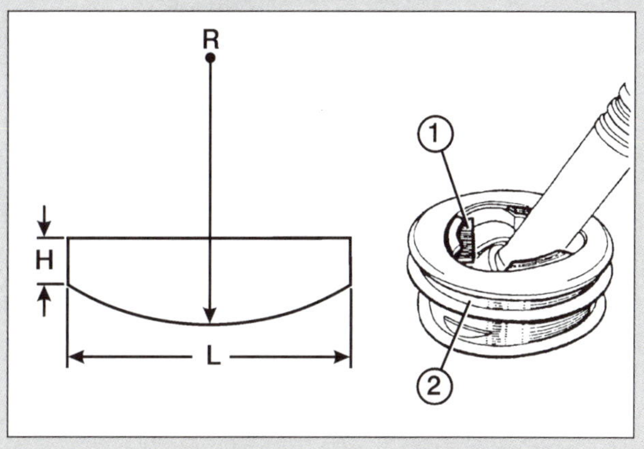

Links: Die Unterlage, mit der beim GI-62-Gelenk die Begrenzungsplatte der Manschette mittels eines Bronzedorns umgebördelt wird. Die Materialstärke muß 2,5 mm betragen. Die weiteren Maße: **(R)** Radius 45 mm. **(H)** Höhe 6 mm. **(L)** Länge 40 mm.
Rechts: Ist die Begrenzungsplatte ❶ in Position gedrückt, muß die Unterlage von der Gelenkkapsel ❷ entfernt werden.

⑭ Anlageplatte zwischen Gelenkkapsel und Sicherungsplatte schieben.

⑮ Mit einem Dorn die Sicherungsplatte entlang der Anlageplatte umbördeln.

⑯ Anlageplatte entfernen.

Manschette korrekt fixieren

⑰ Gelenkmanschette korrekt in den Nuten von Antriebswelle und Gelenkkapsel schieben.

⑱ Das Gelenk auseinander- bzw. zusammenschieben, bis zwischen Manschettenanfang zur Stirnfläche (größter Durchmesser) der Gelenkkapsel ein Abstand von 153,5 ± 1 mm besteht.

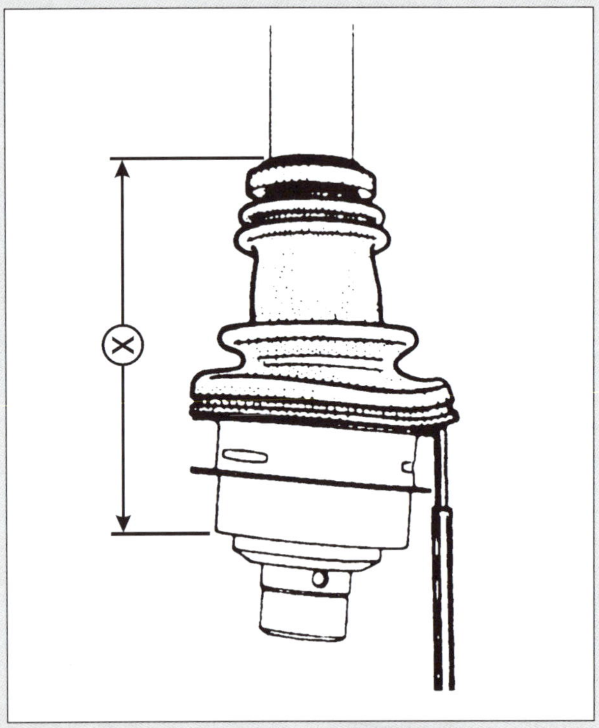

Beim Gelenk GI 62 muß vor Ansetzen des Spannbandes zwischen Manschettenende und Stirnfläche bei **»X«** ein Abstand von 148,5 mm erreicht werden.

⑲ Bei einer eingebeulten Gummimanschette zum Druckausgleich die Manschette an der Antriebswelle mit einem Schraubendreher vorsichtig anheben.

⑳ Gelenkmanschette mit Ringfeder und Gummiring sichern.

㉑ Die weiteren Arbeiten wie unter »Ausbau der Antriebswelle«.

Antriebsgelenkmanschette wechseln

(Getriebeseite, Gelenktyp RC 490)

Arbeitsschritte

① Antriebswelle ausbauen.

② Mit einer Rohr- oder Kombizange die drei Einbuchtungen an der Stahlblechmanschette herausdrücken und/oder Wärmeschutzring (je nach Ausführung) mit einem Hammer und Durchschlag in Richtung Gelenkmanschette heruntertreiben.

③ Gummihaltering an der Antriebswelle mit einem Seitenschneider durchtrennen.

④ Mit einem Seitenschneider oder mit einer Schneideklinge den Faltenbalg aufschneiden.

⑤ Gelenkkapsel abziehen.

⑥ Vorhandenes altes Fett entfernen und auf Schmutzpartikel untersuchen. Bei stark verschmutztem Fett das Gelenk säubern (kein fettlösendes Mittel verwenden) und auf Verschleißspuren kontrollieren. Gelenk ggf. austauschen.

⑦ Falls vorhanden, den Sicherungsring mit einer Sicherungszange abnehmen und Gelenk von der Antriebswelle abpressen.

Fett erleichtert das Aufschieben der Manschette

⑧ Beim Zusammenbau die Manschette mit Gummi-Sicherungsring auf die Antriebswelle schieben. Etwas Fett erleichtert das Aufschieben.

⑨ Je nach Gelenk-Ausführung Stahlblechmanschette oder Wärmeschutzring mit Metallsicherungsring aufschieben.

⑩ Gelenk auf die Verzahnung der Antriebswelle aufsetzen und auf die Welle pressen.

⑪ Falls vorhanden, den Sicherungsring anbringen oder das Gelenk mit drei Körnerschlägen (alle 120°) sichern.

⑫ Die vorgeschriebene Fettmenge (160 g) in der Manschette verteilen.

⑬ Die geschmierte Gelenkkapsel auf das Gelenk setzen.

⑭ Gelenkmanschette mit Metallsicherungsring in die Stahlblechmanschette oder ggf. Wärmeschutzring einsetzen.

Einbuchtungen der Blechmanschette eindrücken

⑮ Stahlblechmanschette bzw. Wärmeschutzring bis zum Anschlag auf die Gelenkkapsel aufschieben. Drücken Sie zur Sicherung bei der Blechmanschette mit einem abgerundeten Dorn die drei Einbuchtungen ein.

⑯ Das Gelenk auseinander- bzw. zusammenschieben, bis zwischen Manschettenanfang zur Stirnfläche der Gelenkkapsel ein Abstand von 148,5 mm besteht.

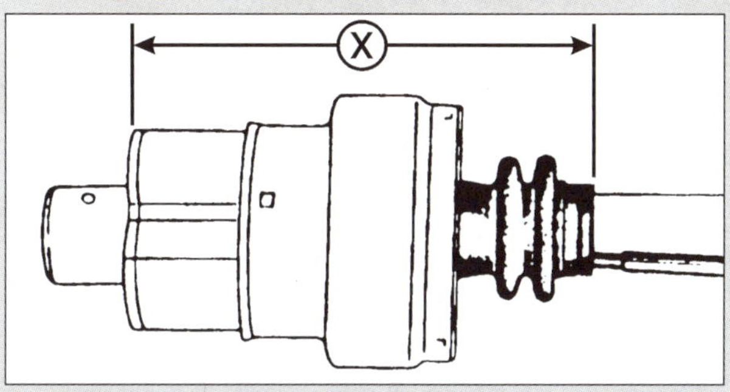

Durch Auseinanderziehen bzw. Zusammendrücken muß beim Gelenk RC 490 zwischen Manschettenende und Stirnfläche des Gelenks bei **»X«** ein Abstand von 148,5 mm erreicht werden.

⑰ Zum Druckausgleich bei einer eingebeulten Gummimanschette die Manschette an der Antriebswelle mit einem Schraubendreher vorsichtig anheben.

⑱ Spannband an der Antriebswelle ansetzen und durch Quetschen einer Bucht mit einem Seitenschneider spannen.

⑲ Die weiteren Arbeiten wie unter »Ausbau der Antriebswelle«.

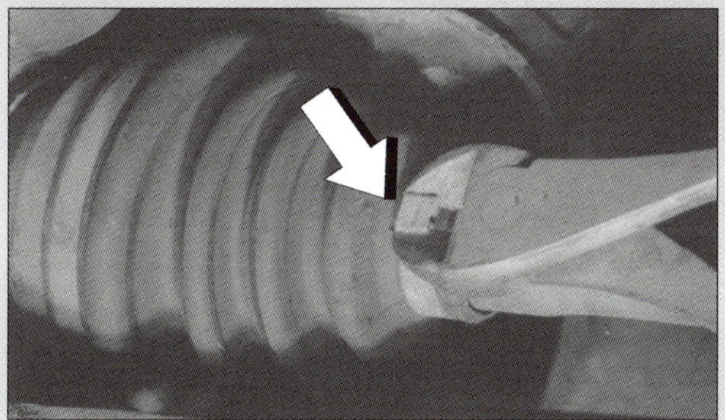

Die Spannbänder können Sie endgültig spannen, indem Sie mit einem Seitenschneider eine Ausbuchtung bilden und diese gefühlvoll so zuquetschen (Pfeil), daß die Manschette nicht abgequetscht wird.

Antriebsgelenkmanschette wechseln

(Radseite)

Arbeitsschritte

① Antriebswelle ausbauen.

② Getriebeseitigen Gummibalg ausbauen.

③ Welle mit dem radseitigen Achswellenstumpf in einen mit Schutzbacken versehenen Schraubstock spannen.

④ Spannbänder mit einem Seitenschneider auftrennen oder mit einer Eisensäge vorsichtig aufsägen. Dabei darauf achten, daß der Nut der Gelenkkapsel nicht beschädigt wird.

⑤ Mit einem Seitenschneider oder mit einer Schneideklinge den Faltenbalg aufschneiden.

⑥ Vorhandenes altes Fett entfernen und auf Schmutzpartikel untersuchen. Bei stark verschmutztem Fett das Gelenk peinlich säubern (kein Lösungsmittel verwenden) und auf Verschleißspuren kontrollieren. Gelenk ggf. austauschen.

⑦ Die gesamte, dem Reparatursatz beigefügte Menge Fett in der Gelenkkapsel und am Gelenk verteilen.

⑧ Neue Manschette aufschieben und darauf achten, daß die Gummilippen korrekt im Nut von Achswelle und Gelenkkapsel sitzen.

⑨ Durch Kneten des Faltenbalgs und Bewegen des Gelenkes das Fett etwas verteilen. Dabei entwichene Luft kann den Faltenbalg nach innen ziehen.

⑩ Deshalb bei einer eingedrückten Manschette den Balg an einer Dichtlippe kurz anheben – durch den Druckausgleich sitzt der Faltenbalg dann korrekt.

⑪ Neue Spannbänder montieren.

⑫ Mit dem Seitenschneider noch eine Bucht quetschen, um das Band endgültig zu spannen.

⑬ Die weiteren Arbeiten wie unter »Ausbau der Antriebswelle«.

DAS FAHR-WERK

Im Twingo sorgen vier schraubengefederte Federbeine mit langen Federwegen für einen ausgezeichneten Fahrkomfort.

© auto motor und sport

Wartung

Reparatur

Das Fahrwerk ist zuständig für Fahreigenschaften und Fahrkomfort Ihres Renault Twingo. Es hat vor allem die Aufgabe, die Räder bei ihrer Bewegung präzise zu führen. Nur dann bleibt das Auto sicher beherrschbar. Dieser Job ist freilich nicht einfach, denn die Räder müssen sich bei der Fahrt nicht nur drehen, sondern auch Auf- und Abwärtsbewegungen durchführen – schließlich ist keine Fahrbahn völlig eben. Auch beim Bremsen, Beschleunigen und bei der Fahrt durch eine Kurve entstehen erhebliche Kräfte, mit denen das Fahrwerk fertig werden muß. Das geht jedoch nur, wenn seine Komponenten optimal aufeinander abgestimmt sind. Zum Fahrwerk gehören die Federung und Dämpfung, die Radaufhängung an Vorder- und Hinterachse, die Lenkung sowie die Räder und Reifen. Die Bremsen, ebenfalls Teil des Fahrwerks, stellen wir Ihnen in einem eigenen Kapitel vor.

Auslegung des Fahrwerks

Die richtige Radaufhängung ist eine Wissenschaft für sich. Fahren Sie mit Ihrem Twingo zum Beispiel über eine Bodenwelle oder mit hohem Tempo durch eine Kurve, verändert sich jedesmal die Geometrie der Räder, die in genau definierten Winkeln zur Fahrzeugachse stehen. Allerdings dürfen die Reifen nie den Kontakt zur Fahrbahn verlieren, weil sie dann keine Brems- und Lenkkräfte mehr übertragen können. Damit die Räder auf dem Boden bleiben, tritt die Federung in Aktion. Sie nimmt Stöße auf und folgt den Unebenheiten der Straße. Das unerwünschte Nachschwingen der Federn verhindern die Stoßdämpfer. Sie müßten eigentlich Schwingungsdämpfer heißen, da sie keine Stöße dämpfen, sondern die Schwingungen der Federn abschwächen.

Lenkung und Fahrsicherheit

Fahrverhalten und Fahrsicherheit hängen davon ab, daß die Räder sicher in die gewünschte Richtung gelenkt werden. Die Lenkung soll möglichst feinfühlig sein und zielgenaues Lenken ermöglichen. Sie ist genau auf die Achsen und die Lenkgeometrie abgestimmt. Das Fahrwerk des Renault Twingo ist ein Beispiel dafür, daß man auch mit einem Kleinwagen komfortabel und sicher unterwegs sein kann. Vorne federn McPherson-Federbeine, die Hinterräder werden von einer Verbundlenkerachse geführt, die ebenfalls von Federbeinen abgefedert wird.

Die Vorderachse des Twingo

Einzelradaufhängung. Nach dem System McPherson (1949 zum Patent angemeldet). Kompakte Einheit aus Stoßdämpfer, Feder und schwenkbarem Radnabenteil (Radführung).

Federbein. Besteht aus Schraubenfeder und Teleskop-

Technik-lexikon

Begriffe der Lenkgeometrie

Vorspur. Die Vorderräder stehen vorn enger zusammen als hinten (rollen aufeinander zu). Das gleicht die Reibung zwischen Rad und Straße aus, die das linke Rad nach links und das rechte nach rechts drücken will. Die Vorspur verhindert Flattern der Räder und Radieren der Reifen. Bei der Fahrt durch eine Kurve schwenkt das kurveninnere Rad zur Unterstützung der Lenkbewegung und der Lenkkräfte stärker ein als das kurvenäußere – die Vorspur geht in Nachspur über (Räder stehen hinten enger zusammen als vorn).

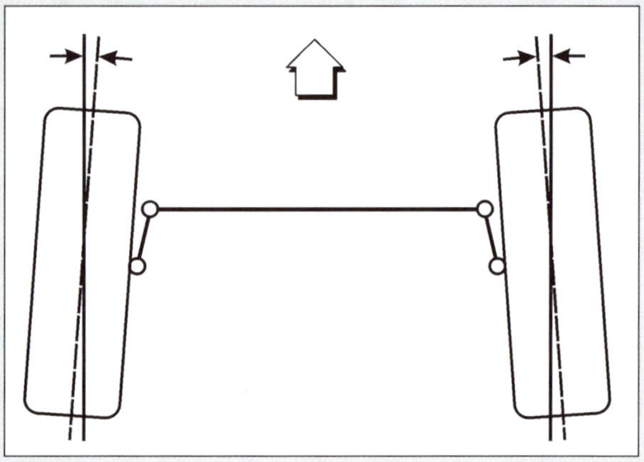

Das Schema der Vorspur.

Sturz. Die Neigung des Rades zu einer Senkrechten. Vermindert Fahrbahnstöße auf die Teile der Lenkung, reduziert Lenkkräfte und Reibung der Räder auf der Fahrbahn. Die Vorderräder des Twingo haben positiven Sturz - sie stehen oben im Radkasten geringfügig weiter auseinander als unten am Boden.

Spreizung. Die Neigung der Lenkungsdrehachse zu einer Senkrechten. Denkt man sich eine Linie dieser Achse zum Boden und mißt den Abstand zur Mittellinie durch das Rad (Mittelpunkt der Reifenaufstandsfläche), erhält man den Lenkrollradius. Dieser soll möglichst klein sein, um die Störkräfte in der Lenkung zu verringern. Die Spreizung bewirkt außerdem zusammen mit dem Nachlauf, daß sich bei eingeschlagenen Rädern das Fahrzeug etwas anhebt. Läßt man das Lenkrad los, stellen sich die Räder selbst in die Mittelstellung zurück (Rückstellmoment).

Nachlauf. Abstand (in Fahrtrichtung) zwischen der gedachten Verlängerungslinie der Lenkdrehachse zum Boden und dem Mittelpunkt der Reifenaufstandsfläche. Durch den Nachlauf werden die Räder gezogen (und

Technik-lexikon

Begriffe der Lenkgeometrie

nicht geschoben). Sie neigen deshalb dazu, sich von selbst geradeaus zu stellen und diese Stellung beizubehalten.

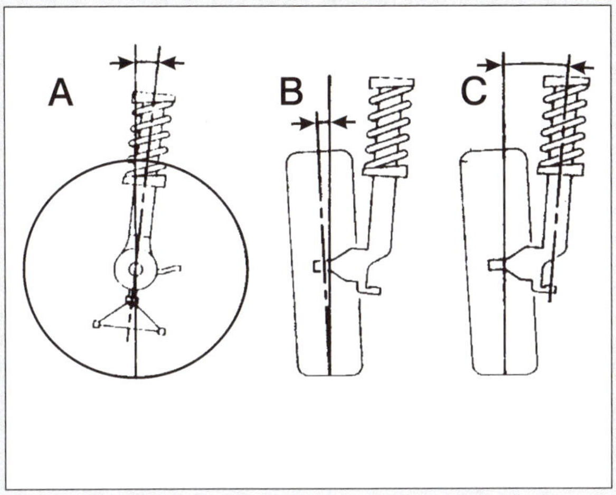

Die Radeinstellungen. A: Nachlauf. **B:** Radsturz. **C:** Spreizung.

stoßdämpfer, der in der Feder steckt. Innere Anschläge im Federbein begrenzen die Ausfederung nach unten. Bei hartem Durchfedern – etwa bei einem Schlagloch – tritt der Anschlagbegrenzer in Aktion. Er verhindert, daß die Feder ganz zusammengedrückt wird.

Federbeindom (im Kotflügel). Nimmt das Federbein auf. Oben als Gummilager (Stützlager) ausgebildet, das sich, geführt durch einen Zentrierring, an je einer oberen und unteren Tellerscheibe abstützt. Im Stützlager ist die Kolbenstange des Federbeins verschraubt.

Lenk-Schwenklager. Hält das untere Ende des Federbeins mit zwei Klemmschrauben. Ist über ein Kugelgelenk mit einem Querlenker verbunden. Der Querlenker sitzt beweglich im Achsträger und nimmt die entstehenden Seitenkräfte auf.

Lenkgetriebe. Sitzt hinter dem Motor, am Achsträger befestigt. An die Zahnstange montiert ist rechts und links die Spurstange – dreht man das Lenkrad, das über eine zweiteilige Lenkspindel mit dem Lenkgetriebe verbunden ist, wird diese Bewegung auf die Lenkhebel des Lenk-Schwenklagers und damit auf die Räder übertragen.

Die Hinterachse des Twingo

Verbundlenkerachse. Besteht aus Achskörper und den mit ihm verschweißten Längslenkern. Die Längslenker sind links und rechts in je einem Lagerblock beweglich gelagert. Die Lagerblöcke sind jeweils mit drei Schrauben am Karosserieboden befestigt. Zur genauen Führung der Achse sind die Längslenkeraufnahmen mit einem Führungsbolzen und einer Silentbüchse fixiert.

Federung. Teleskopstoßdämpfer mit Schraubenfedern sitzen nahe bei den Rädern auf den Längslenkern vor den Achsstummeln. Dämpfer und Feder stützen sich nach oben gegen einen Federbeindom der Karosserie ab

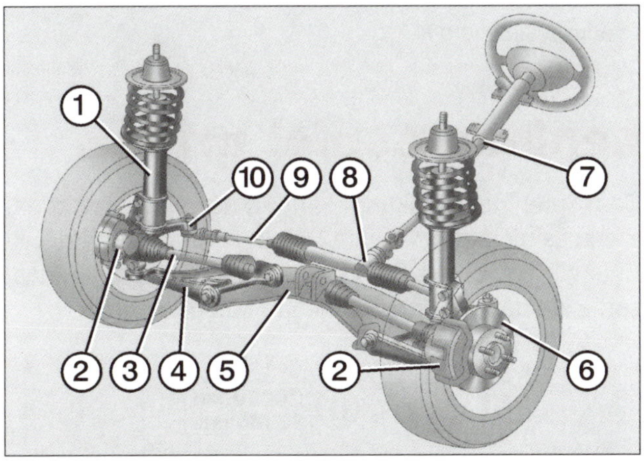

Vorderachse: ❶ McPherson-Federbein. ❷ Bremszange. ❸ Antriebswelle. ❹ Querlenker. ❺ Achsträger. ❻ Bremsscheibe. ❼ Lenksäule. ❽ Lenkgetriebe mit Zahnstangengehäuse. ❾ Spurstange. ❿ Lenkhebel des Lenk-/Schwenklagers.

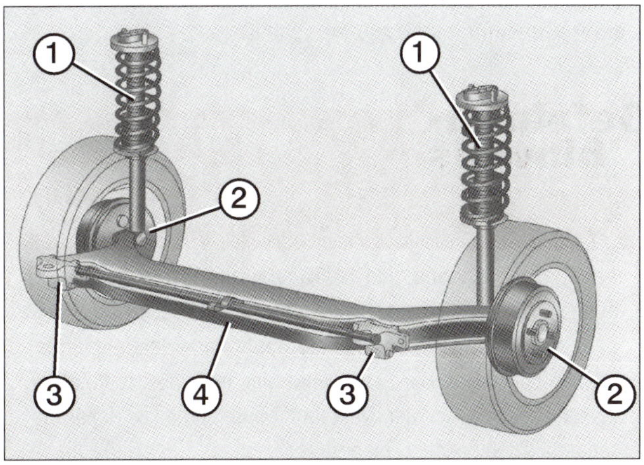

Hinterachse:
❶ Federbein mit Schraubenfeder.
❷ Trommelbremsen.
❸ Achsaufhängung. ❹ Achskörper.

Radeinstellung prüfen

Die richtige Stellung der Vorderräder entscheidet darüber, ob Ihr Twingo auf ebener Strecke und in Kurven ruhig und sicher auf der Straße liegt. Eine harte Berührung des Bordsteins kann die Geometrie der Vorderradaufhängung jedoch empfindlich stören. Auch verschlissene Gelenke und Gummilager oder unsachgemäße Reparaturen können sich negativ auf das Fahrverhalten auswirken. Die Vermessung der Radstellung ist freilich eine Sache der Werkstatt, die dazu einen speziellen Achsmeßstand verwendet. Einer fehlerhaften Lenkgeometrie können Sie beim Fahren aber selbst auf die Schliche kommen. Dazu müssen beide Vorderreifen dieselbe Reifensorte, Profiltiefe und den vorgeschriebenen Luftdruck aufweisen.

Arbeitsschritte | 20000 km / 12 Monate

① Stehen die Lenkradspeichen bei Geradeausfahrt symmetrisch? Ein schiefsitzendes Lenkrad ist ein Zeichen für falsche Einstellung der Spur.

② Stehen die Vorderräder in Geradeausstellung symmetrisch zueinander?

③ Läuft der Twingo auf ebener Fahrbahn und losgelassenem Lenkrad geradeaus? Oder zieht es zur Seite?

④ Stellt sich die Lenkung nach Kurven von selbst geradeaus?

⑤ Ist das Reifenprofil gleichmäßig abgenutzt? Oder zeigen die Außenkanten stärkere Verschleißspuren als innen?

Gefahrenhinweis

Do it yourself an Fahrwerk und Lenkung

Arbeiten an Fahrwerk und Lenkung setzen Erfahrung und oft auch spezielle Werkstattgeräte voraus. Wenn Sie sich nicht sicher sind, ob Sie die betreffende Reparatur selbst ausführen können oder wenn Sie diese Werkzeuge nicht besitzen – überlassen Sie die Arbeit der Werkstatt. Mit fehlerhaften Reparaturen gefährden Sie sich und andere.
Schadhafte Teile der Radaufhängung dürfen Sie weder reparieren noch schweißen – sie müssen grundsätzlich erneuert werden.

Zustand der Stoßdämpfer prüfen

Nach zwei verschlissenen Reifensätzen besitzen die Stoßdämpfer in der Regel nur noch die Hälfte ihrer ursprünglichen Wirkung. Sie sind dann reif für den Austausch. Lassen Sie das Bauteil zur exakten Diagnose einmal im Jahr auf dem Prüfstand eines Automobilclubs oder von TÜV und DEKRA kontrollieren. Die Schaukelmethode, bei der man den Wagen am betreffenden Kotflügel aufschaukelt und plötzlich losläßt, ersetzt keine Prüfung. Damit können Sie nur einen total ausgefallenen Stoßdämpfer feststellen. Es gibt jedoch einige Anzeichen, die auf eine nachlassende Wirkung der Stoßdämpfer hinweisen. Achten Sie auf die folgenden Punkte.

Arbeitsschritte | 20000 km / 12 Monate

① Flattert die Lenkung? In diesem Fall haben die Räder keinen ständigen Kontakt zum Boden.

② Schwingt die Karosserie bei der Fahrt über Fahrbahnunebenheiten nach?

③ Wirkt das Fahrzeug in Kurven schwammig? Dann werden die kurveninneren Räder nicht genügend auf den Boden gedrückt, die äußeren nicht stark genug entlastet.

④ Nutzen die Reifen ungleichmäßig ab?

⑤ Haben Sie am Stoßdämpfer starke Ölspuren bis unter den Federteller des Federbeins festgestellt? Geringe Leckverluste sind normal.

Lenkungsspiel prüfen

Das Spiel der Lenkung kann nachgestellt werden, wenn es nicht durch einen Defekt verursacht wird. Die Einstellung sollten Sie jedoch der Werkstatt überlassen – sie hat das entsprechende Meßgerät dazu.

Arbeitsschritte | 20000 km / 12 Monate

① Die Räder geradeaus stellen.

② Greifen Sie durchs geöffnete Fenster und drehen Sie das Lenkrad kurz hin und her.

③ Das Vorderrad muß sich sofort mitbewegen. Achten Sie auf die Felge, denn der elastische Reifen kann einen Teil des Einschlags schlucken, ehe er sich bewegt.

④ Hat die Lenkung um die Geradeausstellung kein Spiel, klemmt aber bei stärkerem Einschlag, ist die Zahnstange der Lenkung verschlissen. Das Lenkgetriebe muß dann ausgetauscht werden.

Manschetten der Lenkzahnstange kontrollieren

Die aus dem Zahnstangengehäuse austretende Zahnstange wird links und rechts durch eine Gummimanschette geschützt. Dringen durch einen rissigen oder beschädigten Faltenbalg Schmutz und Feuchtigkeit ein, verbinden sie sich mit dem Fett des Lenkgetriebes zu einer Schleifpaste, die ständig am Lenkritzel nagt. Eine verschlissene Manschette sollten Sie daher sofort ersetzen.

Arbeitsschritte | W | **20000 km 12 Monate**

① Leuchten Sie mit einer Taschenlampe jeden Faltenbalg ab.

② Schlagen Sie die Lenkung voll nach rechts und links ein; ziehen Sie dann den Faltenbalg Stück um Stück auseinander, um Risse in den Falten zu erkennen.

③ Die Spannbänder müssen fest auf der Manschette sitzen.

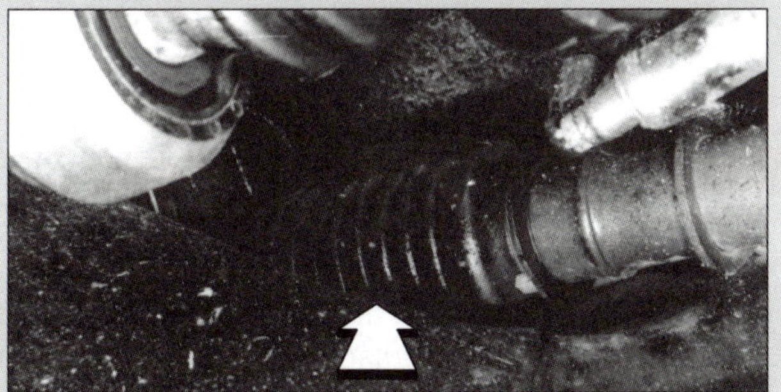

Die Manschetten (Pfeil) der Lenkzahnstange sitzen gut geschützt über dem Achsträger. Werfen Sie bei abgebautem Motorspritzschutz trotzdem einen prüfenden Blick darauf.

So arbeitet der Stoßdämpfer

Technik-lexikon

Im Twingo sind Zweirohrstoßdämpfer eingebaut. Sie bestehen aus zwei unterschiedlich großen Zylindern: dem Arbeitsraum, in dem ein Kolben auf- und abgleitet, und dem größeren Vorratsraum für das Hydrauliköl.

Druckstufe:

Der Kolben bewegt sich nach unten, über das Kolbenventil strömt Öl in den Raum über dem Kolben. Gleichzeitig fließt das verdrängte Öl über das Bodenventil in den Vorratsraum. Das Bodenventil bestimmt den Widerstand (Dämpfung).

Zugstufe:

Der Kolben bewegt sich nach oben, über das Bodenventil strömt Öl in den Arbeitsraum. Gleichzeitig fließt das verdrängte Öl aus dem Raum über dem Kolben über das Kolbenventil in den Arbeitsraum. Das Kolbenventil bestimmt den Widerstand.

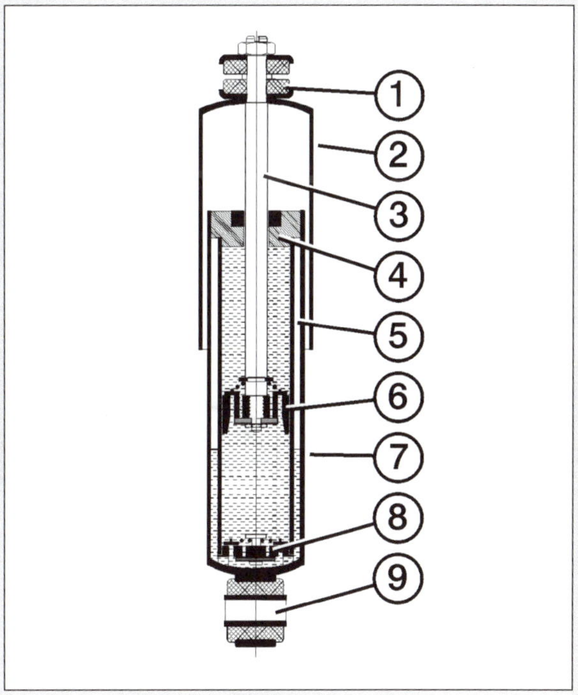

Zweirohr-Stoßdämpfer (Querschnitt).
❶ Obere Befestigung mit elastischem Gummilager. ❷ Schutzrohr. ❸ Kolbenstange. ❹ Kolbenstangenführung mit Dichtung. ❺ Arbeitszylinder. ❻ Ventilkolben mit Ventilfederscheiben. ❼ Außenrohr. ❽ Bodenventil mit Rückschlagventil und Ventilfederscheiben. ❾ Untere Befestigung.

Spurstangenköpfe und Manschetten prüfen

Das Spurstangengelenk sitzt rechts und links zwischen Spurstange und Spurstangenhebel des Lenk-Schwenklagers. Selbstschmierender Kunststoff umhüllt den stählernen Kugelkopf, eine Manschette schützt ihn vor Schmutz und Feuchtigkeit. Spurstangenköpfe mit defekter Manschette oder Spiel müssen Sie umgehend ersetzen.

Arbeitsschritte | 20000 km 12 Monate

① Kontrollieren Sie die Manschetten der Spurstangengelenke auf Risse.

② Prüfen Sie, ob das Gelenk Spiel hat. Fahren Sie den Twingo dazu am besten über eine Grube.

③ Lassen Sie einen Helfer das Lenkrad mehrmals kurz nach links und rechts drehen. Sie können mit der Hand fühlen, ob die Spurstangengelenke Luft haben.

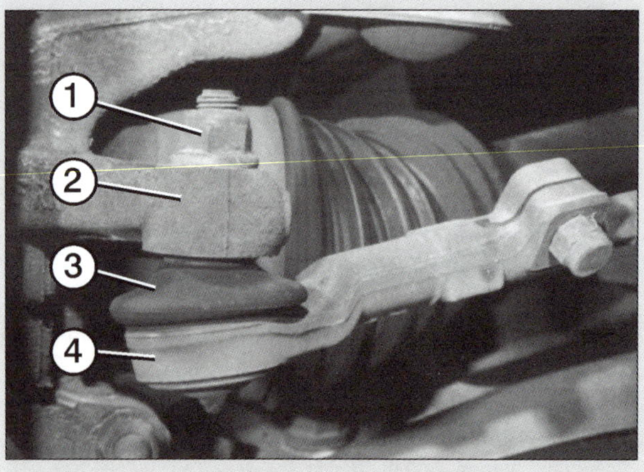

Der Spurstangenkopf ❹ ist mit einer selbstsichernden Mutter ❶ am Lenk-Schwenklager ❷ gesichert. Die Manschette ❸ muß regelmäßig auf Schäden kontrolliert werden.

Staubkappen der Achsgelenke kontrollieren

Die Kugelgelenke der Achsgelenke (rechts und links zwischen Querlenker und Lenk-Schwenklager) sitzen in einer Fett-Dauerfüllung in Kunststoffschalen. Staubkappen aus Kunststoff schützen sie vor Nässe und Schmutz. Die Gelenke sind wartungsfrei. Eine beschädigte Staubkappe bedeutet allerdings das vorzeitige Aus fürs Gelenk – eindringender Schmutz wirkt wie Schmirgelsand, Feuchtigkeit läßt es mit der Zeit festrosten.

Arbeitsschritte | 20000 km 12 Monate

① Lenkung nach einer Seite voll einschlagen.

② Kappen der Achsgelenke rechts und links auf Beschädigungen kontrollieren. Dabei die Kappen zusammendrücken – so entdecken Sie auch versteckte Risse.

③ Eine schadhafte Staubkappe kann nicht einzeln ersetzt werden, der Querlenker muß komplett ausgetauscht werden.

Das Kugelgelenk ❹ des Querlenkers ist ein wichtiges Führungsteil der Vorderachse. Es ist mit einer Klemmschraube ❷ am Lenk-Schwenklager ❶ befestigt. Eine nicht rechtzeitig entdeckte Beschädigung der Staubkappe ❸ bedeutet das frühzeitige Aus für das ansonsten wartungsfreie Gelenk.

Radlagerspiel prüfen

Die Räder des Twingo laufen vorne auf wartungsfreien Doppelkugellagern und hinten auf wartungsfreien Kegelrollenlagern. Die Radlager an der Hinterachse sind für mehr als 150 000 Kilometer gut. Die vorderen Radlager halten oft nicht so lange. Ein Defekt macht sich meist durch laute Laufgeräusche bemerkbar. Treten sie zum Beispiel in Rechtskurven auf, ist das linke Radlager defekt. Die Radlager können nicht eingestellt werden und müssen bei einem Schaden ausgetauscht werden. Das ist freilich Sache der Werkstatt-Lager, Laufringe, Nabe und Lenk-Schwenklager sind in sehr engen Toleranzen gefertigt, die bei der Montage Spezialwerkzeuge erforderlich machen.

Arbeitsschritte — 20000 km 12 Monate

① Wagen auf festem Boden abstellen. Packen Sie das Rad im oberen Bereich und versuchen Sie, es quer zum Wagen zu bewegen. Bei einwandfreien Lagern darf kein Spiel vorhanden sein.

② Wenn Sie Spiel an den vorderen Radlagern feststellen: Helfer Bremse treten lassen und Kontrolle wiederholen. Ist dann immer noch Spiel vorhanden, ist das Achsgelenk defekt.

Querlenker ausbauen

Weist der Querlenker Verformungen auf, dürfen Sie das Teil nicht richten. Der Querlenker muß in diesem Fall komplett ausgewechselt werden. Sind die Lagerbüchsen verschlissen, müssen die Lager ausgewechselt werden. Dies ist jedoch eine Arbeit für den Mechaniker in der Werkstatt. Er verwendet ein spezielles Einziehwerkzeug, damit die Lagerbüchsen genau fluchten und in einem bestimmten Abstand zueinander sitzen.

Arbeitsschritte

① Wagen vorne aufbocken, Vorderrad abbauen.

② Sicherungsschraube am Kugelgelenk des Querlenkers vom Lenk-Schwenklager abschrauben.

③ Kugelkopf aus dem Lenk-Schwenklager ziehen. Das geht am besten mit einem Abzieher.

④ Zwei Schrauben am Achsträger herausdrehen.

⑤ Querlenker nach unten schwenken und vom Achsträger abnehmen.

⑥ Beim Einbau neue selbstsichernde Muttern verwenden.

⑦ Querlenker am Achsträger einsetzen und die beiden Schrauben mit den Muttern nach außen einsetzen. Muttern lose beidrehen.

⑧ Schaft des Kugelgelenks in die Klemmvorrichtung des Lenk-Schwenklagers einsetzen. Dabei die Kunststoffscheibe nicht vergessen! Klemmschraube mit 60 Nm festziehen.

⑨ Um die Befestigungsschrauben am Achsträger festzuziehen, müssen Sie die Räder montieren und den Twingo absenken. Dann stehen die Gummilagerungen unter der richtigen Vorspannung und die beiden Schrauben können mit dem vorgeschriebenen Drehmoment von 115 Nm festgezogen werden.

Federbein ausbauen

Arbeitsschritte

① Fahrzeug aufbocken und Rad abmontieren.

② Querlenker gegen zu starkes Durchhängen unterbauen.

③ Federbeinklemmhalter vom Lenk-Schwenklager abbauen.

④ Federbein vom Lenk-Schwenklager trennen. Dabei darauf achten, daß die Antriebsgelenkmanschette nicht verletzt wird.

⑤ Wenn Sie den Querlenker nicht schon zu Beginn der Arbeit unterbaut haben, sollten Sie jetzt das Lenk-Schwenklager mit Draht an Karosserie hochbinden, damit die Gelenke nicht überdehnt werden.

Durch Gegenhalten mit einem TORX-Schlüssel an der Kolbenstange ❶ des Federbeins kann die Mutter ❷ mit einem Ringschlüssel gelöst werden.

⑥ Abdeckung des Federbeins im Motorraum abhebeln.

⑦ Obere Befestigung des Federbeins lösen. Beim Lösen der Mutter die Kolbenstange mit einem Innensechskantschlüssel gegenhalten. Befestigungsschraube am Federbeindom herausschrauben.

⑧ Federbein aus dem Radausschnitt manövrieren.

⑨ Beim Einbau die unteren Schrauben so einsetzen, daß die Muttern zur Spurstange der Lenkung hin zeigen und mit 110 Nm festziehen.

⑩ Obere Befestigungsschraube mit 60 Nm festziehen, wenn das Fahrzeug auf dem Boden steht.

Stoßdämpfer/Feder vorne ausbauen

Die Schraubenfeder steht unter einem enormen Druck (etwa vierfache Vorspannung). Für diese Arbeit brauchen Sie unbedingt eine Spannvorrichtung (Renault-Werkzeug) oder mindestens zwei handelsübliche Federspanner. Andernfalls kann es passieren, daß die Teile der Feder nach dem Lösen der zentralen Halteschraube explosionsartig auseinanderfliegen. Das bedeutet für Sie größte Verletzungsgefahr. Wenn Sie eine neue Feder einbauen, sollten Sie beim Ersatzteilkauf auf die richtige Federkennung für Ihr Twingo-Modell achten.

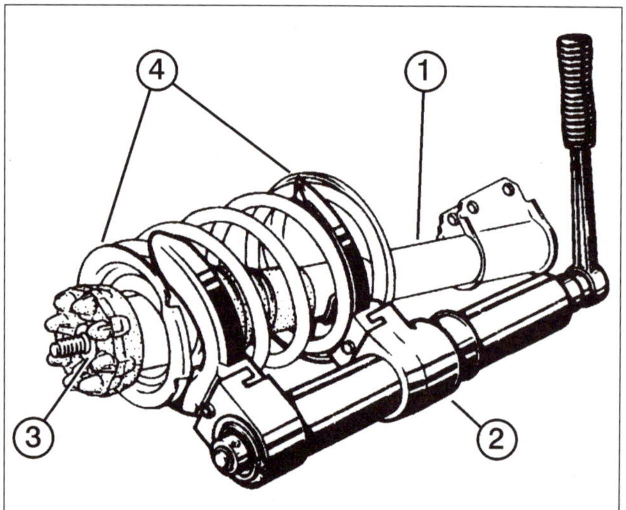

Erst wenn die Feder mit dem Federspanner ❷ richtig gespannt ist, die Federteller ❹ also entlastet sind, darf der Sicherungsring ❸ des Federbeins ❶ abgenommen werden.

Arbeitsschritte

① Federbein ausbauen.

② Federbein in einen Schraubstock spannen (Schutzbacken nicht vergessen) und Feder mit Federspannern langsam zusammendrücken, bis die obere Tellerscheibe entlastet ist.

③ Wenn die Feder gespannt ist, den Sicherungsring an der Kolbenstange abnehmen.

④ Haltebuchse des Sicherungsrings, Stützlager und obere Federauflage vom Federbein abziehen.

⑤ Falls die Feder ausgewechselt werden soll, Feder langsam entspannen. Wenn Sie nur den Stoßdämpfer ersetzen wollen, bleibt die Feder gespannt.

⑥ Beim Zusammenbau darauf achten, daß die Federauflagen sauber sind.

⑦ Achten Sie bei der oberen Federauflage darauf, daß alle Teile in genauer Einbaulage (Feder!) und in der richtigen Reihenfolge sitzen und nicht verkantet sind. Unbedingt neuen Sicherungsring einbauen!

⑧ Feder langsam entspannen.

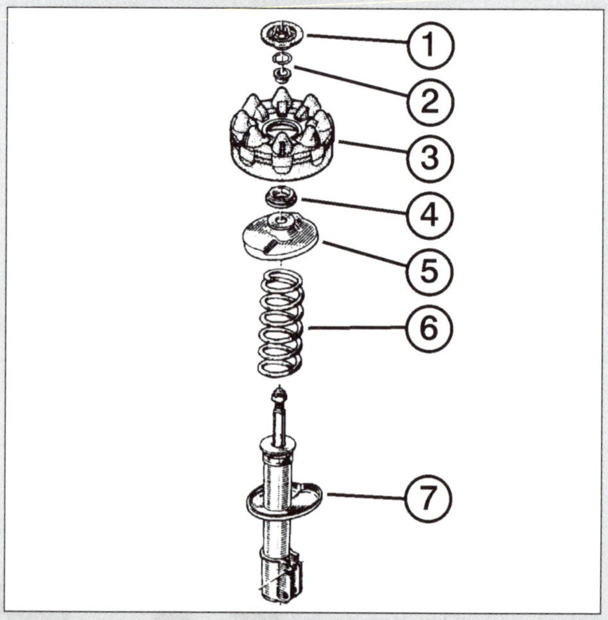

Das vordere Federbein des Renault Twingo.
❶ Befestigungsmutter mit Spannplatte. ❷ Sicherungsring mit Halterung. ❸ Dämpfungslager aus Gummi. ❹ Drehlager. ❺ Oberer Federteller. ❻ Schraubenfeder. ❼ Stoßdämpfer mit unterem Federteller.

Spurstangenköpfe auswechseln

Die Spurstangenköpfe sind jeweils links und rechts an die Spurstange angeschraubt. Das hat den Vorteil, daß Sie bei einem Defekt an diesen Teilen nicht die komplette Spurstange austauschen müssen.

Arbeitsschritte

① Wagen vorne aufbocken und Rad abmontieren.

② Selbstsichernde Mutter des Spurstangenkopfs am Lenkhebel des Lenk-Schwenklagers lösen.

③ Spurstangenkopf mit einem Klauenabzieher nach oben aus dem Lenkhebel drücken, dann Mutter entfernen.

④ Klemmutter am Spurstangenkopf lösen und das Endstück von der Spurstange abschrauben. Markieren Sie die Stellung des Spurstangenkopfs an der Spurstange (Umdrehungen beim Ausbau zählen). So sparen Sie sich beim Einbau die Einstellung der Spur.

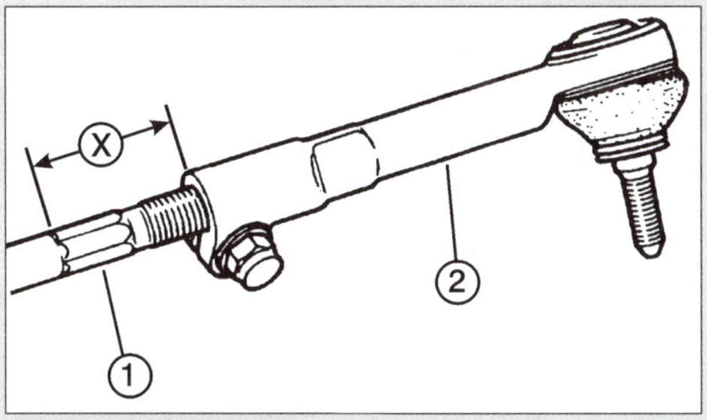

Einstellen der Spur:
Das Einschraubmaß **»X«** von Spurstange ❶ zu Spurstangenkopf ❷ muß auf beiden Seiten gleich sein.

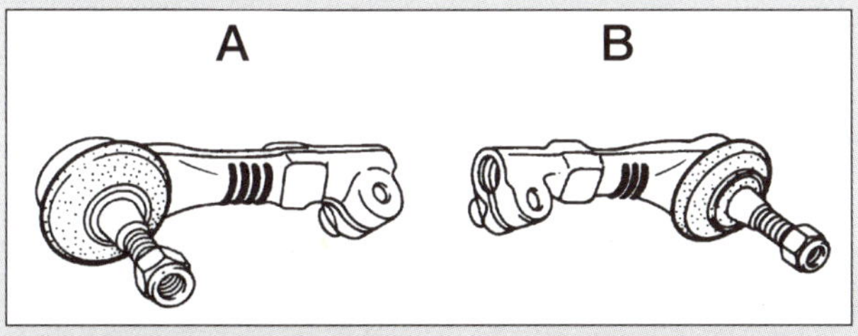

Die Spurstangenköpfe für links und rechts sind unterschiedlich und deshalb mit drei bzw. vier Gußmarkierungen besonders gekennzeichnet. **A** Spurstangenkopf links. **B** Spurstangenkopf rechts.

Manschetten des Lenkgetriebes wechseln

Arbeitsschritte

① Spurstangenendstücke ausbauen. Beim Ausdrehen die Umdrehungen zählen und notieren, damit die Endstücke beim Wiedereinbau gleichweit eingeschraubt werden können – sonst ist die Spur verstellt.

② Beide Kunststoff-Spannbänder der Manschette lösen und abziehen.

③ Manschette abziehen.

④ Zum Einbau Spurstange reinigen und leicht einfetten.

⑤ Manschette über die Spurstange schieben und darauf achten, daß sie richtig in den Nuten von Spurstange und Zahnstangengehäuse sitzt und nicht verdreht ist. Sonst dichtet sie nicht richtig ab.

⑥ Manschette mit Spannband sichern.

⑦ Spurstangenendstücke montieren und mit neuer selbstsichernder Mutter mit 35 Nm festziehen.

⑧ Spur und Lenkradstellung kontrollieren und bei Bedarf einstellen lassen.

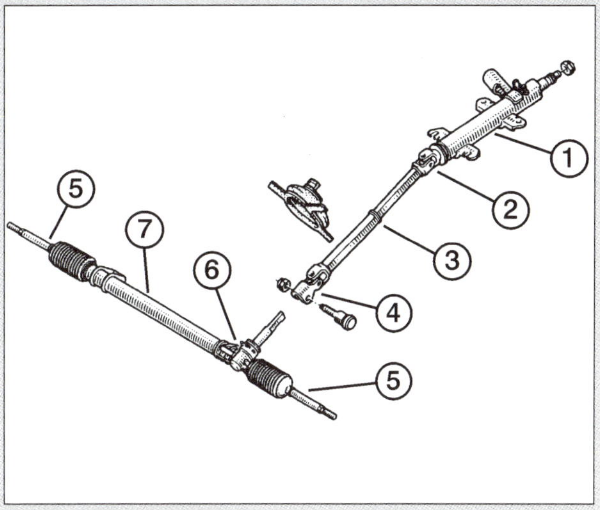

Die Teile der Lenkung.
❶ Mantelrohr mit oberer Lenkspindel und Aufnahme für das Zünd-/Lenkschloß. ❷ Kreuzgelenk. ❸ Untere Sicherheits-Lenkspindel. ❹ Kreuzgelenk mit Klemmvorrichtung für Lenkgetriebe. ❺ Spurstange mit Lenkmanschette. ❻ Zahnstangen-Lenkgetriebe. ❼ Zahnstangengehäuse.

Lenk-Schwenklager ausbauen

Arbeitsschritte

① Radnabenmutter lösen. Dazu einen Helfer die Bremse treten lassen.

② Radschrauben lösen, Wagen aufbocken, Radschrauben herausdrehen und Rad abnehmen.

③ ABS-Radsensor (falls vorhanden) aus dem Halter am Federbein lösen und herausziehen.

④ Federbeinklemmhalter vom Lenk-Schwenklager abbauen (zwei Schrauben mit Mutter).

Das Federbein ❶ ist mit zwei Schraubbolzen mit Mutter (Pfeile) am Lenk-Schwenklager ❷ befestigt. Achten Sie beim Einbau auf die Montagerichtung der Schraubbolzen.

⑤ Federbein vom Lenk-Schwenklager trennen.

⑥ Spurstangenköpfe ausbauen.

⑦ Kugelgelenk des Querlenkers vom Lenk-Schwenklager abdrücken. Dazu selbstsichernde Mutter lösen.

⑧ Sicherungsschrauben der Bremsscheibe lösen und Scheibe von Radnabe ziehen. Sitzt die Scheibe fest, helfen oft gezielte Schläge mit einem Kunststoffhammer. Sonst brauchen Sie einen Abzieher.

⑨ Radnabenmutter abschrauben und Lenk-Schwenklager von der Antriebswelle ziehen. Wenn sie festsitzt, mit dem Abzieher die Antriebswelle aus dem Lenk-Schwenklager drücken.

⑩ Achswelle gegen Durchhängen abstützen oder mit Draht aufhängen.

⑪ Lenk-Schwenklager komplett mit Radlager abnehmen.

⑫ Der Einbau geht in umgekehrter Ausbaureihenfolge vor sich. Beim Anbringen des ABS-Radsensors auf den Spalt zum Zahnring achten (1 ± 0,7 mm)!

⑬ Fahrzeug abbocken. Radnabenmutter bei am Boden stehendem Fahrzeug und getretener Bremse mit 250 Nm festziehen.

Radlager wechseln

Die Kugellager der Vorderradnabe laufen in genau abgestimmten Laufringen. Lager, Laufringe, Nabe und Lenk-Schwenklager sind in engen Toleranzen gefertigt, was eine spätere Einstellung der Lager überflüssig macht. Aufgrund dieser Toleranzen ist eine genaue und fachgerechte Montage mit verschiedenen Spezialwerkzeugen äußerst wichtig. Den Wechsel des Radlagers sollten Sie daher in der Werkstatt durchführen lassen.

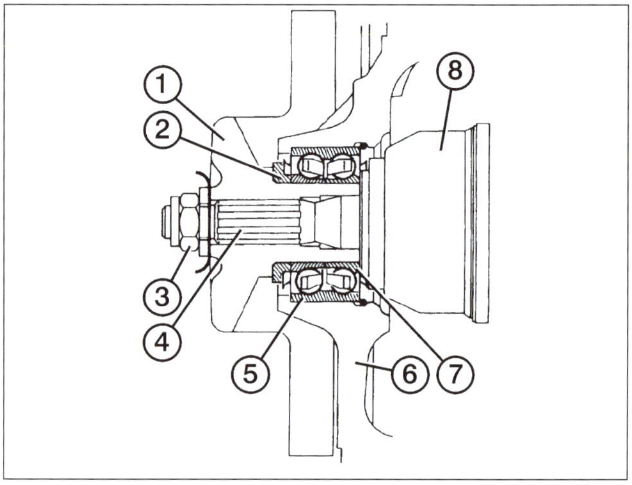

Radlager im Lenk-Schwenklager (Schnittzeichnung). ❶ Radnabe. ❷ Anschlagring. ❸ Radnabenmutter. ❹ Kerbverzahnung des Antriebswellenstumpfs. ❺ Äußerer Lagerlaufring. ❻ Lenk-Schwenklager. ❼ Innere Lagerlaufringe. ❽ Antriebswellengelenk.

Das Radlager ist mit seinem Außenring ins Lenk-Schwenklager eingepreßt, der innere Lagerlaufring ist dagegen auf die Radnabe gepreßt. Ein neues Radlager darf auf keinen Fall mit dem Hammer in seinen Sitz geklopft werden, sonst ist der nächste Schaden schon nach kurzer Zeit programmiert. Bei einem Lagerschaden immer beide Lager mit Lauf- und Dichtringen erneuern.

Arbeitsschritte

① Lenk-Schwenklager ausbauen.

② Radnabe in einen mit Schutzbacken versehenen Schraubstock spannen.

③ Mit einem Krallenabzieher (z.B. Renault-Werkzeug FACOM U53G+53E mit Schutzmuffe Rou. 15-01) den inneren Lagerlaufring von der Nabe abziehen.

④ Mit einer Sicherungszange den Radlager-Sicherungsring aus der Radnabenbohrung nehmen.

⑤ Äußeren Lagerlaufring mit einem der inneren Lagerlaufringe aus der Nabenbohrung pressen. Dazu müssen die Lagerkäfige und -dichtungen nicht ausgebaut werden.

⑥ Beim Einbau die beiden äußeren Kunststoff-Schutzkappen vom neuen Radlager abnehmen und das Lager komplett mit der inneren Sicherungsbuchse der Lagerinnenringe in die Radnabenbohrung des Lenk-Schwenklagers einsetzen.

⑦ Je nach Durchmesser der Radnabenbohrung (63 oder 59 mm) ein kurzes Rohr am Außenring des Radlagers ansetzen und das Lager bis zum Anschlag einpressen. Dabei auf keinen Fall auf den Innenring drücken!

⑧ Innere Kunststoff-Sicherungsbüchse herausnehmen.

⑨ Radlager-Sicherungsring einsetzen.

⑩ Lager-Dichtlippen mit Radlagerfett schmieren.

⑪ Anschlagring auf die Radnabe aufdrücken.

⑫ Lenk-Schwenklager auf die Radnabe setzen.

⑬ Ein genau auf den Lagerinnenring passendes Rohrstück ansetzen und Lenk-Schwenklager bis zum Anschlag auf die Radnabe drücken.

⑭ Einbau des Lenk-Schwenklagers wie oben beschrieben. Twingo mit ABS: Achten Sie bei allen Arbeiten unbedingt darauf, daß das Impulsrad nicht beschädigt wird. Sonst kann es zu Störungen im ABS-System kommen.

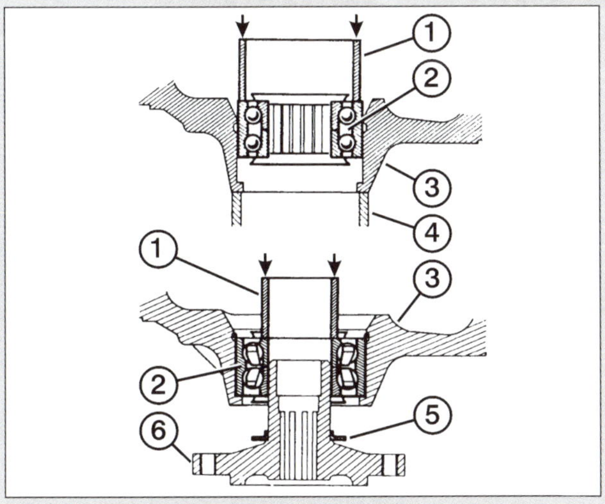

Zuerst wird das komplette Radlager ❷ mittels eines passenden Rohrs ❶ bis zum Anschlag in das Lenk-Schwenklager ❸ gepreßt (obere Zeichnung). Dabei liegt die Außenseite auf einer ebenfalls passenden Ringunterlage ❹. Der innere Kunststoffring darf noch nicht entfernt werden, da er die inneren Lagerlaufringe zusammenhält. Nach Anbringen des Distanzringes ❺ an der Radnabe ❻ müssen die beiden Innenringe des Radlagers (nach Entfernen der Kunststoffbuchse) komplett mit Lenk-Schwenklager mit einem passenden Rohr ❶ auf die Radnabe aufgepreßt werden.

Stoßdämpfer/Feder hinten ausbauen

Die Schraubenfeder steht unter einem enormen Druck (etwa vierfache Vorspannung). Für diese Arbeit brauchen Sie unbedingt eine Spannvorrichtung (Renault-Werkzeug) oder mindestens zwei handelsübliche Federspanner. Andernfalls kann es passieren, daß die Teile der Feder nach dem Lösen der zentralen Halteschraube explosionsartig auseinanderfliegen. Das bedeutet für Sie größte Verletzungsgefahr. Wenn Sie eine neue Feder einbauen, sollten Sie beim Ersatzteilkauf auf die richtige Federkennung für Ihr Twingo-Modell achten.

Arbeitsschritte

① Twingo aufbocken und Rad abbauen.

② Untere Stoßdämpferbefestigung lösen. Dazu eine Schraube herausdrehen.

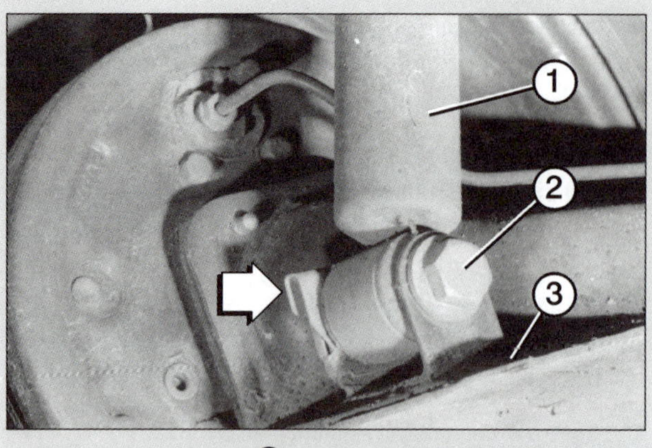

Das hintere Federbein ❶ ist am unteren Ende mit einem Schraubbolzen ❷ mit Mutter am Achsträger ❸ befestigt. Wichtig beim Einbau ist der korrekte Sitz der Schraubensicherung (Pfeil).

③ Im Laderaum die Seitenverkleidung der Laderaumabdeckung ausbauen (zwei Schrauben).

④ Die beiden unter der Verkleidung sichtbar gewordenen Muttern der oberen Federbeinbefestigung lösen und abschrauben.

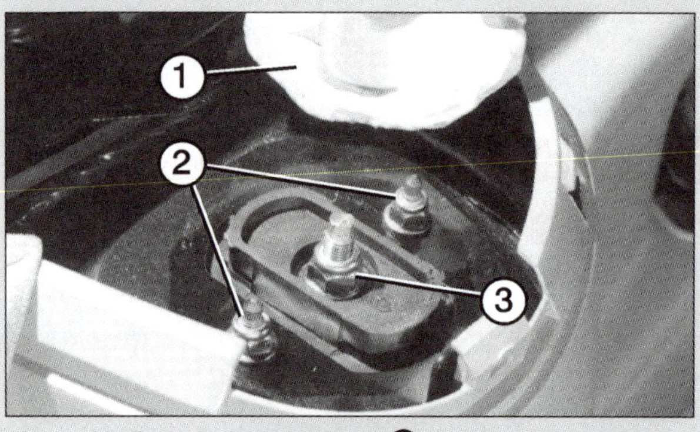

Unter der Federbeinabdeckung ❶ werden die beiden Befestigungsmuttern ❷ des hinteren Federbeins zugänglich. ❸ Federbein-Sicherungsmutter.

⑤ Federbein aus dem Radhaus manövrieren.

⑥ Fürs Zerlegen des Federbeins und das Auswechseln der Schraubenfeder bzw. des Stoßdämpfers gelten die gleichen Anweisungen wie für das vordere Federbein. Die Stoßdämpfermutter muß mit 22 Nm festgezogen werden.

⑦ Beim Einbau des Federbeins auf die richtige Reihenfolge und die Montagerichtung achten. Die Markierung muß auf der oberen Tellerscheibe zur Fahrzeugaußenseite zeigen.

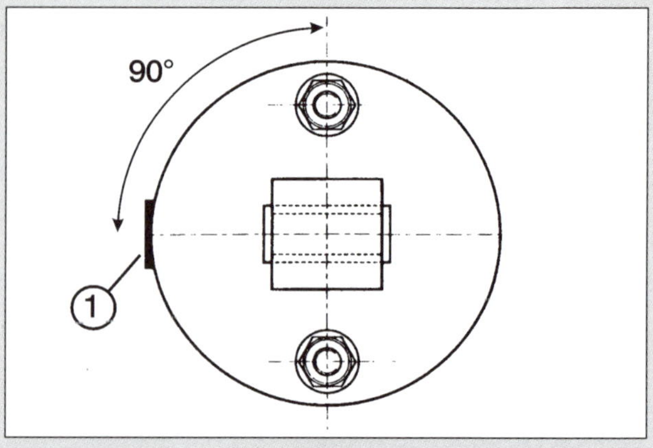

Beim Einbau des hinteren Federbeins unbedingt darauf achten, daß die Markierung **»1«** zur Fahrzeugaußenseite hin zeigt.

⑧ Obere Befestigungsmuttern mit 15 Nm festziehen.

⑨ Die Schraube der unteren Stoßdämpferbefestigung mit flüssiger Schraubensicherung einsetzen und mit 70 Nm festziehen.

Hinteres Radlager auswechseln

Arbeits-schritte

① Radschrauben lockern und Fahrzeug aufbocken, bis das Rad frei hängt.

② Bremstrommel abbauen.

③ Anschlag-Sicherungsring mit einer Sicherungszange aus der Nabenbohrung der Bremstrommel nehmen.

④ Bremstrommel auf zwei Kanthölzer legen oder in Schraubstock spannen.

⑤ Radlager mit einem passenden kurzen Rohrstück aus der Nabenbohrung treiben.

⑥ Radnabe reinigen und neues Lager bis zum Anschlag eintreiben oder einpressen.

⑦ Neuen Sicherungsring einsetzen.

⑧ Bremstrommel auf den Achsstummel schieben. Diesen vorher mit Lithiumfett (z.B. LM-320 von Liqui Moly) fetten.

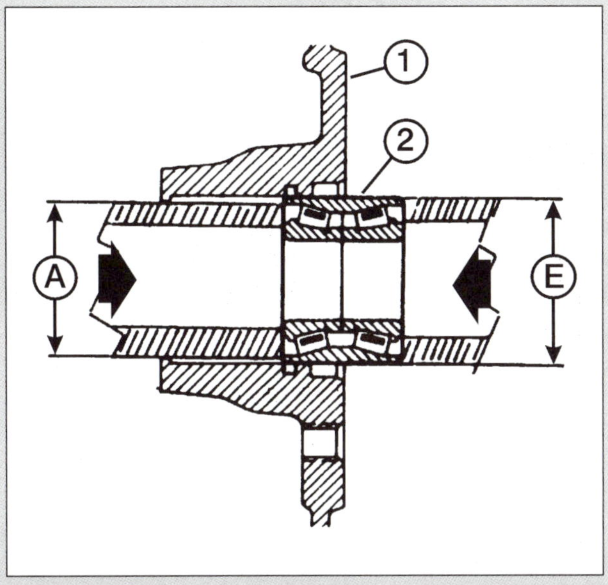

Die Schnittzeichnung zeigt das Aus- und Einpressen des Radlagers ❷ aus der Bremstrommel ❶. Der Rohrdurchmesser muß zum Auspressen **(A)** 49 mm, zum Einpressen **(E)** 51 mm betragen.

⑨ Neue selbstsichernde Nabenmutter ansetzen und nach Absenken des Fahrzeugs mit 170 Nm festziehen.

⑩ Die Radlager müssen nicht eingestellt werden, da Laufringe, Nabe und Achsstummel mit so engen Toleranzen gefertigt sind, daß sie sich beim Anziehen der Flanschmutter auf das vorgeschriebene Radlagerspiel (Axialspiel maximal 0,03 mm) setzen.

⑪ Nach Anbringen der Nabenkappe die Bremsbacken in Grundstellung bringen.

⑫ Ggf. Handbremse einstellen.

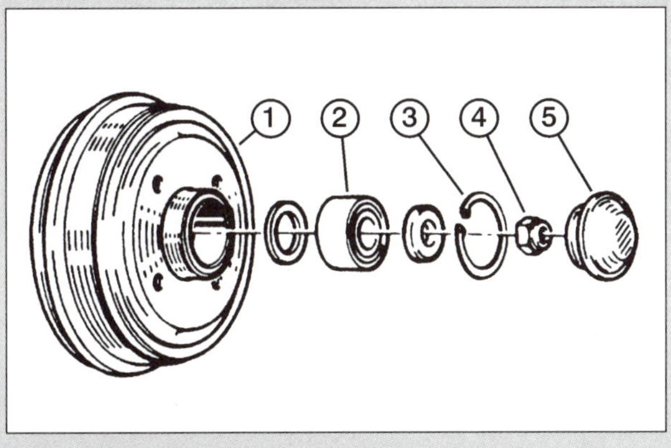

Die Bremstrommel mit Lagerteilen.
❶ Bremstrommel. ❷ Radlager. ❸ Sicherungs-Anschlagring. ❹ Radnabenmutter. ❺ Nabenkappe.

Lenkrad ausbauen

Bis Modelljahr '96 ist der Renault Twingo noch nicht mit einem Airbag ausgerüstet. Der Ausbau des Lenkrads bereitet daher keine größeren Probleme.

Arbeitsschritte

① Prallfläche vom Lenkrad abziehen bzw. abhebeln.

② Lenkrad in Sperrstellung einrasten lassen und Lenkspindelmutter lösen.

③ Lenkschloß entriegeln und Räder in Geradeausstellung bringen. Am besten fahren Sie den Twingo ein paar Meter auf gerader Strecke und markieren sich die Stellung der Lenkradspeichen. Die Lenkradspeichen müssen symmetrisch stehen.

④ Mutter abnehmen und Lenkrad mit ruckelnden Bewegungen abziehen.

⑤ Beim Einbau des Lenkrades auf symmetrische Ausrichtung der Speichen achten.

⑥ Lenkradschloß einrasten lassen und Mutter mit 40 Nm festziehen.

Gefahrenhinweis

Airbag – ein Fall für die Werkstatt

Schon bei Transport und Lagerung des Airbags sind strenge Vorschriften zu beachten, ebenso für den Arbeitsplatz, an dem Ein- und Ausbau der Einheit vorgenommen werden. Überdies unterliegt der Gasgenerator, der mit seiner Festbrennstoff-Füllung im Fall eines Crashs für das blitzschnelle Aufblasen des Prallsacks sorgt, den Bestimmungen des Sprengstoffgesetzes.

- Der Hersteller läßt daher schon beim serienmäßigen Einbau nur speziell geschulte Fachkräfte ans Werk; in den Werkstätten werden Mechaniker für Airbag-Arbeiten extra qualifiziert.
- Wir raten Ihnen daher dringend von Arbeiten an einem Lenkrad mit Airbag und am Beifahrer-Airbag ab. Das gilt auch für Schönheitsreparaturen, bei denen Sie zum Beispiel ein Lenkrad mit Holz- oder Lederbezug nachrüsten. Der Umgang mit dem Airbag ist in jedem Fall ein Job für die Werkstatt.

Die Servolenkung

Der Twingo Matic ist serienmäßig mit einer sogenannten variablen Servolenkung ausgestattet. Das Besondere an diesem System, das für andere Twingo-Modelle nur gegen Aufpreis erhältlich ist: Es erleichtert Ihnen die Lenkarbeit entsprechend Ihrer aktuellen Geschwindigkeit. Je langsamer Sie mit Ihrem Twingo fahren, desto größer ist die Unterstützung der Lenkhilfe und desto weniger Drehkraft müssen Sie fürs Lenken aufbringen. Beim Einparken und Rangieren zum Beispiel tritt die Lenkhilfe voll in Aktion, bei Geschwindigkeiten ab rund 10 km/h nimmt die Unterstützung mit zunehmendem Tempo ab, bis sie bei einer Geschwindigkeit von rund 74 km/h vollendes abschaltet. Das macht deshalb Sinn, weil bei hohen Abrollgeschwindigkeiten der Räder die Lenkkräfte und damit der Kraftaufwand zum Lenken deutlich abnehmen.

Elektromotor verstärkt Lenkkräfte

Die Servolenkung des Twingo unterscheidet sich freilich von herkömmlichen Lenkhilfen, bei denen eine vom Keilriemen angetriebene Hydraulikpumpe am Werk ist. Statt dessen verstärkt ein an der Lenksäule installierter Elektromotor die Lenkkräfte, die Sie beim Drehen am Lenkrad aufwenden. Herzstück der Servolenkung ist ein spezielles, im Motorraum plaziertes Steuergerät. Der wichtigste, zum Servosystem gehörende Sensor ist ein Drehmomentgeber, der in der Lenksäule eingebaut ist.

Der Drehmomentsensor

Dieses Bauteil besteht aus einem Torsionsstab und einer Elektronik zum Umsetzen der Drehmomentinformation in elektrische Signale. Drehen Sie am Lenkrad, verformt sich der kleine Torsionsstab – und gibt diese Verformung als elektrisches Signal an das Steuergerät weiter. Außerdem gelangt der Lenkausschlag der Räder ebenfalls über den Torsionsgeber als elektrisches Rückmeldungssignal an den systemeigenen Prozessor. Das Steuergerät benötigt jedoch neben Informationen über den Lenkradeinschlag auch Infos über die aktuelle Geschwindigkeit und Motordrehzahl.

Infos über Tempo und Drehzahl

Dazu kommuniziert das Steuergerät mit dem Steuergerät der Zündung und Einspritzung, das für diese Daten zuständig ist. Nach diesen Informationen liefert das Steuergerät der Servolenkung einen entsprechend dem Lenkraddrehmoment und der Fahrgeschwindigkeit genau bemessenen Versorgerstrom an den Servomotor. Sobald das System eine Geschwindigkeit von rund 74 km/h registriert, stellt das Steuergerät die Stromversorgung des Servomotors ein – die Lenkung funktioniert dann wieder wie ein herkömmliches System.

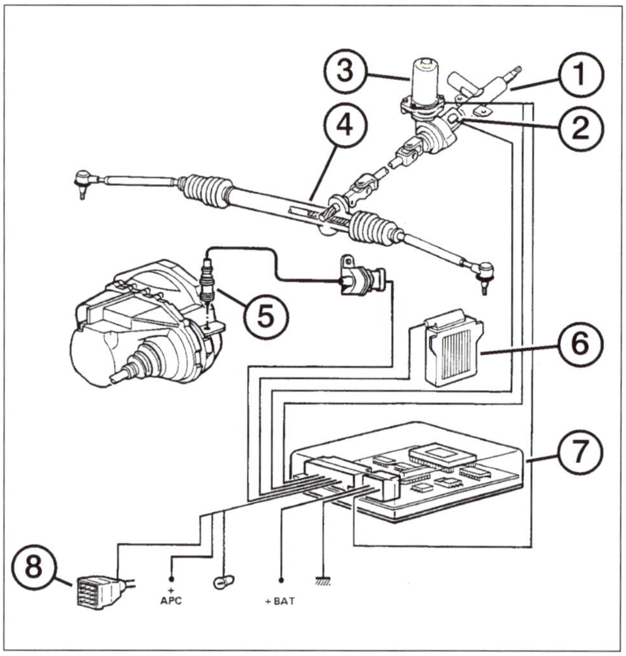

Servolenkung (Funktionsschema).
❶ Lenksäule. ❷ Drehmomentgeber. ❸ Servolenkungs-Elektromotor. ❹ Zahnstangen-Lenkgetriebe. ❺ Fahrgeschwindigkeitsgeber. ❻ Steuergerät der Einspritzanlage. ❼ Steuergerät der Servolenkung. ❽ Diagnosestecker.

Praxistip

Servolenkung und Selbsthilfe

- Reparaturen an der Servolenkung sind eine Sache der Werkstatt. Sie verfügt über spezielle typgebundene Prüfgeräte mit Codeabfragen für das Steuergerät.
- Nur so lassen sich Schäden an den elektronischen Bauteilen und Folgeschäden mit teueren Reparaturen verhindern.
- Bei fehlerhafter Instandsetzung kann die Servounterstützung beim Lenken ausfallen.

Reifen und Felgen

Reifenunterbau, Gummimischung und das ausgefeilte Reifenprofil machen moderne Reifen zu echten High-Tech-Produkten, die einen wichtigen Beitrag zur passiven Sicherheit Ihres Autos leisten. Sie tragen das Gewicht eines Fahrzeugs, fangen kleinere Stöße der Fahrbahn ab und übertragen die Kräfte, die bei Antrieb, Bremsen und Kurvenfahrt entstehen. Die Reifen

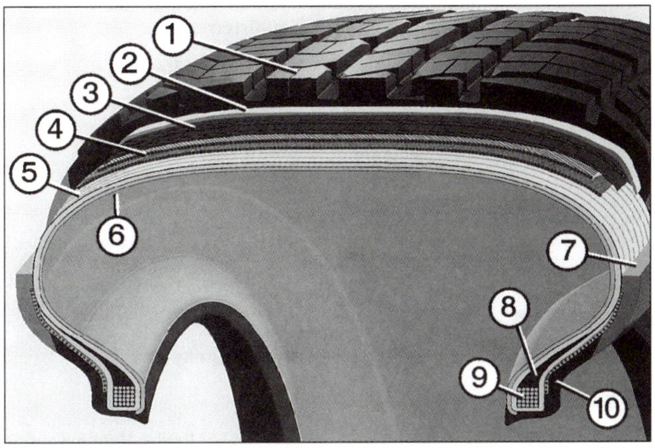

Das vielschichtige Innenleben eines PKW-Reifens.
❶ Laufstreifen: Profil und Mischung beeinflussen die Eigenschaften, ❷ Base: Senkt den Rollwiderstand, ❸ Nylon-Spulbandagen: Erhöhen Hochgeschwindigkeitstauglichkeit, ❹ Stahlcord-Gürtellagen: Steigern die Fahrstabilität, ❺ Karkasse: Form- und Festigkeitsträger des Reifens, ❻ Innenseele: Gasdichte Innenschicht ersetzt den Schlauch, ❼ Seitenteil: Schützt Karkasse vor Beschädigungen, ❽ Kernprofil: Unterstützt Lenk- und Fahrpräzision, ❾ Kern: Sorgt für festen Sitz auf der Felge, ❿ Wulstverstärker: Für präzises Lenkverhalten und hohe Fahrstabilität.

an den Vorderrädern bringen es durchschnittlich auf eine Laufleistung von 15000–35000 Kilometer, die Pneus der Hinterräder auf 30000–50000 Kilometer. Aber auch wenn Sie Ihr Fahrzeug nur selten bewegen – spätestens nach sieben, acht Jahren sind die Reifen am Ende, weil sich die Mischung des Gummis mit der Zeit auflöst.

Die Felgen des Twingo

Technik-lexikon

Die Größe einer Felge gibt man nach Normvorschrift stets in Zoll an. Die Bezeichnung 4,5B x 13 zum Beispiel bezeichnet eine Tiefbettfelge (x) mit einer Breite von viereinhalb Zoll und einem Durchmesser von 13 Zoll. Der Buchstabe »B« steht für die Form des Felgenhorns. Das Besondere der Tiefbettfelge: Damit die Reifen besser sitzen, befindet sich an einer Schulter der Felge eine rundumlaufende Erhöhung (Hump). Sie verhindert, daß bei schneller Fahrt durch eine Kurve der Reifenwulst durch die Seitenkräfte von der Schulter der Felge ins Tiefbett gedrückt wird.

Die Felgen für den Twingo

Renault montiert alle Reifen des Twingo serienmäßig auf Stahlblech-Tiefbettfelgen der Größe 4,5B x13. Bei Sondermodellen können auch Aluminiumfelgen montiert sein. Die Tabelle listet die Größen auf, die Renault für die verschiedenen Modelle ab Werk oder als Sonderausstattung vorsieht. Welche Reifengrößen und Felgen für Ihren Twingo zugelassen sind, steht in den Kfz-Papieren. Wenn Sie andere als diese Reifen oder Felgen (nur als Originalteil von Renault oder mit ABE) montieren wollen, müssen Sie die Papiere von der Zulassungsstelle berichtigen lassen. Dazu ist allerdings ein sogenanntes Teilgutachten von TÜV/DEKRA erforderlich.

Die wichtigsten Reifendaten

Auf der Flanke eines Reifens befinden sich eine Reihe von Ziffern und Buchstaben, mit denen die Hersteller

Reifen und Felgen des Twingo

Modell	Reifengröße	Felgengröße
1,2 / 1,2 Liberty	145/70 R 13	4,5B x 13
Easy 1,2 / Liberty Easy 1,2	145/70 R 13	4,5B x 13
Klima 1,2 / Klima Easy 1,2	145/70 R 13	4,5B x 13
Matic 1,2	155/70 R 13	4,5B x 13

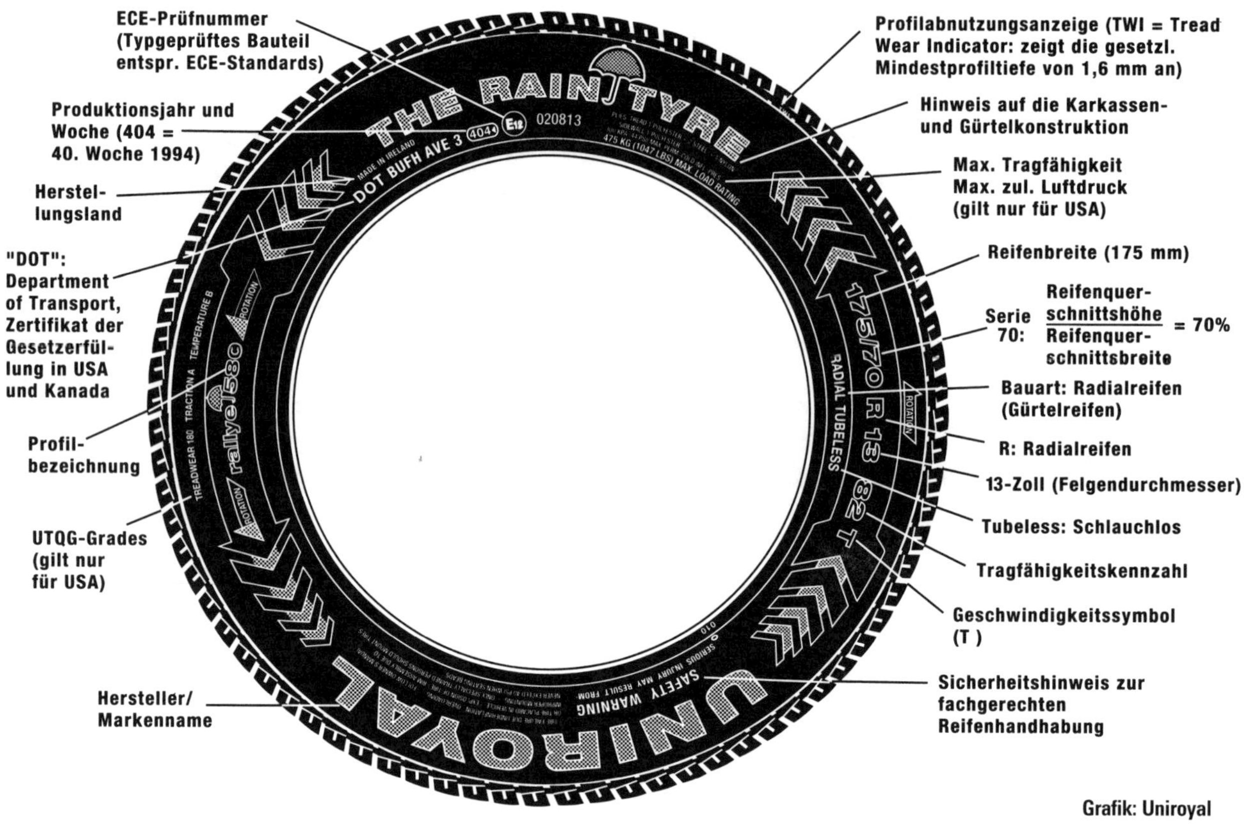

Grafik: Uniroyal

Die Daten des Reifens auf seiner Flanke.
Achten Sie beim Kauf auf die Spezifikationen, damit der neue Reifen wirklich auf die Felge paßt.

die vorgeschriebenen Reifendaten verschlüsseln. Den Autofahrer interessiert vor allem das Format des Reifens. 145/70 R 13 bedeutet zum Beispiel, daß der Reifenquerschnitt eine Breite von 145 Millimetern aufweist. Die zweite Zahl bestimmt das Verhältnis von Höhe und Breite des Reifens. Im Beispiel beträgt es 70 Prozent. Je kleiner dieses Verhältnis, um so flacher und breiter ist der Reifen. "R" steht für die Radialbauart von Gürtelreifen, die Zahl hinter diesem Buchstaben bestimmt den Durchmesser der Felge in Zoll.

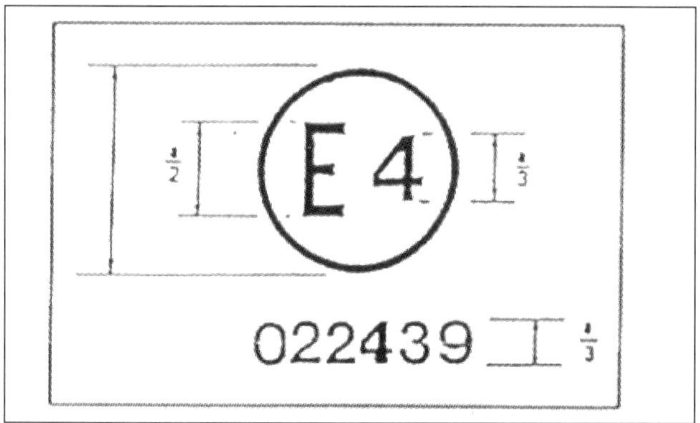

Die Prüfnummer ist erkennbar an einem großen **»E«** und der Nummer des Herkunftlandes, zum Beispiel 1 für Deutschland, 4 für Niederlande.

Höchstgeschwindigkeit

Ein anderer Buchstabe steht für die zulässige Höchstgeschwindigkeit des Reifens. Ein Reifen mit dem Kennbuchstaben »S« ist für eine Top-Speed bis 180 km/h, mit »T« bis 190 km/h zugelassen. Eine Höchstgeschwindigkeit bis 210 km/h gilt für Reifen mit dem Kennbuchstaben »H«. Wenn Sie mit einem herkömmlichen M+S-Reifen durch den Winter fahren, müssen Sie früher vom Gas gehen: Die Pneus mit dem Kürzel »Q« sind nur für 160 km/h zugelassen.

Reifenalter und ECE-Prüfnummer

Das Datum der Herstellung verrät die dreistellige »DOT«-Nummer. Ab dem Produktionsjahr 1990 steht

Winterreifen – Spezialisten für Schnee und Eis

hinter dieser Zahl ein kleines Dreieck. Die Nummer 187 besagt zum Beispiel, daß der Reifen in der 18. Woche des Jahres 1997 produziert wurde. Neureifen, die nach dem 1. Oktober 1998 hergestellt wurden, müssen eine ECE-Prüfnummer auf der Reifenflanke tragen. Diese Nummer besagt, daß der Pneu ein typgeprüftes Bauteil entsprechend dem Qualitäts-Standard der Economic Commission of Europe (ECE) ist. Sind nach dem 1. Oktober 1998 produzierte Neureifen ohne Prüfnummer an Ihrem Fahrzeug montiert, erlischt die Allgemeine Betriebserlaubnis.

Im Winter die richtigen Reifen

Winterreifen rollen auf Schnee und Eis sicherer als Sommerreifen. Sie werden aus einer speziellen Gummimischung mit einem hohen Anteil Naturkautschuk hergestellt, die bei Temperaturen unter sieben Grad auf trockener und nasser Straße besser haftet. Voraussetzung für die gute Übertragung der Motor- und Bremskräfte auf die Straße ist jedoch ein Profil von mindestens vier Millimetern – weniger Profil ist nicht erlaubt und disqualifiziert den Reifen für den Wintereinsatz.

Winterreifen auf Felgen montieren

Für einen Winterreifen genügt durchaus eine schmale Ausführung. Investieren Sie das gesparte Geld für breitere Pneus lieber in einen zweiten Satz passender Felgen – das Ummontieren der Reifen im Frühjahr und Herbst kommt auf die Dauer viel teurer. Manche Händler und Werkstätten lagern Ihre Winterreifen gegen eine geringe Gebühr bis zum nächsten Tausch. Die Räder müssen übrigens nach jeder Montage neu ausgewuchtet werden. Erhöhen Sie den Luftdruck um 0,2 bar. Wenn die Höchstgeschwindigkeit der Winterreifen unter der Ihres Fahrzeugs liegt, sollten Sie sich zur Erinnerung einen entsprechenden Aufkleber ins Blickfeld (nicht an die Windschutzscheibe!) kleben.

Praxistip

So halten ihre Reifen länger

- Fahren Sie höchstens mit der Geschwindigkeit, für die Ihre Reifen zugelassen sind. Das gilt vor allem für M+S-Reifen der Kategorie »Q« (160 km/h). Zu hohes Tempo bewirkt mehr Abrieb, im schlimmsten Fall den Reifenkollaps.
- Vermeiden Sie Höchstgeschwindigkeit, wenn Ihr Auto schwer beladen ist. Machen Sie die Wärmeprobe: Ist der Reifen handwarm, steht es gut um ihn. Ein heißer Gummi ist ein Alarmzeichen, das auf zu niedrigen Luftdruck oder einen beschädigten Unterbau hinweist. In diesem Fall: Reifen abmontieren, beim Fachmann prüfen lassen.
- Wenn Sie häufiger auf der Autobahn mit hohem Tempo unterwegs sind: Montieren Sie Reifen, deren Geschwindigkeitsindex eine Klasse höher ist als im Fahrzeugschein verlangt (zum Beispiel »T« statt »S«).
- Achten Sie darauf, daß Sie beim Einparken mit der Reifenflanke nicht am Bordstein schrammen. Über Bordsteine und Schwellen nur langsam und immer im rechten Winkel rollen.

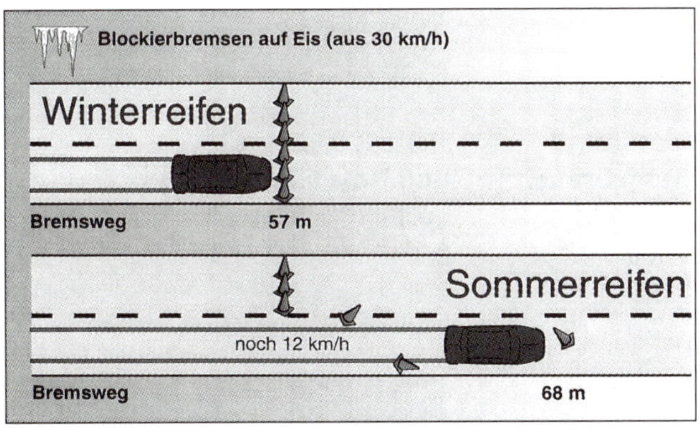

Bremsvergleich Sommer- und Winterreifen ohne ABS

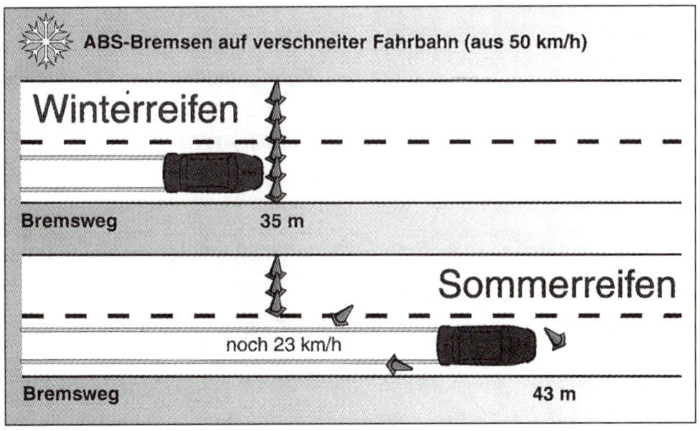

Bremsvergleich Sommer- und Winterreifen mit ABS

Reifendruck prüfen

Der Reifendruck sollte keinesfalls unter die in der Tabelle aufgeführten Werte sinken. Ein um 0,2–0,3 bar höherer Luftdruck hat dagegen Vorteile: Die Lenkung arbeitet feinfühliger, die Reifen halten länger und sogar der Kraftstoffverbrauch sinkt ein wenig. Nachteil: Das Fahrzeug federt nicht mehr so komfortabel wie beim normalen Luftdruck.

Arbeitsschritte

① Den Luftdruck sollten Sie stets bei kalten Reifen messen. Denn während der Fahrt erwärmt sich der Reifen, der Reifendruck steigt. Sie erhalten daher falsche Werte, wenn Sie direkt nach einer Autobahnfahrt zum Luftdruckprüfer greifen.

② Prüfen Sie den Reifendruck regelmäßig alle drei bis vier Wochen. Bei einem Markenreifen ist ein Druckverlust von 1,5 Prozent im Monat normal. Verliert der Reifen mehr Luft, sollten Sie sich ihn genauer ansehen.

Schutzkappen für Ventile nicht vergessen

③ Die Reifenventile sollten Sie stets mit den Schutzkappen verschließen – gelangt Schmutz ins Ventil, kann die Ventilnadel klemmen und es schließt nicht mehr dicht.

Zustand der Reifen kontrollieren

Die Vorderräder treiben das Fahrzeug an, lenken es und müssen die Hauptbelastung beim Bremsen aushalten. Sie sind daher auch früher verschlissen als die hinteren Pneus. Den Zustand der Reifen kontrollieren Sie am besten bei aufgebocktem Wagen.

Arbeitsschritte — W: 20000 km / 12 Monate

① Drehen Sie jedes Rad einmal komplett durch. Entfernen Sie Steinchen und andere Fremdkörper vorsichtig mit einem kleinen Schraubenzieher aus den Profillamellen. Sitzt in der Reifendecke eine Glasscherbe oder ein Nagel, kann an dieser Stelle Luft entweichen.

② Achten Sie auf Unregelmäßigkeiten wie Einstiche, Schnitte, Risse und herausgebrochene Profilstücke. Bei einem beschädigten Gummi dringt leicht Feuchtigkeit ins Reifeninnere. Sie können jedoch von außen nicht erkennen, ob der stabilisierende Stahlgürtel schon vom Rost angefressen ist. Lassen Sie den Reifen zur Sicherheit vom Fachmann prüfen. Das gilt übrigens auch bei auffälligem Reifenabrieb.

③ Das Reifenprofil muß über die gesamte Lauffläche mindestens 1,6 Millimeter tief sein. Bei dieser Marke wird auf der Lauffläche an mehreren Stellen ein Profilstandsanzeiger sichtbar. Die Buchstaben »twi« (tread wear indicator) auf der Reifenflanke zeigen, wo sich diese Anzeiger befinden.

④ Das Fahrverhalten wird mit abnehmendem Profil schlechter, vor allem auf nasser Fahrbahn.Tauschen Sie Sommerreifen zur Sicherheit bereits bei einer Profiltiefe von zwei Millimetern, Winterreifen bei vier Millimetern.

⑤ Kontrollieren Sie, ob alle Reifen gleichmäßig abgefahren sind.

⑥ Sehen Sie sich die Seitenwände (Reifenflanken) der Reifen genau an. Beulen deuten auf eine Beschädigung

Luftdruckwerte bei kalten Reifen (bar)

Modell	Reifengröße	Normalbelastung[1]) und Normalgebrauch[3])		Volle Belastung[2]) und Normalgebrauch[3])	
		vorne	hinten	vorne	hinten
1,2/1,2 Liberty	145/70 R 13	2,0	2,0	2,3	2,0
Easy 1,2/Liberty Easy 1,2	145/70 R 13	2,0	2,0	2,3	2,0
Klima 1,2/Klima Easy 1,2	145/70 R 13	2,1	2,0	2,4	2,0
Matic 1,2	155/70 R 13	2,1	2,0	2,4	2,0

1) Fahrzeug besetzt mit bis zu 3 Personen 2) Fahrzeug bis zur Höchstbelastung beladen 3) Betrieb des Fahrzeugs auf allen Straßen, bei allen Geschwindigkeiten (Höchstgeschwindigkeit nicht länger als 30 Minuten).

Rad wechseln

Arbeitsschritte

① Handbremse anziehen und 1. Gang oder Rückwärtsgang einlegen. Unterwegs ggf. Warnblinker einschalten.

② Räder der anderen Wagenseite gegen Wegrollen sichern (Keile, Steine).

③ Radzierblende entfernen. Dazu Schraubendreher (Bordwerkzeug) zwischen Felge und Blende ansetzen und Radabdeckung abhebeln.

④ Alle Radschrauben lockern (eine Umdrehung).

⑤ Wagen anheben. Den Wagenheber nur im bezeichneten Bereich am Falz des Türschwellers ansetzen und einrasten.

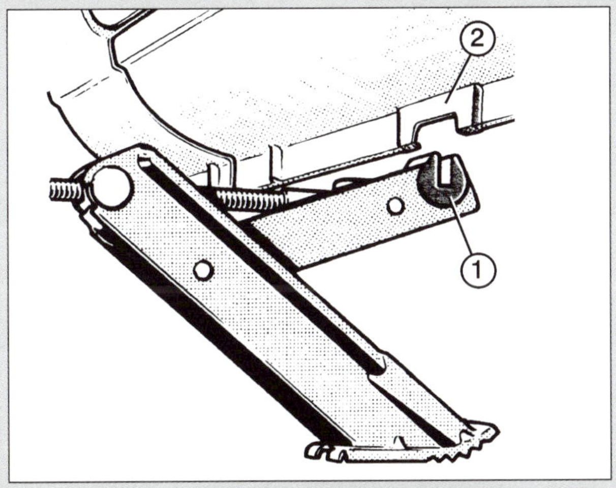

Der Kopf ❶ des waagrecht angesetzten Wagenhebers muß genau in den dafür vorgesehenen Ansatzpunkt ❷ in der Mitte des Türschwellers einrasten. Auf keinen Fall den Wagenheber an den Schwellerlanglöchen in der Nähe der Radkästen ansetzen – beim Hochkurbeln kann der Schweller eingedrückt werden.

⑥ Radschrauben herausdrehen.

⑦ Rad abnehmen und neues Rad (Ersatzrad) auf die Radnabe drücken.

⑧ Rad auf der Nabe so drehen, daß die Radschraubenbohrungen der Felge mit dem Gewinde in der Radnabe in Deckung stehen.

⑨ Radschrauben eindrehen und so gut wie möglich mit dem Radschlüssel festdrehen.

⑩ Wagen ablassen und Radschrauben festziehen. Das Anzugsdrehmoment soll 90 Nm betragen – die Muttern daher nicht mit einem verlängerten Radschlüssel anknallen. Andernfalls können sich die Bremsscheiben und Bremstrommeln verziehen, was ungleichmäßige Bremswirkung und Reifenverschleiß zur Folge hätte.

⑪ Die Radabdeckung ansetzen, dabei auf korrekte Ausrichtung am Ventil achten.

⑫ Kontrollieren Sie in jedem Fall nach einigen Kilometern Fahrt, ob die Radmuttern richtig angezogen sind.

Risikofaktor geringer Luftdruck

Technik-lexikon

Ein schlecht (oder garnicht) gewarteter Reifen kann sich zum Risikofaktor für Fahrer und Auto entwickeln. Fahren Sie zum Beispiel einen Reifen mit zu geringem Luftdruck unter sehr hoher Last, kann dies zu teilweisen Ablösungen der Reifenlauffläche führen. Diese Schäden bleiben jedoch oft längere Zeit verborgen. Wird der vorgeschädigte Reifen dann stark beansprucht, können durch die enormen Fliehkräfte bei hohen Geschwindigkeiten sogar einzelne Reifenteile abreißen.

Technik-lexikon Reifenlaufbilder

Schräges Profil. Deutet auf falsche Radeinstellung hin. Auch Leichtmetallräder können die Radstellung negativ beeinflussen, zum Beispiel durch die oft geringere Einpreßtiefe der Felgen.

Starke Abnutzung in der Profilmitte. Entsteht durch häufiges Fahren mit Höchstgeschwindigkeit. Die Reifen bauchen durch die Fliehkraft aus, nutzen daher in der Mitte stärker ab.

Außenseite abgefahren (Vorderreifen). Flotte Fahrweise in Kurven. Reifen auf den Felgen drehen lassen oder gegen Hinterräder austauschen.
Außenseiten stärker abgefahren als Profilmitte. Der Reifen wurde lange Zeit mit zu niedrigem Luftdruck gefahren.
Gleichmäßige Auswaschungen. Vermutlich Stoßdämpfer defekt.
Stellen mit starker Abnutzung (siehe Bild rechts unten). Bremsung mit blockiertem Rad (Bremsplatte). Selbst ein Bremssystem mit ABS kann kurzzeitiges Blockieren und damit einen gewissen Reifen-Verschleiß (Abflachungen) nicht verhindern.

Technik-lexikon Reifenlaufbilder

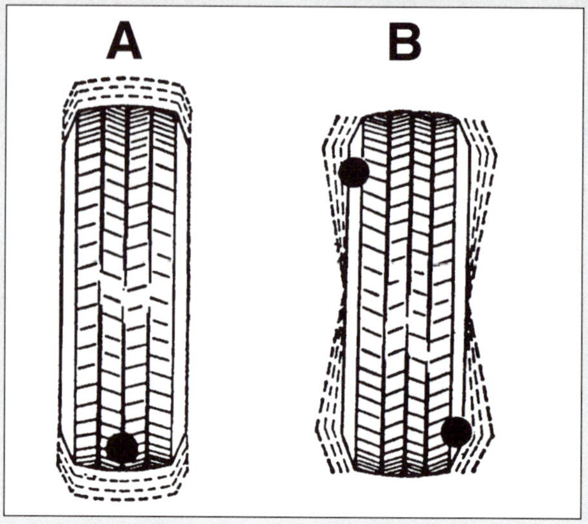

Ungleiche Abnutzung (an mehreren Stellen). Unwucht im Rad. Macht sich durch Vibrationen am Lenkrad oder Schütteln im Vorderwagen bemerkbar. Ursache ist eine ungleichmäßige Gewichtsverteilung am Rad, die auch für erhöhten Reifenverschleiß sorgt. Die Beseitigung einer Unwucht ist Sache der Werkstatt. Dort schraubt man das Rad auf eine Auswuchtmaschine, die Unwuchten anzeigt. Bleigewichte an den richtigen Stellen der Felgen gleichen den unrunden Lauf des Rades aus. **A** (statische Unwucht): Das freihängende drehende Rad pendelt stets an derselben Stelle nach unten aus. Das Rad hüpft bei der Fahrt – die Stoßdämpfer verschleißen schneller. **B** (dynamische Unwucht). Liegt schräg zur Radachse. Bei schnellem Lauf flattert und wackelt das Rad. In diesem Fall müssen Sie das Rad auswuchten lassen.

Räder und Reifen richtig tauschen

Praxistip

- Sie können den Kauf neuer Reifen hinausschieben, indem Sie die Räder jeweils einer Fahrzeugseite (gleiche Laufrichtung – also nicht über Kreuz!) gegeneinander austauschen. Der Abrieb der Reifen erfolgt so gleichmäßiger.
- Nachteil dieser Methode: Beim Ersatz der Reifen sind vier Exemplare auf einmal fällig. Außerdem können Sie beim Wechsel in kurzen Kilometerabständen im Reifenprofil mögliche Fehler der Radaufhängung, Lenkung und Stoßdämpfer nicht mehr deutlich erkennen.
- Achten Sie beim Tausch der Reifen in jedem Fall darauf, daß sie auf jeder Achse Reifen des gleichen Fabrikats, mit gleichem Profil und Alter montieren.
- Wenn sich unter der Kofferraumabdeckung noch das neue Ersatzrad befindet, reicht es, wenn Sie den entsprechenden Neureifen dazukaufen – vorausgesetzt, das ausgetauschte Rad eignet sich noch als Ersatzrad.

So lagern Sie Reifen richtig

Praxistip

Nach dem Ummontieren der Sommer- oder Winterreifen sollten Sie die alten Reifen richtig lagern. Dazu eignet sich am besten ein trockener, kühler und dunkler Raum. Halten Sie Benzin, Öl, Fett und Chemikalien von den Reifen fern – sie sind Gift fürs Gummi.

- Markieren Sie zunächst Laufrichtung und Position der Reifen (VR = vorne rechts, VL = vorne links, HR = hinten rechts, H L = hinten links).
- Reifen abnehmen, mit Wasser reinigen und gut trocknen. Entfernen Sie Rollsplit und andere Fremdkörper aus den Profilrillen.
- Reifen mit Felgen stapelt man liegend, am besten auf einer alten Holzpalette.
- Reifen ohne Felgen sollten Sie senkrecht stellen. Drehen Sie die Pneus von Zeit zu Zeit.

DIE BREMS-ANLA

AGE

e Bremsen des Twingo sind recht standfest. An der
rderachse des kleinen Franzosen verzögern Scheiben-
emsen, an der Hinterachse Trommelbremsen.

Wartung

Reparatur

Die Straßenverkehrs-Zulassungsordnung (StVZO) schreibt vor, daß ein Pkw stets mit zwei Bremsanlagen ausgestattet ist, die unabhängig voneinander arbeiten. Sinn dieser Vorschrift: Fällt ein System aus, kann das andere das Fahrzeug immer noch abbremsen. Die Betriebsbremsanlage (BBA) des Renault Twingo erfüllt diese Bestimmung mit einer diagonal geteilten Zweikreisbremsanlage. Dabei ist ein Bremskreis jeweils für ein Vorderrad und das gegenüberliegende Hinterrad zuständig. Fällt ein Bremskreis aus, bleiben Vorderrad und Hinterrad des anderen Systems bremsfähig. In diesem Fall müssen Sie freilich stärker aufs Bremspedal treten, um die gleiche Wirkung zu erreichen wie bei einer intakten Anlage. Das Pedal läßt sich weiter durchtreten und der Anhalteweg wird wesentlich länger.

Die Bremsen des Twingo

An der Vorderachse verzögern Scheibenbremsen den Twingo, an der Hinterachse Trommelbremsen. Beim Tritt aufs Bremspedal preßt eine mit dem Pedal verbundene Druckstange zwei hintereinanderliegende Kolben in den Hauptbremszylinder, der im Motorraum an den Bremskraftverstärker montiert ist. Die Kolben übertragen die Fußkraft auf die im Hauptbremszylinder eingeschlossene Bremsflüssigkeit. Dadurch entsteht ein hydraulischer Druck, der sich über Rohr- und Schlauchleitungen zu den Radbremszylindern fortsetzt. An den Vorderrädern drücken Kolben die Bremsklötze gegen die Bremsscheiben, an den Hinterrädern die Bremsbacken gegen die Bremstrommeln. Beide Bremstypen stellen sich selbst nach – bei der hinteren Bremse ist dazu allerdings eine aufwendige Mechanik erforderlich. Auf Wusch ist der Twingo mit einem Antiblockierbremssystem (ABS) lieferbar.

Die vorderen Bremsen

Bremsscheibe. Eine massive Stahlscheibe. Dreht sich mit jedem Vorderrad frei im Luftstrom (führt Reibungswärme ab).

Bremssattel. Sitzt wie ein Sattel auf der Bremsscheibe. Im Bremssattel schwimmend auf Führungsbolzen gelagert ist die Bremszange (Schwimmsattelbremsen).

Tritt aufs Bremspedal. Ein Kolben in der Bremszange drückt den inneren Bremsklotz gegen die Bremsscheibe. Dadurch verschiebt sich die auf langen Bolzen geführte Bremszange und überträgt den gleichen Druck auf den äußeren Bremsklotz.

Lösen des Bremspedals. Die Kolbendichtung zieht den Kolben und dadurch auch den Bremssattel von den Bremsscheiben zurück. So entsteht zwischen Bremsklotz und Scheibe ein Spiel von weniger als einem Millimeter – die Bremsscheibe dreht wieder frei.

Die hinteren Bremsen

Trommelbremsen. Beim Twingo Serie. Ausgeführt als Simplexbremse. Besteht aus je zwei halbkreisförmigen Bremsbacken, wobei der Belag aufgrund stärkerem Verschleiß an der vorderen Backe (Auflaufbremsbacke) dicker ist als an der hinteren (Ablauf-

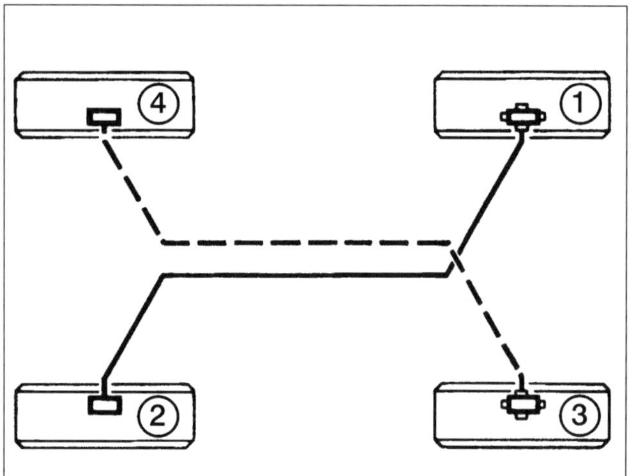

Die diagonal geteilte Bremsanlage (Schema).
❶ Linkes Vorderrad. ❷ Rechtes Hinterrad. ❸ Rechtes Vorderrad. ❹ Linkes Hinterrad.

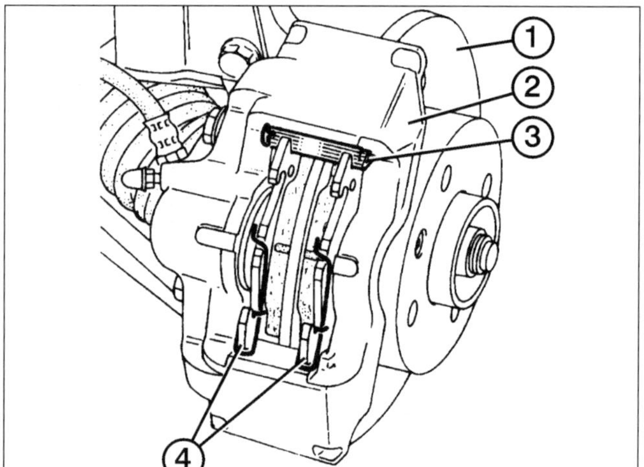

Die Scheibenbremse. ❶ Bremsscheibe. ❷ Bremssattel. ❸ Sicherungskeil mit Sicherungsklammer. ❹ Bremsklötze mit Dämpfungsklammern.

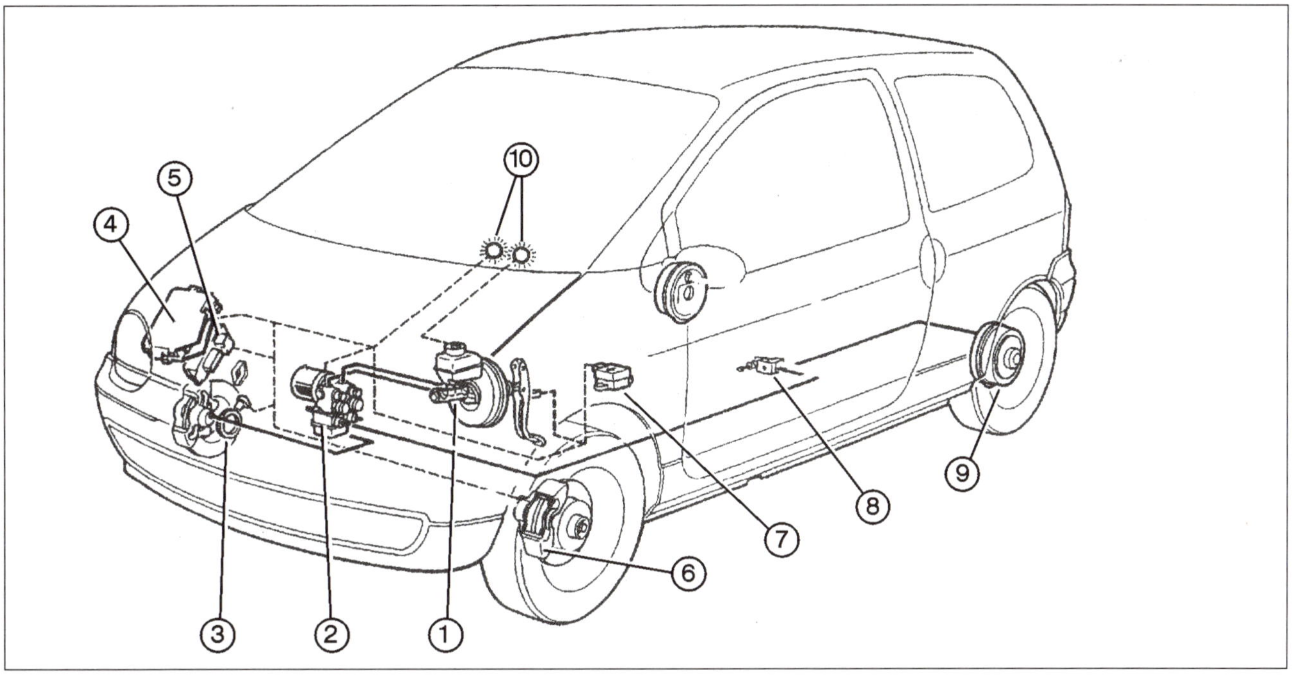

Der Twingo mit ABS-Bremssystem (Schema).
❶ Hauptbremszylinder mit Bremskraftverstärker. ❷ Hydraulikeinheit mit Pumpe. ❸ Zahnring mit Raddrehzahlgeber. ❹ ABS-Steuergerät. ❺ ABS-Relaishalter. ❻ Scheibenbremse. ❼ Längsbeschleunigungsgeber. ❽ Bremsdruckregelventil. ❾ Trommelbremse. ❿ ABS-Kontrollampe und Warnlampe für Bremsflüssigkeitsstand.

bremsbacke). Die Bremsbacken werden vom oben sitzenden Radbremszylinder (Doppelkolbenzylinder) gegen die zylindrischen Bremstrommeln gedrückt. Dabei stützen sie sich auf der gegenüberliegenden Seite des Radbremszylinders an einem Stützlager ab, das am Bremsträgerblech angenietet ist.

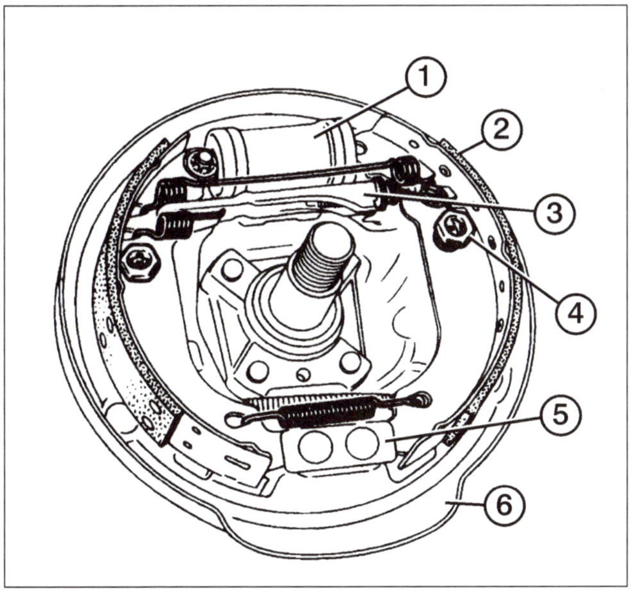

Die Trommelbremse (geöffnet).
❶ Radbremszylinder. ❷ Bremsbacke. ❸ Handbrems-Stützhebel. ❹ Bremsbacken-Niederhalter. ❺ Bremsbacken-Widerlager. ❻ Bremsträgerblech (Bremsankerplatte).

Das Antiblockiersystem

Technik-lexikon

ABS-Steuergerät. Sitzt im Motorraum in Fahrtrichtung rechts hinter dem Scheinwerfer. Verarbeitet ständig die Drehzahl-Informationen der Radsensoren und vergleicht sie mit den programmierten Werten. Signalisieren unterschiedliche Drehzahlfrequenzen drohende Blockiergefahr an einem oder mehreren Rädern, aktiviert das Steuergerät die Hydraulikeinheit – der Bremsdruck für das betreffende Rad wird reduziert, bis es wieder frei läuft und erneut gebremst werden kann. Je nach Fahrbahnzustand erfolgt dieses Wechselspiel während des gesamten Bremsvorgangs im Millisekundentakt.

Hydraulikeinheit. Hauptteil des ABS-Bremssystems. Im Motorraum rechts neben dem Hauptbremszylinder montiert. Umfaßt die Elektropumpe sowie den Ventilblock mit Magnetventilen. Beim Tritt aufs Bremspedal drückt der Hauptbremszylinder die Bremsflüssigkeit über den Ventil-

Technik-lexikon – Das Antiblockiersystem

block zu den Rädern. Dabei regelt der Ventilblock den Bremsdruck in den Bremsleitungen, die jeweils ein Vorderrad mit dem diagonal gegenüberliegenden Hinterrad verbinden. Tritt das ABS in Aktion, erteilt das Steuergerät den Befehl »Bremsdruck reduzieren«. Die Bremsflüssigkeit fließt direkt vom Ventilblock in den Ausgleichsbehälter zurück. Wird der Bremsdruck dann wieder verstärkt, strömt die Bremsflüssigkeit aus dem Ausgleichsbehälter durch die Hydraulikpumpe direkt in den entsprechenden Bremskreis. Wenn die Pumpe läuft, merken Sie das am Bremspedal: Es beginnt leicht zu pulsieren.

Drehzahlgeber an den Vorderrädern. Jeweils am Rad mit geringem Abstand zu einer Zahnscheibe (Impulsrad) montiert, die fest mit der Radnabe verbunden ist. Das Impulsrad dreht sich mit seinen zahnförmigen Erhebungen je nach Radumdrehung (Geschwindigkeit) schneller oder

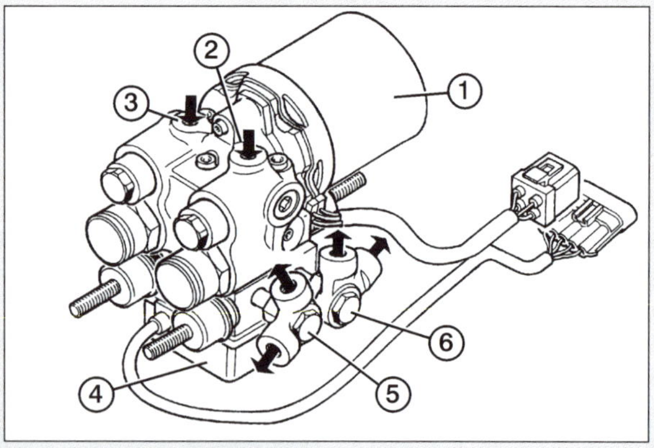

Die ABS-Hydraulikeinheit.
❶ Hydraulikpumpenmotor. ❷ Zuleitung vom Hauptbremszylinder (Primärkreis). ❸ Zuleitung vom Hauptbremszylinder (Sekundärkreis). ❹ Elektromagnetventileinheit. ❺ Bremsleitungen zum linken Vorderrad und rechten Hinterrad. ❻ Bremsleitungen zum rechten Vorderrad und linken Hinterrad.

langsamer am Geber vorbei. Jeder Zahn des Impulsrades induziert so einen kurzen Spannungsanstieg. Dadurch wird im Geber eine Wechselspannung erzeugt, die entsprechend der Raddrehzahl ihre Frequenz ändert. Die Sensoren messen also die jeweilige Rad-Drehzahl und leiten sie als elektrische Signale an das Steuergerät.

Sensor für Längsbeschleunigung. Besteht aus zwei Pendelschaltern, die unter der Mittelkonsole montiert sind. Sie befinden sich bei normaler Fahrt sowie bei leichter Beschleunigung oder Verzögerung in Ruhestellung. Werden die im Steuergerät programmierten Werte für Verzögerung oder Beschleunigung überschritten, schlagen die Schalter aus. Das Steuergerät erhält dann ein entsprechendes Signal, das über den aktuellen Fahrzustand informiert.

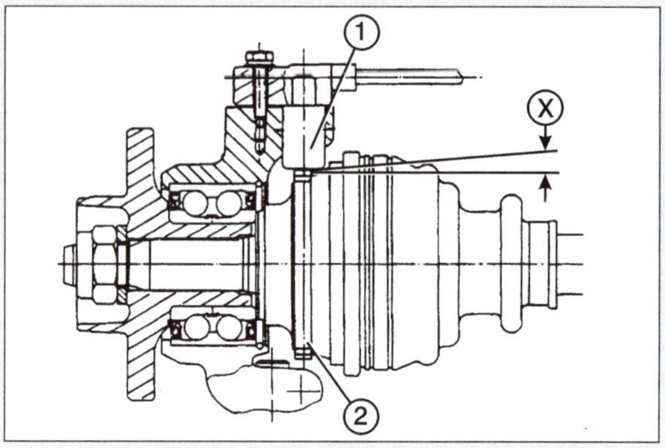

Wenn die Oberseite eines Zahnringzahns ❷ parallel zum Raddrehzahlgeber ❶ steht, muß das Spaltmaß **»X«** 1 ± 0,7 mm betragen.

Bremsdruck-Regulierventil an den Hinterrädern. Regulieren entsprechend der jeweiligen Zuladung die Verteilung des von der Hydraulikeinheit aufgebauten Bremsdrucks zu den hinteren Bremsen. Beide Ventile sind in einem Gehäuse untergebracht und an einem Halter hinten am Wagenboden befestigt. Damit die Ventile auf die Lage der Radaufhängung zur Karosserie reagieren können, sind sie über eine Zugfeder mit der Verbundlenkerachse verbunden.

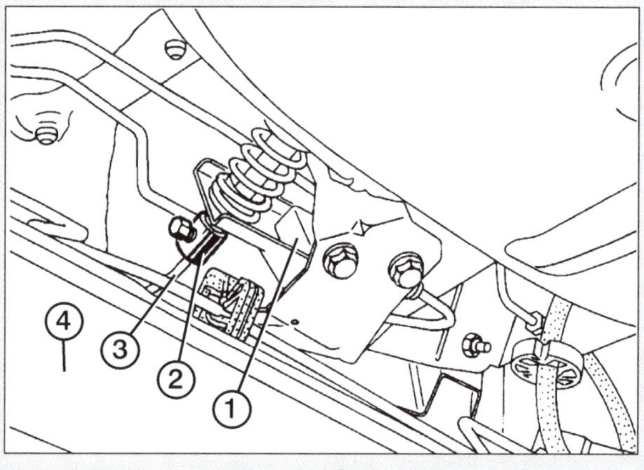

Das Bremsdruckregelventil: ❶ Bremsdruckregelventil mit Hebel und Rückholfeder. ❷ Einstellmuffe. ❸ Gestänge vom Achskörper zum Ventil. ❹ Achskörper.

Stand der Bremsflüssigkeit prüfen

Arbeitsschritte | W ständige Wartung

① Der Behälter für die Bremsflüssigkeit sitzt links hinten im Motorraum direkt auf dem Hauptbremszylinder. Kontrollieren Sie den Stand der Bremsflüssigkeit regelmäßig.

② Auch bei einer intakten Bremsanlage kann der Pegel sinken. Ursache ist der Verschleiß an den Belägen der vorderen Scheibenbremsen. Dann wandern die Kolben der Radzylinder aus den Zylindern heraus – die Bremsflüssigkeit fließt nach.

③ Das ist jedoch kein Grund zur Sorge, solange die Bremsflüssigkeit im Behälter zwischen den Markierungen »MIN« und »MAX« steht.

④ Grundsätzlich gilt jedoch:

- Zur Kontrolle, ob der im Deckel eingebaute Kontaktschalter funktioniert, sollten Sie von Zeit zu Zeit die Gummikappe niederdrücken (Pfeil).
- Dann muß das Kontrollämpchen im Armaturenbrett leuchten.
- Die Handbremse muß bei dieser Kontrolle allerdings gelöst sein. Bei Verdacht eines Schalterdefekts zur Kontrolle den Steckkontakt überbrücken.

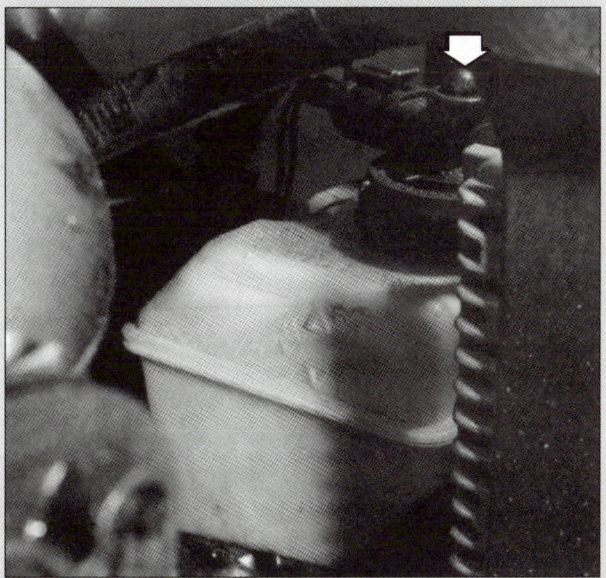

Der Bremsflüssigkeitsstand darf nicht unter die untere Markierung absinken.

Gefahrenhinweis: Wartung der Bremsen – im Zweifel in die Werkstatt

- Im Straßenverkehr entscheiden die Bremsen über Ihre Sicherheit und die anderer Verkehrsteilnehmer. Deshalb ist eine regelmäßige Kontrolle der Bremsanlage Ihre beste Lebensversicherung.
- Scheuen Sie sich nicht, die Räder abzunehmen und den Zustand der Bremsbeläge zu prüfen. Die Wartungen an der Bremsanlage sind kein Hexenwerk. Auch die meisten Arbeiten an den Bremsen sind nicht anspruchsvoller als die Demontage eines Kotflügels oder Stoßfängers.
- Machen Sie sich jedoch nur selbst an die Arbeit, wenn Sie sich Ihrer Sache wirklich sicher sind. Überlassen Sie Arbeiten an der Bremse im Zweifelsfall lieber einer Werkstatt.

Zustand der Bremsanlage prüfen

Arbeitsschritte | W 20000 km 12 Monate

① Die Unterseite des Wagens muß trocken sein, damit Sie undichte Stellen erkennen.

② Prüfen Sie die Anschlüsse und Verbindungen von Schläuchen und Leitungen, die Bremssättel und Trägerbleche (dahinter sitzen die Radbremszylinder der Hinterradbremsen). Achten Sie auf dunkle und feuchte Flecken.

③ Prüfen Sie die Bremsschläuche. Sie dürfen keine Scheuerstellen aufweisen, weder feucht noch aufgequollen sein. In diesen Fällen: Schläuche auswechseln.

④ Reinigen Sie die Bremsleitungen mit einem Kaltreiniger. Die Leitungen sind zum Schutz gegen Rost mit einer Kunststoffschicht überzogen – daher zur Säuberung nie Schraubendreher, Schmirgelleinen oder Drahtbürste verwenden. Ist die Schutzschicht beschädigt, Rostschutzgrundierung dünn aufstreichen. Stellen sie Rostnarben oder Verformungen an den Bremsleitungen fest, müssen Sie diese umgehend ersetzen.

⑤ Befinden sich Schutzkappen auf allen Entlüftungsventilen (an Bremssätteln und Bremsträgerblechen der hinteren Trommelbremsen)?

⑥ Machen Sie eine (provisorische) Bremsdruckprobe. Treten Sie eine Minute mit voller Kraft aufs Bremspedal – das Pedal darf dabei nicht nachgeben, sonst ist eine der Manschetten im Hauptbremszylinder defekt. Eine exakte Druckprüfung ist Sache der Werkstatt.

Bremskraftverstärker prüfen

Der Bremskraftverstärker sitzt links im Motorraum hinter dem Hauptbremszylinder. Er bringt etwa 60 Prozent der Bremskraft auf. Seine Kraft bezieht er über einen Schlauch durch Unterdruck im Ansaugrohr. Beim Bremsen reagiert eine elastische Membrane auf den Druckunterschied zwischen äußerem Luftdruck und dem Unterdruck aus dem Ansaugkrümmer. Sie drückt zusätzlich auf die Kolben im Hauptbremszylinder.

Arbeitsschritte | **20000 km 12 Monate**

① Motor abstellen, das Bremspedal mehrmals durchtreten und in seiner tiefsten Stellung halten.

② Motor starten. Das Pedal muß dann noch ein Stück nachgeben. Senkt sich das Pedal nicht, liegt das meist an einer der folgenden Ursachen:

- Unterdruckschlauch vom Ansaugrohr zum Bremskraftverstärker undicht. In diesem Fall müssen sie den Schlauch ersetzen.
- Rückschlagventil im Unterdruckschlauch defekt. Nehmen Sie zur Kontrolle des Ventils den Unterdruckschlauch am Bremskraftverstärker ab. Durchblasen muß, Ansaugen darf nicht möglich sein.
- Gummiring zwischen Hauptbremszylinder und Bremskraftverstärker verschlissen. Zum Austausch muß der Hauptbremszylinder demontiert werden.
- Luftfilter am Druckstößel des Bremskraftverstärkers zugesetzt. Den Filter mit einem Drahthaken von der Druckstange abziehen. Neuen Filter bis zum Mittelpunkt aufschneiden und um den Druckstößel in seinen Sitz drücken. Achten Sie darauf, daß der Filter um den Stößel geschlossen ist, sonst kann ungefilterte Luft in den Bremskraftverstärker gelangen.
- Membran des Verstärkers defekt. Eine Reparatur ist nicht möglich. Sie müssen den Bremskraftverstärker komplett ersetzen.

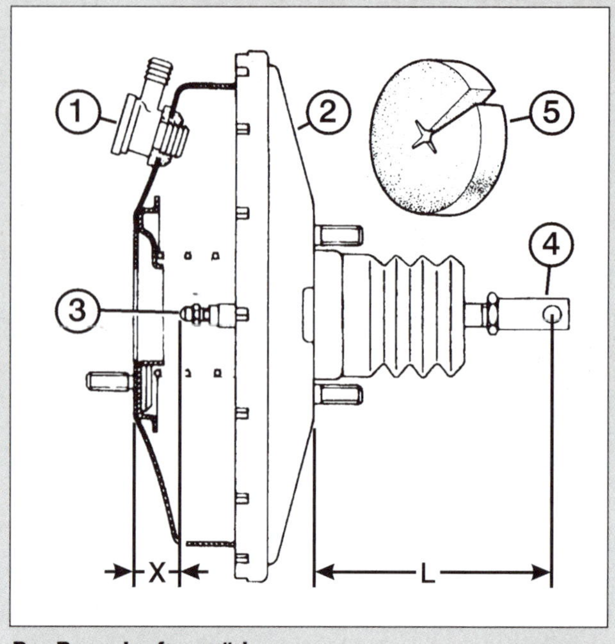

Der Bremskraftverstärker.
❶ Rückschlagventil mit Gummidichtung. ❷ Membrangehäuse. ❸ Stößelstange mit Einstellvorrichtung zum Hauptbremszylinder. ❹ Stößelstange mit Einstellvorrichtung zum Bremspedal.
Das Maß **»X«** beträgt 22,3 mm, das Maß **»L«** 132,5 mm. Unter der Staubmanschette sitzt der Luftfilter ❺ – er kann ohne Ausbau des Bremskraftverstärkers gewechselt werden.

Bremsen prüfen

Führen Sie die Bremsprüfung nur durch, wenn Sie Ihr Fahrzeug beherrschen und andere Verkehrsteilnehmer nicht behindern oder gefährden.

Arbeitsschritte | **ständige Kontrolle**

① Fahren Sie zuerst mit Schrittempo. Mit voller Kraft bremsen, dann den Gummiabrieb auf der Straße ansehen – die Bremsen ziehen gleichmäßig, wenn die Spuren gleich lang sind. Die gleiche Übung mit der Handbremse durchführen.

② Beschleunigen Sie auf etwa 50 km/h. Lassen Sie das Lenkrad los (Hände griffbereit halten), bremsen Sie zuerst sanft und dann scharf bis zum Stillstand. Das Fahrzeug sollte die Spur halten. Zieht es zum Beispiel nach links, ist eine der rechten Bremsen nicht in Ordnung (Wagen zieht in Richtung des stärker gebremsten Rades).

③ Lassen Sie den Twingo nach diesem Test auf einer leicht abschüssigen Strecke aus dem Stand losrollen – so stellen Sie fest, ob die Räder frei und leichtgängig sind. Machen Sie nach einer kurzen Fahrt die Wärmeprobe an den Felgen: Sie müssen alle gleich warm sein.

Bremsbeläge messen

(Scheibenbremsen)

Die Beläge an den vorderen Scheibenbremsen leisten mehr Arbeit beim Bremsen als ihre Partner an den Hinterrädern. Sie nutzen sich daher auch schneller ab. Kontrollieren Sie die Stärke der Beläge regelmäßig, mindestens jedoch alle 15000 Kilometer oder einmal im Jahr. Der Bremsbelag muß mit Trägerplatte bei allen Twingo-Modellen mindestens 6 Millimeter stark sein.

Arbeitsschritte | 20000 km | 12 Monate

① Nehmen Sie zur Kontrolle jeweils das Rad ab. Nur so kommen Sie richtig an den Belag heran.

② Als Meßinstrument eignet sich ein Zehnpfennigstück. Halten Sie es zwischen Bremsscheibe und Belagsträger. Ist der Belag bei der Dicke des Geldstücks angelangt, ist es höchste Zeit für einen Tausch.

Zustand der Bremsscheiben kontrollieren

Für diese Wartung müssen Sie die Vorderräder abnehmen – und danach sollten Sie zum Geldbeutel greifen. Denn mit einer Münze (und einer Schieblehre) läßt sich die Stärke der Bremsscheiben exakt messen. Kontrollieren Sie den Zustand der Bremsscheiben stets gemeinsam mit den Bremsbelägen.

Die Maße der Bremsscheiben

Durchmesser	Scheibenstärke	Verschleißgrenze
238 mm	8 mm	7 mm

Arbeitsschritte | 20000 km | 12 Monate

① Ein bläuliche Verfärbung der Scheibe ist normal.

② Achten Sie auf Rillen in den Scheiben. Sie entstehen durch Schmutz oder zu stark abgefahrene Beläge. Die Rillen dürfen nicht zu tief sein.

③ Die Bremsscheiben dürfen nicht nachgearbeitet werden. Bei Riefen oder zu starken Verschleißspuren ist stets ein paarweiser Austausch fällig.

④ Die Stärke der Scheiben messen Sie am besten, indem Sie zwischen Schieblehre und Bremsscheibe jeweils eine Münze legen – so erhalten Sie auch bei eingelaufenen Bremsscheiben genaue Werte.

⑤ Zu dünne Scheiben müssen immer paarweise ausgetauscht werden.

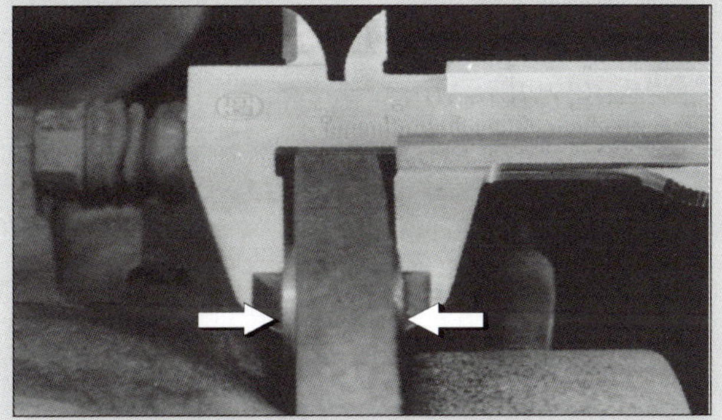

Die Stärke der Bremsscheiben messen.
Damit das Ergebnis stimmt, müssen Sie vom gemessenen Wert die Stärke der Münzen abziehen.

Praxistip

Bremspedal und Bremsbelag

- Der Leerweg des Bremspedals soll höchstens ein Drittel des gesamten Pedalwegs betragen. Läßt sich das Pedal weiter nach unten drücken (mit der Hand prüfen), sollten Sie die Scheibenbremsen untersuchen.
- Die Prüfung des Pedalwegs ersetzt jedoch keine Kontrolle der Bremsbeläge: Der Bremskolben schiebt den abnutzenden Belag beim Bremsen so weit nach, daß er nach dem Loslassen des Pedals immer die gleiche Grundstellung zur Bremsscheibe hat.
- Wird der Pedalweg durch Pumpen geringer, ist möglicherweise Luft im System – dann muß die Anlage entlüftet und nach der Ursache geforscht werden.

Bremsen

Störungs-beistand

Störung	Ursache	Abhilfe
A Bremse quietscht	**1** Resonanzgeräusche zwischen Bremsscheibe und Belägen	Beläge wechseln, ggf. Bremsbelagträgerplatte auf der Rückseite mit Anti-Quietsch-Paste einstreichen
	2 Beläge verschlissen bzw. verhärtet	Erneuern
	3 Bremsflächen der Scheiben bzw. Trommeln stark verschmutzt, verschmiert oder abgenutzt	Scheiben abschleifen bzw. Trommeln ausdrehen lassen. Ggf. austauschen
	4 Belagführung am Bremssattel verschmutzt oder verrostet	Säubern bzw. blank schleifen
	5 Festsitzender Kolben im Bremssattel	Gängig machen oder Bremssattel überholen lassen
	6 Nachstellmechanismus der Trommelbremse nicht in Ordnung	Nachstellmechanismus gängig machen bzw. Einbaulage der Bauteile überprüfen
	7 Festsitzender Kolben im Radbremszylinder	Gängig machen bzw. Bremszylinder austauschen (lassen)
B Bremswirkung läßt nach (Fading)	**1** Pedalweg normal: a) Beläge verölt, verbrannt oder verhärtet b) Siehe A3 und 7	Bremsbeläge ersetzen (lassen)
	2 Pedalweg kurz: Bremskraftverstärker arbeitet nicht oder kein Unterdruck am Verstärker	Bremskraftverstärker bzw. Unterdruckleitung auf Knicke prüfen; das Teil prüfen und evtl. ersetzen (lassen)
	3 Pedalweg lang: a) Siehe A5 b) Ein Bremskreis ausgefallen	Kontrollieren, schadhafte Teile auswechseln lassen
	4 Falscher Belag	Bremsbeläge tauschen (lassen)
	5 Hinterradbremse(n) defekt	Bremsanlage prüfen (lassen)
C Bei hohem Bremspedaldruck schwache Bremsleistung	**1** Siehe A2 bis 7	
	2 Siehe B1 bis 4	
D Bremspedalweg schwammig	**1** Luft in der Anlage	Bremsanlage prüfen, entlüften (lassen)
	2 Bei überbeanspruchter Bremse (Gebirgsfahrt, Anhängerbetrieb) Dampfblasenbildung	Anhalten, Bremse abkühlen lassen. Verhalten Fahren und bremsen, häufiger Herunterschalten (Motorbremse)
	3 Hauptbremszylinder nicht richtig befestigt	Befestigung prüfen
E Bremspedal läßt sich ganz durchtreten, keine Bremswirkung	**1** Hauptzylinder ausgefallen	Austauschen
	2 Bremsschlauch oder Leitung gerissen, Dichtung leck	Ersetzen
	3 Bremsflüssigkeit zu alt oder überhitzt	Auswechseln

Bremsen

Störungs-
beistand

Störung	Ursache	Abhilfe
F Pedalweg zu lang	Scheibenbremsen: **1** Lager an der Radseite lose oder verschlissen	Befestigen, evtl. ersetzen lassen
	2 Scheiben unrund, Beläge verschoben	Scheibe und Beläge prüfen und evtl. ersetzen lassen
	Trommelbremsen: **3** Einstellung stimmt nicht	Einstellen (lassen)
	4 Bremsflüssigkeit läuft aus	Hydraulik auf Leck prüfen und Mangel beheben lassen
G Stand der Bremsflüssigkeit zu niedrig	**1** Bremsscheiben verschlissen	Bremsbeläge prüfen, ersetzen (lassen)
	2 Leck in der Hydraulik	Hydraulik auf Leck prüfen und Mangel beheben lassen
H Bremsen ziehen einseitig	**1** Bremsscheiben defekt oder unterschiedliche Beläge	Prüfen, evtl. ersetzen (lassen)
	2 Siehe A3	
	3 Siehe A5 und 7	
	4 Falsche Reifen oder falscher Reifendruck	Prüfen; richtige Reifen aufziehen, Reifendruck kontrollieren
	5 Lenkung defekt	Prüfen lassen
	6 Stoßdämpfer verschlissen	Prüfen, evtl. ersetzen (lassen)
I Beläge stark oder ungleichmäßig verschlissen	**1** Bremsscheiben sind korrodiert oder weisen Riefen auf	Prüfen, evtl. ersetzen (lassen)
	2 Siehe A5	

Bremsanlage entlüften

- Gelangt Luft ins Bremssystem, müssen Sie die Anlage entlüften. Das gilt zum Beispiel für alle Arbeiten, bei denen Sie die Bremsschläuche abnehmen oder die Bremsleitungen öffnen. In der Regel genügt es, wenn Sie nur den Bremskreis entlüften, an dem Sie gearbeitet haben.
- Fürs Entlüften brauchen Sie neue Bremsflüssigkeit (Spezifikation SAE J 1703 DOT 3) und einen durchsichtigen Kunststoffschlauch (Scheibenwaschanlage oder Aquarienbelüftung). Außerdem sollten Sie sich von einem Helfer unterstützen lassen.
- Das Fahrzeug muß mit allen vier Rädern auf ebenem Boden stehen. Achtung: Beobachten Sie während des Entlüftens stets den Stand der Bremsflüssigkeit im Vorratsbehälter. Füllen Sie bei Bedarf Bremsflüssigkeit nach – der Behälter darf nicht leer sein, sonst wird wieder Luft ins System angesaugt.

Arbeitsschritte

① Betätigen Sie mehrmals das Bremspedal, damit der Unterdruck im Bremskraftverstärker abgebaut wird.

② Arbeitsreihenfolge: Entlüftungsventil links vorne – rechts hinten; Entlüftungsventil rechts vorne – links hinten. Bei einem Fahrzeug mit ABS müssen Sie diese Entlüftungsreihenfolge unbedingt einhalten. Auf keinen Fall mit einem nicht entlüfteten ABS-Bremssystem fahren. Setzt bei einer Vollbremsung die Pumpe ein, macht die angesaugte Luft eine Entlüftung sehr schwierig oder gar unmöglich.

③ Gummikappe vom Entlüftungsventil abziehen, Ventilnippel säubern.

④ Kunststoffschlauch auf den Nippel schieben und das freie Schlauchende in einen teilweise mit Bremsflüssigkeit gefüllten Auffangbehälter stecken.

⑤ Entlüftungsschraube maximal eine Umdrehung lösen. Der Helfer tritt das Bremspedal langsam bis zum Boden, damit die Bremsflüssigkeit und die darin eingeschlossene Luft herausgepumpt wird. Achten Sie dabei auf Schlauch und Auffangbehälter – Sie müssen die Luftbläschen sehen können. Das Bremspedal am Boden halten.

⑥ Schließen Sie die Entlüftungsschraube. Erst dann das Pedal zurücknehmen.

Den Auffangbehälter über die Entlüftungsschraube (X = 30 cm). Dann steht die Entlüftungsschraube unter Flüssigkeitsdruck und durch die Gewindegänge der Schraube kann keine Luft ins Bremssystem gelangen.

⑦ Wiederholen Sie diesen Vorgang so lange, bis keine Luftbläschen mehr aufsteigen – dann ist keine Luft mehr im System. Beobachten Sie ständig den Stand der Bremsflüssigkeit im Ausgleichsbehälter. Warten Sie bis zum nächsten Pumpen jeweils etwa drei Sekunden, damit sich der Hauptbremszylinder wieder füllen kann.

⑧ Nach dem letzten Durchgang muß der Helfer das Bremspedal wieder am Boden halten, bis das Entlüftungsventil endgültig geschlossen ist (Schraube nicht anknallen).

⑨ Die Arbeit an den anderen Ventilen wiederholen.

⑩ Kontrollieren Sie die Funktion der Bremsen bei einer (vorsichtigen) Probefahrt.

Schließen Sie das Entlüftungsventil mit dem Maulschlüssel ❶, bevor der Helfer das Bremspedal zurücknimmt (Kommando vereinbaren). Sonst kann über den Entlüftungsschlauch ❷ Luft angesaugt werden – die Bremsen würden in diesem Fall nicht richtig funktionieren.

Technik-lexikon

Die Bremsflüssigkeit

Hauptbestandteile der Bremsflüssigkeit sind Glykol und Polyglykoläther. Diese Mischung ist bei - 40°C noch dünnflüssig und hat einen sehr hohen Siedepunkt von etwa 270°C. Als sogenannte hygroskopische Flüssigkeit nimmt Bremsflüssigkeit allerdings Wasser auf (undichte Bremsschläuche und Gummimanschetten). Dadurch sinkt der Siedepunkt – bei einem Wassergehalt von 2,5 Prozent liegt er nur noch bei 150°C. In diesem Fall können sich bei stark erhitzten Bremsen (Gebirgsfahrt, Vollbremsungen) Dampfblasen in der Bremsflüssigkeit bilden. Diese werden beim Bremsen zusammengepreßt, das System kann keinen stabilen Bremsdruck aufbauen, das Bremspedal läßt sich tief durchtreten (im Extremfall bis auf den Boden). Wechseln Sie daher zu Ihrer Sicherheit die Bremsflüssigkeit regelmäßig – Renault schreibt einen Tausch alle 60000 km bzw. zwei Jahre vor.

Vorsicht beim Umgang mit Bremsflüssigkeit

Bremsflüssigkeit ist giftig. Nicht mit Mund oder offenen Wunden in Berührung bringen. Sie greift Metall- und Gummiteile zwar nicht an, wirkt jedoch auf Autolack aggressiv. Bremsflüssigkeit, die Sie einmal aus dem System abgelassen haben, dürfen Sie später nicht mehr einfüllen. Verwenden Sie auch keine Bremsflüssigkeit aus einem Behälter, der längere Zeit offen gestanden hat. Gebrauchte Bremsflüssigkeit ist Sondermüll – kümmern Sie sich um eine fachgerechte Entsorgung.

Praxistip

Störungen am ABS-Bremssystem

Die Kontrolleuchte des ABS-Bremssystems leuchtet mit dem Einschalten der Zündung auf und verlöscht, wenn der Motor läuft, spätestens jedoch nach 2 Sekunden. Leuchtet Sie während der Fahrt, liegt eine Störung im ABS-System vor. Sie können dann aber trotzdem weiterfahren – die Bremse funktioniert eben wie bei einem Wagen ohne ABS.
Zur Beseitigung des Defekts müssen Sie freilich eine Renault-Werkstatt aufsuchen. Dort fragt man die im Steuergerät gespeicherten System-Störungen mit einem speziellen Gerät ab. Als Laie können Sie allenfalls die Steckverbindungen zum Steuergerät, zu den Relais, den Radsensoren und zur Hydraulikeinheit prüfen.

Bremsflüssigkeit wechseln

Der Wechsel der Bremsflüssigkeit ist alle zwei Jahre fällig. Die Werkstatt erledigt diesen Wartungspunkt mit einem speziellen Befüllgerät. Sie können sich aber auch selbst ans Werk machen – die Arbeit ist die gleiche wie beim Entlüften. Sie benötigen zwei Liter frische Bremsflüssigkeit (auf Spezifikation achten).

Arbeitsschritte — 24 Monate

① Bremsflüssigkeit aus dem Vorratsbehälter mit einer Pipette oder einer sauberen Injektionsspritze entfernen.

② Die Arbeitsschritte an den einzelnen Entlüftungsventilen sind die gleichen wie beim Entlüften. Sie müssen natürlich regelmäßig Bremsflüssigkeit in den Ausgleichsbehälter einfüllen – bei jedem Ventil sind dies 500 cm³. Diese Menge brauchen Sie, damit sich die neue Bremsflüssigkeit nicht mit der alten vermischt.

Vorratsbehälter der Bremsflüssigkeit ausbauen

Arbeitsschritte

① Mehrfachstecker der Warnanzeige abziehen.

② Verschlußdeckel abschrauben. Einen Deckel mit Warnanzeige nicht auf dem Kopf ablegen, da Bremsflüssigkeit die elektrischen Kontakte beschädigen könnte.

③ Bremsflüssigkeit mit einer Pipette absaugen.

④ Vorratsbehälter durch seitliches Kippen vom Hauptbremszylinder trennen und abheben.

⑤ Beim Einbau neue Dichtringe in die Bohrungen des Hauptbremszylinders einsetzen. Dazu die Dichtringe mit Bremsflüssigkeit einreiben.

⑥ Vorratsbehälter eindrücken, bis er einrastet.

⑦ Verschlußdeckel aufschrauben. Funktion des Warnlichtschalters durch Drücken auf die Deckelmitte prüfen.

⑧ Bremsanlage entlüften.

Hauptbremszylinder ausbauen

Der Hauptbremszylinder wandelt die mechanische Kraft des Bremspedals in hydraulische Kraft um. Er sorgt für schnellen Druckabbau im System beim Lösen der Bremsen.

Arbeitsschritte

① Bremsflüssigkeit aus dem Vorratsbehälter absaugen.

② Stecker der Bremsflüssigkeits-Warnleuchte abziehen.

③ Sämtliche Bremsleitungen am Hauptbremszylinder abschrauben. Ggf. Leitungen für den Wiedereinbau markieren.

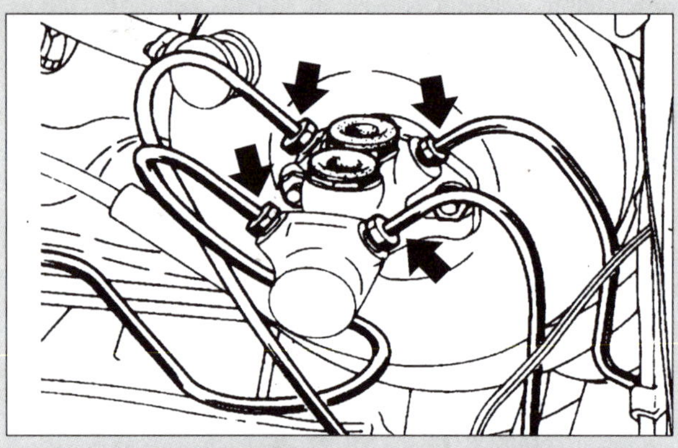

Vor Ausbau der Bremsleitungen vom Hauptbremszylinder müssen Sie die Leitungen (Pfeile) unbedingt für den Wiedereinbau markieren, da sie sich leicht verwechseln lassen.

④ Anschlüsse verschließen, damit kein Schmutz eindringen kann.

⑤ Die beiden Befestigungsmuttern am Bremskraftverstärker abschrauben und Hauptbremszylinder vorsichtig abnehmen.

⑥ Beim Einbau die Vakuumdichtung nicht vergessen. Achten Sie darauf, daß die Anlageflächen sauber sind.

⑦ Hauptbremszylinder am Bremskraftverstärker so ausrichten, daß die Stößelstange des Bremskraftverstärkers korrekt am Druckstößel des Hauptbremszylinders sitzt.

⑧ Vorratsbehälter einsetzen.

⑨ Bremsanlage entlüften.

Bremskraftverstärker ausbauen

Arbeitsschritte

① Batterie ausbauen.

② Ansauggeräuschdämpfer ausbauen.

③ Hauptbremszylinder ausbauen.

④ Bremsdruckstange vom Bremspedal abbauen (Federklammer und Bolzen).

⑤ Bremskraftverstärker im Innenraum von der Spritzwand durch Lösen der vier Befestigungsmuttern ausbauen.

⑥ Unterdruckschlauch abziehen und Bremskraftverstärker aus dem Motorraum nehmen.

⑦ Nach dem Zusammenbau Bremsanlage entlüften.

Bremsschlauch ausbauen

Arbeitsschritte

① Die Überwurfmutter der betreffenden Bremsleitung lösen – darauf achten, daß sich die Leitung nicht verdreht.

② Manche Bremsschläuche sind mit einem sogenannten Schlauchhalter (Blechbügel) gegen Rutschen an der Karosserie gesichert. Beim Zusammenbau den Schlauchhalter nicht vergessen.

③ Beim Einbau den Schlauch immer zuerst an der Stelle festdrehen, an der das Außengewinde sitzt. Dann die andere Verschraubung anziehen.

④ Der Bremsschlauch darf nicht in sich verdreht sein. Den richtigen Sitz erkennen Sie am durchgehenden Farbstreifen, dem Gummianguß oder dem Gummiprofil entlang des Schlauches.

⑤ Bremssystem entlüften.

⑥ Kontrollieren Sie unbedingt, ob der Bremsschlauch bei Federbewegungen an einer Stelle scheuern kann.

⑦ Ist dies der Fall, müssen Sie den Abstandshalter verschieben. Wiederholen Sie diese Kontrolle nach einer längeren Fahrstrecke.

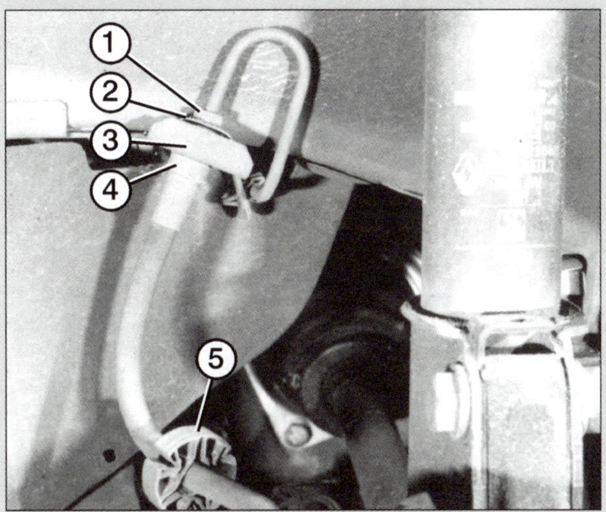

Ein Bremsschlauchhalter der vorderen Bremsen.
❶ Überwurfmutter der starren Bremsleitung. ❷ Spannfeder. ❸ Bremsschlauchhalter. ❹ Bremsschlauch-Anschlußstück mit Verzahnung. ❺ Abstandhalter (gegen Scheuerschäden beim starken Lenkeinschlag).

Praxistip

So läuft keine Bremsflüssigkeit aus

Wenn Sie eine Bremsleitung (oder Bremsschlauch) lösen, läuft langsam die Bremsflüssigkeit aus dem Vorratsbehälter. Das läßt sich jedoch verhindern. Lösen Sie vor dem Öffnen der Verschraubung eine Entlüftungsschraube im betreffenden Bremskreis. Stecken Sie einen Entlüftungsschlauch auf und plazieren Sie das andere Ende in ein sauberes Gefäß. Dann das Bremspedal voll durchtreten und zum Beispiel mit einer Holzlatte in dieser Stellung fixieren. Die Zulaufbohrungen im Hauptbremszylinder sind jetzt verschlossen, es kann keine Bremsflüssigkeit mehr auslaufen.

Scheibenbremsbeläge tauschen

Bei dieser Arbeit müssen Sie sich gleich zweimal ans Werk machen – die Beläge dürfen nämlich grundsätzlich nur auf beiden Seiten ausgetauscht werden. Achten Sie darauf, daß die Ersatzteile mit einer ABE versehen sind. Mit neuen Bremsbelägen sollten Sie auf den ersten 500 Kilometern häufige Vollbremsungen vermeiden. Der Belag verändert sonst seine Struktur – er verhärtet (»verglast«) und erreicht dadurch nicht seine beste Bremswirkung.

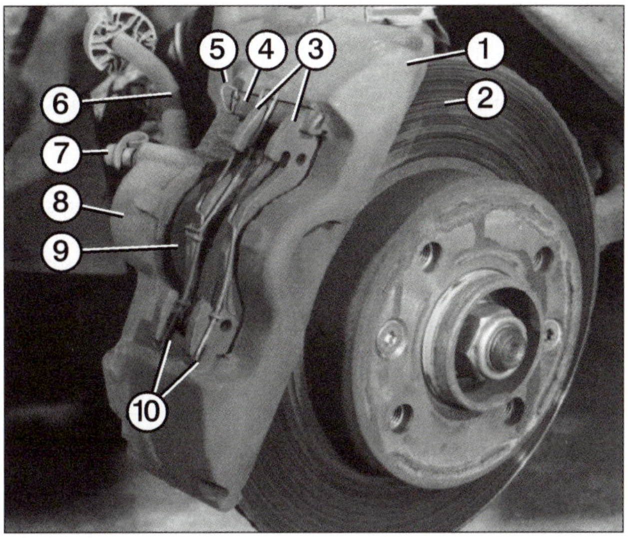

Die Scheibenbremse.
❶ Bremssattel. ❷ Bremsscheibe. ❸ Bremsklötze. ❹ Haltekeil. ❺ Sicherungssplint. ❻ Bremsschlauch. ❼ Entlüftungsventil mit Staubkappe. ❽ Bremskolbengehäuse. ❾ Bremskolben-Staubmanschette. ❿ Dämpfungsklammern.

Arbeitsschritte

① Wagen vorne aufbocken, Räder abbauen.

② Lenkung einschlagen, damit die Beläge gut zugänglich sind.

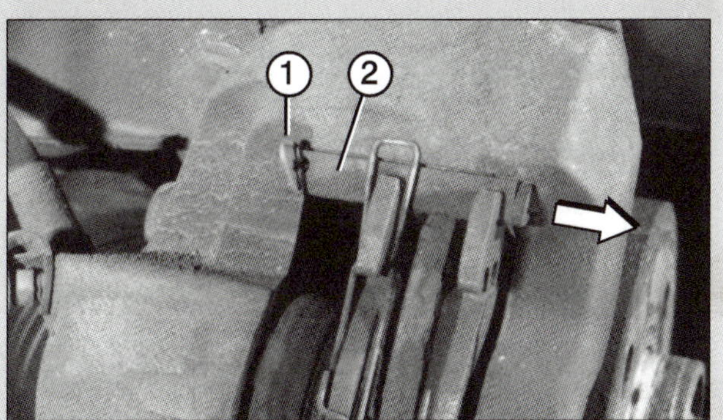

Nach Abziehen des Sicherungssplints ❶ kann der Haltekeil ❷ seitlich herausgeschoben (Pfeil) werden. Das geht leichter, wenn die Bremsbeläge etwas nach innen zur Nabenmitte gedrückt werden.

③ Mit einem schmalen Schraubendreher die Sicherungsklammer oben an der Innenseite der Bremse vorsichtig aus dem Haltekeil ziehen.

④ Mit dem Schraubendreher den Haltekeil des Bremssattels seitlich herausdrücken. Dabei die Bremszange leicht nach innen gegen die Spannfedern drücken.

⑤ Bremssattel nach außen ziehen, damit der Bremskolben in den Bremszylinder zurückgedrückt wird und die Bremsbeläge freikommen.

⑥ Äußeren und inneren Bremsbelag aus dem Belagschacht ziehen.

⑦ Ggf. die beiden Spannklammern abnehmen. Dabei auf die Montagerichtung achten.

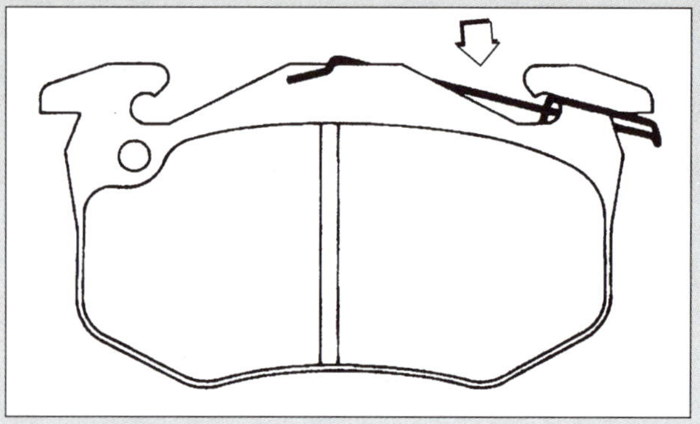

Die Einbaulage (Pfeil) der beiden Dämpfungsklammern am Bremsklotz.

⑧ Bremsbelagsführungen mit Spiritus (keinesfalls Benzin) und Lappen, evtl. mit Flaschenbürste von Belagabrieb säubern. Festgebackene Staubkrusten mit einem flachen Schraubendreher wegkratzen. Vorsicht, daß dabei die Staubmanschette des Bremskolbens nicht beschädigt wird.

⑨ Bremsscheibe auf Fett, Schmutz und Riefen kontrollieren.

⑩ Spannfedern auf die Trägerplatten der Bremsklötze montieren.

⑪ Bremskolben zurückdrücken. Schieben Sie einen breiten Schraubendreher zwischen Kolben und Bremsscheibe; drücken Sie den Bremskolben vorsichtig hebelnd zurück. Achten Sie darauf, daß Kolben und Staubmanschette nicht beschädigt werden.

⑫ Bremsklötze in den Belagschacht des Bremssattels einsetzen.

⑬ Bremssattel gegen die Radnabe drücken.

⑭ Haltekeil einsetzen und mit Sicherungsklammer sichern.

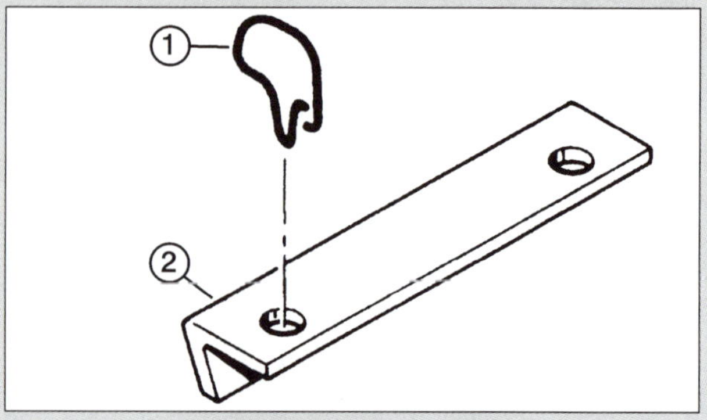

Nach Einschieben des Sicherungskeils ❷ muß die Klammer ❶ auf der Bremssattel-Innenseite eingesetzt werden. Pro Sicherungskeil ist nur eine Klammer eingebaut.

⑮ Räder montieren und Wagen ablassen.

⑯ Bremspedal mehrmals treten, bis Widerstand spürbar ist. Erst jetzt liegen die Beläge an der Bremsscheibe an, der Twingo ist bremsbereit.

⑰ Kontrollieren Sie die Bremswirkung bei einer (vorsichtigen) Probefahrt.

Bremsscheibe ausbauen

Die Bremsscheiben müssen Sie stets auf beiden Seiten erneuern. Ein Wechsel nur auf einer Seite kann eine ungleiche Wirkung der Bremsen zur Folge haben.

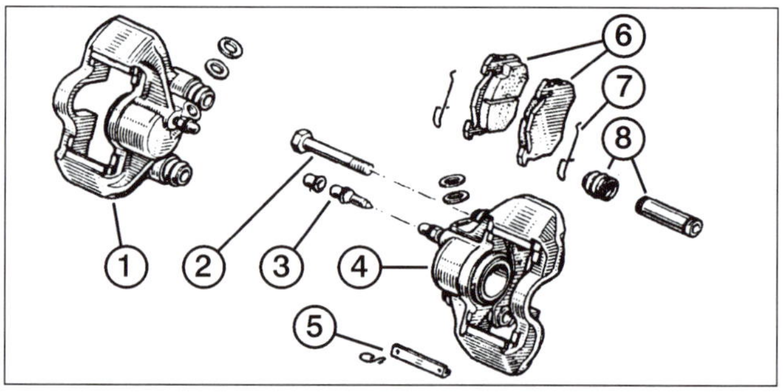

Die Vorderradbremsen.
❶ Rechter Bremssattel. ❷ Führungsbolzen des Bremssattels mit Sicherungsschraube. ❸ Entlüftungsventil mit Staubkappe. ❹ Linker Bremssattel. ❺ Sicherungskeil mit Klammer. ❻ Bremsklotz außen und innen. ❼ Dämpfungsklammer. ❽ Führungsbolzen des Bremssattels mit Sicherungsschraube.

Arbeitsschritte

① Bremsklötze ausbauen.

② Am Lenk-Schwenklager die beiden Schrauben des Bremssattels lösen. Bremssattel abnehmen und mit Draht am Federbein aufhängen.

③ Die beiden Sicherungsschrauben (Torx T40) der Bremsscheibe losdrehen. Ist die Verschraubung festgerostet, können Sie sich mit Rostlöser behelfen.

Die beiden TORX-Sicherungsschrauben (Pfeile) der Bremsscheibe rosten leicht. Zum Lösen am besten einen Schlagschrauber einsetzen.

④ Stellung der Bremsscheibe zur Radnabe für den Wiedereinbau markieren.

⑤ Bremsscheibe durch Schläge mit einem Gummihammer von der Radnabe trennen.

⑥ Vor dem Ansetzen der neuen Bremsscheibe die Anlagefläche an der Radnabe säubern – so vermeiden Sie einen verstärkten Scheibenschlag.

⑦ Sicherungsschrauben der Bremsscheibe mit 20 Nm festziehen.

⑧ Bremssattelschrauben am Lenk-Schwenklager mit 100 Nm festziehen.

Praxistip

Bremstrommeln ausdrehen

Neue Bremstrommeln haben einen Innendurchmesser von 180,25 Millimetern. Stellen Sie starke Riefen in der Trommel fest, können Sie das Teil ausdrehen lassen. Lassen Sie eine Bremstrommel ausdrehen, ist die andere ebenfalls fällig, auch wenn sie keine Riefen aufweist.

Bremssattel und Bremskolben gängig machen, Staubmanschette wechseln

Korrosion an den Gleitflächen von Bremssattel und Bremszange macht den Bremssattel schwergängig. Bei einer defekten oder nachlässig montierten Staubmanschette können Schmutz und Feuchtigkeit in den Bremskolben eindringen, außerdem kann der Kolben im Bremssattel festgehen. Beides führt zu einer ungleichmäßigen Wirkung der Bremse.

Arbeitsschritte

① Bremsklötze ausbauen.

② Kontrollieren Sie, ob sich die Beläge in ihren Führungen leicht bewegen lassen. Sonst die Führungen mit einem Schraubendreher säubern. Dabei die Bremskolbenmanschette nicht beschädigen. Vor dem Einsetzen der Bremsklötze etwas Kupferfett angeben (darf nicht auf die Bremsflächen von Bremsscheiben und -klotz gelangen).

③ Auch der Bremssattel sollte sich bewegen lassen. Ist dies nicht der Fall, Führungsbolzen säubern. Damit sie gängig bleiben, an den Gleitstellen etwas hitzebeständiges Fett auftragen.

Bremskolben prüfen

① Um die Gängigkeit des Bremskolbens zu prüfen, als Anschlag am Bremssattel eine Schraubzwinge mit Holzstück ansetzen (verhindert, daß der Kolben aus dem Zylinder springt und die Kolbenfläche beschädigt wird).

② Ein Helfer soll das Bremspedal vorsichtig treten (der andere Bremssattel muß natürlich eingebaut sein). Bewegt sich der Kolben? Wenn nicht, so lange mit dem Bremspedal pumpen, bis er sich bewegt. Dann Kolben durch Drehen der Schraubzwinge zurückdrücken. Diese Übung so lange wiederholen, bis er sich leichtgängig bewegt.

Manschette tauschen

③ Staubmanschette und ggf. auch die Kolbendichtung mit einem Haken oder kleinen Schraubendreher aus der Bremszylinder-Ringnut herausnehmen. Dabei Laufflächen nicht zerkratzen!

④ Kolben und Zylinderbohrung auf Riefen untersuchen, mit Spiritus oder sauberer Bremsflüssigkeit reinigen.

⑤ Neue Staubmanschette und Kolbendichtung in die Zylinder-Ringnut einsetzen.

⑥ Kolben in den Zylinder bis zum Anschlag zurückdrücken.

⑦ Äußere Lippe der Manschette am Kolbengehäuse ansetzen und rundum gleichmäßig aufdrücken.

⑧ Nach Abschluß der Montagearbeiten die Bremse entlüften, Stand der Bremsflüssigkeit kontrollieren, Bremse auf Dichtheit prüfen.

Bremstrommel abnehmen, Beläge prüfen

Arbeits-schritte | 20000 km 12 Monate

① Fahrzeug aufbocken, Hinterrad abnehmen.

② Handbremse vollständig lösen.

③ Mit einem Schraubendreher durch ein Radschraubenloch der Bremstrommel den Handbremsschwinghebel der Ablaufbacke nach innen zur Fahrzeugmitte drücken. Dadurch wird ein kleiner Anschlagstift des Handbremsschwinghebels ausgerastet.

In dieser Bremstrommelstellung kann der Anschlag des Handbrems-Schwinghebels von der Ablaufbremsbacke ausgerastet werden. Dazu einen Schraubendreher durch ein Radschraubenloch stecken und den Handbrems-Schwinghebel zur Fahrzeugmitte drücken.

④ Mit dem Schraubendreher den Handbremsschwinghebel nach hinten drücken, damit die Bremsbacken vollständig frei und entspannt werden.

⑤ Nabenkappe vorsichtig mit einem Hammer abschlagen. Nehmen Sie bei Bedarf einen Meißel zur Hilfe.

⑥ Nabenmutter abschrauben und mit Anlaufscheibe abnehmen.

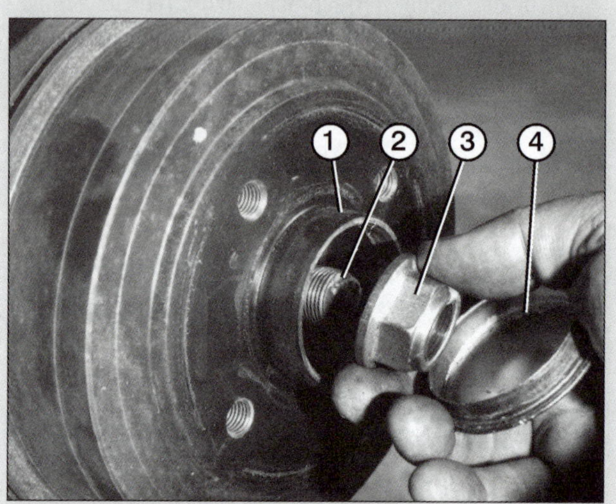

Nach Abnehmen der Nabenkappe ❹ von der Bremstrommel ❶ kann die Nabenmutter ❸ vom Radnabengewinde ❷ abgeschraubt werden. Beim Abziehen der Bremstrommel auf die Anlaufscheibe der Nabenmutter achten.

⑦ Bremstrommel abnehmen. Geht dies nicht, Bremstrommel drehen und mit einem Gummihammer oder Hammer mit zwischengelegtem Holz ringsum losschlagen. Die Werkstatt benutzt hierfür einen Abzieher.

⑧ Bremstrommel auf Verschleiß, Beschädigungen und Risse überprüfen. Die Bremsflächen mit den Fingern auf Riefen abtasten.

⑨ Bremse reinigen. Dazu die Bremse entweder mit sauberem Tuch und Spiritus auswischen oder mit Preßluft ausblasen (nicht den Staub einatmen). Losen Abrieb entfernen Sie mit Pinsel oder Staubsauger.

⑩ Der Belag an der Auflaufbremsbacke ist im Neuzustand etwas dicker als an der Ablaufbacke. Er nutzt jedoch auch schneller ab – beide Beläge erreichen daher fast gleichzeitig die Verschleißgrenze, die mit Belagträger 2,5 Millimeter beträgt. Bei dünneren Belägen ist der Tausch der Bremsbacken fällig.

Bremsbacken ausbauen

Bei dieser Arbeit müssen Sie stets alle vier Bremsbacken erneuern. Ein Austausch der Bremsbacken ist zum Beispiel angesagt, wenn die Bremsbeläge abgenutzt oder verölt sind (Beläge kleben auf den Bremsbacken). Besorgen Sie sich Original-Ersatzteile von Renault. Beachten Sie vor Arbeitsbeginn bitte die folgenden Punkte:

- Vor dem Ausbau der Bremsbacken sollten Sie sich unbedingt Montagerichtung und Sitz der einzelnen Teile merken. Das gilt vor allem für die Federn. Damit erleichtern Sie sich den Einbau und vermeiden Funktionsstörungen.
- Wenn Sie gleichzeitig an beiden Bremsen arbeiten, dürfen Sie die Teile unter keinen Umständen untereinander vertauschen.
- Die Druckstrebe für die linke Bremse ist mit einem »G«, die für die rechte Bremse mit einem »D« gekennzeichnet. Die Einstell-Zahnmutter der linken Druckstrebe hat Linksgewinde, die der rechten Druckstrebe Rechtsgewinde. Außerdem ist die Zahnmutter der linken Druckstrebe mit einem Nut versehen, der am rechten Ritzel fehlt. Dafür ist die Klammerfeder der rechten Strebe lackiert.

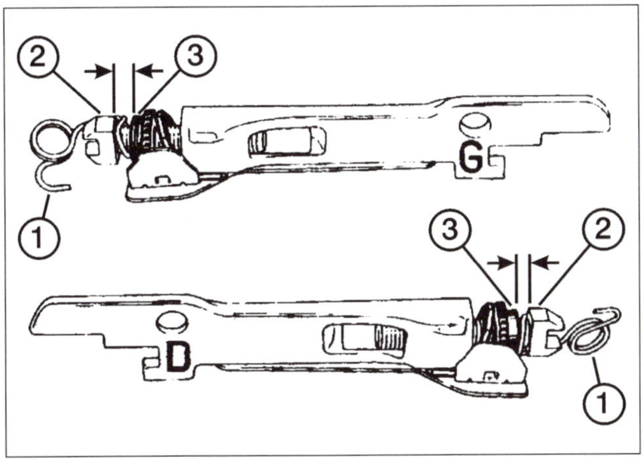

Bei beiden Druckstreben darf die Klammerfeder ❶ nicht zwischen Kopf der Nachstellschraube ❸ und Nachstellritzel eingeklemmt sein – es muß genügend Spiel (Pfeile) für die Feder vorhanden sein. ❷

- Treten Sie bei ausgebauten Bremsbacken nicht auf die Bremse. Sonst können die Kolben aus dem Radbremszylinder gedrückt werden. Rutschen die Kolben aus dem Zylinder, dringt Luft ins Bremssystem und die Bremse muß entlüftet werden. Am besten sichern Sie die Kolben mit einer Schraubzwinge.
- Bei abgenommenen Bremsbacken sollten Sie stets auch die Radbremszylinder auf Dichtheit kontrollieren. Klappen Sie die Staubmanschetten zurück: Ist es dahinter feucht, den Radbremszylinder überholen oder austauschen.

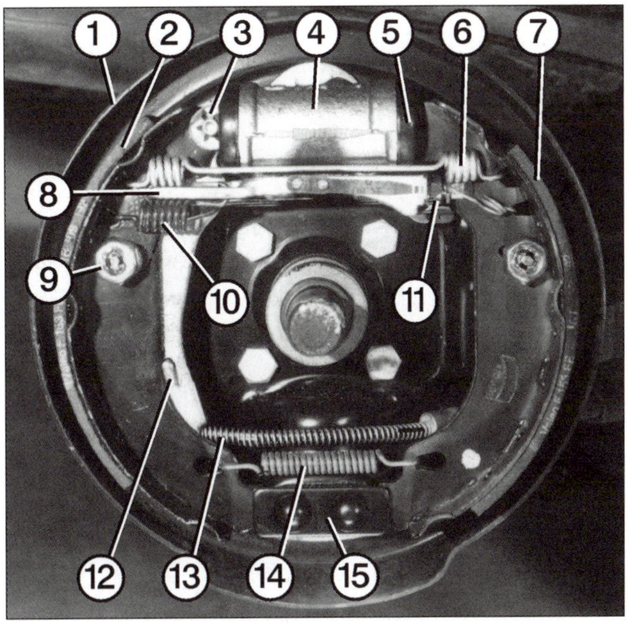

Trommelbremse (geöffnet).
❶ Bremsträgerblech. ❷ Ablaufbremsbacke. ❸ Klemm-Sicherungsscheibe. ❹ Radbremszylinder. ❺ Staubmanschette. ❻ Obere Rückzugfeder. ❼ Auflaufbremsbacke. ❽ Handbrems-Druckstrebe. ❾ Bremsbacken-Niederhalter. ❿ Rückzugfeder der Handbrems-Druckstrebe. ⓫ Nachstell-Zahnmutter. ⓬ Handbrems-Schwinghebel mit Anschlag. ⓭ Handbremsseil. ⓮ Untere Rückzugfeder. ⓯ Bremsbacken-Stützlager.

Arbeitsschritte

① Fahrzeug aufbocken, Hinterrad abbauen.

② Bremstrommel abbauen.

③ Federteller der Bremsbacken-Niederhalter mit einer Kombizange gegen die Druckfeder drücken, um 90° verdrehen (evtl. Haltestift hinten an der Bremsankerplatte festhalten, damit er sich nicht mitdreht) und Federteller sowie Druckfeder abnehmen. Haltestift herausziehen.

④ Untere Rückzugfeder zwischen den Bremsbacken aushängen. Mangels Bremsbackenfederzange kann das Federende auch mit einer Rohrzange oder einem Schraubendreher ausgehängt werden.

⑤ Bremsbacken nacheinander vom unteren Stützlager abheben.

⑥ Bremsbacken unten übereinanderdrücken, damit sie sich im Bereich des Radbremszylinders spreizen und frei kommen.

⑦ Bremsbacken soweit abnehmen, bis der Handbremszug ausgehängt werden kann.

⑧ Um die Auflaufbacke von der Druckstrebe zu trennen, die Bremsbacke unten nach außen schwenken, damit der Schraubteil der Druckstrebe freikommt. Vorher die kleine Klammerfeder an der Bremsbacke aushängen.

⑨Obere Rückzugfeder zwischen den Bremsbacken abnehmen.

⑦ Um die Druckstrebe von der Ablaufbacke abzunehmen, die Strebe gegen den Federdruck von der Bremsbacke soweit abziehen, bis sie nach unten geschwenkt werden kann.

⑦ Feder und Druckstrebe abnehmen.

Bremsbacken einbauen

① Vor dem Einbau die Beweglichkeit von Handbremsschwinghebel und Druckstrebe auf Leichtgängigkeit überprüfen. Bei Bedarf sparsam einfetten.

② Beim Tausch der Bremsbacken den Handbremsschwinghebel umbauen und mit neuer Klammer-Sicherungsscheibe an der Ablaufbremsbacke sichern.

③ Beim Ansetzen der Druckstrebe auf die richtige Montage der Zugfeder zur Bremsbacke achten – der kürzere Haken muß an der Bremsbacke eingehängt sein.

④ Feder an der nach unten zeigenden Druckstrebe ansetzen und Strebe an der Bremsbacke nach oben schwenken, bis sie in die richtige Stellung einrastet.

⑤ Achten Sie beim Einsetzen der Nachstellvorrichtung in die Bohrung der Druckstrebe darauf, daß der Feder-Spreizwinkel zwischen Strebe und Zahnmutter nicht klemmt. Zwischen Zahnmutter und Bremsbackenaufnahme der Druckstrebe muß Spiel vorhanden sein.

⑥ Die Auflaufbremsbacke an der Druckstrebe ansetzen und die obere Zugfeder zwischen beiden Bremsbacken ansetzen.

⑦ Beide Bremsbacken unten soweit zusammendrücken, bis die Bremsbackenaufnahme der Nachstellvorrichtung korrekt im Steg der Auflaufbremsbacke sitzt.

⑧ Klammerfeder in Auflaufbremsbacke einhängen.

⑨ Handbremsschwinghebel nach innen ziehen und die an die Druckstebe vormontierten Bremsbacken an der Bremsträgerplatte ansetzen. Dabei den Seilzug der Handbremse am Handbremsschwinghebel einhängen.

⑩ Die Bremskolben ganz in den Radbremszylinder zurückdrücken. Falls vorhanden, vorher die Zwinge der Kolbensicherung am Radbremszylinder entfernen.

⑪ Bremsbacken unten übereinanderschwenken, damit sie oben so weit gespreizt werden, bis sie am Radbremszylinder angesetzt werden können. Darauf achten, daß die Staubmanschetten nicht beschädigt werden.

⑫ Bremsbacken unten ins Stützlager einsetzen.

⑬ Bremsbackenniederhalter montieren.

⑭ Untere Zugfeder zwischen den Bremsbacken einhängen.

⑮ Mit einem Schraubendreher an der Zahnmutter die

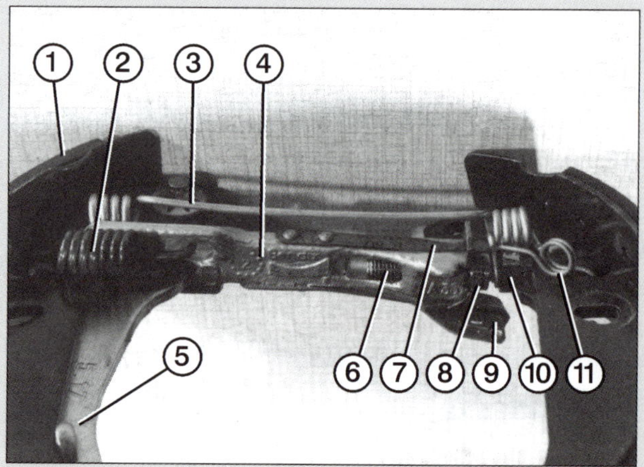

Die automatische Nachstellung der Trommelbremse. ❶ Ablaufbremsbacke. ❷ Rückzugfeder der Druckstrebe. ❸ Obere Bremsbacken-Rückzugfeder. ❹ Druckstrebe mit Nachstellvorrichtung. ❺ Handbrems-Schwinghebel mit Anschlag. ❻ Nachstellgewinde des Druckstößels. ❼ Rastfeder der Nachstell-Zahnmutter. ❽ Nachstell-Zahnmutter. ❾ Ratschenhebel. ❿ Druckstößel. ⓫ Klammerfeder.

Spreizung der Bremsbacken so einstellen, daß der Wert unter dem Durchmesser der Bremstrommel liegt. Bei einer neuen Bremstrommel darf er maximal 179,5 mm betragen.

⑯ Bremstrommel aufschieben und neue Nabenmutter handfest beidrehen.

⑰ Bremspedal anschließend mehrmals betätigen (ca. 20 mal), damit die Bremsbacken zur Bremstrommel zentriert werden und die Bremse durch die automatische Nachstelleinrichtung auf beiden Seiten gleichmäßig eingestellt wird (Zahnmutter muß vernehmlich klicken).

⑱ Bremstrommel zur Grundeinstellung der Handbremszüge nochmals abnehmen. Bremstrommel wieder aufschieben und Nabenmutter mit 170 Nm festziehen.

⑲ Ggf. neue Nabenkappe mit Radlagerfett versehen und mit Gummihammer an die Nabenaufnahme schlagen.

⑳ Räder montieren und Fahrzeug abbocken.

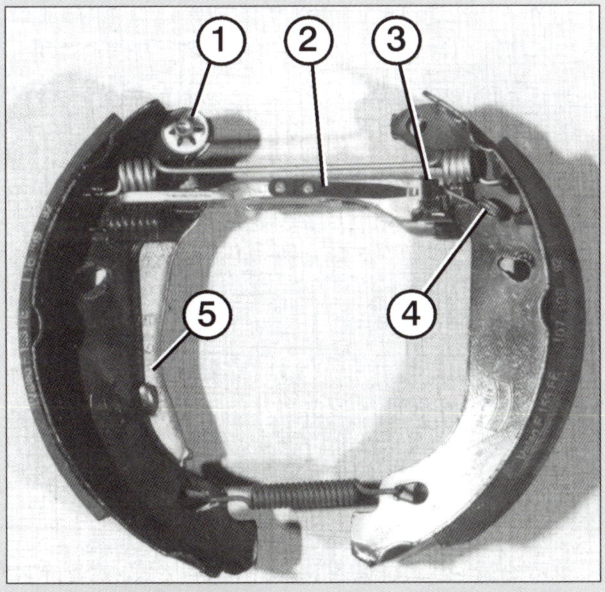

Wird beim Ausbau der Bremsbacken der Handbrems-Schwinghebel ❺ von der Ablaufbremsbacke getrennt, muß beim Wiederanbau unbedingt eine neue Klemm-Sicherungsscheibe ❶ verwendet werden. Beim Einsetzen der Bremsbacken den Handbrems-Schwinghebel zur Nabenmitte schwenken und das Handbremsseil einhängen. Nach korrektem Sitz der Bremsbacken am Bremsträgerblech muß die Zahnmutter ❸ der Druckstrebe ❷ so verstellt werden, daß die Spreizung der Bremsbacken unter dem Bremstrommeldurchmesser liegt. Vor Ansetzen der Bremtrommel kontrollieren, ob die Spreizfeder ❹ freigängig und nicht eingeklemmt ist.

Vor dem Einsetzen der neuen Bremsbacken müssen das Bremsträgerblech gereinigt und die sechs Bremsbackenauflagen (Pfeile) mit Kupferpaste etwas eingefettet werden.

Radbremszylinder ausbauen

Der Bremsflüssigkeitsdruck im Radbremszylinder erreicht bis zu 120 bar. Die Kolben der Zylinder übertragen den Druck an Bremsklötze (vorne) und Bremsbacken (hinten).

Arbeitsschritte

① Bremstrommel und Bremsbacken ausbauen.

② Bremsschlauch mit Schlauchklemme oder Schraubzwinge abklemmen.

③ Entlüftungsventil und Bremsleitung hinten an der Bremsankerplatte abschrauben und Öffnungen gegen Schmutz verschließen.

④ Halteschrauben des Radbremszylinders losdrehen und Zylinder abnehmen.

⑤ Nach dem Zusammenbau Bremsen entlüften.

Die Handbremse

Mit der Handbremse sichern Sie Ihr Fahrzeug im Stand gegen eine unbeabsichtigte Fortbewegung. Sie wirkt auf die beiden Hinterräder und wird mechanisch betätigt. Beim Zug am Handbremshebel wird eine Zugstange in der Mitte des Fahrzeugbodens nach vorne gezogen. An ihrem mit einem Gewinde versehenen Ende befindet sich eine Wippe, an der beiden Handbremsseilzüge eingehängt sind. Die Wippe hat die Aufgabe, die Kraft beim Anziehen der Handbremse gleichmäßig an beide Hinterräder zu verteilen.

Bremszüge übertragen Spannkraft

Die Bremszüge übertragen diese Spannkraft auf die Schwinghebel in den Hinterradbremsen. Die Ablaufbremsbacke wird gegen die Bremstrommel gedrückt. Gleichzeitig stützt sich der Bremshebel über die Druckstange an der Auflaufbremsbacke ab, die ebenfalls nach außen gepreßt wird. Die Hinterräder werden

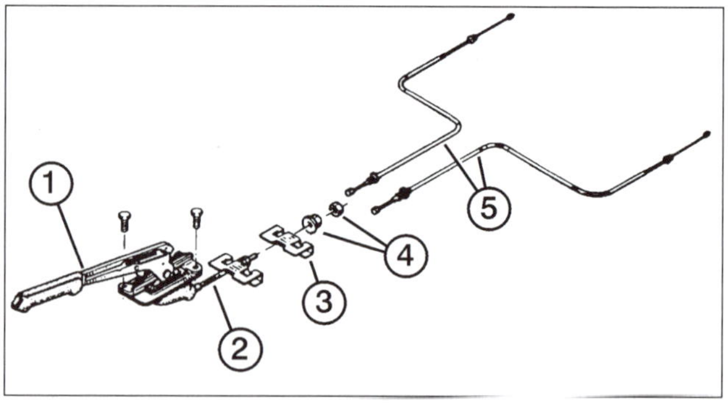

Die Übertragungsteile der Handbremse.
❶ Handbremsstock. ❷ Zugstange mit Einstellgewinde und Ausgleichswippe der Handbremszüge. ❸ Demontierte Ausgleichswippe. ❹ Mutter und Kontermutter der Grund-Einstellvorrichtung. ❺ Handbremsseilzüge.

jetzt gebremst. Die Handbremse müssen Sie in der Regel nur einstellen, wenn Sie einen Bremsseilzug ausgewechselt oder an den Trommelbremsen gearbeitet haben. Eine Einstellvorrichtung am Handbremshebel dient zur Grundeinstellung der Handbremsseile.

Wirkung der Handbremse prüfen

Arbeitsschritte | 20000 km 12 Monate

① Lassen Sie Ihr Fahrzeug auf einer Straße mit leichtem Gefälle im Leerlauf rollen. Ziehen Sie den Handbremshebel in die erste Raste – die Bremse sollte bereits wirken (Wagen darf nicht schneller werden).

② Ziehen Sie den Hebel weiter nach oben. In der dritten, spätestens der vierten Raste sollten die Hinterräder blockieren.

③ Ein längerer Leerweg des Handbremshebels weist auf abgenutzte Bremsbeläge hin. Wenn Sie beim Parken die Handbremse regelmäßig kräftig anziehen, kann ein langer Leerweg des Hebels auch bedeuten, daß die Seilzüge gedehnt sind oder Spiel in den Übertragungsteilen von Handbremse und Nachstellmechanismus entstanden ist.

Handbremszüge wechseln

Arbeitsschritte

① Wagen hinten aufbocken und sichern.

② Handbremse lösen.

③ Mutter und Kontermutter an der Ausgleichswippe losdrehen, bis sich die beiden Züge aushängen lassen.

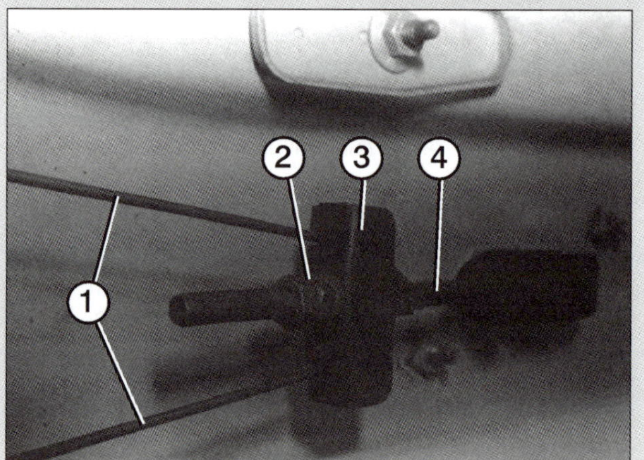

Rechts: Die Einstellvorrichtung der Handbremse.
❶ Bremszüge zu den Hinterrädern. ❷ Mutter und Kontermutter der Einstellvorrichtung. ❸ Ausgleichswippe der Züge. ❹ Zugstange mit Gewinde vom Handbremsstock.

④ Bremstrommel abnehmen und die Bremsbacken ausbauen, um den Seilzug aus dem Schwinghebel aushängen zu können.

⑤ Seilzüge aus den verschiedenen Haltern am Wagenboden aushängen und abnehmen.

⑥ Beim Einbau, der in umgekehrter Ausbaureihenfolge vor sich geht, eventuell zu Bruch gegangene Klammern und Halter erneuern, sonst entstehen Klapperstellen.

⑦ Unbedingt eine Grundeinstellung vornehmen

Handbremse einstellen

Kontrollieren Sie vor dem Einstellen, ob das Handbremsseil in den Führungen richtig verlegt ist. Auch die Nachstellvorrichtung in den Hinterradbremsen sollte einwandfrei arbeiten.
Wenn das Handbremsspiel in kurzen Nachstellabständen schnell größer wird, sollten Sie die Bremstrommeln abnehmen und den Nachstellmechanismus gangbar machen. Wenn sich die Handbremshebel durch Verstellen des Bremsseils nicht bewegen lassen, klemmt möglicherweise ein Bremsseil (oder beide).

Arbeitsschritte

① Handbremse vollständig lösen.

② Bremstrommeln abbauen.

③ Leichtgängigkeit der Zahnmutter kontrollieren und um fünf bis sechs Zähne lockern.

④ Kontrollieren Sie, ob die Anschlagstifte der Handbremsschwinghebel an den Bremsbacken anliegen.

⑤ Kontermutter der Einstellmutter lösen. Lassen Sie einen Helfer den Handbremshebel langsam von der ersten in die zweite Raste ziehen. Ziehen Sie die Einstellmutter an der Ausgleichswippe soweit an, daß der Handbremsschwinghebel mit dem Anschlagstift gerade beginnt, von der Bremsbacke abzuheben. Beim Erreichen der zweiten Raste müssen sich die Bremsbacken spreizen.

⑥ In dieser Stellung die Einstellmutter der Ausgleichswippe mit der Kontermutter sichern.

⑦ Bremstrommeln montieren.

⑧ Nach Ablassen des Fahrzeugs durch mehrmaliges kräftiges Treten des Bremspedals die Bremsbacken in Grundstellung bringen. Dabei auf das Klicken der Nachstellvorrichtung achten.

DIE FAHRZE ELEKT

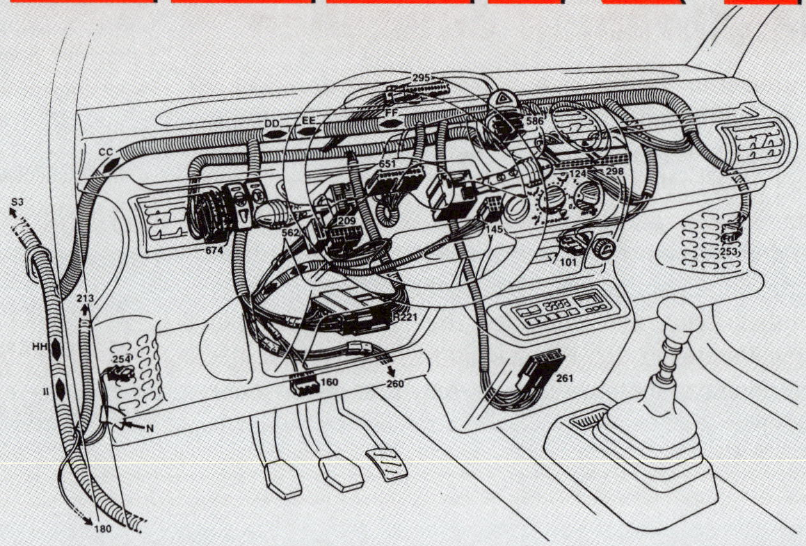

Lage der Kabelbäume (Armaturenbrett)

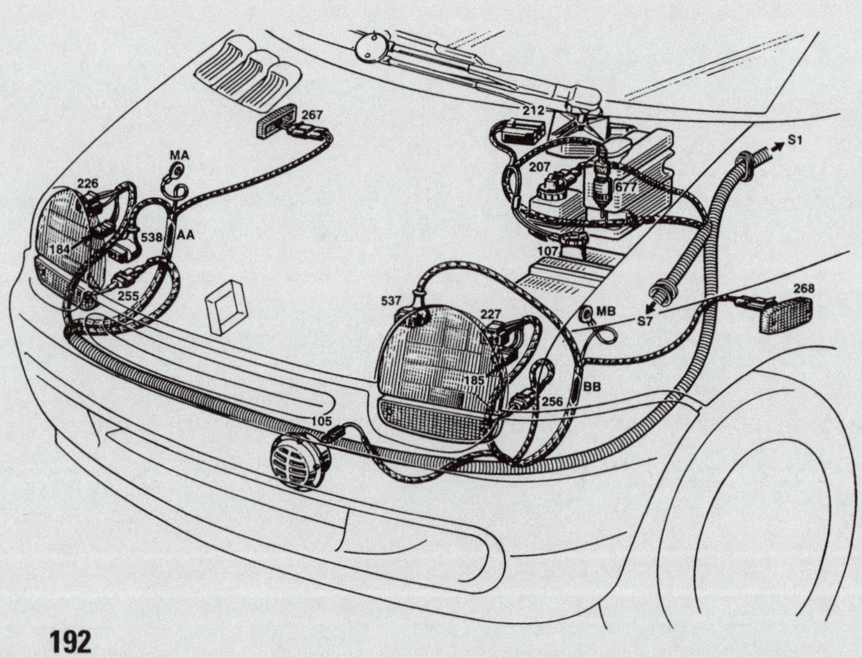

Lage der Kabelbäume
(Motorraum – Beleuchtung)

UG-
RIK

Wartung

Reparatur

Lage der Kabelbäume (Fahrzeugheck)

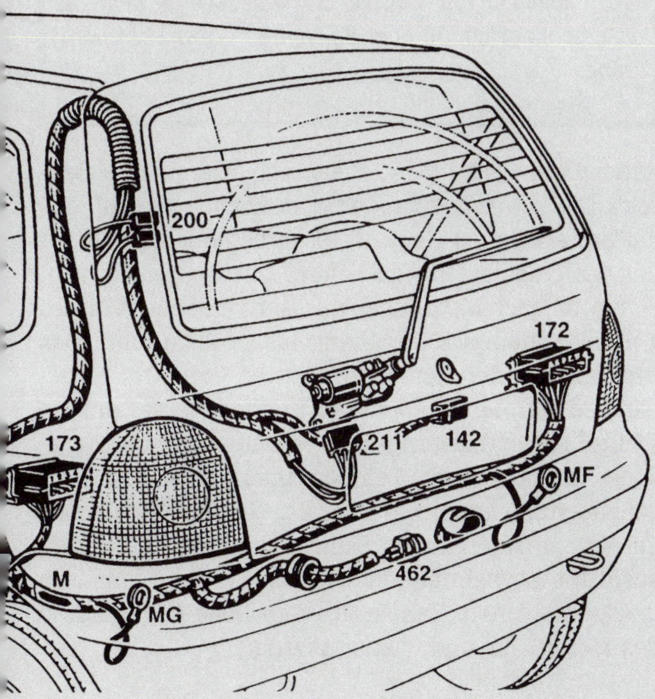

Batterie, Generator und Anlasser sind zusammen für den Start des Motors verantwortlich. Damit jedes Bauteil seine Aufgabe erfüllen kann, ist es auf das andere angewiesen. Ohne Batterie kommt der Anlasser nicht in Schwung, ohne Anlasser bleibt der Motor stumm und die Lichtmaschine arbeitslos. Und ohne Lichtmaschine kann die Batterie verbrauchte Energien nicht erneuern. Aber auch während der Fahrt braucht Ihr Twingo Strom. Systeme wie Motorsteuerung und Benzineinspritzung müssen schließlich mit Energie versorgt werden, damit sie ihre Arbeit verrichten können. Doch so wichtig die Autoelektrik auch ist – manchem Fahrer fällt zu diesem Thema eine unangenehme Geschichte ein.

Keine Angst vor der Elektrik

Die beginnt meist damit, daß der Strom im Motorraum produziert wird. Die Arbeitsbedingungen sind dort nicht gerade ideal. Mal ist es zu kalt, mal zu warm, oft ist es feucht und manchmal richtig naß. Und weil viele Stromverbraucher an exponierten Stellen sitzen, sind Störungen programmiert. Aber auch die Batterie und die Lichtmaschine, die Stromerzeuger, sorgen bisweilen für Ärger. Verlieren Sie jedoch nicht gleich den Mut, wenn Sie einen Schalter drücken und nichts geschieht. Oft sitzt nur ein Kabel lose oder ein Kontakt ist korrodiert. Viele Störungen an der Elektrik lassen sich mit einfachen Mitteln beheben. Auch dann, wenn man kein Elektrik-Profi ist.

Batterie und Anlasser

Sechs in Reihe geschaltete Zellen bilden das Herz einer 12-Volt-Auto-Batterie. Eine Zelle besteht aus einer Kombination positiver und negativer Platten, die in einer Art chemischem Teamwork eine Spannung von etwa zwei Volt produzieren. Die Platten setzen sich zusammen aus Hartblei-Gittern, die jeweils mit einer aktiven Masse gefüllt sind. Die positive Platte enthält Bleidioxid, die negative Platte reines Blei. Dazwischen sitzt ein Separator. Er trennt die beiden Platten voneinander, läßt den Elektrolyt jedoch durch mikroskopisch kleine Poren passieren. Der Elektrolyt ist eine leitfähige Flüssigkeit, die zu etwa 37 Prozent aus konzentrierter Schwefelsäure und 63 Prozent destilliertem Wasser besteht.

Batterie ist der Energiespeicher

Im Inneren der Batterie laufen chemische Prozesse ab, durch die sie Energie aufnimmt und speichert. Bei der Stromabgabe wird diese chemische Energie in elektrische Energie umgewandelt. Die wichtigste Aufgabe der Batterie ist es, dem Anlasser die nötige Power für den Start des Motors zu liefern. Das ist freilich nicht wenig. Je nach Motor und Anlassertyp benötigt dieses Teil im Augenblick des Starts bis zu 2000 Watt. Das liegt auch an den Reibungsverlusten – zum Durchdrehen des warmen Motors braucht der Anlasser nur ein Fünftel dieser Leistung. Sein Strombedarf wächst jedoch bei niedrigen Temperaturen, weil dann die Schmierstoffe zäher werden. Der Renault Twingo ist mit einem sogenannten Schub-Schraubtrieb-Anlasser ausgestattet, bei dem das Anlasserritzel automatisch in das mit einem Zahnkranz versehene Schwungrad des Motors ein- und wieder ausspurt.

Grundbegriffe der Elektrik

Technik-lexikon

Elektrischer Strom. Kann nur in einem geschlossenen Stromkreis fließen. Der besteht aus Erzeuger (z. B. Batterie), Verbraucher (z. B. Glühlampe, Anlasser) und den Leitungen (Kabel), mit denen Erzeuger und Verbraucher verbunden sind. Die Grundbegriffe der Elektrik veranschaulicht folgendes Beispiel. Stellen Sie sich eine Wasserleitung vor, durch die unter einem bestimmten Druck eine bestimmte Menge Wasser fließt. Dieses System läßt sich mit einem Stromkreis vergleichen.

Spannung. Sie entspricht dem Druck in der Wasserleitung. Wird in Volt (V) gemessen.

Strom. Entspricht der Wassermenge, die in einer bestimmten Zeit durch die Leitung fließt. Maßeinheit ist Ampere (A).

Leistung. Das Produkt aus Spannung und Strom gibt an, welche elektrische Arbeit ein Stromerzeuger an einen Verbraucher abgibt. Wird in Watt (W) angegeben.

Widerstand. Vergleichbar mit dem Absperrhahn der Wasserleitung. Ist er ganz geöffnet, fließt das Wasser ungehindert (Widerstand 0). Dreht man den Hahn zu, erhöht sich der Widerstand, bis das Wasser nicht mehr fließen kann (Widerstand ∞). Maßeinheit ist Ohm (Ω).

Kabel. Entsprechen der Wasserleitung. Die Dicke der Leitung (Querschnitt) hängt vom Verbraucher ab. Ein Kontrollämpchen kommt mit einer Kabelstärke von 0,5 mm^2 aus, der Anlasser braucht dagegen eine 16-mm^2-Leitung. Ein zu dünnes Kabel heizt sich auf – die Spannung fällt ab. Dann kommen zum Beispiel am Scheinwerfer nicht 12 Volt, sondern nur 10 oder 9,5 Volt an – das Licht wird trübe.

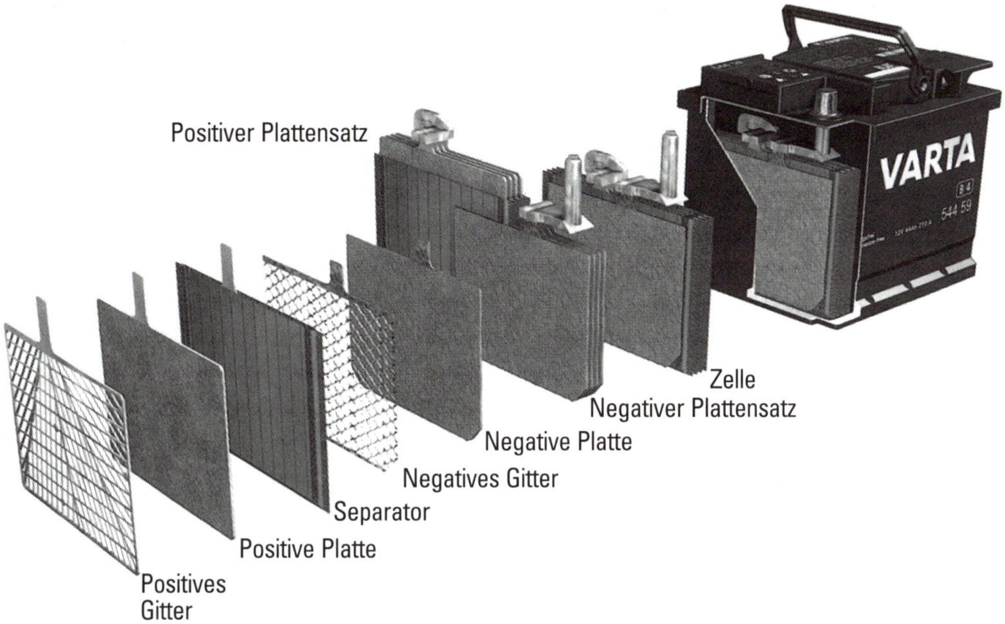

Quelle: Varta

Technik-lexikon

Die Batterie – Begriffe und Normen

Kennzeichnung. Befindet sich auf dem Gehäuse der Batterie, bezeichnet ihre Eigenschaften. Beispiel: »12V 40Ah 200A« (12V = Nennspannung; 40Ah = Nennkapazität; 200A = Kälteprüfstrom).

Nennspannung. Die allgemeine Spannungsabgabe (Maßeinheit »V«). Beträgt bei allen Twingo-Modellen 12 Volt. Die tatsächliche Spannung hängt vom Ladezustand der Batterie ab. Sie kann größer oder kleiner sein als die Nennspannung.

Nennkapazität. Eine Batterienorm. Steht für das Speichervermögen einer Batterie (Maßeinheit »Ah«). Die Kapazität, die eine vollgeladene Batterie bei einer Temperatur von 27 Grad in 20 Stunden abgeben kann, ohne daß dabei die Spannung unter 10,5 Volt absinkt (Entladeschlußspannung). Das Standlicht Ihres Twingo nimmt zum Beispiel 25 Watt auf. Bei der Bordspannung von 12 Volt gibt die Batterie einen Strom von 2,08 Ampere ab, nach der Formel »Strom (A) = Leistung (W)/Spannung (V)«. Mit einer 40Ah-Batterie könnten Sie Ihren Twingo also theoretisch 19,2 Stunden mit eingeschaltetem Standlicht parken. In der Praxis verhält sich das jedoch anders: Nach etwa 15 Stunden ist das Licht aus und die Batterie leer.

Kapazität. Die entnehmbare Strommenge in Amperestunden (Ah). Sie hängt vor allem ab vom Entladestrom, der Temperatur, dem Ladezustand und dem Allgemeinzustand (Alter) der Batterie.

Kälteprüfstrom. Steht für die Startfähigkeit einer Batterie bei Kälte (Maßeinheit »A«). Ein definierter Entladestrom, der einer 12-Volt-Batterie bei -18 Grad entnommen werden kann, ohne daß die Spannung innerhalb von 30 Sekunden unter 9 Volt, innerhalb von 150 Sekunden unter 6 Volt absinkt.

Selbstentladung. Chemische Vorgänge im Inneren der Batterie führen zur Entladung, auch wenn kein Verbraucher angeschlossen ist. Eine geladene Starterbatterie verliert täglich etwa 0,5 Prozent ihrer Ladung. Hohe Temperaturen, Beschädigungen und Verschmutzungen des Batteriedeckels beschleunigen die Selbstentladung.

Technik-lexikon: Der Schub-Schraubtrieb-Anlasser

- Beim Drehen des Zündschlüssels in Richtung »Start« liefert die Klemme 2N am Zündschloß über das weiße Kabel Spannung an den Magnetschalter, der oben auf dem Anlasser sitzt.
- Eine Einrückgabel schiebt das Zahnritzel des Anlassers auf einem Steilgewinde der Ankerwelle in den Zahnkranz des Motorschwungrads (Schubweg).
- Das Ritzel greift ein, dann schaltet der Magnetschalter über die Hauptkontakte den vollen Batteriestrom ein (schwarzes Kabel). Das Ritzel schraubt sich in den Zahnkranz und stellt so den Kraftschluß her (Schraubweg), der Anlasser dreht den Motor durch.
- Ist der Motor angesprungen und wird der Zündschlüssel losgelassen, bricht das magnetische Feld in der Haltewicklung des Magnetschalters zusammen. Die Einrückgabel wird durch eine Rückzugfeder in die Ruhestellung gezogen. Das Ritzel spurt aus und die Stromzufuhr zum Anlasser wird unterbrochen.

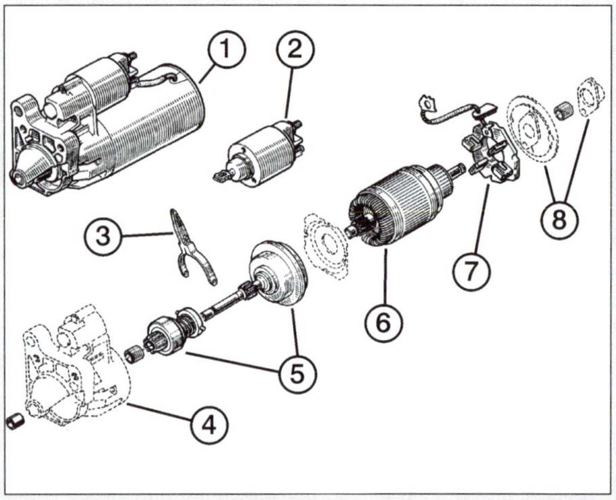

Die Teile des Anlassers.
❶ Anlasser komplett. ❷ Magnetschalter. ❸ Einrückgabel. ❹ Antriebslagerschild. ❺ Ritzelantrieb mit Freilauf. ❻ Anker mit Kollektor. ❼ Bürstenhalter. ❽ Kollektorlagerschild mit Kleinteilen zur Lager-Axialspieleinstellung.

Der Generator

Der Generator (Lichtmaschine) ist das Kraftwerk Ihres Fahrzeugs. Er versorgt bei laufendem Motor alle elektrischen Aggregate mit Strom und lädt die Batterie immer wieder aufs Neue. Im Twingo arbeitet, je nach Modell, Motor und Ausstattung, eine Drehstrom-Lichtmaschine mit einer Leistung zwischen 60 und 75 Ampere. Zwei Drittel dieser Leistung werden bereits bei 2000 Generator-Umdrehungen erzeugt. Von den Zusatzaggregaten hängt es ab, ob die Lichtmaschine von einem Keilriemen oder einem Keilrippenriemen angetrieben wird. Eine Drehstrom-Lichtmaschine produziert stets Wechselstrom. Da die Batterie mit Gleichstrom geladen werden muß, besorgen Halbleiter-Dioden die Gleichrichtung des Wechselstroms. Diese Dioden sind sehr empfindlich gegen hohe Spannungen.

Der Spannungsregler

Je schneller die Lichtmaschine dreht, um so höher steigt die Spannung – wie bei einem Fahrraddynamo. Ein solches Auf und Ab ertragen die Stromverbraucher im Auto nicht lange. Ein Regler begrenzt daher die Spannung und verhindert zugleich ein Überladen der Batterie. Der Regler ist an der Lichtmaschine angeschraubt – er reguliert die Betriebsspannung je nach Temperatur von Batterie und Umgebung auf Werte zwischen 13,8 und 14,5 Volt. Der Generator ist praktisch wartungsfrei, da es nichts zu schmieren gibt. Selbst die Schleifkohlen sind ohne weiteres für 100000 Kilometer gut. Reparaturen an der Lichtmaschine müssen Sie der Werkstatt überlassen.

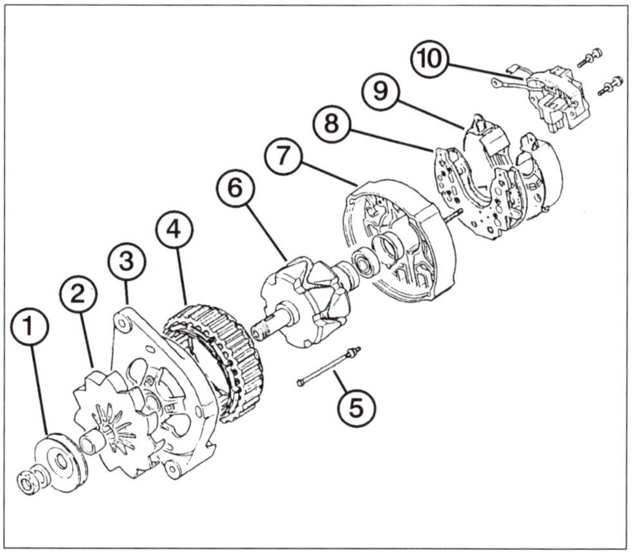

Lichtmaschine (Explosionszeichnung).
❶ Keilriemenscheibe. ❷ Lüfter. ❸ Antriebslagerschild. ❹ Ständerwicklung. ❺ Verbindungsschraube. ❻ Läufer mit Schleifringen. ❼ Schleifring-Lagerschild. ❽ Gleichrichter mit Dioden. ❾ Plastikabdeckung. ❿ Regler mit Bürstenhalter. Der Aufbau der in den verschiedenen Twingo-Modellen eingebauten Lichtmaschinentypen ist ähnlich.

Technik-lexikon

Spannung, Strom und Widerstand messen

Wenn Sie wissen wollen, ob die verschiedenen elektrischen Systeme Ihres Twingo in Ordnung sind, brauchen Sie nicht gleich einen Elektriker. Im Handel gibt es eine Reihe von Prüfgeräten, mit denen Sie sich selbst über den Zustand Ihrer elektrischen Anlage informieren können.

Prüflampe (mit Nadelkontakt). Damit testen Sie, ob Spannung in einem Stromkreis anliegt. Je heller die Lampe leuchtet, desto mehr Spannung ist vorhanden. Mit der Nadel der Lampe die Isolierung des zu prüfenden Kabels durchstechen. Die Klemme am Kabel der Lampe wird am blanken Metall angeclipst (Masse). Vorsicht: Die Prüflampe nimmt viel Leistung auf und eignet sich daher nicht für Messungen an elektronischen Bauteilen (z. B. Steuergerät). Hier müssen Sie einen Spannungsprüfer mit Leuchtdioden verwenden.

Spannungsprüfer mit Leuchtdioden. Je nach Ausführung zeigt dieses Gerät Gleich- und Wechselspannungen zwischen sechs und rund 700 Volt an. Die Spannungsanzeige erfolgt optisch über die Leuchtdioden. Einfache Geräte gibt's im Handel ab etwa 10 Mark.

Multimeter (Vielfachinstrument). Damit lassen sich Spannung, Strom (Gleich-/Wechselstrom) und Widerstand messen. Geeignete Geräte mit digitaler Anzeige gibt's bereits ab etwa 20 Mark. Die Stromversorgung des Multimeters erfolgt in der Regel durch eine Batterie (Eigenstromquelle).

Spannung messen. Um mit einem Multimeter zum Beispiel die Ruhespannung der Batterie zu messen, müssen Sie das mit » - « gekennzeichnete Kabel an den Minuspol der Batterie oder Masse anklemmen. Das » + «-Kabel des Meßgeräts an den Pluspol der Battearie oder die zu messende Leitung klemmen. Zeigt das Instrument etwa nur 10,4 Volt an, deutet das auf einen Kurzschluß in einer Batteriezelle hin. Prüfen Sie einmal die Spannung der Batterie, während der Anlasser betätigt wird – ein Meßergebnis von 5 Volt bedeutet, daß es um den Akku nicht mehr gut steht.

Strom messen. Dazu müssen Sie den Stromkreis auftrennen und das Meßgerät dazwischen schalten. Bei einer Reihe von Messungen in Ihrem Fahrzeug genügt es, wenn Sie einen Steckkontakt abziehen und dann das Meßgerät zwischen Stecker und Kontaktzunge schalten. Vorsicht: Achten Sie stets auf den Meßbereich Ihres Multimeters. In Verbrauchern wie z.B. dem Anlasser fließen sehr hohe Ströme, die Ihr Gerät bei einer Messung beschädigen könnten.

Widerstand messen. Mit dem Multimeter prüfen Sie, ob eine Leitung oder ein Schalter Durchgang hat. Fließt der Strom ungehindert, zeigt das Gerät den Meßwert 0. Ist der Stromweg jedoch an einer Stelle unterbrochen, erhalten Sie den Meßwert unendlich (∞). Außerdem können Sie feststellen, welchen Innenwiderstand ein bestimmtes Bauteil hat.

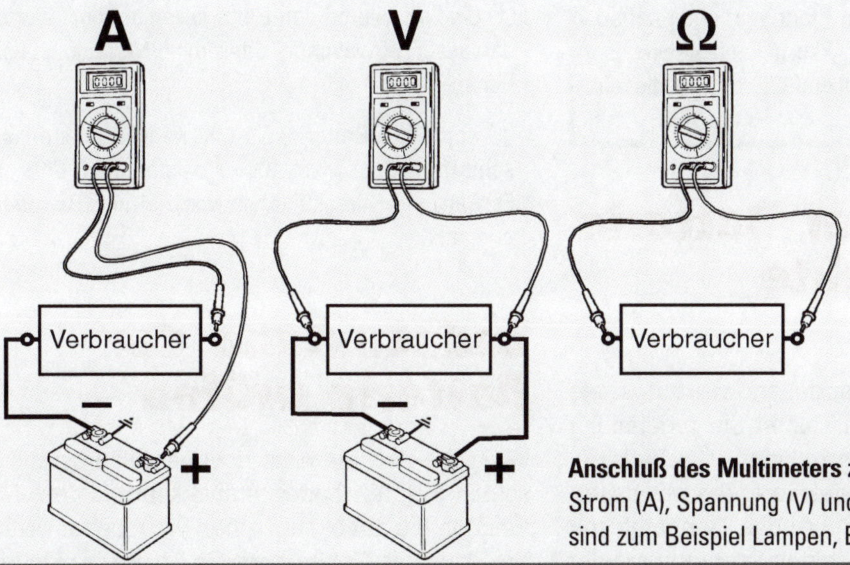

Anschluß des Multimeters zur Messung (Schema): Strom (A), Spannung (V) und Widerstand (Ω). Verbraucher sind zum Beispiel Lampen, Elektromotor oder Anlasser.

Praxistip

»Batterieverordnung«

Für Kauf und Entsorgung von Starterbatterien gelten seit dem 1. Oktober 1998 die Vorschriften der »Batterieverordnung«. Das Regelwerk richtet sich an Händler und Werkstätten ebenso wie an Endverbraucher. Sie müssen jetzt zum Beispiel eine ausgediente Batterie bei einem Händler oder einer Werkstatt abgeben; dort ist man verpflichtet, die Alt-Akkus unentgeltlich abzunehmen. Eine besondere Regel gilt für den Neukauf einer Starterbatterie. Unsere Übersicht faßt die wichtigsten Punkte zusammen.

- Kaufen Sie bei einem Händler oder einer Werkstatt eine neue Starterbatterie, wird zusätzlich zum Verkaufspreis ein Pfand in Höhe von 15 Mark fällig. Als Beleg für das Pfand erhalten Sie eine Quittung oder Pfandmarke.
- Diese Regelung enhält eine wichtige Ausnahme: Die Zahlung eines Pfandgelds entfällt, wenn Sie beim Kauf eine alte Batterie zurückgeben.
- Haben Sie dem Händler oder der Werkstatt für die alte Batterie bereits Pfand gezahlt, erhalten Sie Ihr Geld gegen Vorlage der Quittung zurück.
- Ihr Pfand können Sie jedoch grundsätzlich nur dort einlösen, wo Sie die neue Batterie gekauft haben. Dazu dem Händler oder der Werkstatt die Quittung (Pfandmarke) vorlegen und die alte Batterie.
- Die zurückgegebene Starterbatterie muß freilich nicht mit der Batterie identisch sein, für die Sie das Pfandgeld bezahlt haben. Sie können gegen Vorlage der Quittung auch jede andere Starterbatterie abgeben.
- Geben Sie beim Kauf der neuen Batterie eine alte zurück, für die Sie noch kein Pfand entrichtet haben, ist es egal, wo Sie diesen Akku gekauft haben. Ein Pfand für die neue Batterie entfällt auch in diesem Fall.

Säurestand der Batterie prüfen, Kontakte pflegen

Im Renault Twingo ist eine weitgehend wartungsfreie Batterie eingebaut. Trotzdem sollten Sie regelmäßig den Stand der Flüssigkeit kontrollieren. Die Batterieflüssigkeit besteht aus Schwefelsäure, die mit destilliertem Wasser verdünnt ist. Sehr hohe Temperaturen oder ein defekter Lichtmaschinen-Spannungsregler können jedoch zu einem Wasserverlust in der Batterie führen. Auch eine Selbstentladung (lange Standzeiten) oder eine Tiefentladung durch einen nicht ausgeschalteten starken Stromverbraucher (z. B. Kühlbox im Zigarettenanzünder) kommen als Ursache in Frage. Füllen Sie nur destilliertes Wasser nach – Leitungswasser enthält ebenso wie abgekochtes Wasser leitfähige Salze und andere mineralische Stoffe, die der Batterie schaden.

Arbeitsschritte | 20000 km / 12 Monate

① Die Batteriesäure muß mindestens bis zur MIN-Markierung am Gehäuse reichen (Oberkanten der Platten müssen gut bedeckt sein).

② Bei zu niedrigem Säurestand Verschlußstopfen herausdrehen oder mit Schraubendreher heraushebeln.

③ Bei einer geladenen Batterie bis zum oberen Strich (15 mm über den Oberkanten der Platten) mit destilliertem Wasser auffüllen.

④ In eine stark entladene Batterie nur so viel Wasser füllen, daß die Platten gerade bedeckt sind – beim Aufladen steigt der Säurestand erheblich. Erst nach dem Laden bis zur oberen Marke nachfüllen.

⑤ Den Akku nicht überfüllen – die Säure tritt sonst an den Verschlußstopfen oder an der seitlichen Entlüftungsbohrung aus. Das verursacht Korrosion und Säurekristalle an der Oberfläche der Batterie und ihrem Standplatz.

Kontakte pflegen

① Oxidkristalle an den Batterieklemmen mit warmem Sodawasser abwaschen oder mit »Neutralon« von Varta behan-deln.

② Köpfe der Batteriepole und Kabelklemmen mit Säureschutzfett (Bosch »Ft 40v1«) einstreichen. Vorsicht: Kein Fett auf die Kontaktflächen von Pol und Batterieklemme bringen.

Ladezustand der Batterie prüfen

Wirkt die Batterie trotz richtigem Säurestand kraftlos, sollten Sie den Ladezustand kontrollieren. Dazu verwenden Sie am besten einen Säureheber (Aräometer). Die Skala des Geräts zeigt die Dichte der Elektolyten in der Batterie an. Sie können zur Messung aber auch ein genau anzeigendes Multimeter verwenden (Anzeige-Genauigkeit ± 0,02 Volt). Die Werte der Ruhespannung geben Aufschluß über den Ladezustand der Batterie.

Arbeits-schritte

Säuremessung

① Führen Sie die Messung erst durch, wenn die letzte Aufladung mindestens sechs Stunden zurückliegt.

② Batterie-Verschlußstopfen herausdrehen bzw. -hebeln.

③ Halten Sie das Meßgerät senkrecht. Dann soviel Batteriesäure ansaugen, bis die Meßspindel frei schwimmt.

Säuregewicht (kg/l)	1,28	1,2	1,12
Zustand der Batterie	voll geladen	halb geladen	ent-laden

Mit einem Säuremesser wird die Säuredichte jeder einzelnen Batteriezelle gemessen. Zur Messung wird mit dem senkrecht gehaltenen Säuremesser soviel Batteriesäure angesaugt, bis der Schwimmer frei schwimmen kann. Ist die Batterie in Ordnung, sind die Meßergebnisse der einzelnen Zellen nahezu gleich.

Spannungsmessung

① Liegt die letzte Batterieladung weniger als sechs Stunden zurück, das Abblendlicht für etwa 30 Sekunden einschalten, damit durch die Ladung entstandene Spannungsspitzen abgebaut werden.

② Nach vier bis fünf Minuten Wartezeit die Batteriespannung zwischen den Polen prüfen. Zur Messung alle Stromverbraucher ausschalten.

Spannung (V)	1,66 (und mehr)	12,48	12,3
Zustand der Batterie	100% geladen	75 geladen	50% ent-laden

Mit dem Multimeter läßt sich die Batteriespannung exakt messen. Bei einer Ruhespannung unter 12,3 Volt sollte die Batterie geladen werden.

Kapazitätsmessung der Batterie

Praxistip

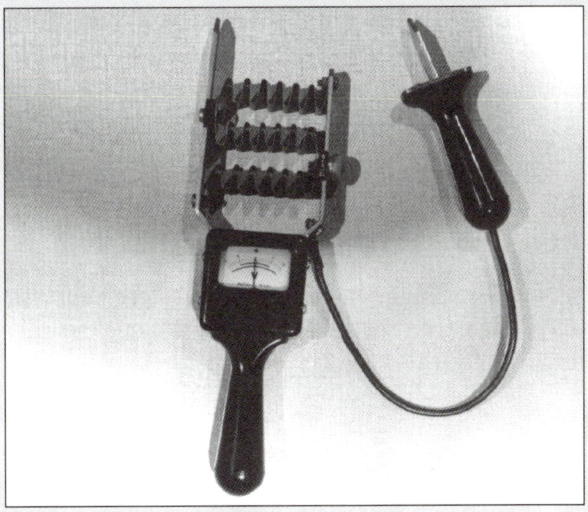

Mit einem Batterietester kann der Batteriezustand durch Messen der Batteriekapazität (A) festgestellt werden. Dabei darf die Messung allerdings nur maximal 10 Sekunden dauern, da sonst die Batterie zu sehr belastet wird.

Motor mit Starthilfekabeln starten

Verwenden Sie zur Überbrückung von einer vollen zu einer leeren Batterie spezielle Elektronik-Starthilfekabel. Damit schützen Sie die elektronischen Bauteile Ihres Twingo vor gefährlichen Spannungsspitzen.

Arbeits-schritte

① Hilfsfahrzeug dicht an den Twingo fahren, damit die Batterien durch die Starthilfekabel verbunden werden können.

② Schalten Sie in Ihrem Fahrzeug alle Stromverbraucher ab.

③ Die Pluspole mit dem Starthilfekabel verbinden, zuerst die leere, dann die volle Batterie anklemmen.

④ Das andere Kabel zuerst am Minuspol der Fremdbatterie und dann am Minuspol der entladenen Batterie (oder an Masse) anschließen.

⑤ Motor des Hilfswagens starten und mit erhöhter Drehzahl laufen lassen, damit die Lichtmaschine viel Spannung liefert.

⑥ Starten Sie Ihr Fahrzeug. Wenn der Motor nicht gleich anspringt, sollten Sie nach weiteren Versuchen immer wieder eine Pause einlegen, damit der Anlasser abkühlen kann. Dabei den Motor des Hilfsfahrzeugs weiterlaufen lassen – die leere Batterie im Twingo wird dadurch schon nachgeladen.

⑦ Zum Abnehmen der Starthilfekabel zuerst den Minuspol der eigenen Batterie, dann den der Fremdbatterie abklemmen. Anschließend Kabel von den Pluspolen abnehmen, erst Vollbatterie, dann Leerbatterie.

⑧ Nach dem Start eine Zeitlang mit höheren Drehzahlen fahren, damit die Lichtmaschine die Batterie aufladen kann.

Batterie laden

Eine ausgebaute Batterie sollten Sie einmal im Monat mit einem Heimwerker-Ladegerät nachladen. Völlig leere Batterien können bei Frost einfrieren und platzen – randvoll geladen, vertragen sie Kälte recht gut. Das gilt übrigens auch für einen Akku im vorübergehend stillgelegten Fahrzeug. Befindet sich die Batterie noch an Bord, brauchen Sie zum Laden die Kabel nicht abzunehmen.

Arbeits-schritte

① Pluskabel des Ladegeräts am Batterie-Pluspol, Minuskabel am Minuspol anklemmen.

② Der Ladestrom sollte zunächst etwa 10% der Batteriekapazität betragen (z.B. 4,0 A beim 40-Ah-Akku) und sich während der Ladung automatisch verringern.

③ Beim Laden der Batterie wird das destillierte Wasser teilweise zersetzt. Es bilden sich Gasblasen aus Wasserstoff und Sauerstoff – das hochexplosive Knallgas. Es entweicht durch die Entlüftungsbohrungen in der Abdeckung.

④ Stellen Sie daher sicher, daß Ihr Arbeitsplatz gut durchlüftet wird. Das gilt vor allem, wenn Sie mit hohem Strom laden. Vorsicht: Funken beim Ab- oder Anklemmen des Laders oder der Batteriekabel können das Knallgas entzünden. Beachten Sie unbedingt die Sicherheitsvorschriften.

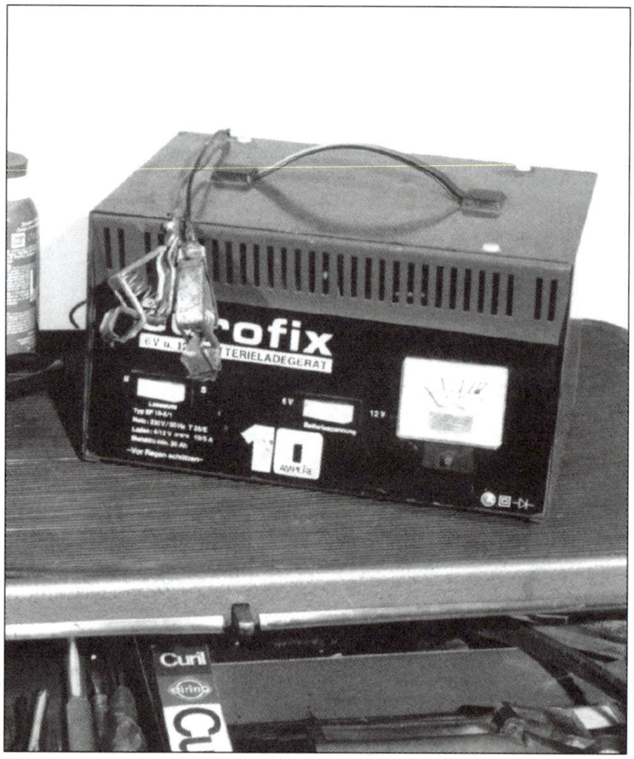

Eine ausgebaute Batterie sollten Sie einmal im Monat mit einem Heimwerker-Ladegerät nachladen.

Wagen anschieben

Praxistip

Das klappt am besten, wenn der Motor in Ordnung ist. Verzichten Sie aufs Anschieben, wenn der Motor wegen einer defekten Zündanlage nicht startet – unverbrannte Gemischanteile können nachgezündet werden und die Temperatur im Katalysator auf gefährliche Höhen treiben.

- Zündung einschalten und 1. Gang einlegen. In höheren Gängen wird die Lichtmaschine für kräftige Stromlieferung zu langsam durchgedreht.
- Kupplung durchtreten, Wagen anschieben lassen, bis er in Schwung ist.
- Kupplung schnell kommen lassen – der Motor wird abrupt durchgedreht und müßte anspringen. Dann sofort Kupplung treten und Gas geben.

Wagen anschleppen

Praxistip

Auch diese Methode eignet sich nicht bei einer defekter Zündanlage. Arbeiten Sie nur mit einem erfahrenen Helfer zusammen. Denken Sie daran, daß der Bremskraftverstärker bei stehendem Motor nicht arbeitet.

- Zündung einschalten, 2. Gang einlegen und Kupplung treten.
- Der Zugwagen muß langsam anfahren.
- Bei etwa 15 km/h die Kupplung langsam kommen lassen. Bleiben Sie stets bremsbereit (Hand an die Handbremse).
- Ist der Motor angesprungen, Kupplung treten und Gas geben.
- Dem Schleppfahrer ein Hupsignal geben, beide Fahrzeuge sanft abbremsen.

Batterie und Lichtmaschine

Störungsbeistand

Störung	Ursache	Abhilfe
A Rote Ladekontrolle brennt nicht beim Einschalten der Zündung	**1** Batterie leer	Mit Starthilfekabeln starten oder Wagen anschleppen
	2 Batteriekabel gebrochen, Kabelklemmen lose oder oxidiert	Batteriekabel und -klemmen kontrollieren
	3 Kontrolleuchte defekt	Ersetzen
	4 Kabelweg zwischen Zündschloß, Kontrollampe und Lichtmaschine unterbrochen	Stromweg mit Prüflampe kontrollieren
	5 Schleifkohlen abgenutzt	Regler austauschen
	6 Spannungsregler defekt	Regler austauschen
	7 Lichtmaschine schadhaft	Lichtmaschine überholen lassen oder austauschen
	8 Feuchtigkeit bildet einen isolierenden Schmierfilm zwischen den Schleifringen und Kohlen (z. B. nach Motorwäsche)	Lichtmaschine mit Druckluft ausblasen oder Schleifringe und Kohlen sauberreiben
B Ladekontrolle brennt oder glimmt bei laufendem Motor	**1** Keilrippenriemen lose bzw. ohne Spannung	Keilriemenspannung kontrollieren
	2 Mangelnder Kontakt an Kabelanschlüssen der Lichtmaschine oder unterbrochene Kabel	Kabelanschlüsse und Kabel prüfen
	3 Siehe A5 bis 7	
C Batterieoberfläche feucht	**1** Zuviel eingefülltes destilliertes Wasser	Ausgasen lassen. Keine Säure absaugen
	2 Batterieverschlüsse verstopft	Entlüftungslöcher säubern
	3 Siehe A6	
D Batterie gast stark	Siehe A6	

Batterie ausbauen

Bevor Sie die Batterie abklemmen, sollten Sie sicherstellen, daß der Diebstahlcode des Radios vorliegt. Sonst herrscht später Sendepause in Ihrem Gerät. Außerdem werden alle im Steuergerät gespeicherten Werte gelöscht.

Arbeitsschritte

① Nehmen Sie zuerst das Minuskabel der Batterie ab, damit beim weiteren Hantieren kein Kurzschluß entstehen kann. Mutter an der Klemme des Minuskabels lösen, Klemme vom Batteriepol abnehmen.

② Pluskabel-Klemme lösen und abnehmen.

③ Schraube der Halteleiste am Batteriefuß losdrehen und abnehmen.

④ Batterie herausheben.

⑤ Achten Sie beim Einbau darauf, daß die Batterie stabil auf der Konsole sitzt (Rütteln verursacht Schäden an den Bleiplatten).

⑥ Zuerst das Pluskabel anschließen, dann das Minuskabel. Die Kabelklemmen können Sie nicht vertauschen, da die Batteriepole unterschiedlich dick sind.

⑦ Pole gegen Sulfatieren mit Polfett oder Vaseline einfetten.

⑧ Den Diebstahlcode des Radios eingeben.

Zum Ausbau der Batterie das Minuskabel und dann das Pluskabel abnehmen. Anschließend muß nur noch die Klemme der Fußleiste gelöst werden.

Defekten Verbraucher ermitteln

Liefert die am Vortag intakte Batterie keinen Strom, hat vielleicht ein defekter Verbraucher im Bordnetz den Akku über Nacht leergesaugt. Das überprüfen Sie zunächst mit einer Strommessung. Wenn nötig, ermitteln Sie dann den betreffenden Verbraucher.

Arbeitsschritte

① Batterie-Minuskabel abnehmen, Kabel des Multimeters zwischen Minuspol und Batteriekabel anschließen. Zeigt das Gerät einen Stromfluß an, ist ein Verbraucher defekt.

② Massekabel anschließen, Sicherungskasten öffnen und eine Sicherung herausnehmen. An die Kontakte das Multimeter anschließen. Fließt kein Strom, ist der betreffende Stromkreis in Ordnung. Auch ein geringer Stromfluß ist kein Alarmsignal. Geräte wie Bordcomputer, Uhren, Radios und Alarmanlagen nämlich ständig Energie von der Batterie. Der Stromfluß ist freilich viel geringer als bei einem defekten Verbraucher.

③ Wiederholen Sie die Messungen, bis das Gerät einen höheren Stromfluß anzeigt. Die Sicherungstabelle auf Seite 221 zeigt Ihnen, welche Verbraucher zu diesem Stromkreis gehören.

④ Die Verbraucher der Reihe nach ausbauen und jeweils den Strom messen. Wenn das Multimeter keinen Strom mehr anzeigt, haben Sie den Übeltäter ermittelt.

Spannungsregler prüfen

Arbeitsschritte

① Multimeter zwischen Klemme » + « (rotes Kabel) der Lichtmaschine und Masse anklemmen.

② Motor zwei Minuten mit 3000 bis 4000/min drehen lassen, damit die Lichtmaschine betriebswarm wird (ca. 80°C).

③ Schalten Sie Standlicht, Radio oder Frischluftgebläse ein. Das entspricht einer Strombelastung von 3 bis 7 Ampere. Die Regulierspannung muß jetzt zwischen 13,5 und 14,8 Volt liegen.

④ Messen Sie eine höhere Spannung, ist der Regler defekt und muß ausgetauscht werden. Ist die Spannung zu niedrig, deutet das auf abgenutzte Schleifkohlen hin. In diesem Fall Lichtmaschine ausbauen und zum Überholen in die Autoelektrik-Werkstatt bringen.

Fahren mit defekter Lichtmaschine

Technik-lexikon

Wenn die Lichtmaschine oder der Regler streikt, können Sie trotzdem weiterfahren. Die Batterie übernimmt dann die Stromversorgung. Je nach Ladezustand und Kapazität reicht die Energie für etwa fünf Stunden – allerdings nur, wenn Sie bei der Fahrt keine überflüssigen Verbraucher einschalten.

- Mehrfachstecker an der Lichtmaschine abziehen, damit sich die Batterie nicht über den defekten Generator oder Spannungsregler entladen kann.
- Die Fahrt nicht unnötig unterbrechen. Der Anlasser braucht besonders viel Strom. Wenn möglich, den Wagen anrollen lassen.
- Heizbare Heckscheibe, Gebläse und Radio nicht einschalten.
- Scheibenwischer und Scheibenwaschanlage nur bei Bedarf in Betrieb nehmen.
- Bei Dunkelheit möglichst ohne Fernlicht und Nebelscheinwerfer fahren.

Lichtmaschine ausbauen

Arbeitsschritte

① Minuskabel der Batterie abklemmen.

② Anschlußkabel von der Rückseite der Lichtmaschine abbauen.

OHV

③ Keilriemen entspannen. Dazu die Spannschraube des Keilriemenspanners lösen.

④ Keilriemen von der Riemenscheibe des Generators abheben.

⑤ Zwei Muttern und eine Schraube der Generatorhalterung lösen und Generator abnehmen.

⑥ Nach dem Einbau, der in umgekehrter Ausbaureihenfolge vor sich geht, den Keilriemen spannen.

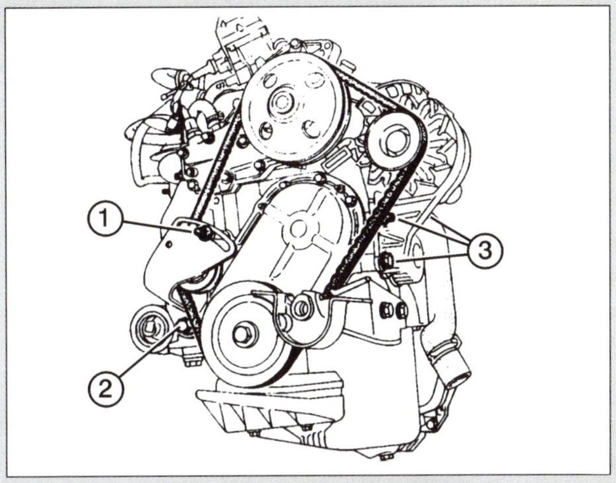

Der Sitz der Lichtmaschine beim OHV-Motor.
❶ Spannmutter der Keilriemenspannvorrichtung. ❷ Befestigungsschraube des Keilriemenspanners. ❸ Schrauben des Lichtmaschinenhalters.

Econ

③ Zuerst die Spannschraube, dann die gegenüberliegende Schraube lösen.

④ Die Lichtmaschine nach innen drücken und den Keilriemen abnehmen.

⑤ Beide Schrauben herausdrehen und die Lichtmaschine vom Halter abnehmen.

⑥ Nach dem Einbau, der in umgekehrter Ausbaureihenfolge vor sich geht, den Keilriemen spannen.

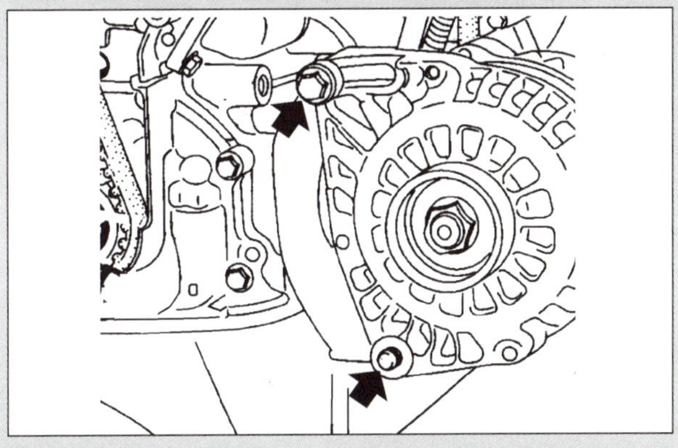

Diese beiden Schrauben der Lichtmaschinenbefestigung (Pfeile) müssen zum Ausbau gelöst werden.

Anlasser ausbauen

Streikt der Anlasser, sind daran meist mehrere Teile beteiligt. Der Magnetschalter oder die Schleifkohlen zum Beispiel können klemmen oder stark abgenutzt sein. Auch ein Verschleiß der Lagerung ist möglich. Auf die Reparatur eines defekten Anlassers müssen Sie verzichten – Renault bietet nur noch komplette Austauschanlasser als Ersatzteil an.

Arbeitsschritte

Econ

① Massekabel der Batterie abklemmen. Steckverbindung vom Magnetschalter entfernen.

② Mutter lösen und Hauptstromkabel (+) vom Anlasser abklemmen.

③ Die beiden von oben zugängliche Schrauben vom Motorraum aus lösen und herausdrehen und Anlasser abnehmen.

Beim Econ-Motor kann der Anlasser nach Lösen der Anlasserschrauben (Pfeile) nach oben aus dem Motorraum genommen werden.

OHV

① Massekabel der Batterie abklemmen.

② Ansauggeräuschdämpfer ausbauen.

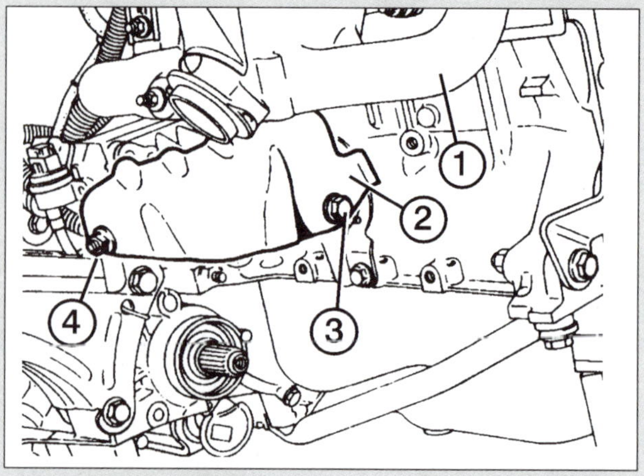

Auf der Motorrückseite unter dem Auspuffkrümmer ❶ sitzt der Anlasser unter dem Hitzeschutzschild ❷. Durch Lösen der Schraube ❸ und der Mutter ❹ kann das Hitzeschutzschild abgebaut werden.

③ Fahrzeug vorne aufbocken. Motorspritzschutz abbauen.

④ Anlasser-Hitzeschutzblech ausbauen (eine Schraube, eine Mutter).

⑤ Steckverbindung vom Magnetschalter entfernen und Hauptstromkabel (+) vom Anlasser abklemmen.

⑥ Hintere Anlasserhalterung am Motorblock lösen (noch nicht entfernen).

⑦ Vordere drei Anlasserschrauben lösen und herausdrehen. Dazu für mehr Arbeitsspielraum die Schläuche und Kabelstränge etwas beiseite drücken.

⑧ Hintere Anlasserschraube herausdrehen und Anlasser nach unten abnehmen.

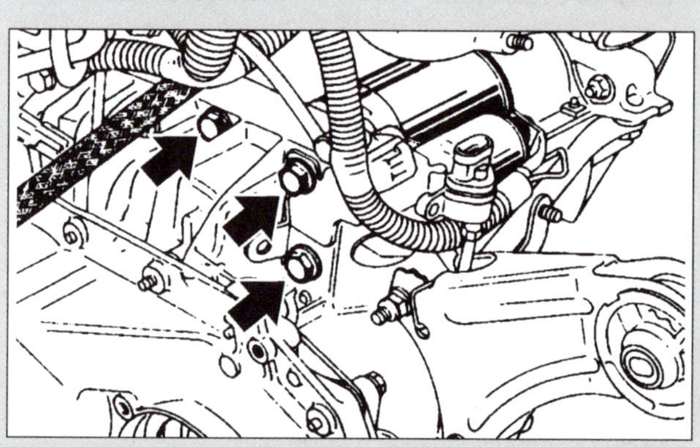

Die drei vorderen Anlasserschrauben des OHV-Motors (Pfeile) müssen zum Ausbau des Anlassers herausgeschraubt werden.

Der Anlasser

Störungs-beistand

Störung	Ursache	Abhilfe
A Beim Drehen des Zündschlüssels in Startstellung dreht der Anlasser zu langsam oder gar nicht	**1** Kontrollampen brennen schwach oder verlöschen	
	a) Batterie entladen	Mit Starthilfekabeln starten, Auto anschieben/abschleppen
	b) Kabelanschlüsse lose oder oxidiert	Kabel befestigen, Anschlüsse säubern
	c) Anlasser hat Masseschluß	Anlasser überholen lassen oder austauschen
	2 Kontrollampen brennen hell, Klicken aus Richtung Anlasser	
	a) Kohlebürsten bzw. deren Anschlüsse im Anlasser gelöst	Kurz auf den Magnetschalter klopfen. Dreht der Anlasser immer noch nicht: überholen lassen
	b) Kontakte im Magnetschalter verschmort	Anlasser überholen lassen oder austauschen
	c) Anlasserwicklung schadhaft	Anlasser überholen lassen oder austauschen
	3 Kontrollämpchen brennen hell, keinerlei Geräusche	Anlasser überholen lassen oder austauschen
	a) Anschluß der Klemme 50 am Magnetschalter lose	Anschluß überprüfen
	b) Klemme-50-Leitung vom Zündschloß zum Magnetschalter unterbrochen	Leitung mit Prüflampe kontrollieren
B Anlasser läuft, ohne den Motor durchzudrehen	**1** Ritzel verschmutzt	Ritzel reinigen
	2 Einrückvorrichtung klemmt	Anlasser überholen lassen
	3 Verzahnung des Ritzels oder der Motorschwungscheibe beschädigt	Wagen bei eingelegtem Gang ein Stück vorschieben. Erneut starten. Beschädigte Teile ersetzen lassen
	4 Planetengetriebe defekt	Anlasser austauschen
C Magnetschalter schaltet in schneller Folge ein und aus, Anlasser läuft nicht an	**1** Batterie stark entladen, beim Einschalten des Magnetschalters fällt die Spannung ab und er schaltet wieder ab	Batterie laden
D Anlasser läuft weiter, obwohl der Zündschlüssel losgelassen wurde	**1** Magnetschalter hängt oder schaltet nicht ab	Zündung sofort abschalten, notfalls Batterie abklemmen. Magnetschalter reparieren oder Anlasser austauschen
	2 Zünd-/Anlaßschalter defekt	Schalter ersetzen
E Ritzel spurt nach Anspringen des Motors nicht aus	**1** Rückstellfeder des Einrückhebels lahm oder gebrochen	Zündung abschalten, ggf. Anlasser austauschen
	2 Siehe B3	

Die Beleuchtung

Die wichtigsten Teile eines Scheinwerfers sind Lichtquelle, Reflektor und Streuscheibe. Als Lichtquelle setzt Renault beim Twingo Halogenlampen ein. Der Reflektor ist als Parabolspiegel ausgeführt, dessen Innenfläche mit einer dünnen Schicht Aluminium präpariert ist. Er reflektiert und bündelt das Licht – bei eingeschaltetem Fernlicht zum Beispiel verstärkt der Reflektor die Lichtstärke der Glühlampe fast um das Tausendfache. Das schwächere Abblendlicht dagegen nutzt nur die obere Hälfte des Reflektors.

Spezialglas für die Streuscheibe

Der Gesetzgeber schreibt für das Abblendlicht eine spezielle Lichtverteilung vor – mit einer asymmetrischen Hell-Dunkel-Grenze, bei der sich das Lichtmaximum auf der rechten Seite der Fahrbahn konzentriert. Damit diese Vorgaben eingehalten werden, ist die aus Spezialglas gefertigte Streuscheibe auf der Innenseite mit Zylinderlinsen, Prismen und Parallelflächen ausgestattet, die das vom Reflektor kommende Licht in die gewünschte Richtung verteilen.

Die Leuchtweitenregelung

In Deutschland ist für Neuwagen eine Leuchtweitenregelung gesetzlich vorgeschrieben. Sie soll verhindern, daß der Gegenverkehr bei beladenem Fahrzeug geblendet wird. Beim Twingo kann die Leuchtweite elektrisch über einen vierstufigen Drehregler an der linken Seite der Lenksäulenverkleidung verstellt werden. Dazu befindet sich an jedem Scheinwerfer ein Schrittmotor, der bei Betätigen des Drehreglers elektrisch durch eine entsprechende Frequenz angesteuert wird.

Schrittmotor am Scheinwerfer

- Dieser Motor schwenkt den drehbar gelagerten Reflektor des Scheinwerfers über eine Spindel in die gewünschte Stellung.
- Die Grundstellung des Scheinwerfers am Schalter ist die Stellung »0«.
- Der maximale Neigungswinkel bei voller Beladung wird in Schalterstellung »4« erreicht. Alle 20000 km oder einmal im Jahr sollten Sie die Funktion der Leuchtweitenregelung überprüfen.
- Bei einem Defekt kann der Schrittmotor einzeln ausgewechselt werden.

Ständige Kontrolle der Beleuchtung

Lassen Sie die Einstellung der Scheinwerfer an Ihrem Twingo regelmäßig prüfen – zum Beispiel bei den im Herbst stattfindenden Aktionen von ADAC, TÜV und DEKRA. Außerdem sollten Sie vor jeder Fahrt die Beleuchtung Ihres Fahrzeugs kontrollieren.

Arbeitsschritte | **ständige Kontrolle**

① Zündung einschalten und nacheinander Standlicht, Abblendlicht, Fernlicht und Nebelscheinwerfer einschalten.

② Am Heck des Wagens müssen Rücklichter, Kennzeichenleuchten und Nebelschlußleuchte einwandfrei funktionieren.

③ Legen Sie sich einen kleinen Vorrat mit den wichtigsten Lampen und Leuchten für unterwegs an.

- Halogen-Zweifadenlampe H4 60/55 Watt (Abblendlicht und Fernlicht).
- Kugellampe, 21 Watt, Bajonettfassung (Blinker vorn und hinten; Rückfahrleuchte; Nebelschlußleuchte).
- Kugellampe, 5 Watt, Glassockel (Standlicht; seitliche Blinkleuchten, dritte Bremsleuchte).
- Kugellampe, 21/5 Watt, Bajonettfassung (Schlußleuchten/Bremsleuchten).
- Kugellampe, 5 Watt, Bajonettfassung (Kennzeichenleuchte).
- Soffitte, 5 oder 7 Watt, (Kofferraum, Innenleuchte).

Scheinwerferlampen wechseln

Die Glühlampen in den Scheinwerfern werden vom Motorraum her ausgebaut. Der Wechsel einer Lampe fürs Standlicht verändert die Justierung des Scheinwerfers nicht. Bei allen anderen Lampen sollten Sie nach einem Tausch die Einstellung des betreffenden

Scheinwerfers kontrollieren (lassen). Fassen Sie intakte Glühlampen nicht mit den Fingern am Glaskolben an – selbst geringe Spuren von Handschweiß verdampfen auf der brennenden Birne und trüben den Reflektor. Verwenden Sie zum Einsetzen einer Birne ein sauberes Tuch.

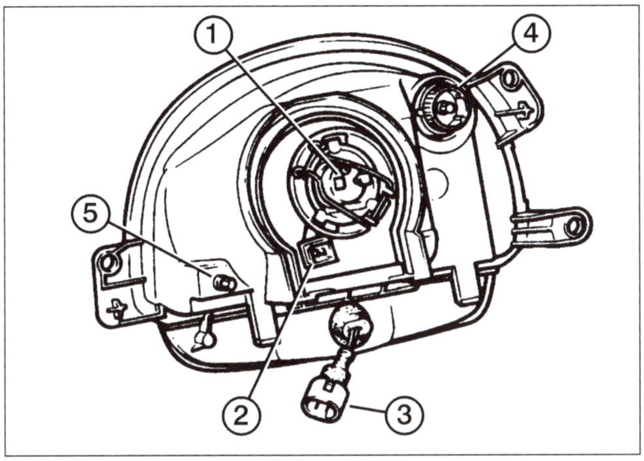

Die Rückseite des Scheinwerfers.
❶ Steckverbindung Scheinwerfer-Hauptlicht. ❷ Steckverbindung Standlicht. ❸ Steckverbindung Blinker. ❹ Einstellschraube für Höhenverstellung. ❺ Einstellschraube für Seitenverstellung.

Arbeitsschritte

Zweifadenlampe

① Kunststoffklammer drücken und Abdeckkappe abnehmen.

② Dreifach-Kabelstecker an der Rückseite des Scheinwerfers mit hebelnden Bewegungen abziehen.

③ Federbügel der Lampenbefestigung aus der Blechnase aushängen und zurückklappen.

④ Defekte Zweifadenlampe aus dem Scheinwerferreflektor ziehen.

⑤ Die neue Lampe muß so eingesetzt werden, daß ihre drei Stecker-Kontaktzungen ein nach unten offenes »U« bilden. Die Scheinwerferlampe besitzt eine Arretierungsnase, die in der entsprechenden Aussparung im Reflektor sitzen muß.

⑥ Beim Ansetzen der Kunststoffabdeckklappe darauf achten, daß die unteren Zentrierstifte korrekt einrasten.

Standlichtlampe

① Kunststoffklammer drücken und Abdeckkappe abnehmen.

② Standlicht-Lampenfassung (seitlich unter der Zweifadenlampe) ein Stück nach links drehen und mit Fassung aus dem Gehäuse nehmen.

③ Glühlampe aus der Fassung nehmen (Glassockel).

④ Zum Einbau die Standlicht-Lampenfassung nach rechts drehen. Achten Sie darauf, daß die beiden Haltenasen im Reflektor einrasten.

⑤ Zum Schluß die Funktion der Lampe kontrollieren.

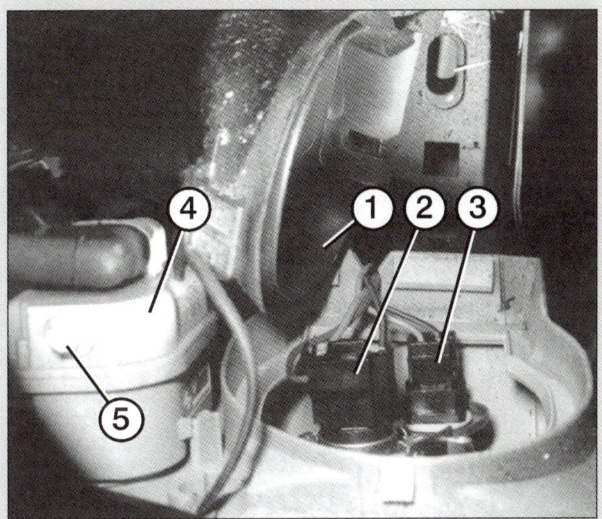

Der rechte Scheinwerfer.
❶ Staubabdeckung. ❷ Hauptscheinwerferlampe. ❸ Standlicht. ❹ Schrittmotor der Leuchtweitenregelung. ❺ Grundeinstellschraube für Höhenverstellung (Regler in Stellung »0«).

Praxistip

Glühlampen rechtzeitig wechseln

Eine schwach leuchtende Glühlampe deutet darauf hin, daß der Kolben zu stark geschwärzt ist. Das ist zum Beispiel öfter bei der Kennzeichenbeleuchtung der Fall. Dann die Birne rechtzeitig wechseln. Fällt eine Lampe nach einer längeren Betriebszeit aus, sollten Sie auch die intakte Lampe auf der anderen Seite des Fahrzeugs wechseln – sie versagt erfahrungsgemäß kurze Zeit später ebenfalls.

Hauptscheinwerfer ausbauen

Streuscheibe und Scheinwerferreflektor sind miteinander verklebt. Bei einem beschädigten Scheinwerferglas oder einem matten Reflektor ist daher stets der Austausch des kompletten Scheinwerfers fällig. Bei einem Schaden müssen Sie also das Streuglas zusammen mit dem Reflektor wechseln.
Vorsicht: Nach dem Einbau eines neuen Scheinwerfers grundsätzlich die Einstellung kontrollieren (lassen).

Arbeitsschritte

① Kunstoffabdeckung abhebeln.

② Mehrfachstecker von der Rückseite des Scheinwerfers (Hauptlicht, Standlicht und Leuchtweitenregelung) hebelnd abziehen.

③ Von vorne rings um den Hauptscheinwerfer die drei Befestigungsmuttern (zwei außen, eine innen) lösen und herausdrehen.

④ Den Scheinwerfer komplett nach vorne aus dem Querblech ziehen.

Der Scheinwerfer ist mit drei Muttern (Pfeile) SW 10 am Querträger befestigt. Nach Lösen der Muttern kann er komplett mit Blinker und Leuchtweiten-Schrittmotor nach vorne abgenommen werden. Vorher müssen Sie aber die Mehrfachstecker von Haupt- und Standlicht und Leuchtweiten-Schrittmotor abziehen.

Scheinwerfer provisorisch einstellen

Für die exakte Einstellung der Scheinwerfer ist ein spezielles Meßgerät erforderlich. Überlassen Sie diese Arbeit daher der Werkstatt. Manche Tankstellen bieten übrigens ebenfalls eine fachgerechte Justierung an. Sie können die Scheinwerfer jedoch auch provisorisch prüfen und einstellen, wenn Sie zum Beispiel am Wochenende eine Glühlampe oder einen kompletten Scheinwerfer ausgetauscht haben. Denken Sie jedoch daran, daß dies nur eine Notlösung sein kann. Lassen Sie den Scheinwerfer bei der nächsten Gelegenheit vom Fachmann einstellen.

Provisorische Einstellung vorbereiten:

- Der Tank sollte gefüllt sein. Sonst Kofferraum mit Gewicht belasten (bei zur Hälfte gefülltem Tank mit circa 30 Kilogramm).
- Ein Helfer sollte hinter dem Steuer sitzen (oder Fahrzeug zusätzlich mit 75 Kilogramm belasten).
- Der Reifendruck sollte stimmen.
- Stellen Sie Ihr Fahrzeug gegenüber der Einstellwand ab. Der Abstand zwischen Front und Wand muß exakt fünf Meter betragen.
- Drücken Sie den Vorderwagen kräftig nach unten, damit die Vorderradaufhängung in Ruhelage kommt.

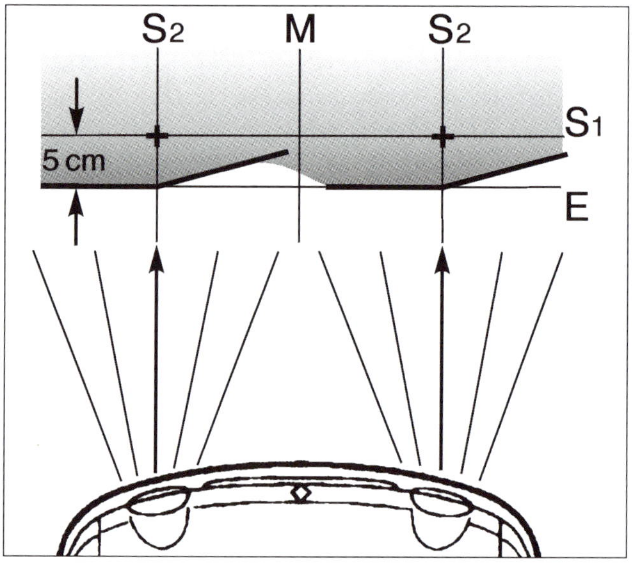

Arbeitsschritte

① Abstand zwischen Boden und Mittelpunkt der beiden Scheinwerfer ausmessen. Das Maß an der Wand markieren und durch eine Linie verbinden (»S1«).

② Fünf Zentimeter darunter eine parallele Linie »E« an der Wand anzeichnen. Das ist die Neigung des Abblendlichts auf fünf Meter Entfernung.

③ Durch das Heckfenster nach vorn peilen und von einem Helfer genau in Fahrzeugmitte die senkrechte Linie »M« einzeichnen lassen.

④ Den Abstand zwischen Fahrzeugmitte und dem Mittelpunkt des Scheinwerfers messen (rechts und links). Diese Werte auf die Hilfslinie »S1« (rechts und links vom Schnittpunkt der Linien »M« und »S1«) übertragen und mit einem Einstellkreuz (S2) markieren.

⑤ Genau fünf Zentimeter unter diesen Kreuzen müssen die Abknickpunkte des Abblendlichts auf der Einstellinie »E« justiert werden.

⑥ Wenn Ihr Fahrzeug mit Nebelscheinwerfern ausgestattet ist (Option), müssen Sie für die Einstellung nach dem gleichen Verfahren wie oben eine Hilfslinie mit Einstellkreuzen (Mitte der Nebelscheinwerfer) herstellen.

Scheinwerfer einstellen

① Der Drehknopf der Leuchtweitenregelung muß in Position »0« stehen.

② Die Einstellschrauben verstellen Sie vom Motorraum aus.

③ Zündung und Abblendlicht einschalten.

④ Zuerst an der Höhen-Einstellschraube (sitzt zur Fahrzeugaußenseite) so lange drehen, bis der Strahl des Abblendlichts mit seiner waagrechten Hell/Dunkelgrenze mit der Einstellinie »E« übereinstimmt.

⑤ Seiteneinstellung mit der Einstellschraube an der Innenseite des Scheinwerfers so ausrichten, bis der Abknickpunkt im Abblend-Lichtbild genau auf das Einstellkreuz ausgerichtet ist. Dabei darf ein Streuanteil von 15 Prozent über der Linie liegen.

⑥ Bei dieser Einstellung wird das Fernlicht automatisch richtig justiert.

Nebelscheinwerfer einstellen

① Alle Scheinwerfer bis auf den einzustellenden Nebelscheinwerfer abdecken.

② Scheinwerfer mit der Schraube (meist unterhalb des Scheinwerfers) so einstellen, daß die breit gestreuten Scheinwerferstrahlen zehn Zentimeter unterhalb der Hilfslinie (Mittelpunkte der Nebelscheinwerfer) auf der Wand auftreffen.

Lampe in Heckleuchte wechseln

Arbeitsschritte

① Heckklappe öffnen.

② Sicherungsklammer an der Oberseite der Streuscheibe hochdrücken.

③ Streuscheibe nach unten klappen und vom Lampenträger abnehmen.

④ Bajonettverschluß durch Drehen der defekten Lampe lösen und Lampe aus dem Sockel nehmen.

⑤ Beim Ersatz der Zweifadenlampe für das Brems-/Schlußlicht darauf achten, daß der Zentriernocken richtig im Lampensockel eingesetzt wird.

⑥ Beim Ansetzen der Streuscheibe auf korrekten Sitz der unteren Arretierklammern achten.

Die Heckleuchte durch Anheben der oberen Klammer (Pfeil) zum Lampenwechsel öffnen. Wichtig beim Schliessen der Heckleuchte ist das korrekte Ansetzen der Streuscheibe in den beiden unteren Klammerarretierungen.

Heckleuchte ausbauen

Arbeitsschritte

① Heckklappe öffnen, im Kofferraum die Sicherungszunge am Lampenträger der Heckleuchte drücken und Mehrfachstecker abziehen.

② Hinten am Lampengehäuse zwei Muttern herausdrehen.

③ Heckleuchte von außen aus dem Karosserieausschnitt ziehen.

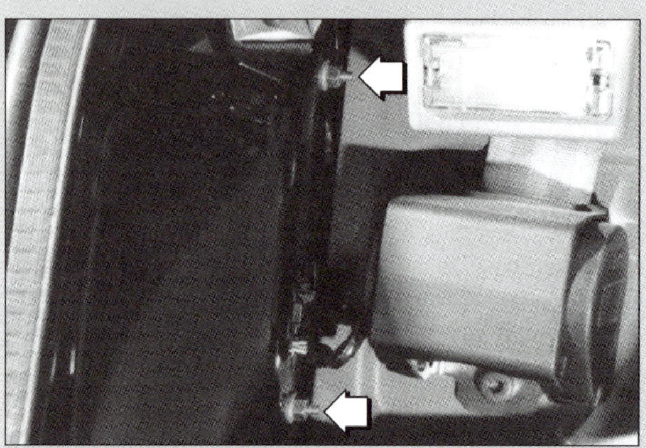

Zum Ausbau der kompletten Heckleuchte müssen nach Abziehen der Mehrfachsteckverbindung lediglich zwei Muttern SW 10 gelöst und abgeschraubt werden (Pfeile). Nach Wiedereinbau die Dichtigkeit zwischen Lampenhaus und Karosserie kontrollieren.

Kennzeichenleuchte wechseln

Arbeitsschritte

① Die Leuchte mit einem Schraubendreher und zwischengelegtem Lappen vorsichtig nach oben aus dem Stoßfänger hebeln.

② Lampenträger durch seitliches Abheben der beiden Federklammern aus dem Lampengehäuse ziehen.

③ Bajonettverschluß durch Drehen der defekten Lampe lösen und Lampe aus dem Sockel nehmen.

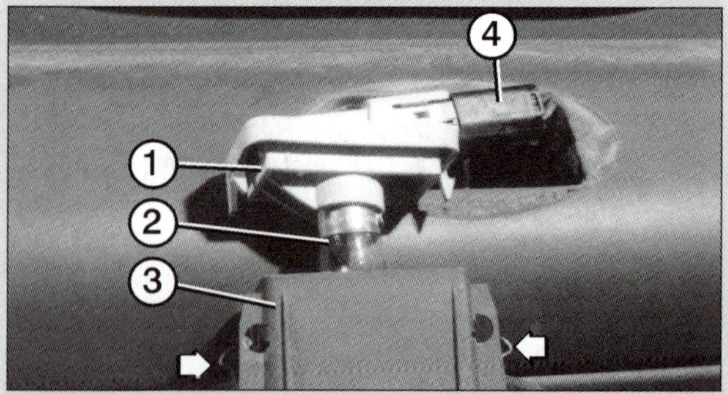

Die Kennzeichenleuchte wird durch zwei kleine Spreizfedern (Pfeile) im Stoßfängerausschnitt gehalten. Sie wird mit einem Schraubendreher aus dem Stoßfänger gehebelt. Nach Eindrücken der beiden kleinen Klammern kann der Lampensockel ❶ aus dem Lampengehäuse ❸ gezogen und die Lampe ❷ gewechselt werden. Wichtig vor dem Einbau ist die Kontrolle des Verbindungssteckers ❹ auf richtigen Sitz.

Lampe in dritter Bremsleuchte wechseln

Arbeitsschritte

① Mit einem Schraubendreher die beiden Schrauben in der Streuscheibe lösen.

② Bremsleuchte aus dem Karosserieausschnitt ziehen.

③ Lampenträger durch seitliches Abheben der beiden Federklammern aus der Bremsleuchte ziehen.

④ Glassockellampe durch Drehen der defekten Lampe lösen und Lampe aus dem Sockel nehmen.

Die beiden TORX-Schrauben (Pfeile) lösen, die Streuscheibe ❷ abheben und die Lampe auswechseln. Vor Anschrauben der Streuscheibe die Auflagefläche an Lampensockel ❶ und Karosserie reinigen.

Die Signaleinrichtungen

Die Signaleinrichtungen Ihres Twingo sind ein wichtiges Instrument, um andere Verkehrsteilnehmer zuverlässig über Ihre Fahrabsichten zu informieren. Wenn Sie zum Beispiel die Fahrtrichtung ändern wollen, betätigen Sie den Blinker, beim Tritt aufs Bremspedal warnen die Bremslichter den Hintermann. Bevor Sie außerhalb einer geschlossenen Ortschaft ein Fahrzeug überholen, drücken Sie kurz die Lichthupe. Aber Ihrem Twingo stehen noch mehr Warneinrichtungen zur Verfügung.

Hupe und Warnblinker sind Pflicht

Die Straßenverkehrs-Zulassungsordnung (StVZO) schreibt vor, daß jedes Kraftfahrzeug zum Abgeben von Warnzeichen mit einer Hupe ausgestattet sein muß. Außerdem muß die Warnblinkanlage funktionieren, damit im Notfall das haltende oder liegengebliebene Fahrzeug gesichert werden kann. Da die Warnblinkanlage auch bei ausgeschalteter Zündung funktioniert, wird der Schalter direkt von Batterieplus über eine Sicherung versorgt. Die Richtungsblinker erhalten dagegen nur bei eingeschalteter Zündung Strom vom Zündschloß. Die Signaleinrichtungen sollten Sie stets vor Fahrtantritt überprüfen.

Signaleinrichtungen prüfen

Arbeitsschritte ständige Kontrolle

Warnblinkanlage. Drücken Sie bei ausgeschalteter Zündung auf den Druckschalter der Warnblinkanlage auf der oberen Lenksäulenverkleidung. Alle vier Blinklampen und die Kontrolleuchte im Druckschalter sollten im gleichen Rhythmus aufleuchten.

Blinker. Zündung einschalten, Blinkerhebel drücken. Die beiden Blinker auf der Fahrzeugseite müssen im gleichen Rhythmus blinken, ebenso die Blinkerkontrolle im Kontrollinstrument.

Bremsleuchten. Fahrzeug mit dem Heck zur Garagenwand stellen, Bremspedal drücken. Die Wand muß dann rot aufleuchten. Sie können aber auch während der Fahrt in einer Kolonne prüfen, ob Ihr Bremslicht funktioniert. Kontrollieren Sie durch einen Blick in den Rückspiegel, ob sich Ihre Bremsleuchten in den Scheinwerfern oder in der Lackierung des folgenden Fahrzeugs spiegeln.

Lichthupe. Wenn Sie bei eingeschalteter Zündung den Blinkerhebel zum Lenkrad hin ziehen, müssen das Fernlicht und die Fernlichtkontrolle stets aufleuchten. Funktioniert die Lichthupe nicht, obwohl die Scheinwerfer bei eingeschalteter Beleuchtung brennen, sollten Sie zuerst prüfen, ob das blau/weiße Kabel zum Kombischalter unter Spannung steht. Ist dies der Fall, dürfte der Lichtumschalter im Hebelschalter defekt sein.

Vordere Blinkleuchten wechseln

Arbeitsschritte

① Mit einem Kreuzschlitz-Schraubendreher die beiden Schrauben an der Blinker-Streuscheibe lösen und herausdrehen.

② Blinker-Streuscheibe abnehmen, Bajonettverschluß durch Linksdrehung lösen und Glühlampe aus der Fassung nehmen.

Die Kreuzschlitzschrauben (Pfeile) haben einen sehr empfindlichen Plastikkopf. Ziehen Sie die Schrauben beim Einbau nur so fest an, daß die Streuscheibe gerade an der Lampenhausdichtung anliegt.

Seitliche Blinkleuchten wechseln

Arbeitsschritte

① Mit einem kleinen Schraubendreher gegen die Federzunge der Blinkleuchte drücken und das Teil aus dem Ausschnitt des Kotflügels hebeln (Lappen unterlegen).

② Blinkleuchte aus dem Ausschnitt des Kotflügels ziehen.

③ Bajonettverschluß nach links (90°) drehen und Lampe aus der Fassung nehmen.

④ Prüfen Sie vor dem Einbau die Funktion der neuen Blinkleuchte.

⑤ Achten Sie beim Einbau auf den korrekten Sitz der Dichtung, sonst ist das Gehäuse der Lampe schnell von innen verdreckt.

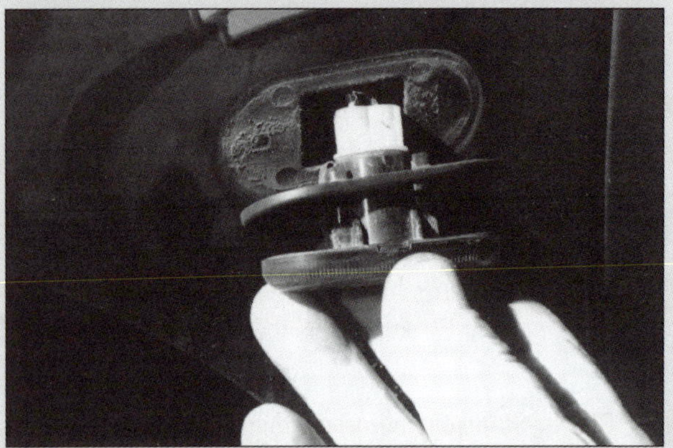

Bevor Sie das Lampengehäuse in den Karosserieausschnitt einsetzen, sollten Sie die Auflagefläche von Dichtung und Karosserie mit Poliermittel reinigen, sonst können sich hier schon frühzeitig Rostnester bilden.

Behelf bei defektem Blinkrelais

Fällt an Ihrem Fahrzeug der Blinker aus, sollten Sie nicht einfach weiterfahren. Andere Verkehrsteilnehmer müssen schließlich eindeutig erkennen können, ob Sie abbiegen wollen oder nicht. Das gilt vor allem bei dichtem Verkehr und bei Dunkelheit. Wenn der Blinker nicht mehr funktioniert, weil das Blinkrelais ausgefallen ist, können Sie sich durch einen Trick helfen.

Arbeitsschritte

① Das Blinkrelais sitzt auf der Relaisplatte im Sicherungskasten.

② Sicherungskasten absenken.

③ Blinkrelais leicht ruckelnd aus der Relaisplatte ziehen.

④ Kurzschlußbrücke zwischen den Klemmen 1 und 2 (am Relais markiert) herstellen. Dazu in die Steckanschlüsse im Relaishalter, die der entsprechenden Klemme gegenüberliegen, eine Büroklammer oder ein kurzes Stück dünnen Draht einklemmen.

⑤ Blinkrelais wieder einstecken.

⑥ Bei gedrücktem Blinkerhebel leuchtet jetzt eine Blinkerseite dauernd.

⑦ Durch Ein- und Ausschalten mit dem Blinkerhebel erhalten Sie einen Blinker-Rhythmus.

Bremslichtschalter ausbauen

Wenn beide Bremslichter ausgefallen sind, liegt das oft am Bremslichtschalter, der an einem Halter der Bremspedal-Aufhängung befestigt ist. Beim Tritt aufs Bremspedal drückt eine Feder den Betätigungsstift des Schalters in Richtung »Ein«. Damit werden die Kontakte im Schalter und der Stromkreis zu den Bremsleuchten geschlossen. Wird das Bremspedal losgelassen, drückt der Pedalhals den Betätigungsstift wieder in die Ausgangsstellung – das Bremslicht verlöscht.

Arbeitsschritte

① Kabelstecker vom Schalter abziehen.

② Kabelanschlüsse im Stecker mit Büroklammer oder Drahtstück überbrücken.

③ Brennen jetzt die Bremslichter, ist der Bremslichtschalter defekt.

Schalter ausbauen

① Mehrfachstecker vom Schalter abziehen.

② Schalter um 90° drehen und aus der Halterung ziehen.

③ Beim Einbau den Schalter in den Halter einsetzen und darauf achten, daß der Schalterhals fest am Halter anliegt.

④ Schalter 90° im Uhrzeigersinn drehen.

⑤ Beim Tritt aufs Bremspedal wird der Schalter automatisch in die richtige Stellung gebracht.

⑥ Nach Einbau des neuen Schalters den Stecker anschließen und Schalter auf Funktion prüfen. Beim Tritt aufs Bremspedal muß das Bremslicht frühestens nach 5 mm Pedalweg aufleuchten. Spätestens nach 20 mm Pedalweg muß das Bremslicht allerdings leuchten. Gemessen wird ab Mitte Bremspedalgummi.

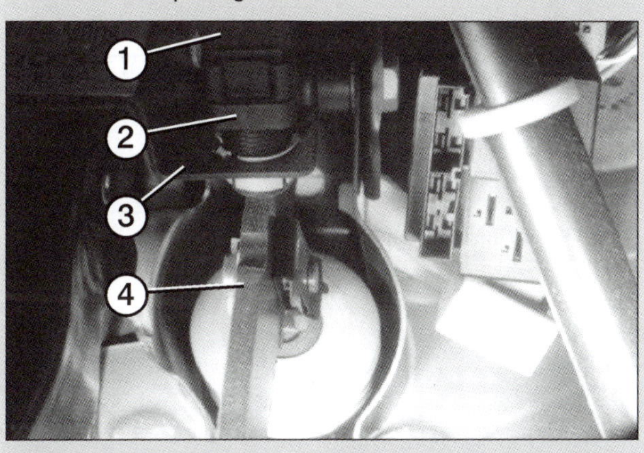

Beim Einbau muß der Schalter ❷ fest auf die Pedalstütze ❸ gedrückt werden, damit der Schalterstift vom losgelassenen Pedal ❹ auch in den Schalter gedrückt wird. Für eine einwandfreie Funktion ist natürlich auch der richtige Sitz des Steckers ❶ wichtig.

Hupe prüfen

Am Kontakt der Hupe im Lenkrad liegt über die Sicherung (Symbol Hupe) ständig Strom vom Batterieplus an. Deshalb muß auch bei ausgeschalteter Zündung beim Druck auf den Kontakt die Hupe ertönen. Wenn die Hupe keinen Laut mehr von sich gibt, sollten Sie zuerst prüfen, ob das Teil wirklich defekt ist.

- An der mit einem Pfeil gekennzeichneten Stelle (Bild rechts) läßt sich nach Entfernen der Plombe unter günstigen Umständen eine krächzende Hupe wieder stimmen.
- Danach muß die Einstellschraube wieder mit einem Tupfer Dichtmasse oder Silikonkautschuk gegen selbsttätiges Verstellen gesichert werden.

Arbeitsschritte | **ständige Kontrolle**

① Um die Hupe zu prüfen, müssen Sie das Teil zuerst ausbauen. Da sie nur schwer zugänglich ist, den Motor-Spritzschutz abbauen (fünf Schrauben). Die Hupe ist links hinter dem Stoßfänger an einem Haltebügel mit einer Mutter (SW 13) befestigt.

② Den Kabelstecker von der Hupe abziehen, dann die Mutter lösen und zusammen mit der Unterlagscheibe abnehmen.

③ An jedem Steckeranschluß der Hupe ein Hilfskabel aufstecken und mit dem Pluspol und Minuspol der Batterie verbinden. Bleibt es ruhig, ist die Hupe defekt.

④ Eine krächzende oder stumme Hupe läßt sich bisweilen durch Drehen der Einstellschraube an der Hupenrückseite wieder aktivieren.

⑤ Schraube unter der Vergußmasse freilegen.

⑥ Nach dem Einstellen die Schraube zum Schutz vor Feuchtigkeit mit Karosserie-Dichtmasse oder Silikonkautschuk wieder verschließen.

Die Hupe sitzt gut geschützt links hinter dem Stoßfänger, Störungen sind daher recht selten.

Warnblink- und Blinkanlage

Störungsbeistand

Störung	Ursache	Abhilfe
A Grüne Kontrollampe für Richtungsblinker leuchtet auf einer Seite in ganz kurzen Intervallen auf, normaler Blinkrhythmus beim Warnblinken	Eine Glühlampe defekt oder ohne Kontakt	Auswechseln
B Blinkleuchten und Kontrolleuchte brennen bei Richtungs- und Warnblinken dauernd oder gar nicht	Blinkrelais defekt	Auswechseln
C Richtungsblinken funktioniert, aber kein Warnblinken	**1** Sicherung Nr. 9 defekt	Auswechseln
	2 Kabel (hellblau/weiß) vom Mehrfachsteckerkontakt am Blinkerschalter zur Sicherung Nr. 9 oder zum Steckerkontakt 11 (hellblau/weißes Kabel) unterbrochen	Erneuern
	3 Warnblink- bzw. Blinkerschalter defekt	Auswechseln
D Warnblinken funktioniert, aber kein Richtungsblinken	**1** Sicherung Nr. 1 defekt	Auswechseln
	2 Kabel (hellblau/rot) zwischen Blinkerschalter Klemme 49 (Mehrfachsteckerkontakt 4 an der Zentral-Elektrikbox) unterbrochen	Erneuern
	3 Siehe C3	
E Kein Richtungs- und kein Warnblinken	**1** Siehe C1 und 3	
	2 Siehe D1	

Bremslicht

Störungsbeistand

Störung	Ursache	Abhilfe
A Eine Bremsleuchte brennt nicht	**1** Glühlampe durchgebrannt	Austauschen
	2 Masseverbindung unterbrochen	Kabel kontrollieren. Brennen alle übrigen Lampen in derselben Heckleuchte? Falls nicht:
	3 Unterbrechung in der Zuleitung	Ersetzen
B Beide Bremslichter brennen nicht	**1** Sicherung defekt	Überprüfen, ggf. ersetzen
	2 Bremslichtschalter defekt	Kabel kontrollieren
	3 Siehe A1 und 3	
C Bremslicht brennt dauernd	**1** Siehe B2	
	2 Kabel zum Bremslichtschalter haben direkten Kontakt	Kabel kontrollieren

Die Hupe

Störungs-beistand

Störung	Ursache	Abhilfe
A Hupe tönt nicht	**1** Sicherung defekt	Ersetzen
	2 Kabel (schwarz/violett) vom Lenkrad zur Hupe unterbrochen	Kabelverlauf kontrollieren, Steckkontakte der Hupe blank kratzen
	3 Kabel (violett) vom Hupenrelais zur Hupe unterbrochen	Prüfen, ggf. ersetzen
	4 Hupenrelais defekt	Prüfen, ggf. ersetzen
	5 Hupe defekt	Prüfen, ggf. ersetzen
B Hupe tönt dauernd	**1** Kabel vom Hupenkontakt zur Hupe hat Masseschluß	Schwarz/violettes Kabel von der Hupe abziehen. Hupt es nicht mehr, Kabel reparieren
	2 Siehe A4	
	3 Hupe hat inneren Masseschluß	Hupe ersetzen. Unterwegs Kabel von der Hupe abziehen

Instrumente und Geräte

Die meisten Meßstellen im Inneren Ihres Twingo werden durch elektronische Bauteile kontrolliert. Das spart Ihnen jede Menge Arbeit, weil Sie nur noch wenige Anzeigen und Kontrollämpchen beachten müssen. Die sollten Sie freilich stets im Blick haben und eventuelle Fehlanzeigen in jedem Fall ernst nehmen: Leuchtet während der Fahrt plötzlich eine Kontrollleuchte auf, ist dies grundsätzlich ein Alarmzeichen. Das gilt für die Öldruckleuchte ebenso wie für die Airbag-Kontrolle, die nur beim Einschalten der Zündung für einige Sekunden aufleuchten darf. Dann ist das System in Ordnung – brennt oder blinkt sie dagegen während der Fahrt oder erlischt sie nicht, liegt ein Defekt im Airbag-System vor. In diesem Fall sollten Sie das Airbag-System umgehend in der Renault-Werkstatt überprüfen lassen.

Sensoren, Kabel und Schalter

Allerdings arbeiten die Kontrollsysteme selbst nicht immer ohne Störungen. Manchmal sind Sensoren oder Kabel beschädigt, bisweilen sorgt ein kaputter Schalter für eine Fehlinformation. Wenn Sie zum Beispiel feststellen, daß mehrere Anzeigeinstrumente nicht richtig anzeigen, liegt das häufig am Regler der Lichtmaschine, der bei einem Defekt die Werte für die Bordspannung zu hoch oder zu niedrig einstellt.

Instrumente prüfen

Bevor Sie mit Ihrem Twingo losfahren, sollten Sie stets einen Blick auf das Armaturenbrett werfen (die Anzahl der Anzeigen hängen von der jeweiligen Ausstattung Ihres Twingo-Modells ab).

Arbeitsschritte | W | **ständige Kontrolle**

① Funktioniert die Digitaluhr im Kombiinstrument?

② Wenn Sie die Zündung einschalten, müssen Ladekontrolle und Öldruckwarnleuchte aufleuchten. Auch die Warnleuchten für Kühlflüssigkeitstemperatur, Katalysator, Airbagsystem und Handbremse (bei angezogenem Hebel) müssen jetzt leuchten.

③ Wenn Ihr Twingo entsprechend ausgestattet ist, müssen auch die Kontrolleuchten für folgende Systeme brennen: Wegfahrsperre, ABS, Servolenkung und Getriebeautomatik.

④ Die Leuchtbalkenanzeige der Tankuhr sollte den Tankinhalt anzeigen.

⑤ Betätigen Sie die Schalter für Warnblinker, heizbare Heckscheibe, Nebelscheinwerfer (falls eingebaut) und Nebelschlußleuchte – brennen jeweils die Kontrolleuchten?

⑥ Brennen bei eingeschaltetem Licht die Leuchten für Instrumente und Schalter sowie für Abblendlicht und Fernlicht?

⑦ Betätigen Sie den linken Kombihebel – leuchten die grüne Blinkerkontrolle und die Fernlichtkontrolle?

⑧ Starten Sie den Motor. Die Lade- und Öldruckkontrolleuchte muß verlöschen.

⑨ Prüfen Sie während der Fahrt die Funktion des Tachometers.

Praxistip

Instrumente zeigen nicht an

Öldruck-Kontrolle leuchtet nicht (vor dem Start). Zündung einschalten, Kabel am Öldruckschalter abziehen, an blankes Metall halten. Brennt das Warnlicht, ist der Öldruckschalter defekt und muß ausgetauscht werden. Leuchtet die Kontrolle nicht, ist entweder die Zuleitung, die Leiterfolie des Kombiinstruments oder die Warnlampe defekt.

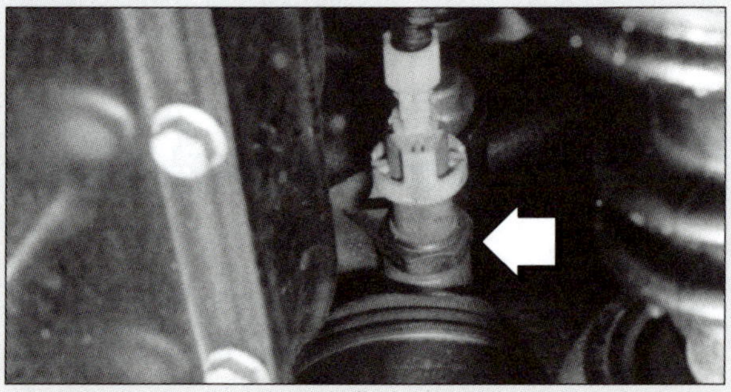

Beim Econ-Motor sitzt der Öldruckschalter (Pfeil) oberhalb des Ölfilters im Ölfilterflansch.

Praxistip

Instrumente zeigen nicht an

Keine Tankanzeige. Entweder ist das Anzeigeinstrument oder der Tankgeber defekt (Schwimmer klemmt). Eventuell ist auch die Stromzufuhr unterbrochen. Im elektrischen Teil der Kraftstoff-Vorratsanzeige ist nur eine eingeschränkte Fehlersuche möglich. Abdeckung am Geber abnehmen und prüfen, ob an den Zuleitungen zum Mehrfachstecker und am Geber selbst Durchgang vorhanden ist.

Warnleuchte brennt nicht. Der Geber der Temperaturwarnleuchte (Pfeile) ist beim OHV-Motor in Fahrtrichtung in die linke Stirnseite des Zylinderkopfs geschraubt, beim Econ-Motor ist der Fühler von schräg unten ins Thermostatgehäuse geschraubt. Grünes (OHV-Motor) bzw. beiges (Econ-Motor) Kabel am Temperaturfühler abziehen und fest mit Masse verbinden. Zündung kurz einschalten – brennt die Warnleuchte, ist der Temperaturfühler defekt.

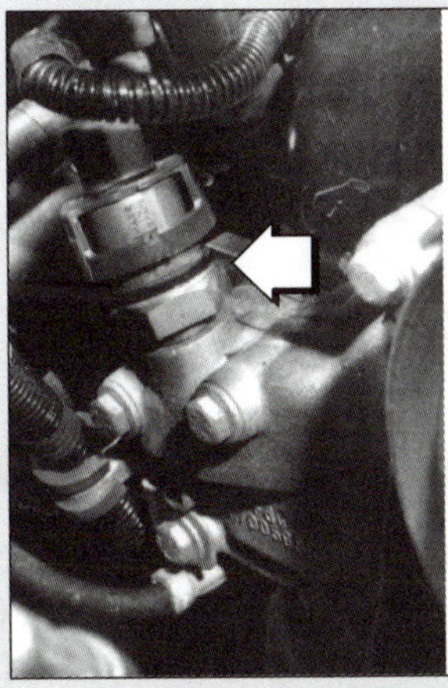

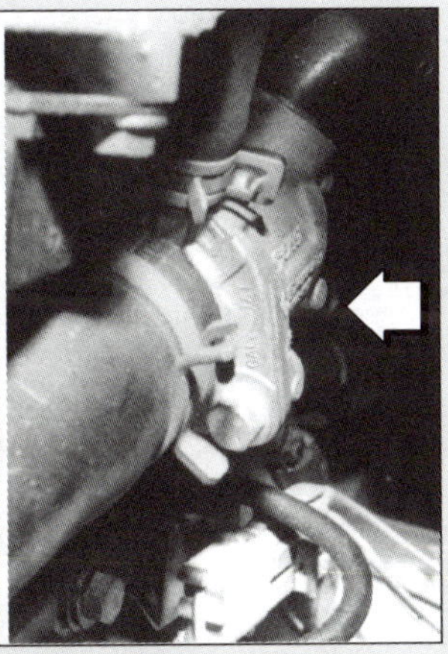

Beim OHV-Motor (links) ist der Geber (Pfeil) der Kühlmitteltemperatur-Warnleuchte hinter der Wasserpumpe eingeschraubt. Beim Econ-Motor (rechts) sitzt der Geber (Pfeil) schräg unten im Thermostatgehäuse.

Funktion der Schalter prüfen

Ein defekter Schalter ist manchmal die Ursache für eine Störung im elektrischen System. Beim Twingo setzen eine Reihe von Schaltertypen (Druck-, Dreh-, Kipp- und Hebelschalter) die verschiedenen Stromverbraucher in Betrieb. Zur Kontrolle der elektrischen Funktionsprüfung verwenden Sie am besten eine Prüflampe mit Nadelkontakt.

Arbeitsschritte

① Suchen Sie den entsprechenden Schaltplan für Ihren Twingo heraus.

② Zuerst stellen Sie fest, welche Kabel Spannung führen. Dazu mit der Nadel der Prüflampe die Isolierung der Kabel durchstechen.

③ Prüfen Sie, ob am Schalter überhaupt Spannung anliegt. Dazu müssen Sie in der Regel Zündung oder Beleuchtung einschalten.

④ Den Schalter einschalten. Dann kontrollieren, ob der Schalter die Spannung weiterleitet.

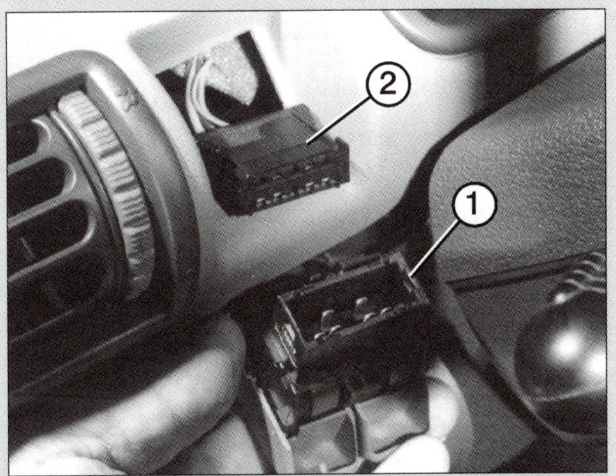

Zur elektrischen Prüfung der Schalterfunktion jeweils den Mehrfachstecker ❷ abziehen und Schalter ❶ auf Durchgang, die einzelnen Leitungen des Mehrfachsteckers auf Stromführung prüfen.

Zentraldisplay ausbauen

Das Zentraldisplay des Renault Twingo ist während der Fahrt für die permanente Anzeige von Geschwindigkeit und Kraftstoffvorrat zuständig. Drücken sie auf den rechten Kombischalter, erhalten Sie außerdem die Anzeige von Gesamtkilometerstand, Tageskilometerstand und digitaler Uhrzeit. Bei Störungen der einzelnen Anzeigen bleibt dem Hobby-Mechaniker allenfalls das Auswechseln des kompletten Anzeigegeräts und der Weg zur Renault-Werkstatt, die der jeweiligen Störung mit speziellem Prüfgerät auf die Spur kommt.

Arbeitsschritte

① Batterie abklemmen.

② Drei Schrauben (eine links außen, eine in der Mitte, eine rechts außen) im oberen Armaturenbretteil lösen.

③ Armaturenbretteil rechts anheben und vorsichtig an der Außenspiegelverkleidung vorbei nach vorne ziehen. Gegen Kratzer eventuell Spiegelverkleidung abdecken (Klebeband).

④ Armaturenbretteil an der linken Außenspiegelverkleidung vorbei abnehmen.

⑤ Drei Schrauben rund um das Zentraldisplay herausdrehen und Instrument abnehmen.

⑥ Mehrfachsteckverbindung trennen.

⑦ Beim Einbau auf korrekten Sitz der Mehrfachsteckverbindung achten.

⑧ Beim Einsetzen des Instruments darauf achten, daß die beiden Zentrierstifte links und rechts sauber ausgerichtet sind und das Schaumstoffschutzband der Kabel hinter und unter dem Armaturenbrett vorhanden ist.

⑨ Vor der Montage des Armaturenbretteils Batterie anschließen und eine Funktionskontrolle durchführen.

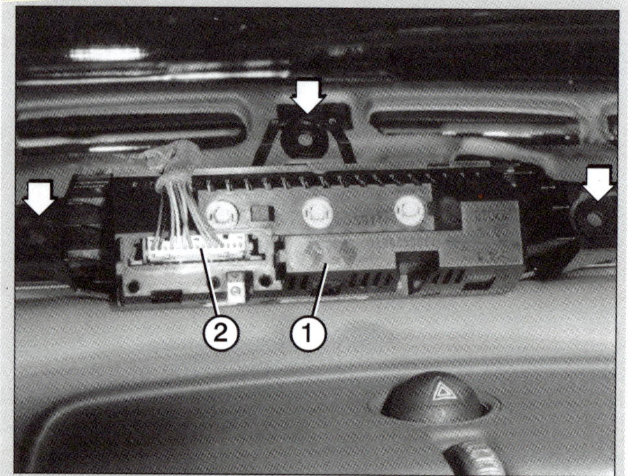

Das Zentraldisplay ❶ ist mit drei Schrauben (Pfeile) unter der Armaturenbrettabdeckung am Karosseriequerblech befestigt. Nach Wechsel eines Lämpchens der Displaybeleuchtung vor Einsetzen des Instruments den korrekten Sitz des Mehrfachsteckers ❷ kontrollieren.

Kontrollampenleiste ausbauen

Bei einer defekten Kontrollampe müssen Sie stets die Kontrollampenleiste ausbauen. Alle Kontrolleuchten in der Anzeigenleiste erhalten ihre Stromzufuhr über einen 15-poligen Mehrfachstecker. Wenn Sie feststellen, daß eine Kontrollampe nicht funktioniert, sollten Sie die Steckverbindung kontrollieren. Auf keinen Fall bei Kontrollen mittels Multimeter die Meßspitzen verwenden, da die Kontakte beschädigt werden können. Kontaktprobleme wären die Folge.

Arbeitsschritte

① Batterie abklemmen.

② Die beiden Schrauben links und rechts in der Anzeigenleiste herausdrehen.

③ Anzeigenleiste aus dem Armaturenbrett ziehen.

④ Mehrfachsteckverbindung trennen.

⑤ Beim Einbau auf korrekten Sitz der Mehrfachsteckverbindung achten.

Kontrollampe wechseln

Die Kontrollampen der Anzeigenleiste sind mit Fassungen aus Kunststoff an der Rückseite fixiert. Für den Wechsel brauchen Sie 1,2-Watt- oder 3-Watt-Glassockellampen.

Arbeitsschritte

① Kontrollampenleiste ausbauen.

② Die Lampenfassungen etwas andrücken, dann durch eine Drehung nach links lösen.

③ Lampe aus dem Lampenträger nehmen.

④ Zur Sicherheit die Stromversorgung mit einem Multimeter auf Durchgang prüfen. Bei dieser Gelegenheit können Sie auch Kontaktprobleme beseitigen.

⑤ Wenn Sie eine neue Lampe einsetzen müssen – das Ersatzteil gibt's nur komplett mit Fassung.

Leitungen und Sicherungen

An den meisten Stromverbrauchern im Twingo sind zwei Kabel angeschlossen. Doch oft läßt sich nur eine Leitung vom Verbraucher zur Batterie oder zum Generator zurückverfolgen. Die andere ist meist schon nach wenigen Zentimetern am Blech der Karosserie, am Motor oder am Getriebe festgeschraubt oder an einer Steckerzunge eingesteckt. Die Automobilbauer machen sich hier ein physikalisches Prinzip zunutze – Metallteile, in der Autoelektrik als Masse bezeichnet, können nämlich Strom leiten. Man spart daher die langen Kabel für die Rückleitung des Stroms zum Minuspol der Batterie ein und überläßt diese Aufgabe der Masse. Wenn ein Verbraucher nicht funktioniert, liegt dies häufig an der fehlenden Masseverbindung. Er holt sich dann den Kontakt zur Fahrzeugmasse auf Umwegen und stiftet dabei Verwirrung im elektrischen System.

Kabel und Klemmen

Trotz der rationellen Bauweise gibt es in Ihrem Twingo jede Menge Kabel. Das scheinbare Gewirr ist freilich sehr gut geordnet, denn den Kabelfarben kommt eine wegweisende Bedeutung zu. Zudem sind die meisten Anschlüsse an den Mehrfachsteckern wie an den Relais numeriert. Bei der Numerierung folgt man einer bei Renault ausgetüftelten internen Norm, die von der in verschiedenen europäischen Ländern praktizierten Norm abweicht. Bei der Wahl der Kabelfarben stimmt die Renault-Norm im Twingo jedoch weitgehend mit der bei uns praktizierten Norm überein.

Die Sicherungen

In Ihrem Twingo sorgen zahlreiche Sicherungen für den Schutz der elektrischen Systeme. Eine Sicherung ist Teil eines Stromkreises. Sie tritt in Aktion, wenn zum Beispiel bei einem Kurzschluß (defekter Verbraucher, beschädigtes Kabel) der Strom plötzlich stark ansteigt. Der dünne Schmelzdraht der Sicherung glüht dann im Bruchteil einer Sekunde durch und unterbricht den Stromfluß. Die Sicherung verhindert also eine Überlastung des Stromkreises – übrigens auch dann, wenn Sie an einen bereits voll ausgelasteten Stromkreis zusätzliche Verbraucher anschließen.

Kabelfarben und elektrische Grundfunktion

Technik-lexikon

Rot. Erhält dauernd Strom vom Pluspol der Batterie bzw. bei laufendem Motor von der Lichtmaschine. Das kann bei unvorsichtigem Umgang mit Werkzeug zu Kurzschlüssen und Funkenregen führen, wenn das Minuskabel der Batterie nicht abgenommen wurde. Diese stets stromführenden Kabel beim Twingo gibt es ggf. mit zusätzlichen Farbstreifen.

Gelb. Erhält nur bei eingeschalteter Zündung Strom ab Zündschloß, wobei außer den Zündspulen jene Stromverbraucher mit Strom versorgt werden, die nur bei Betrieb des Wagens Strom erhalten sollen. Die Kabel besitzen beim Twingo bisweilen auch farbige Zusatzstreifen bei bestimmten Stromverbrauchern.

Schwarz. Ist für direkte Masse-Verbindungen reserviert. Mit einem schwarzen Kabel muß ein Stromverbraucher zur Fahrzeugmasse verbunden sein, damit der Stromkreis geschlossen ist.

Blau. Gilt für die Stromkreise der Begrenzungs-, Schluß- und Kennzeichenleuchten.

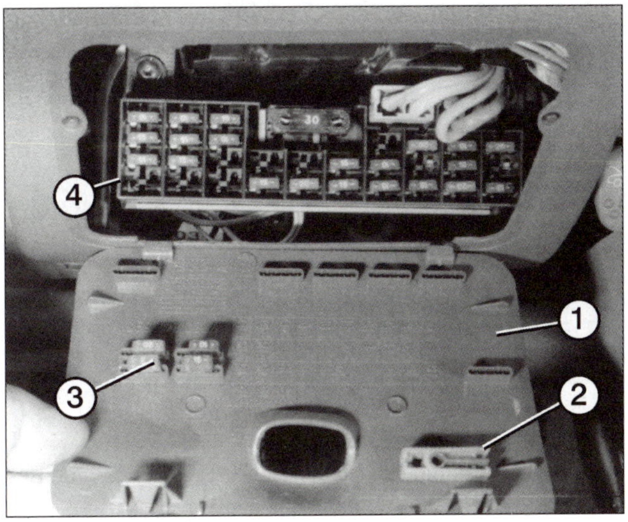

Der Sicherungskasten ❹ wird durch Herunterklappen des Deckels ❶ unterhalb des Lenkrades geöffnet. Mit der Kunststoffpinzette ❷ kann eine defekte Sicherung gegriffen und leicht gegen eine Ersatzsicherung ❸ ausgewechselt werden. Die im Deckel eingegossenen Symbole sind übrigens spiegelverkehrt zur Sicherungsanordnung im Sicherungskasten dargestellt – lassen Sie sich also nicht verwirren.

Sicherungen in mehreren Stromkreisen

Damit Ihr Twingo bei einem elektrischen Defekt nicht ohne Strom dasteht, sind die Sicherungen auf verschiedene Stromkreise verteilt. Die Einspritzanlage und die meisten elektrischen Aggregate haben eine eigene Absicherung. In einem separaten Sicherungskasten mit Relaisplatte überwachen verschiedene Hauptsicherungen auch den Stromfluß zwischen Batterie und Verbrauchern wie Anlasser und Lichtmaschine und schützen so die gesamte Fahrzeug-Elektrik bei Störungen durch Kabelbrand oder Kurzschluß.

Die Schaltrelais

In Ihrem Twingo gibt es eine Reihe von Verbrauchern, die im Vergleich zu anderen einen hohen Strom aufnehmen. Sie werden jedoch nicht direkt durch den Schalter in Betrieb genommen. Diese Aufgabe übernimmt das Schaltrelais. Wenn Sie einen Schalter betätigen, aktivieren Sie dadurch zunächst nur einen geringen Schaltstrom. Beim Einschalten des betreffenden Verbrauchers wird im Schaltrelais durch den ankommenden Schaltstrom an Klemme 1 (meist gelbes Kabel) der Schaltstromkreis zu Klemme 2 geschlossen. Dadurch zieht eine Magnetspule einen kräftigen Kontakt gegen Federdruck an und schließt so den Stromkreis für den Arbeitsstrom. Der Arbeitsstrom wird zur Vermeidung von Spannungsabfall auf kurzem Weg direkt an Klemme 3 (meist rotes Kabel) des Relais herangeführt und von dort – bei geschlossenen Schalterkontakten – an den Stromverbraucher weitergeleitet.

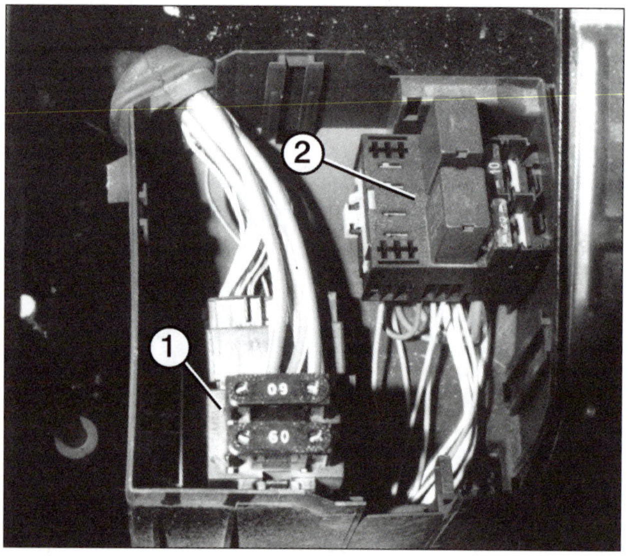

Je nach Ausstattung und Modell ist der Sicherungs- und Relaiskasten im Motorraum unterschiedlich bestückt. ❶ Sicherungsbelegung; ❷ Relaisbelegung. Wenn beim Sicherungswechsel die passende Sicherung einmal nicht greifbar ist (weil z. B. die Ersatzsicherungen aufgebraucht sind), können Sie zur Not eine geringfügig stärkere oder schwächere Sicherung einsetzen. Diese jedoch bald gegen die richtige Sicherung tauschen. Dieser Tip gilt auch für den Sicherungskasten im Wageninnern.

Spezielle Relaistypen

Vorteil dieser Konstruktion: Die Schalterkontakte werden nicht durch hohen Stromfluß beansprucht. Außerdem vermeidet man Spannungsverluste, die bei langen Kabelwegen zwischen Schalter und Verbraucher entstehen würden. Die Schaltrelais sind in der Relaisplatte des Sicherungskastens oder separaten Haltern z.B. im Motorraum neben der Batterie eingesteckt. Daneben gibt es im Twingo noch Relaistypen, die bestimmte Funktionen auslösen. Dazu gehören zum Beispiel das Blinkrelais, das die Blinkimpulse steuert, und das für den Intervallbetrieb der Scheibenwischer zuständige Scheibenwischer-Relais.

Sicherung wechseln

- In den Sicherungshaltern des Twingo stecken sogenannte Flachsteck-Sicherungen. In ein durchscheinendes Kunststoffteil sind zwei flache Stecker eingebettet, die durch einen Schmelzdraht verbunden sind. Eine durchgebrannte Sicherung erkennen Sie am unterbrochenen Schmelzdraht. Oft ist auch der Rücken der Plastikumhüllung herausgebrochen oder geschmolzen.

- Die Sicherungen können im Wageninnern nach Absenken des Sicherungskastens ausgewechselt werden. Auch einige Relais können dort ausgewechselt werden. An den Sicherungs- und Relaiskasten im Motorraum kommen Sie bei geöffneter Motorhaube heran. Dazu die Sicherungsklammer abhebeln und Deckel abnehmen.

- Mit welcher Sicherung Sie es zu tun haben, erkennen Sie an der Beschriftung ebenso wie an der Farbe: Violett (3 A), Braun (7,5 A), Rot (10 A), Blau (15 A), Gelb (20 A), »Farblos« (25 A), Grün (30 A).

Arbeitsschritte

① Mit dem Sicherungszieher (Kunststoffpinzette aus dem Sicherungskasten an der Lenksäule) die defekte Sicherung aus dem Steckplatz ziehen.

② Neue Sicherung mit gleicher Amperestärke in den Steckplatz eindrücken. Achten Sie dabei auf korrekten Sitz.

③ Brennt die neue Sicherung sofort wieder durch, haben Sie eventuell eine zu schwache Sicherung eingesetzt oder der Verbraucher ist defekt.

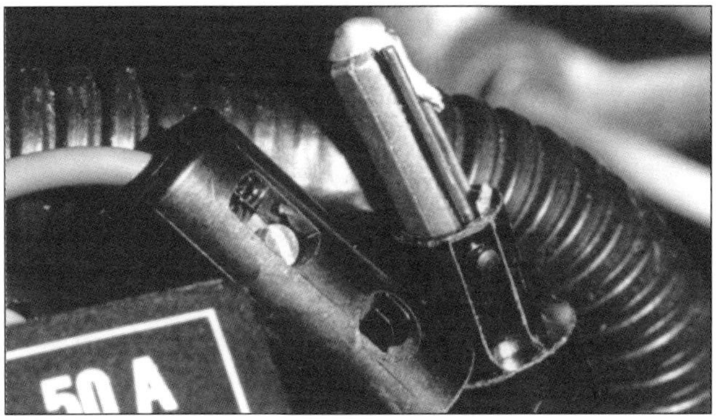

Defekte Sicherungen müssen Sie immer durch Sicherungen desselben Typs und identischer Stromstärke ersetzen.

Sicherungsbelegung

(Sicherungskasten unter dem Armaturenbrett ((D) = Dauerstrom)

Symbol	Nr.	A	Kabelfarbe Eingang	Ausgang	Erhält Strom vom	angeschlossene Stromverbraucher
	1	10	gelb	gelb	Zündschloß	Servolenkung
	2	10	gelb	gelb	Zündschloß	ABS
	3	2	gelb	gelb/schwarz	Zündschloß	Servokupplung
STOP	4	15	gelb	gelb	Zündschloß	Bremslicht, Blinker
	5	20	gelb	gelb/blau	Zündschloß	Heckscheibenheizung
	6	15	gelb	gelb/rot	Zündschloß	Heckscheibenwischer
	7	15	gelb	gelb/schwarz	Zündschloß	Zigarettenanzünder, Rückfahrscheinwerfer
	8	15	gelb	gelb/violett	Zündschloß	Frontscheibenwischer, Scheibenwascherpumpe für Front- und Heckscheibe
INJECT	9	20	gelb	gelb/rot	Zündschloß	Benzineinspritzsystem
	10	10	gelb	gelb	Zündschloß	Airbag, Gurtstraffer
	11	15	weiß/blau	grün/weiß	Licht-Kombischalter	Fernlicht links
	12	15	weiß/blau	Orange	Licht-Kombischalter	Fernlicht rechts
	13	15	rot	rot/blau	Licht-Kombischalter (D)	Zentralverriegelung
	14	10	rot/weiß	Violett/Weiß	Licht-Kombischalter (D)	Hupe
	15	10	rot	rot	Licht-Kombischalter(D)	Endstellung Frontscheibenwischer
	16	10	rot	rot	Licht-Kombischalter (D)	Innenleuchten
	17	15	weiß/rot	beige	Licht-Kombischalter	Abblendlicht links
	18	15	weiß/rot	braun	Licht-Kombischalter	Abblendlicht rechts
	19	10	weiß/schwarz	grau	Zündschloß (D)	Warnblink- und Blinkanlage
	20	30	gelb	gelb/schwarz	Zündschloß	Fensterheber
	21	20	gelb	gelb	Zündschloß	Kühlerventilator
	22	10	gelb/rot	gelb/blau	Zündschloß	Radio
	23	20	gelb/rot	gelb/violett	Zündschloß	Heizung-/Frischluftgebläse
	24	10	blau/rot	blau/weiß	Licht-Kombischalter	Standlicht links
	25	10	blau/rot	blau	Licht-Kombischalter	Standlicht rechts
	26	10	grau/violett	lachs/grün	Licht-Kombischalter	Nebelschlußleuchte

Sicherungs- und Relaisbelegung im Motorraum

Symbol	Nr.	A	Zuordnung	Symbol	Nr.	A	Zuordnung
	1	50	Relais Elektropumpe Kupplungssteuerung		12	30	Hauptsicherung ABS
	2	50	Relais Klimaanlage		13	30	Hauptsicherung Servolenkung
	3	25	Relais Klimaanlage		14	60	Hauptsicherung Fahrgastraum
	4		nicht belegt		15	60	Hauptsicherung Fahrgastraum
	5		nicht belegt		16	5	Sicherung Servokupplung
	6		nicht belegt		17	30	Sicherung ABS
	7	25	Mikrorelais Einspritzanlage		18	10	Sicherung Einspritzanlage
	8	25	Mikrorelais Einspritzanlage		19		nicht belegt
	9	30	Hauptsicherung Servokupplung		20	25	Sicherung Einspritzanlage
	10	40	Hauptsicherung Klimaanlage		21		nicht belegt
	11	30	Hauptsicherung Klimaanlage				

Die Schaltpläne

Die Schaltpläne in diesem Ratgeber gelten für die Motor-Elektrik der am meisten verbreiteten Ausstattungsvarianten des Renault Twingo. Schaltpläne für die allgemeine Elektrik im Twingo konnten teilweise nicht berücksichtigt werden. Die Modellpflege am Twingo bringt auch bei der Elektrik immer wieder kleine Änderungen bei den Schaltungen mit sich. Daher sind in diesen Schaltplänen auch Abweichungen zu Ihrem Twingo-Modell möglich.

Kabelfarben. Sie sind abgekürzt angegeben. Es bedeuten: BA – weiß; BE – blau; BJ – beige; CY – transparent; GR – grau; JA – gelb; MA – braun; NO – schwarz; OR – orange; RG – rot; SA – lachs; VE – grün; VI - violett.

Leitungsquerschnitte. Darüber finden Sie in den Schaltplänen keine Angaben. Im Falle einer Leitungsreparatur müssen sie vor Ort ausgemessen werden.

Nummern. Eingerahmte Ziffern kennzeichnen elektrische Bauteile; eingerahmte Ziffern mit Zusatzbuchstaben deuten auf eine Steckverbindung (siehe auch Abbildung der Zeichenerklärung).

Verzeichnis der Bauteile

4 Türschalter ZV rechts
5 Türschalter ZV links
6 Steuergerät Klimaanlage bzw. Temperaturregelautomatik
10 1.Gang-Schalter
13 Schalter der Diebstahlwarnanlage
21 Kontrolldiode Diebstahlwarnanlage
23 Relais Dekodierung Türen und Hauben
24 Geber für Querbeschleunigung (ABS)
25 Motor Entriegelung Tür rechts
26 Motor Entriegelung Tür links
28 Relais Schloß rechts
29 Relais Schloß links
30 Kontrolldiode Türen und Hauben
31 Diode Nebelschlußleuchte
32 Diode Aktivkohlefilter
48 Scheinwerfer Fernlicht rechts
49 Scheinwerfer Fernlicht links
50 Scheinwerfer Abblendlicht rechts
51 Scheinwerfer Abblendlicht links
52 Klinkenstecker Diebstahlwarnanlage
53 Diode Kühlerventilator
54 Entstörfilter Scheibenwischermotor (Radio)
101 Zigarettenanzünder
102 Zündverteiler (kontaktgesteuert)
103 Drehstromgenerator
104 Zündschloß
105 Signalhorn
106 Signalhorn (Fanfare)

107 Batterie
108 Zündspule
110 Rückförderpumpe (ABS)
111 Zündmodul
112 Intervallrelais Heckscheibenwischer
113 Intervallrelais Frontscheibenwischer
115 Steuergerät für Elektropumpe
117 Warnsummer »Licht an«
118 Steuergerät ABS
119 Steuergerät Automatikgetriebe
120 Steuergerät Benzineinspritzanlage
121 Schalter Nebelschlußleuchte
122 Schalter Nebelscheinwerfer
123 Innenschalter ZV
124 Betätigungseinheit Heizung/Belüftung
125 Schalter Warnblinkanlage
126 Stufenschalter Heizungsgebläse
127 Schalter Heckscheibenwischer
128 Schalter Heckscheibenbeheizung
129 Programmschalter Automatikgetriebe
132 Schalter Fensterheber Fahrerseite
133 Schalter Fensterheber Beifahrerseite
134 Schaltereinheit Außenspiegel
137 Blinkrelais
140 Stellmotor ZV Fahrerseite
141 Stellmotor ZV Beifahrerseite
142 Stellmotor ZV Heckklappe
145 Schaltereinheit Frontscheiben-Wisch-Wascher
146 Klopfsensor
147 Saugrohrdruckfühler
148 Öldruckgeber (Motoröl)
149 Impulsgeber Motordrehzahl/OT-Geber
152 Raddrehzahlgeber vorne rechts
153 Raddrehzahlgeber vorne links
154 Schalter Gepäckraumleuchte
155 Schalter Rückfahrscheinwerfer
156 Schalter Feststellbremse
157 Schalter Bremspedal
158 Vollastschalter
159 Leerlaufschalter
160 Bremslichtschalter
161 Schalter Handschuhfachbeleuchtung
163 Anlasser
164 Heizungsgebläse
165 Gepäckraumleuchte
166 Kennzeichenleuchte
168 Handschuhfachleuchte
170 Steuerventil Servolenkung
171 Magnetkupplung Kompressor (KA)
172 Schlußleuchte rechts
173 Schlußleuchte links
174 Nebelschlußleuchte
176 Zusatzscheinwerfer rechts
177 Zusatzscheinwerfer links
180 Kontaktschalter Fahrertür
181 Kontaktschalter Beifahrertür
182 Rückfahrscheinwerfer
184 Standlichtleuchte rechts
185 Standlichtleuchte links
187 Heizungsgebläse
188 Kühlerventilator
189 Lautsprecher hinten rechts
190 Lautsprecher hinten links
191 Türlautsprecher vorne rechts
192 Türlautsprecher vorne links
193 Einspritzventil 1
194 Einspritzventil 2
195 Einspritzventil 3
196 Einspritzventil 4
199 Kraftstoffvorratgeber
200 Heckscheibenbeheizung
203 Fensterhebermotor Fahrertür
204 Fensterhebermotor Beifahrertür
205 Öldruckschalter (Motoröl)
206 Druckschaltereinheit KA
207 Geber Bremsflüssigkeits-Mindeststand
208 Zündmodul
209 Kombischalter
210 Uhr
211 Heckscheibenwischermotor
212 Frontscheibenwischermotor
213 Innenleuchte vorne
218 Kraftstoffpumpe
220 Wascherpumpe Heckscheibe
221 Wascherpumpe Frontscheibe
222 Drosselklappen-Potentiometer
223 Leerlaufgemisch-Potentiometer
224 Druckschalter Servolenkung
225 Diagnosestecker
226 Scheinwerfer rechts
227 Scheinwerfer links
228 Leerlaufregulierventil
229 Relais Signalhorn (Fanfare)
230 Relais Nebelschlußleuchte
231 Relais Nebelscheinwerfer
232 Relais Anlaßsperre
233 Relais Heizungsgebläse
234 Relais Kühlerventilator
235 Relais Heckscheibenbeheizung
236 Relais Kraftstoffpumpe/Einspritzventile
238 Schutzrelais Einspritzanlage
239 Elektrisch verstellbarer Außenspiegel (Fahrerseite)
240 Elektrisch verstellbarer Außenspiegel (Beifahrerseite)
242 Lambda-Sonde
244 Fühler Kühlflüssigkeitstemperatur (Einspritzanlage)
247 Instrumententafel
249 Infrarotmodul
250 Impulsgeber Motordrehzahl/Fahrgeschwindigkeit
253 Lautsprecher vorne rechts
254 Lautsprecher vorne links
255 Blinkleuchte rechts
256 Blinkleuchte links
260 Sicherungskasten/Stromverteilerplatte
261 Radio
262 Kühlerventilator (Klimaanlage)
263 Doppelschalter für Heckscheibenwischer/
Heckscheibenbeheizung
264 Zeitschaltung Zentralverriegelung
265 Umschalter Innenleuchte/Spot
266 Drosselklappenschalter
267 Seitliche Blinkleuchte rechts
268 Seitliche Blinkleuchte links
270 Thermoschalter 8°
271 Temperaturfühler
272 Fühler Ansauglufttemperatur
273 Geber Drehzahl Getriebeausgangswelle (Automatik)
274 Elektroventil Leerlaufanhebung (KA)
275 Zeitrelais Zusatz-Kraftstoffpumpe

276 Impuls-Steuergerät Fensterheber
278 Klopfsensor Nr.2
286 Schalter Heckscheibenwascher
287 Relais Kraftstoffpumpenwiderstand
293 Dauerstromanschluß
294 Zeitrelais Heckscheibenbeheizung
296 Relais Nebelscheinwerfer
297 Brücke (anstelle Nebelscheinwerfer)
298 Heizungsgebläseeinheit
299 Stromverteilerplatte
301 Relais Elektropumpe ABS
302 Relais geschwindigkeitsabhängige Servolenkung
303 Beleuchtung Fahrstufenanzeige
304 Schiebedach
307 Masse Anschlußverteiler
308 Zeitschaltung Entlüftung Aktivkohlefilter
309 Warnsummer (Multifunktion)
310 Zündmodul
311 Zeitschaltung Innenleuchte
317 Schalter Schiebedach
319 Bedienungseinheit Heizung/Klimaanlage
320 Haupt-Kühlerventilator (bei Klimaanlage)
321 Widerstand des Kühlerventilators (bei Klimaanlage)
322 Diode Klimaanlage/Servolenkung
323 Diode Elektroventil Klimaanlage/Servolenkung
325 Fernbedienung Radio
327 Elektronisches Steuergerät Kraftstoffvorratgeber
330 Zigarettenanzünder
332 Impulsschalter Fensterheber
333 Kontaktschalter Sicherheitsgurt
334 Thermoschutzschalter
341 Leerlaufregulierventil
347 Stromzufuhr Radio
348 Schalter Fensterheber mit Impulsschalter
349 Zündverteiler
362 Hauptschmelzsicherung
365 Hochtonlautsprecher (tweeter) rechts
366 Hochtonlautsprecher (tweeter) links
371 Aktivkohlefilter
372 Steuergerät Heckklappenver-/entriegelung
379 Relais Leerlaufanhebung
389 Lautsprecher (Mitte)
390 Brücke Nebelschlußleuchte
391 Intervallschaltung Heckscheibenwischer
393 Elektroventil Klimaanlage/Servolenkung
395 Bremslichtschalter (bei Automatikgetriebe)
396 Vollastschalter
403 Elektromagnetisches Signalhorn
408 Fühler Verdampfer
409 Relais Elektropumpe Servolenkung
411 Druckschalter Klimaanlage
412 Elektroventil Leerlaufanhebung
417 Relais Luftumwälzung (Klimaanlage)
418 Gebläse des Fühlers für Fahrgastraumtemperatur
419 Überwachungsgerät Klimaanlage
420 Luft-Mischklappe
421 Schalter Kupplungspedal
425 Platine ABS
427 Steuergerät Diebstahlwarnanlage
428 Hauptrelais ABS
429 Zusatzrelais ABS
430 Diodeneinheit ABS
432 Haupt-Elektroventil ABS
433 Ultraschallmodul
434 Sicherheitsdruckschalter ABS
435 Elektroventileinheit ABS
439 Relais Steuergerät ABS
441 Automatikgetriebe
442 Sirene mit eigener Energiequelle (Diebstahlwarnanlage)
443 Elektro-Steuerventil (Automatikgetriebe)
444 Spot
445 Vorwiderstand Kraftstoffpumpe
446 Beleuchtung Scheinwerfer-Einstellknopf
447 Relais Schalter Nebelschlußleuchte
448 Klemmleiste (geschaltetes Plus)
452 Öffnungsmelder (Diebstahlwarnanlage)
453 Bewegungsmelder (Diebstahlwarnanlage)
454 Ultraschall-Sender/Empfänger (Diebstahlwarnanlage)
455 Diode Elektroventil Abgasentgiftungssystem
456 Relais Kraftstoffpumpenwiderstand
457 Kontakt Türraste 1
458 Nebelschlußleuchte/Rückfahrscheinwerfer
459 Zeitschaltung Heckscheibenwischer
461 Sicherheitsrelais ABS
462 Kennzeichenleuchte an Heckklappe
463 Leuchte an hinterer Seitenwand
464 Schalter Innenleuchte
466 Anschlußverteiler
467 Relais Abblendlicht/Standlicht
471 Relais Schalter Fensterheber
474 Steuerrelais Kompressor Klimaanlage
475 Motor Luftumwälzung
483 Beschleunigungsgeber
485 Mehrzweckschalter
486 Kontaktschalter Beifahrer-Sicherheitsgurt
490 Kontakt Türraste 1 vorne rechts
491 Kontakt Türraste 1 vorne links
498 Geber für Vertikalbeschleunigung
499 Geber für Längsbeschleunigung
502 Steuergerät geschwindigkeitsabhängige Servolenkung
503 Steuergerät Decoder
506 Steckdose für Zubehöranschluß
507 Schalter Nebelscheinwerfer/Nebelschlußleuchte/Warnblinkanlage
508 Gepäckraumleuchte rechts
509 Gepäckraumleuchte links
511 Zentralschalter Innenleuchten
512 Schalter Lesespot
518 Impulsgeber
535 Kontrollampe Programm Automatikgetriebe
537 Motor Regulierung Scheinwerfer links
538 Motor Regulierung Scheinwerfer rechts
540 Motor geschwindigkeitsabhängige Servolenkung
558 Schalter Aus/Ein Heckklappenverriegelung
559 Steuergerät halbautomatische Heckklappenverriegelung
560 Verriegelungsschalter halbautomatische Heckklappenverriegelung
562 Schalter Scheinwerfereinstellung
565 Drosselklappeneinheit
569 Rückschaltkontakt Automatikgetriebe A4
570 Relais Elektroventil 1. Stufe
571 Relais Elektroventil 2. Stufe
572 Diode Servolenkung
584 Relais Magnetkupplung Klimaanlage
586 Schalter Warnblinkanlage
587 Längsbeschleuniger ABS
588 Leuchte Make-up-Spiegel Fahrerseite
590 Schalter Diebstahlwarnanlage
591 Temperaturfühler Katalysator
592 Steuergerät Katalysator-Temperatur

593 Sicherheitsrelais geschwindigkeitsabhängige Servolenkung
594 Diode Leuchte Katalysator-Temperatur595 Öffnungsrelais Elektropumpengruppe596 Sperrdiode ABS597 Sicherungskasten Motor
602 Relais Rückfahrscheinwerfer
609 Steuergerät Kühlflüssigkeitstemperatur
610 Diagnosestecker ABS
614 Schaltereinheit Fensterheber/Impulsschalter
615 Schalter Fahrersitzbeheizung
616 Schalter Beifahrersitzbeheizung
617 Dimmerwiderstand
618 Dachkonsole
619 Infrarot-Ultraschallmodul
620 Potentiometer Drosselklappe (Doppelfunktion)
621 Relais Shunt Thermoschalter Kühlflüssigkeitstemperatur
623 Elektroventil Entlüftung Aktivkohlefilter
626 Beleuchtung Fahrstufenanzeige (Automatik)
628 Fahrgeschwindigkeitsgeber für geschwindigkeitsabhängige Servolenkung
631 Fühler Außentemperatur
634 Geber Kupplung
635 Zeitschalter Sperre Kompressor (Klimaanlage)
636 Sperrdiode Bremsleuchten
637 Sperrdiode Bremsleuchten/Kupplung
939 3.Bremsleuchte
640 Anlaßhilfsrelais für 232
645 Kabelverteiler im Fahrgastraum
648 Diode Einspritzanlage
649 Schrittmotor
650 Relais Kontrolleuchte Sitzbeheizung
651 Instrumententafel (elektronisch)652 Relais Steuerung Klimatisierung über Automatikgetriebe653 Kombi-Instrument (Uhr/Außentemperatur/Anzeige Funktelefon)654 Schlüssel Diebstahlwarnanlage
655 Impulsgeber Motordrehzahl
659 Trenndiode Klimaanlage/Kühlsystem
660 Thermoschutzschalter Klimaanlage
661 Steuerrelais Unterbrechung Klimaanlage
663 Doppelzündspule Nr. 1
664 Doppelzündspule Nr. 2
665 Doppelzündspule Nr. 3
666 Zündmodul Nr. 2
667 Geber Pedalweg
672 Widerstandseinheit
673 Sicherheitsschalter Fensterheber
674 Doppelschalter Nebelschlußleuchte/Heckscheibenbeheizung
675 Schalter Kupplungspedal
676 Schalter Gaspedal
677 Scheibenwascherpumpe vorne/hinten
679 Radio-Entstörkondensator
684 CD-Spieler
686 Relais Elektroventil Servolenkung
687 Dioden-Einheit
690 Relais Klimaanlagen-Thermostat
694 Beheizbare Scheibenwascherdüse links
695 Beheizbare Scheibenwascherdüse rechts
696 Brücke
697 Isolierdiode geschaltetes Plus/Stromverteilerplatte
698 Isolierdiode Stromverteilerplatte/geschaltetes Plus
703 Relais Fensterheber
709 Schutzdiode Servolenkung
710 Sicherung Einspritzanlage
714 Trenndiode Abgasentgiftungssystem/Klimaanlage F8Q720 Sicherheitsrelais Klimaanlage
721 Steuergerät/Hydraulikaggregat ABS
722 Doppelschalter Front-/Heckscheibenbeheizung
723 Schutzdiode Servokupplung
724 Elektropumpe Servokupplung
725 Magnetventilschalter Servokupplung
726 Geber »Gang eingelegt«
727 Geber Kupplungsposition
728 Geber Schalthebelposition
729 Geber Gaspedalstellung
730 Steuergerät Servokupplung
733 Elektronisches Steuergerät überhöhte Fahrgeschwindigkeit/ Warnsummer »Licht an«
734 Fensterheber mit Impulsschaltung (Fahrerseite)
735 Warnsummer »Sicherheitsgurt anlegen«
740 Trenndiode Direktstrom/+Stromverteilerplatte
746 OT-Geber 1.Zylinder
751 Relais geschaltetes Plus Nr. 1
752 Relais geschaltetes Plus Nr. 2
754 Schnittstelle Elektrik/Hydraulik
756 Steuergerät Airbageinheit
757 Gurtstraffer Fahrerseite
758 Gurtstraffer Beifahrerseite
759 Kontakt Raste 1 Heckklappe/Gepäckraumhaube
762 Relais Elektropumpe Kupplungssteuerung
763 Warnsummer Kupplungssteuerung
771 Warnmodul Öffnungen/Sicherheitsgurt
776 Anlaßhilfsreiais für 238
800 Steuerrelais Gebläse
804 Schutzrelais
806 Klimaanlage Fahrgastraum
809 Beifahrer-Airbag
813 Leistungsstufe Doppelzündspule Nr. 1
814 Leistungsstufe Doppelzündspule Nr. 2
815 Linker Zünder Beifahrerairbag
821 Stellmotor ZV Heckscheibe
822 Kontaktschalter Heckscheibe
825 Programmschalter Automatikgetriebe
826 Kassettenrecorder
833 Kraftstoffpumpe mit Kraftstoffvorratgeber
835 Druckschalter Servokupplung
833 Kraftstoffpumpe mit Kraftstoffvorratgeber
835 Druckschalter Servokupplung
837 Abschaltrelais Ladekontrollampe
838 Abschaltrelais Reglererregung
839 Sperrdiode Steuergerät Einspritzanlage, Servokupplung, Leerlaufregulierventil
840 Zeitschaltung Abschaltrelais Ladekontrollampe
845 Beifahrerairbag
850 Drehmomentgeber elektrische Servolenkung
852 Zeitschalter Fensterheber
853 Relais Geschaltetes Plus/Dauerstrom
854 Simultanschalter Fensterheber
858 Regelwiderstand Instrumenten- und Schalterbeleuchtung
860 Drehspirale unter Lenkrad
861 Beifahrer-Airbag
899 Fahrerairbag
905 Kühlerventilator
914 Steuerrelais Magnetventilschalter
919 Wählschalter Vorwärts-/Rückwärtsgang
920 Bremspedalpotentiometer
921 Gaspedalpotentiometer
922 Relais Kühlerventilator
923 Heizungsschalter
924 Heizungs-Kontrollampe
925 Heizungseinheit
927 Aufprallsensor

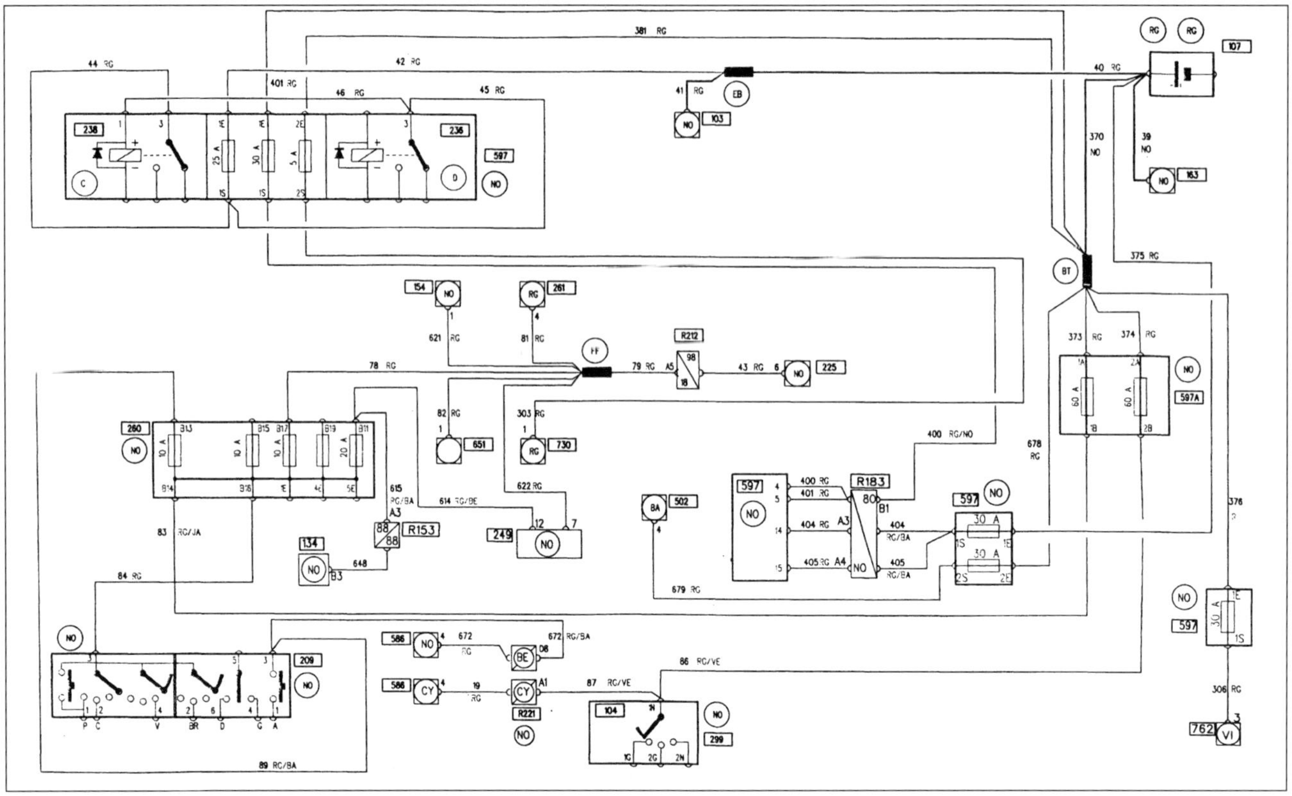

Hauptstromversorgung (Dauerstrom)

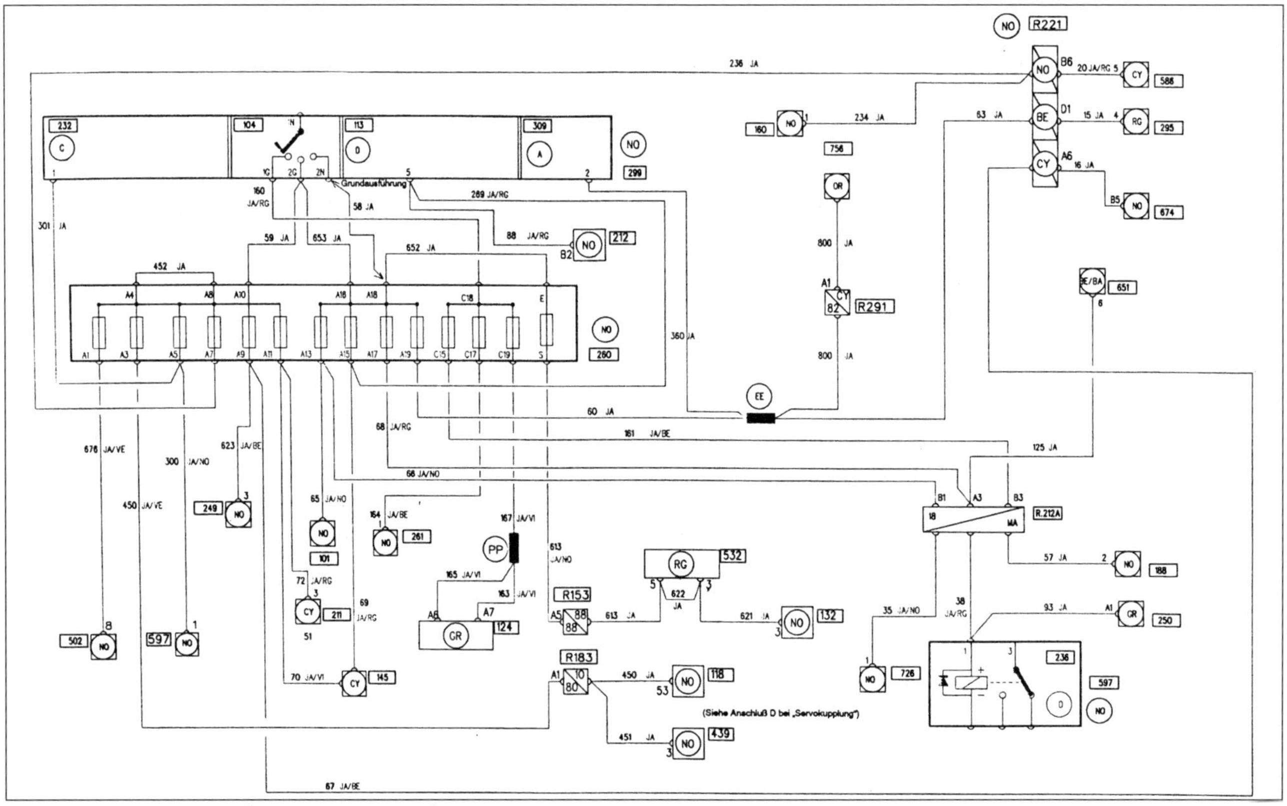

Hauptstromversorgung (geschaltetes Plus)

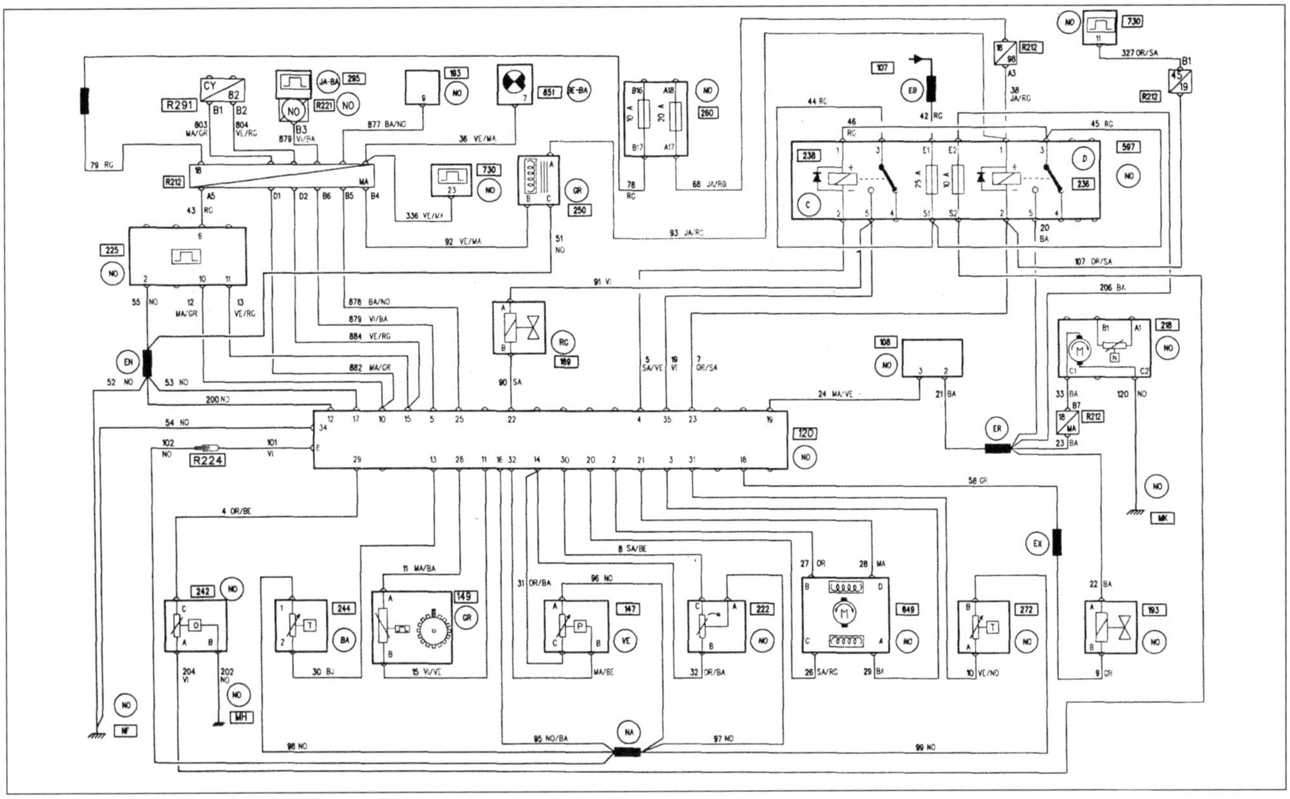

Benzineinspritzanlage Motor C3G

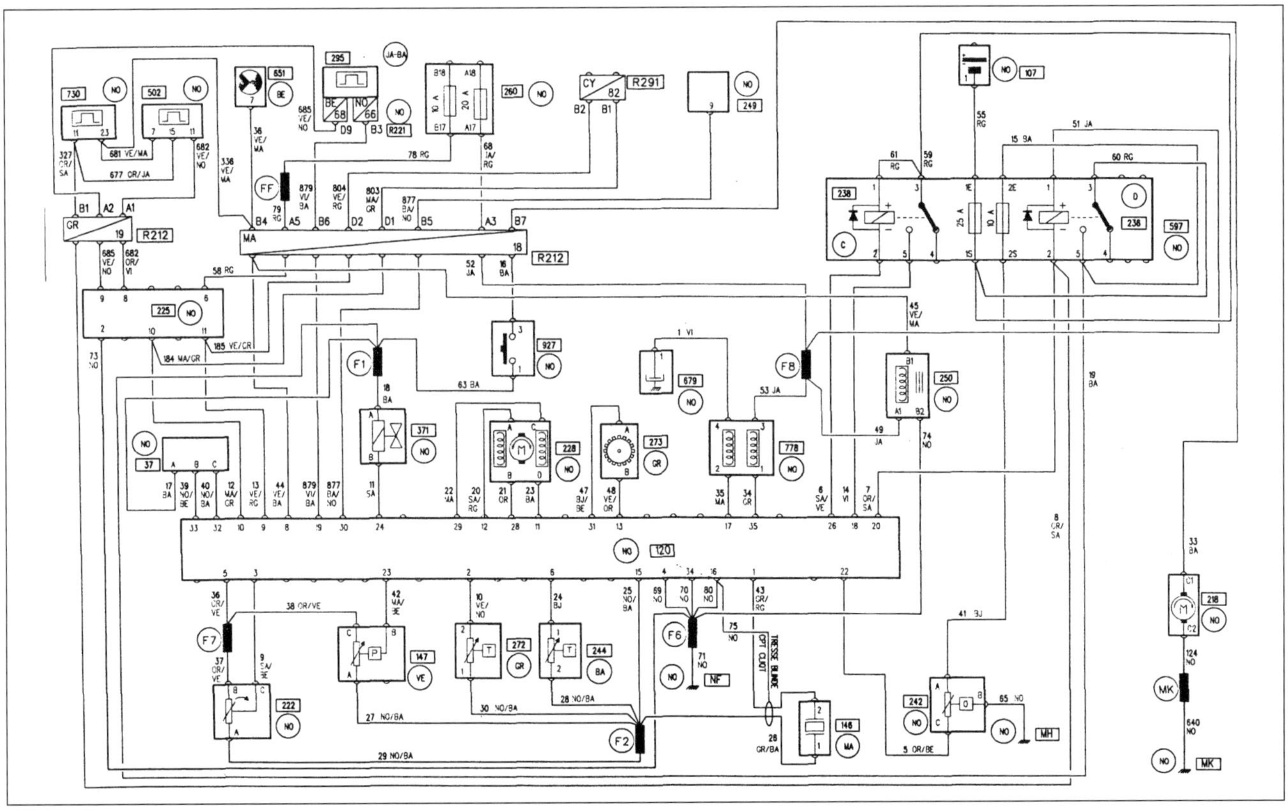

Benzineinspritzanlage Motor D7F

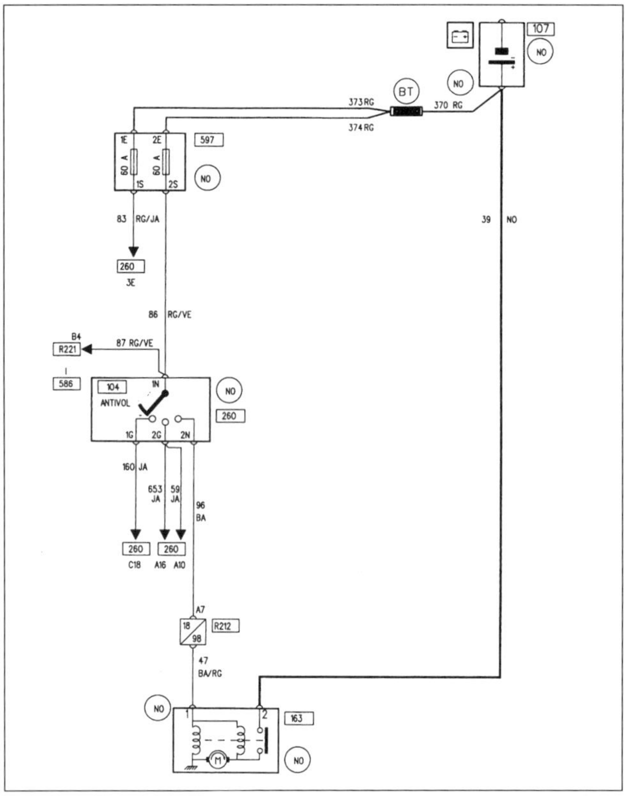

Anlasser (Schaltgetriebe) und Stromversorgung Zündschloß

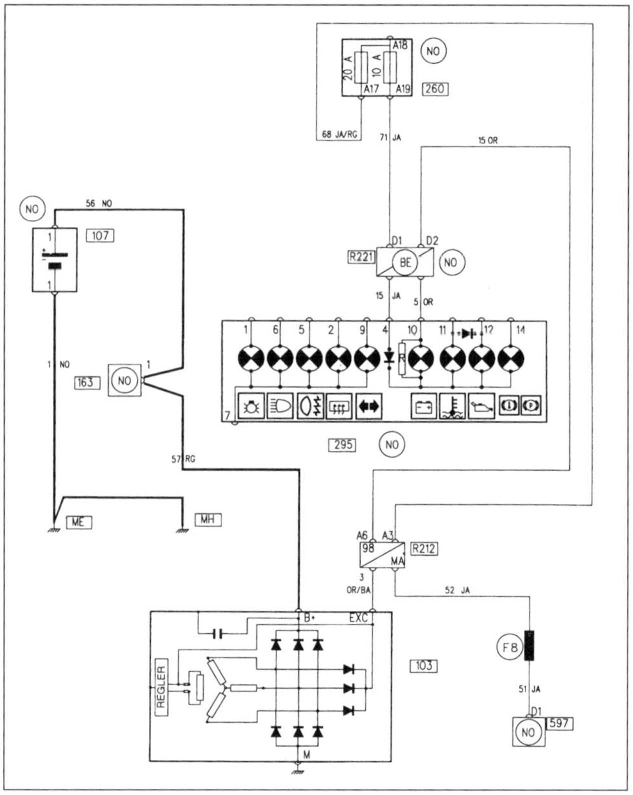

Ladestromkreis Motor D7F

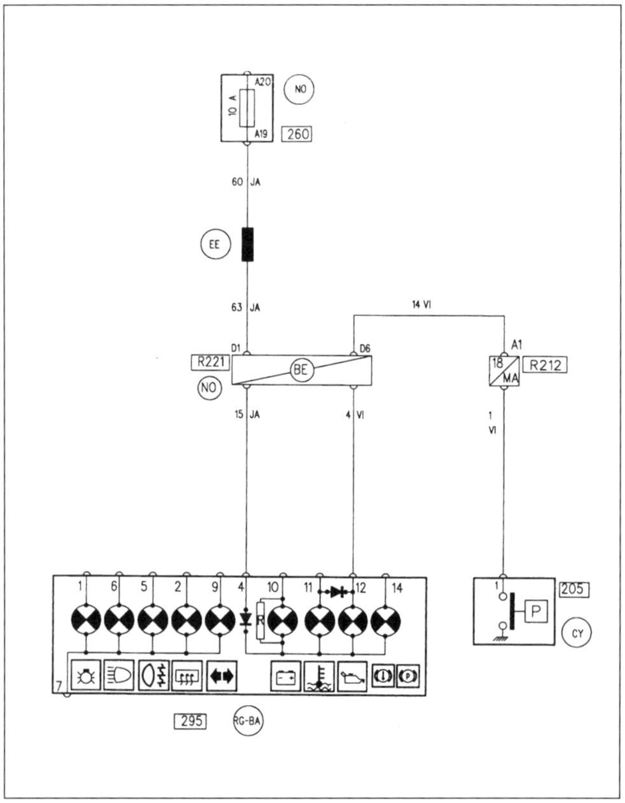

Öldruckschalter und Kontrollampe

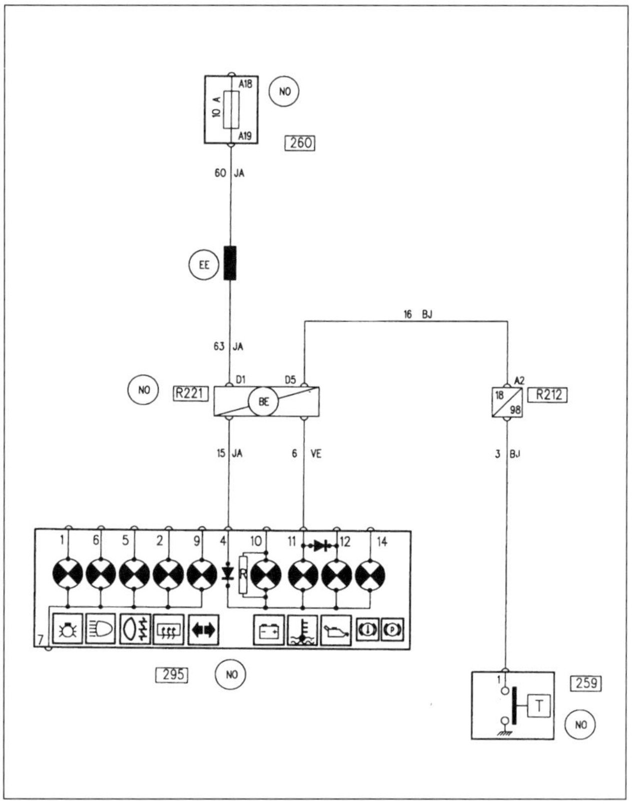

Kühlflüssigkeitstemperaturfühler und Kontrollampe

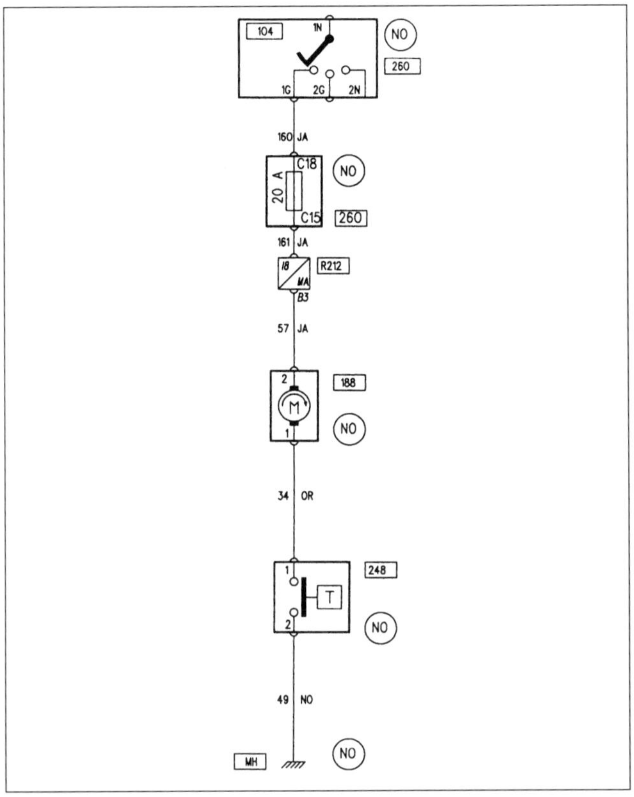

Kühlerventilator

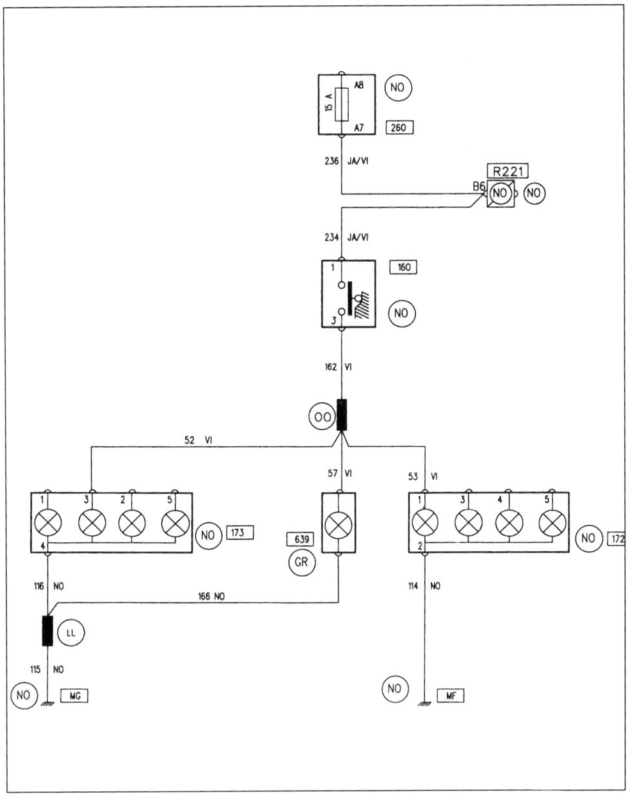

Bremslicht

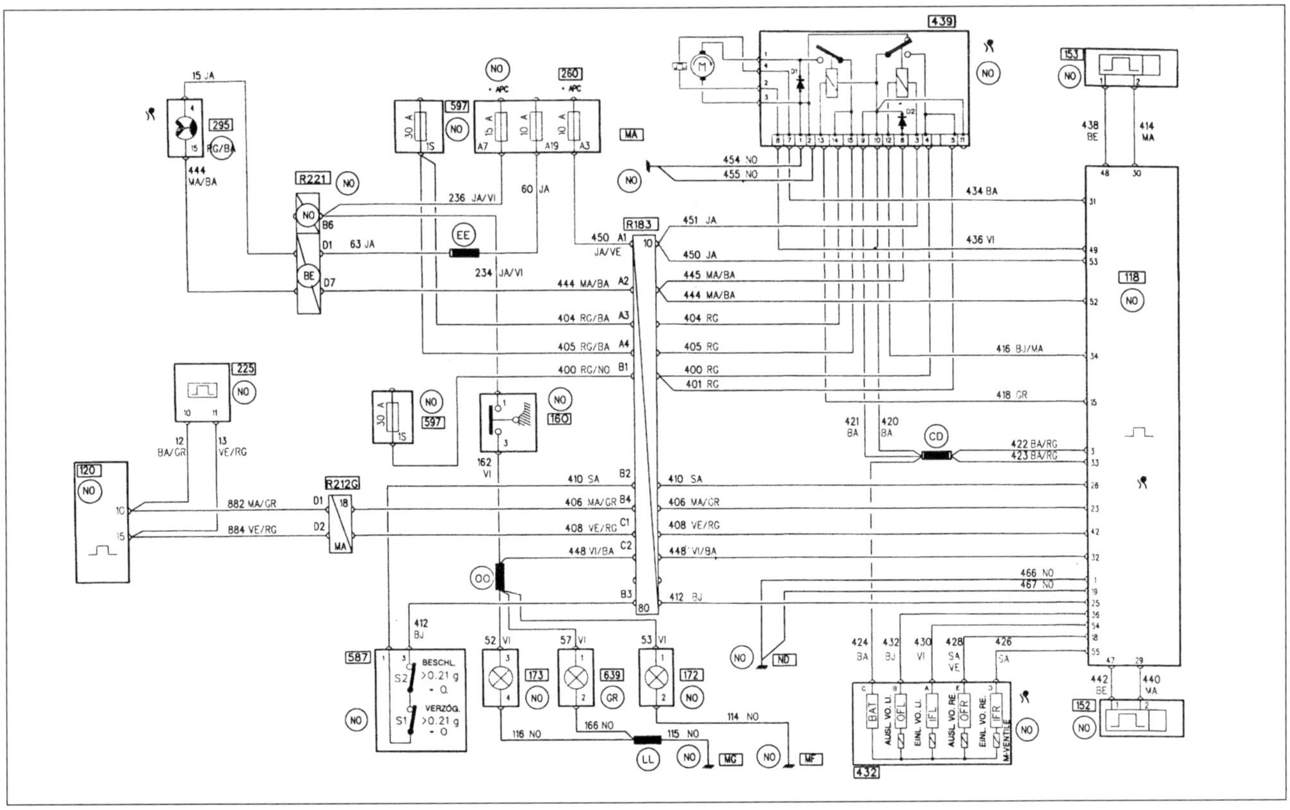

ABS-Bremsanlage

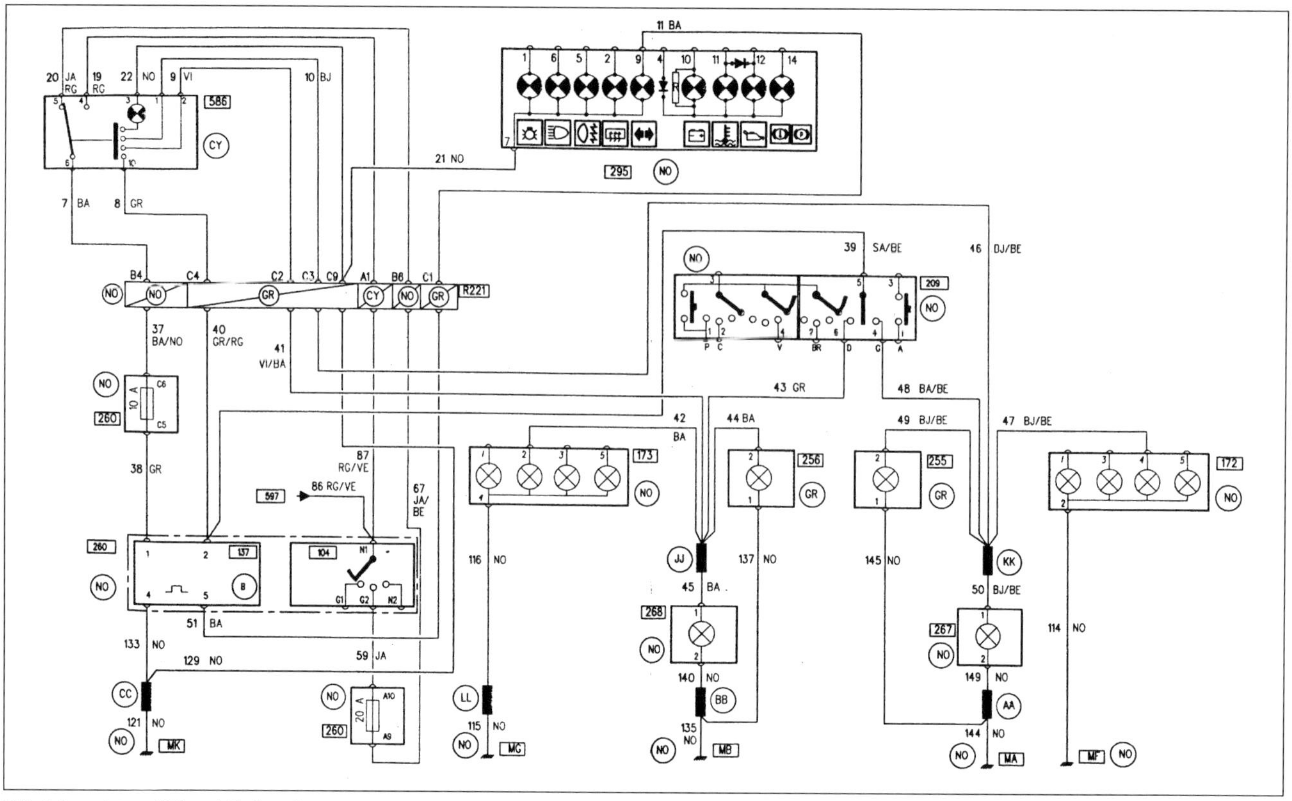

Blinkleuchten, Warnblinkanlage

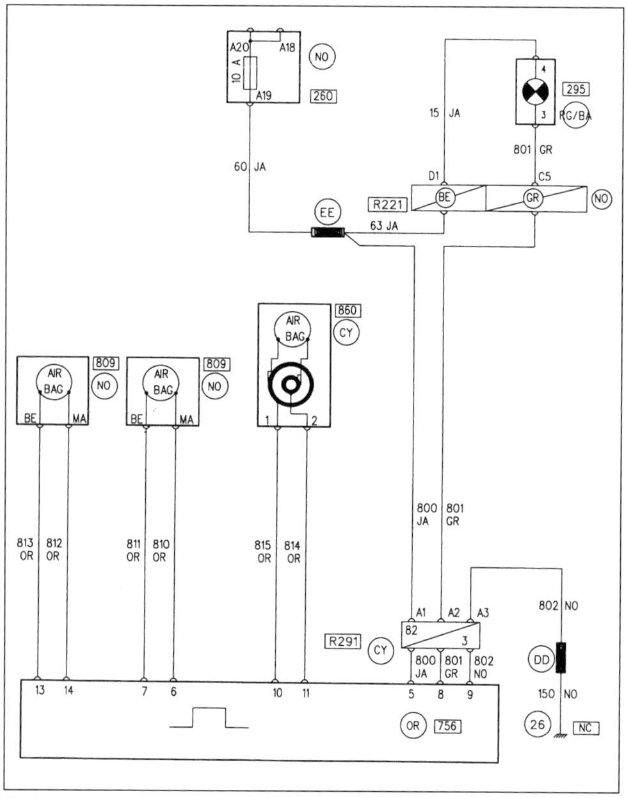

Airbag

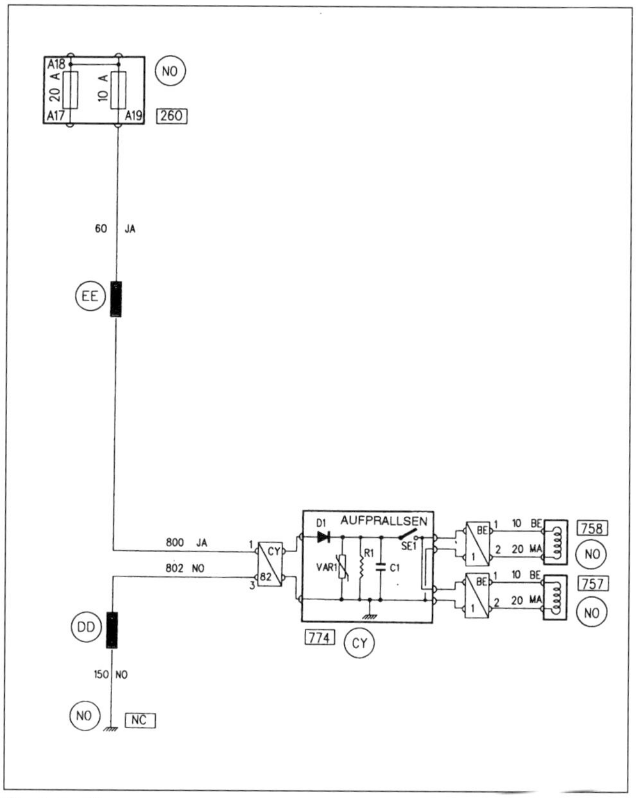

Gurtstraffer

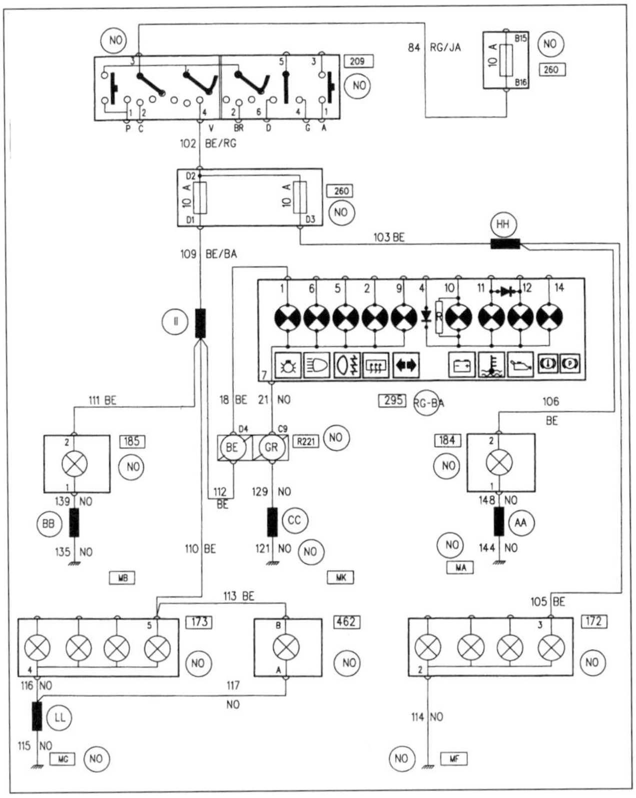

Standlicht

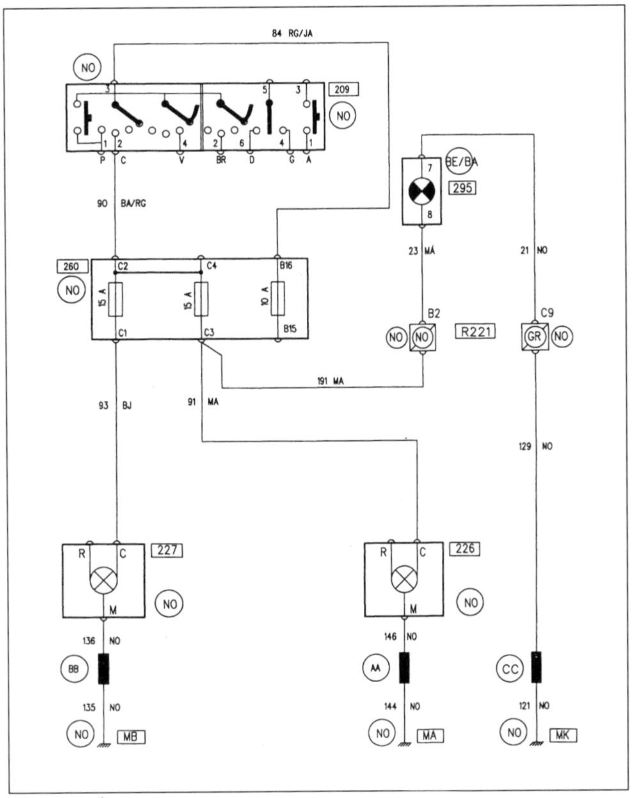

Abblendlicht

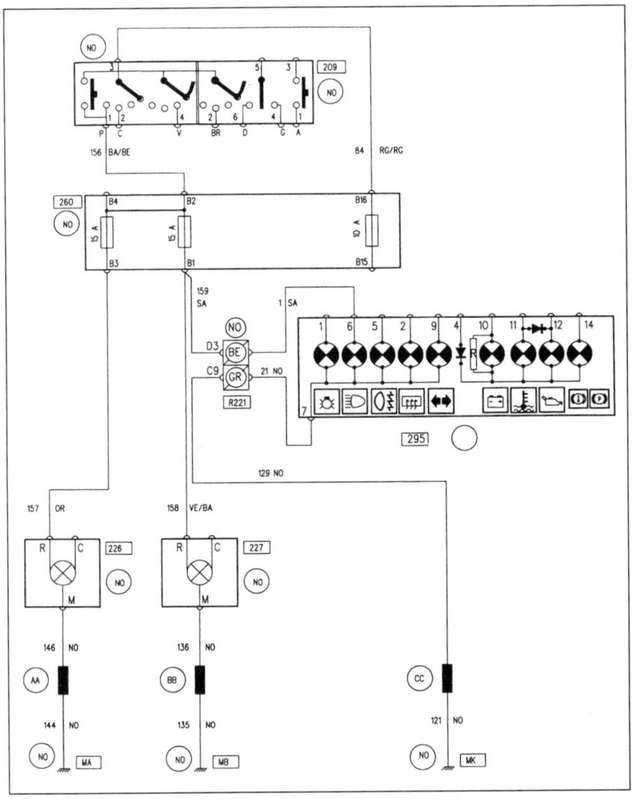

Fernlicht

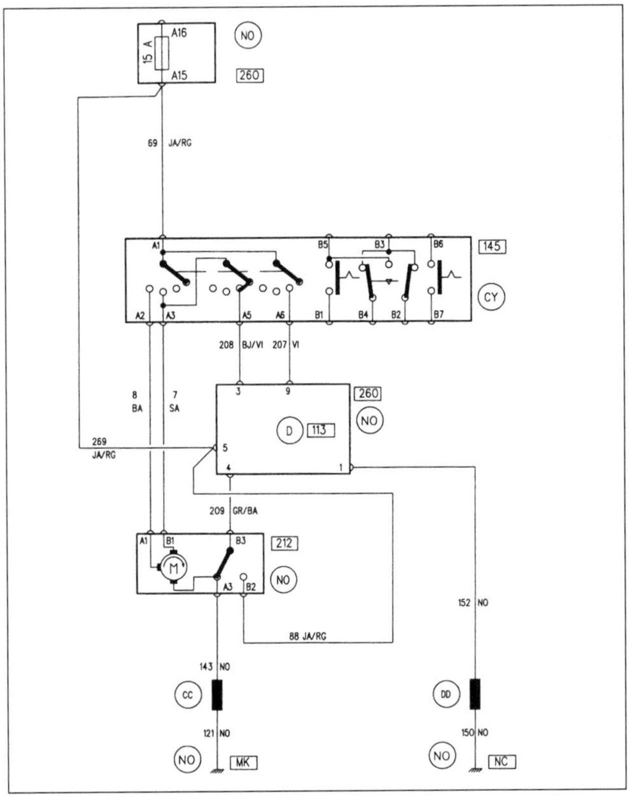

Frontscheibenwischer

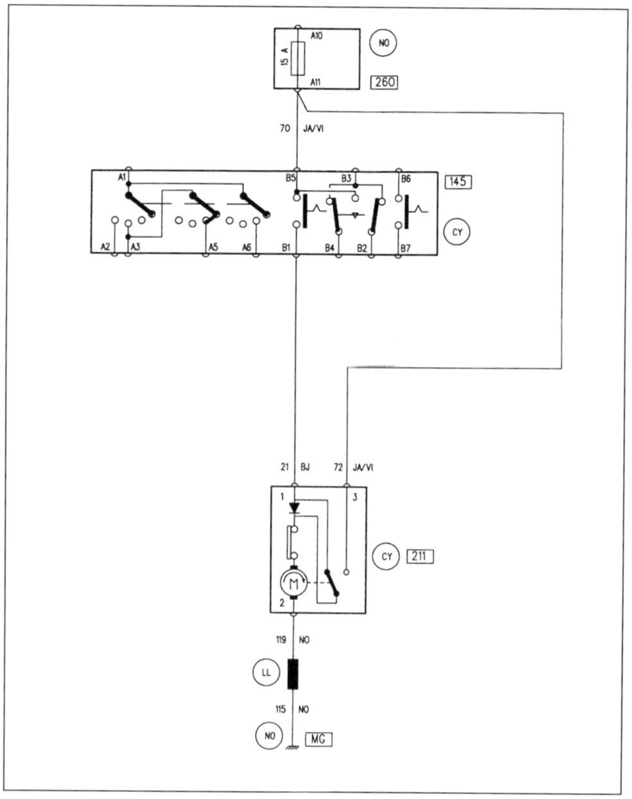

Heckscheibenwischer

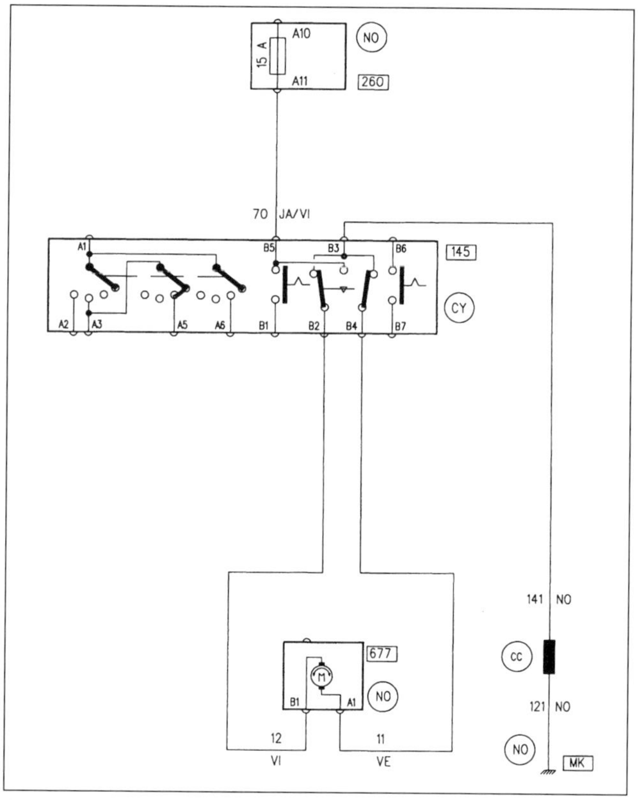

Scheibenwascherpumpe

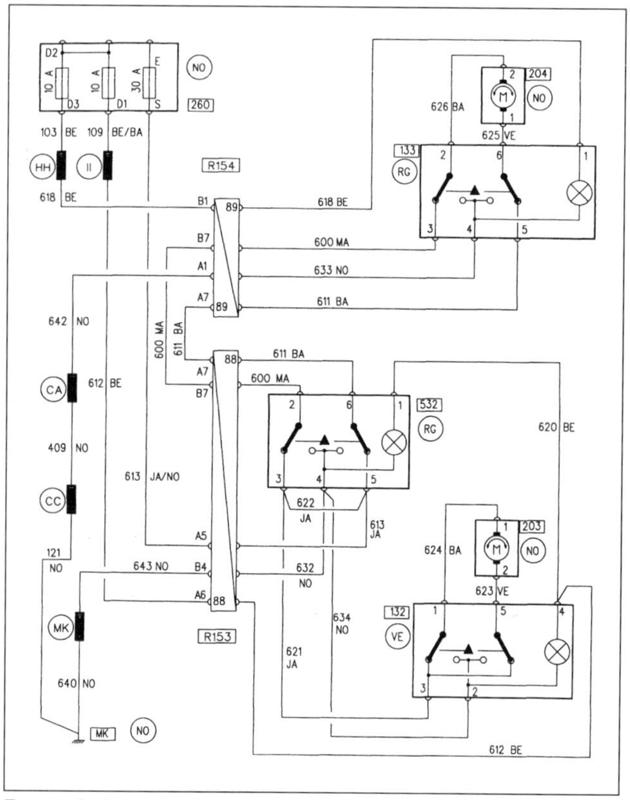

Fensterheber

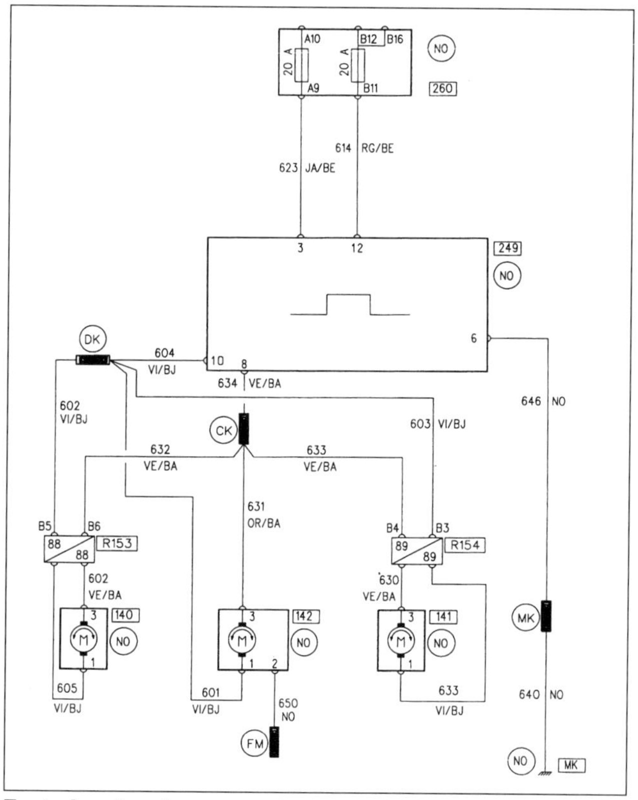

Zentralverriegelung

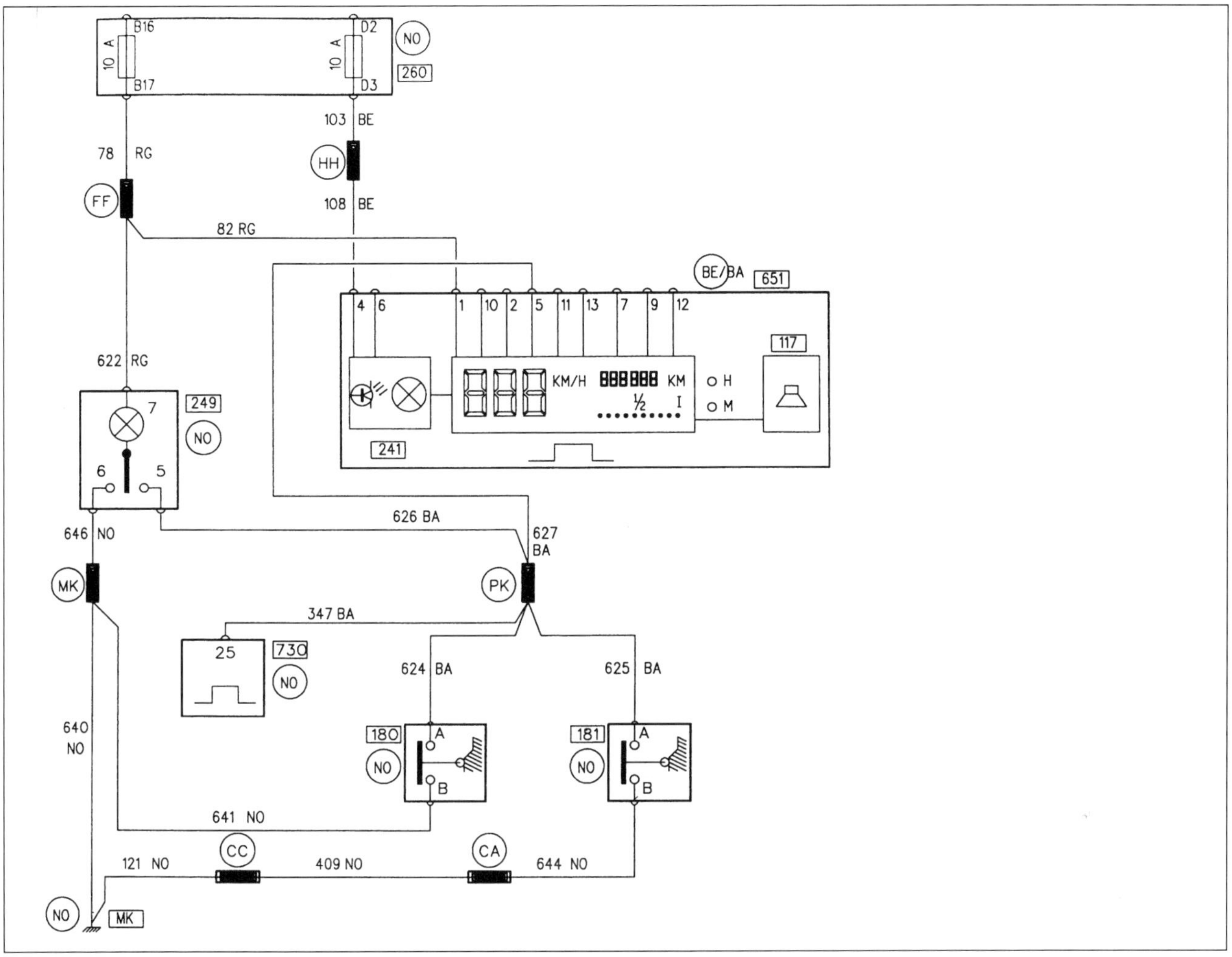

Hauptstromversorgung (Dauerstrom)

DER INNEN-RAUM

Der Innenraum des Renault Twingo bietet selbst großgewachsenen Passagieren ausreichend Platz auf allen vier Sitzen.

Wartung

Reparatur

Dieses Kapitel zeigt Ihnen, welche Wartungen und Reparaturen Sie im Innenraum selbst erledigen können. Ein elektrischer Fensterheber zum Beispiel übersteht selten das ganze Autoleben unbeschadet. Und eine defekte Innenleuchte oder ein neue Antenne stehen öfter auf der Tagesordnung. Aber Selbsthilfe ist nicht nur bei Störungen angesagt. Wenn Sie den Sitzen Ihres Twingo schicke Bezüge überstülpen wollen, müssen Sie schließlich wissen, wie man das Gestühl ausbaut.

Heizung und Lüftung

Die vor der Windschutzscheibe anströmende Luft gelangt durch den Windlaufgrill auf der rechten Seite der Motorhaube ins Wageninnere. Je nach Stellung der Klappen im Gehäuse der Heizung strömt die frische Außenluft an den Aluminiumlamellen eines Wärmetauschers vorbei und erwärmt sich. Die temperierte Luft kommt durch die Luftdüsen und Öffnungen der Heizung ins Innere des Fahrzeugs. Für eine stärkere Luftzufuhr sorgt das vierstufige Gebläse. Vorteil dieses Systems: Die frische Luft wird unabhängig von der Fahrgeschwindigkeit mit Gebläseunterstützung in den Innenraum befördert. Das Gebläse ist seitlich rechts im Heizungsgebläsekanal untergebracht und vor den Wärmetauscher in den Luftstrom geschaltet.

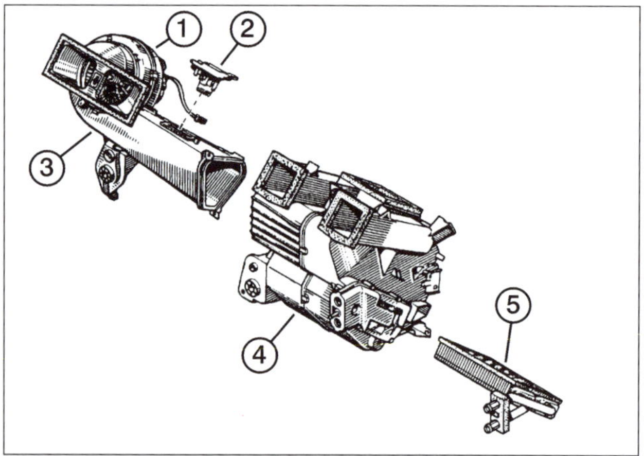

Die Heizungs- und Belüftungsanlage.
❶ Heizung-/Belüftungsgebläse. ❷ Vorwiderstand für die verschiedenen Gebläsestufen. ❸ Hauptluftführung zum Luftverteilerkasten und Wärmetauscher. ❹ Luftverteilerkasten mit Heizungs-/Belüftungs-Verteilerklappen und Wärmetauscher. ❺ Wärmetauscher.

Heizung und Lüftung prüfen

Arbeitsschritte

① Drehregler bei betriebswarmem Motor bis zum Anschlag nach »Warm« drehen – strömt Warmluft aus?

② Drehregler bis zum Anschlag nach »Kalt« stellen – nach kurzer Zeit darf nur noch kalte Luft kommen, sonst schließt die Warmluftklappe nicht richtig.

③ Funktioniert die Luftverteilung nach oben und unten?

④ Strömt aus allen Öffnungen Warm- oder Kaltluft?

⑤ Funktioniert der Drehregler für den Umluftbetrieb?

⑥ Läuft das Gebläse in allen Stufen?

Heizungs- und Lüftungsregulierung ausbauen

Arbeitsschritte

① Aschenbechereinsatz nach vorne klappen und aus der Scharnierverankerung aushängen. Dazu die mittlere Federklammer drücken.

② Sechs Schrauben der mittleren Armaturenbrettverkleidung lösen und herausdrehen.

Nach Lösen der sechs Schrauben (Pfeile) Armaturenbrettverkleidung ❶ nach vorne schwenken und die Steckverbindung ❷ vom Zigarettenanzünder abziehen.

③ Verkleidung des Armaturenbretts vorsichtig abheben und Steckverbindung zum Zigarettenanzünder abziehen.

④ Links und rechts neben der Drehknopfkonsole je eine Schraube herausdrehen.

⑤ Drehknopfkonsole aus dem Armaturenbrett ziehen und Mehrfachstecker abziehen.

⑥ Die Regulierungseinheit soweit wie möglich nach vorne

ziehen, die Sicherungsklammer am Widerlager der Regelzüge abhebeln.

⑦ Bowdenzüge an den Hebelsegmenten aushängen, jeweils um 90° verdrehen und von den Hebelsegmenten am Heizungs-/Belüftungsgehäuse aushängen.

⑧ Beim Einbau den längeren der beiden Züge in der Regeleinheit für Warm-/Kaltluftmischung einsetzen.

⑨ Beide Züge mit den Sicherungsklammern am Widerlager festklemmen.

⑩ Regler für Luftverteilung auf das linke untere Kopflogo stellen.

⑪ Mischregler für Warm-/Kaltluftmischung auf »Kalt«, Gebläseschalter auf Stufe »1« stellen.

⑫ Klappenstellung am Heizungs-/Belüftungsgehäuse in Übereinstimmung mit der Regeleinheit am Armaturenbrett bringen.

⑬ Regelzüge einhängen und festklemmen. Die Rückholfeder sitzt an der Mischklappe für Kalt- und Warmluft.

⑭ Vor dem weiteren Zusammenbau eine Funktionskontrolle durchführen.

Störungssuche am Gebläse

Beim allen Twingo-Modellen läuft der Gebläsemotor in vier Stufen, die durch vorgeschaltete Widerstände bzw. direkten Stromfluß erreicht werden. Unabhängig von der Fahrgeschwindigkeit wird so Luft durch ein Radialgebläse ins Fahrzeuginnere gefördert. Das Gebläse ist unter dem Armaturenbrett an den Windfangkasten montiert.

Arbeitsschritte

① Wenn das Gebläse in keiner Schalterstellung rauscht, sollten Sie zuerst die zuständige Sicherung kontrollieren.

② Ist die Sicherung in Ordnung, liegt die Ursache evtl. am Schalter des Gebläses.

③ Schalter in allen Stellungen auf Durchgang prüfen.

④ Liegt es nicht am Schalter, legen Sie ein Hilfskabel vom Batterie-Pluspol an den Anschluß der weiß/braunen Leitung des Gebläsemotors.

⑤ Bleibt es weiterhin ruhig, ist der Motor durchgebrannt. In diesem Fall müssen Sie das Teil austauschen lassen.

⑥ Wenn das Gebläse nur in einer oder zwei Stufen läuft, Drehschalter in allen Stufen auf Durchgang prüfen.

⑦ Liegt es nicht am Schalter, Steckverbindung am Gebläsemotor prüfen.

⑧ Ist auch hier wieder kein Fehler zu finden, bleibt als letzte Fehlerquelle der Vorwiderstand übrig. Auch der Austausch des Gebläsevorwiderstands ist eine Arbeit, die Sie der Werkstatt überlassen sollten, da das komplette Armaturenbrett und damit auch Lenkrad und Airbag ausgebaut werden müssen.

Heizung

Störungsbeistand

Störung	Ursache	Abhilfe
A Schwache Heizleistung	**1** Luftklappe schließt nicht völlig	Lage des Bowdenzugs kontrollieren; Klappe gängig machen, ggf. Fremdkörper entfernen
	2 Wärmetauscher verstopft oder Leitungen gequetscht	Wärmetauscher ersetzen (lassen); Leitungen kontrollieren
	3 Heizzug gerissen oder ausgehängt	Ersetzen bzw. einhängen
	4 Vor- oder Rücklauf des Wärmetauschers zugesetzt oder geknickt	Kontrollieren, ggf. Schläuche ersetzen
B Heizung fällt während der Fahrt aus	**1** Wärmetauscher durch Kühlmittelverlust leergelaufen	Temperaturanzeige beobachten. Wenn im roten Bereich, sofort anhalten, sonst Gefahr für die Zylinderkopfdichtung! Undichtigkeit beheben und Kühlwasser auffüllen

Die Schalter

Im Twingo setzen verschiedene Schaltertypen die elektrischen Verbraucher in Gang. Rechts und links von der Lenksäule befinden sich die Kombihebelschalter. Das Heizgebläse wird über einen Drehschalter aktiviert. Die Kippschalter sind für Nebelschlußleuchte und heizbare Heckscheibe, die Druckschalter für die elektrischen Fensterheber zuständig.

- Diese Schalter können Sie bei einem Defekt mit etwas Geschick selbst ausbauen.
- Arbeiten an den Kombihebelschaltern und am Lenk/Anlaßschalter sollten Sie dagegen der Werkstatt überlassen.

Lenk/Anlaßschalter

Der Lenk/Anlaßschalter nimmt nicht nur den Zündschlüssel für den Motorstart auf, sondern aktiviert nach Abziehen des Zündschlüssels die Wegfahrsperre und sperrt nach einer kurzen Lenkraddrehung auch die Lenkung.

- Am Schloßteil selbst treten nur selten Störungen auf. Die Kontakte des Schalters können bei einem älteren Fahrzeug jedoch korrodieren und abnutzen.
- Bei einer Störung muß der komplette Lenk/Anlaßschalter ausgewechselt werden - eine Arbeit für die Werkstatt.

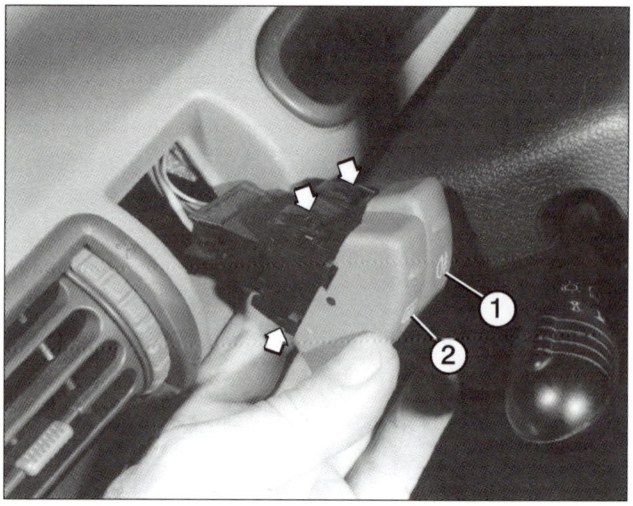

Der Schalter für Heckscheibenheizung ❷ und Nebelschlußleuchte ❶. Alle Schalter im Twingo werden durch Spreizklammern (Pfeile) fest in ihrem Ausschnitt gehalten. Mit einem Schraubendreher können sie aus dem jeweiligen Schalterausschnitt herausgehebelt werden. Sie müssen natürlich mit Gefühl zu Werke gehen, sonst ist die empfindliche Oberfläche des Armaturenbretts schnell zerkratzt. Um Verwechslungen vorzubeugen, sollten Sie die Mehrfachstecker beim gleichzeitigen Ausbau mehrerer Schalter kennzeichnen. Nach Aufstecken der Stecker den richtigen Sitz (eingerastete Klammersicherung) kontrollieren.

Kippschalter ausbauen

Der Kippschalter für die Nebelschlußleuchte und der Kippschalter für die heizbare Heckscheibe sitzen nebeneinander in einem Schalterausschnitt, der sich neben der linken Luftdüse im Armaturenbrett befindet. Wenn Sie einen der beiden Schalter bei einem Defekt ausbauen wollen, ist der andere ebenfalls fällig.

Arbeitsschritte

① 1 Um das Kippschalterpaar aus dem Schalterausschnitt zu lösen, brauchen Sie nicht einmal einen Schraubendreher. Packen Sie das Schalter-Duo mit den Fingern und ziehen Sie es mit einem kräftigem Zug aus dem Ausschnitt.

② Dann den Mehrfachstecker der beiden Schalter entsichern und das Teil mit leicht ruckelnden Bewegungen abziehen.

Druckschalter der Fensterheber ausbauen

Arbeitsschritte

① Mit einem dünnen Schraubendreher die Schalterkonsole aus der Türverkleidung ein Stück heraushebeln.

② Dabei vorsichtig zu Werke gehen (Lappen unterlegen), damit ein abrutschender Schraubenzieher nicht die Umgebung zerkratzt.

③ Schalterkonsole vorsichtig aus dem Schalterausschnitt ziehen, Mehrfachstecker entsichern und mit leicht ruckelnden Bewegungen abziehen.

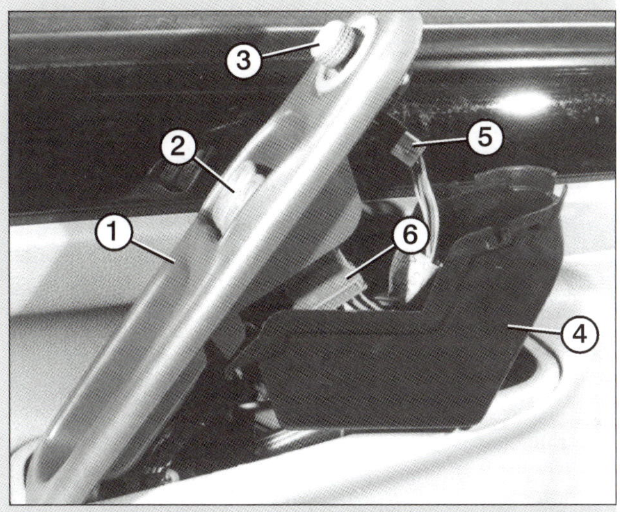

Nach Ausbau der Schalterkonsole ❶ aus der Türverkleidung die Schutzverkleidung ❹ nach unten schwenken und aushängen. Dann die Kippschalter für die Fensterheber ❷ und den Schalter für die elektrische Außenspiegelverstellung ❸ nach Abziehen der Mehrfachstecker (❺ und ❻) zum Austausch nach oben herausdrücken.

Türkontaktschalter korrodiert?

Arbeitsschritte

① Ziehen Sie bei eingebautem Schalter die Gummiabdeckung ab und überbrücken Sie die beiden Kontaktfedern – die andere Türe muß geschlossen sein.

② Brennt jetzt die Leuchte, liegt der Fehler an Korrosion im Türkontaktschalter. Dies ist eigentlich nur bei unkorrektem Sitz der Kunststoffmanschette möglich.

③ Türkontaktschalter aus dem Ausschnitt herausziehen und alle Kontaktflächen blank kratzen.

④ Ist der Kontaktbrücke verbogen oder gebrochen, müssen Sie den Türkontaktschalter auswechseln.

⑤ Achten Sie beim Abziehen des Kabelsteckers darauf, daß das Zuleitungskabel nicht in den Türpfosten fällt (genügend weit herausziehen).

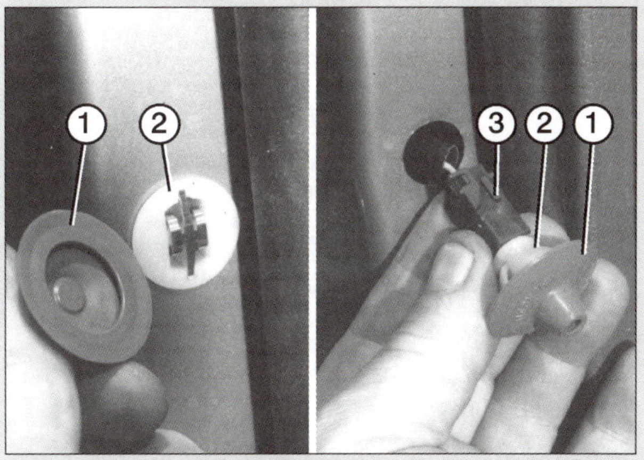

Kunststoffmanschette ❶ rings um den Schaltereinsatz ❷ sauber montieren. Ein oxidierter Schalter läßt sich meist noch säubern und mit Kontaktspray behandeln. Gegebenenfalls auch die Steckverbindung ❸ kontrollieren.

Innenleuchte wechseln

Arbeitsschritte

① Die Soffitte (5 oder 7 Watt) wird bei entsprechender Schalterstellung durch die in den Türpfosten eingeschraubten Türkontaktschalter ein- und ausgeschaltet.

② Abdeckung der Leuchte mit einem dünnen Schraubendreher vorsichtig zusammen mit der Streuscheibe aus dem Lampengehäuse hebeln.

③ Defekte Soffitte aus der Federhalterung nehmen.

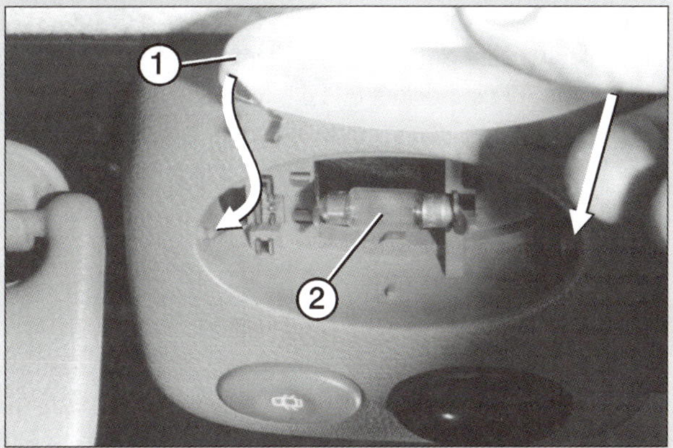

Haben Sie die Soffitte ❷ der Innenleuchte ausgewechselt, muß das Deckglas ❶, das gleichzeitig Schalterwippe ist, zuerst links auf die kleine Achse gesetzt werden, bevor es rechts in die Raste gedrückt wird.

Kofferraumleuchte wechseln

Arbeits-schritte

① Unter der Hutablage die Leuchte ausbauen. Dazu mit einem Schraubendreher die beiden Federklammern nach innen drücken.

② Seitliche Sicherungsklammer eindrücken und Streuscheibe abnehmen.

③ Defekte Soffitte aus der Federhalterung nehmen.

④ Brennt die Birne nicht, zwischen lachsfarbenem und rotem Kabel am Kontaktschalter die Spannung messen. Liegt Spannung an, hängt der Schalter oder er ist defekt.

⑤ Schalter abbauen und mehrmals den Feder-Kontaktstift kräftig hineindrücken und wieder schnappen lassen. Brennt die Birne nach Einbau nicht, Schalter auswechseln.

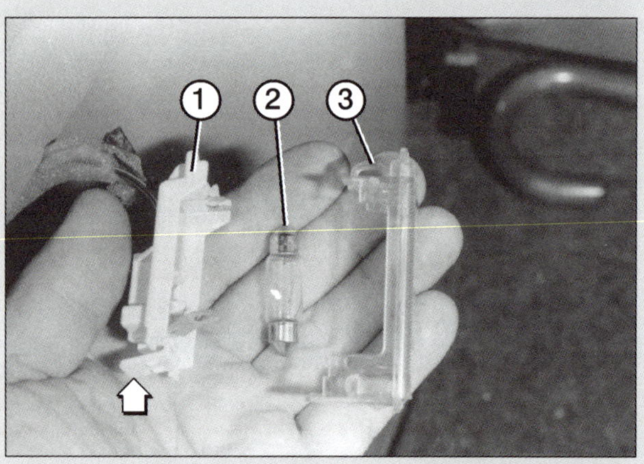

Zum Wechsel der Soffitte ❷ die Klammer (Pfeil) des Lampenträgers ❶ eindrücken und die Streuscheibe ❸ abnehmen. Ggf. die Federn der Soffittenfassung etwas nachbiegen.

Radio ausbauen

In der folgenden Beschreibung gehen wir nur auf das Renault-Radioprogramm ein. Beim nachträglichen Einbau eines Radios sollten Sie sich einen auf Ihren Twingo abgestimmten Einbausatz besorgen, damit es mit der Befestigung keine Probleme gibt. Diesen Radio-Einbausätzen liegen meist gut verständliche Einbauanleitungen bei.

Arbeits-schritte

① Bei Radios mit Anti-Diebstahl-Codierung (Keycode) sicherstellen, daß die Codenummer vorliegt.

② Batterie abklemmen.

③ Radio/Cassettengeräte der neueren Generation können nur fachgerecht ausgebaut werden, wenn die Haltezungen durch passende U-förmige Drahtwinkel entsichert werden. Dazu werden die eingeschobenen Winkel nach außen gedrückt.

④ Radiogerät vorsichtig und gleichmäßig ohne zu verkanten aus der Öffnung ziehen. So vermeiden Sie Beschädigungen an den Schienen der Gerätehalterung.

⑤ Antennenkabel, Stromanschluß, Lautsprecher-Steckverbindung und Masseanschluß abziehen. Ggf. für den Wiedereinbau markieren.

Lautsprecher ausbauen

Arbeits-schritte

① Die Lautsprecher sitzen links und rechts unten im Armaturenbrett in eigenen Haltern. Schrauben am Lautsprechergitter des Armaturenbretts herausdrehen.

② Lautsprecher hinter dem Armaturenbrett abnehmen.

③ Verbindungsstecker abziehen.

④ Vor dem Einbau der Lautsprecher eine Funktionskontrolle vornehmen.

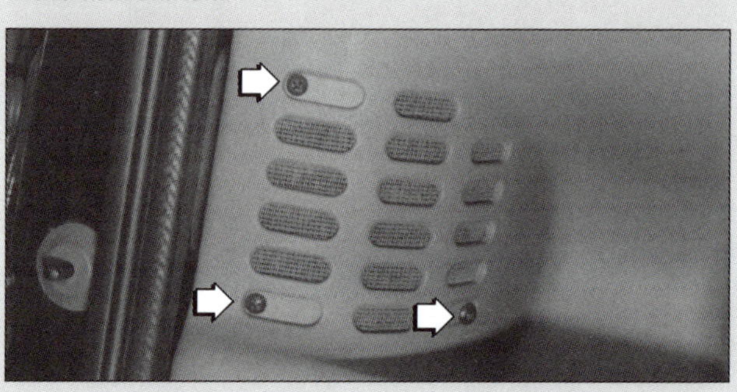

Die Lautsprecher sind hinter den Schlitzen des Armaturenbretts durch drei Schrauben (Pfeile) in einer Halterung verankert. Nach Lösen der Schrauben kann der Lautsprecher hinter dem Armaturenbrett nach unten abgenommen werden.

Vordersitze ausbauen

Zum Ausbau eines Vordersitzes muß die Steckverbindung zum Gurtstraffer getrennt werden. Das macht die an sich einfache Arbeit zu einem ernstzunehmenden Sicherheits-Problem für den Selbsthelfer. Wenn Sie die Arbeit trotzdem ausführen, sollten Sie zu Ihrer eigenen Sicherheit nach dem Einbau des Sitze das Rückhaltesystem unbedingt von der Renault-Werkstatt überprüfen lassen. Der ausgebaute Sitz darf wegen der Gurtstraffer keinen hohen Temperaturen (offene Flamme) ausgesetzt werden.

Arbeitsschritte

① Sitz soweit wie möglich nach vorne schieben und die Steckverbindung (Pfeil) zum Gurtstraffer trennen. Dann die hinteren Befestigungsschrauben herausdrehen.

② Den Sitz soweit wie möglich nach hinten schieben, Halterung der Sitzschienen links und rechts abbauen (eine Schraube).

③ Sitz abheben und aus dem Fahrzeug nehmen.

④ Vor dem Wiedereinbau die Sitzschienen von verschmutztem Fett reinigen und die Gleitbahnen sparsam einfetten. Die Steckverbindung zum Gurtstraffer wieder einstecken, das System anschließend unbedingt von der Renault-Werkstatt überprüfen lassen.

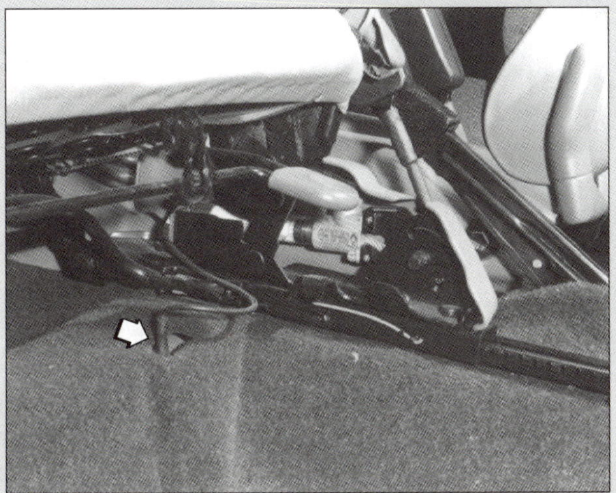

Die hintere Befestigung der Sitzschiene (Vordersitz). Durch Lösen der vorderen und hinteren beiden Schrauben (Pfeile) kann der Sitz vom Wagenboden abgehoben werden.

Rücksitzbank und Lehne ausbauen

Arbeitsschritte

① Sitzbank nach vorne umlegen und Entriegelungszug aushängen.

② Sitzbank zurückklappen und Schrauben der Sitzbankscharniere am Querblech herausdrehen.

③ Sitzbank nach vorne ziehen und vorsichtig aus dem Fahrzeug nehmen.

④ Beim Einbau Scharnierschrauben lose beidrehen und erst nach Anbau des Entriegelungszugs und Einrasten in die Fanghaken festziehen.

⑤ Nach Einbau die Arretierung nach Hochklappen der Lehne kontrollieren.

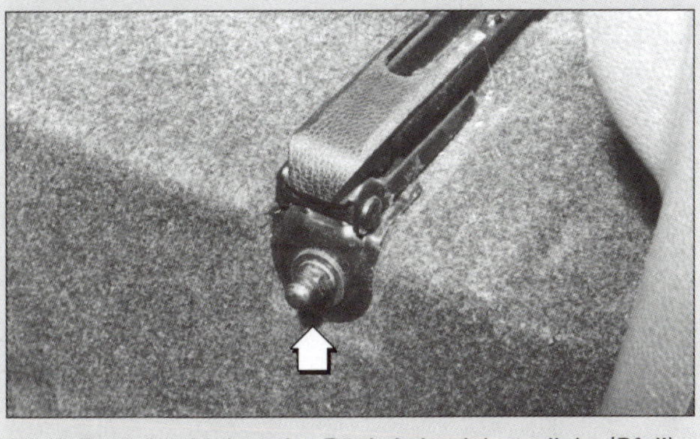

Nach Zurückschieben der Rücksitzbank kann links (Pfeil) und recht jeweils die Scharnierschraube herausgedreht und die Sitzbank komplett abgehoben werden.

Praxistip: Kontrolle der Sicherheitsgurte

- Bei einem Defekt am Sicherheitsgurt braucht nicht gleich der komplette Gurt ausgewechselt zu werden. Gurtrolle und Gurtschloß können getrennt ausgetauscht werden.
- Damit die Gurte im Notfall funktionieren, sollten sie bei einem der folgenden Mängel ausgewechselt werden: (1) Welliges Gurtband. (2) Ausgefranste Kanten. (3) Aufgeriebenes Gewebe. (4) Angerissene Nähte.

Türverkleidung ausbauen

Arbeitsschritte

① Fenster bis zum Anschlag hochkurbeln. Stellung der Fensterkurbel merken.

② Fensterkurbel von der Kurbelachse drücken. Dazu einen flachen Gabelschuh oder Blechgabelschlüssel mit Holzkeil zwischen Kurbelschutzscheibe und Verkleidung an der Fensterkurbel ansetzen und die Kurbel abdrücken. Unbedingt zum Schutz der Verkleidung einen Lappen unter den Holzkeil zwischenlegen.

③ Abdeckung der Türgriffeschale abschrauben.

④ Blende der Türinnenverriegelung abbauen.

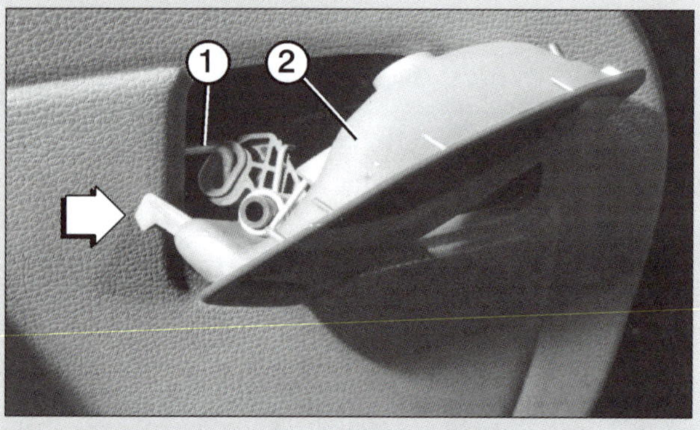

Zum Abnehmen des Türinnenöffners ❷ die Zugstange ❶ aushängen. Zum Einbau den Haken (Pfeil) in den Ausschnitt der Verkleidung einsetzen, die Verbindungstange einhängen und die Öffnerschale in Position drücken.

⑤ Blende um 90° schwenken und aus der Zugstange aushängen.

⑥ Bei elektrischen Fensterhebern mit einem Schraubendreher vorsichtig den Vorderteil der Schalterkonsole aus der Türverkleidung hebeln, die Mehrfachsteckverbindung trennen und Schalterkonsole nach schräg oben aus dem Ausschnitt der Seitenverkleidung heben.

⑦ Die Türinnenverkleidung ist zusätzlich zu den Halteklipsen mit einer dauerelastischen Verklebung am Türkasten befestigt. Deshalb Türverkleidung an der Unterkante vom Türkasten wegziehen und mit einem scharfen Messer (auch Plastikmesser) oder mit einer Schneideklinge (Teppichmesser) die dabei gedehnte Kleberaupe durchtrennen.

⑧ Beim Durchtrennen der Kleberaupe darauf achten, daß sich die Klebeflächen nicht mehr berühren, sonst kleben sie sofort wieder zusammen und erschweren das Abheben der Verkleidung. Fassen Sie nicht auf die getrennten Klebeflächen – das beeinträchtigt die Klebewirkung beim Wiederanbringen der Verkleidung.

⑨ Türverkleidung vorsichtig vom Türrahmen abheben und aus den Halteklipsen lösen.

⑩ Beim Einbau auf korrekten Sitz der Verkleidungsoberkante achten, damit die Halteklammerung sauber einrasten kann.

⑪ Bei schlechter Haftung ggf. die alten Klebeflächen entfernen und eine neue Kleberaupe am Türkasten auftragen.

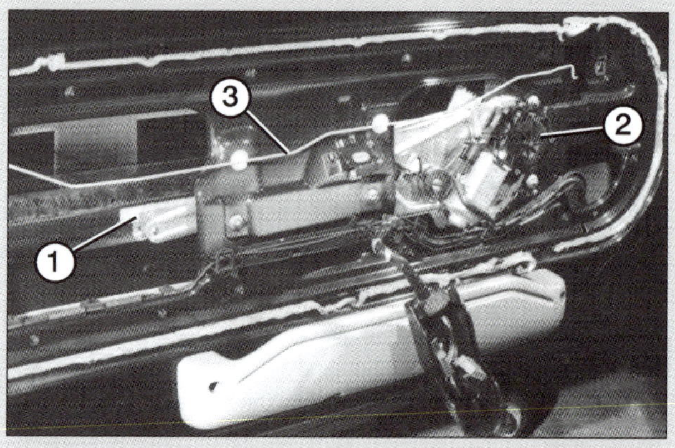

Nach abgenommener Türverkleidung sind alle Anbauteile der Tür zugänglich. ❶ Fenster-Hebeschiene. ❷ Fensterhebermotor. ❸ Zugstange des Türinnenöffners zum Türschloß.

Fensterheber streikt

Praxistip

Schalter defekt. Den Schalter auf der anderen Seite ausbauen und Mehrfachstecker umstecken. Mit dem intakten Schalter können Sie nun das Fenster schließen.
Zuleitung zum Elektromotor unterbrochen. Ein Hilfskabel von der Batterie (wenn Plusstrom fehlt) oder an Masse (wenn Masse fehlt) zum Motor legen. Scheibe nach oben laufen lassen.
Hebermotor blockiert. Türverkleidung abbauen. Die Scheibe an der Hebeschiene aushängen. Dann die Scheibe nach oben drücken. Das Fenster in dieser Stellung mit starkem Klebeband sichern oder zum Beispiel mit einem geeigneten Stück Holz verkeilen. Beides ist natürlich nur eine Notlösung.

Der elektrische Fensterheber

Störungsbeistand

Störung	Ursache	Abhilfe
A Fensterscheibe wird nur in eine Richtung verstellt	Schalter defekt	Schalter auswechseln
B Fensterscheibe wird in keine Richtung verstellt	**1** Fensterscheibe in den Führungen schwergängig, Sicherung wegen Überlastung des Motors durchgebrannt	Fensterscheibe in den Führungen gängig machen, Sicherung erneuern
	2 Motor läuft nicht, obwohl die Sicherung in Ordnung ist	Spannung direkt an die Motoranschlüsse legen. Wenn der Motor jetzt läuft, liegt der Fehler in der Zuleitung. Läuft der Motor nicht, diesen auswechseln
C Fensterscheibe wird im ganzen Verstellbereich zu langsam verstellt	**1** Fensterscheibe in den Führungen verklemmt	Spiel der Scheibe prüfen und ggf. korrigieren
	2 Zu starke Reibung in der gesamten Mechanik	Mechanik ohne Scheibe auf Reibungsverluste überprüfen, ggf. erneuern
	3 Kabelverbindungen defekt oder oxidiert	Überprüfen, reinigen, ggf. auswechseln
	4 Schalter defekt oder oxidiert	Überprüfen, ggf. auswechseln
D Fensterscheibe wird an der oberen Grenze des Verstellbereichs zu langsam verstellt	Siehe C1	

Die Fensterheber arbeiten nur bei eingeschalteter Zündung.

Fensterheber ausbauen

Arbeitsschritte

① Türinnenverkleidung abbauen.

② Scheibe soweit öffnen, bis die Fensterhebeschiene im Ausschnitt des Türkastens frei zugänglich ist.

③ Fensterheber im Türkasten aus der Hebeschiene aushängen. Hierzu die beiden Stifte mit einem Gabelschlüssel (SW 10) auseinanderdrücken.

④ Hebeschiene vollständig in den Türkasten ablassen.

⑤ Fensterscheibe nach oben drücken und mit geeigneter Leiste festkeilen.

⑥ Mehrfachstecker vom Hebermotor (falls damit ausgerüstet) abziehen.

⑦ Die Befestigung des Hebemechanismus am Türkasten

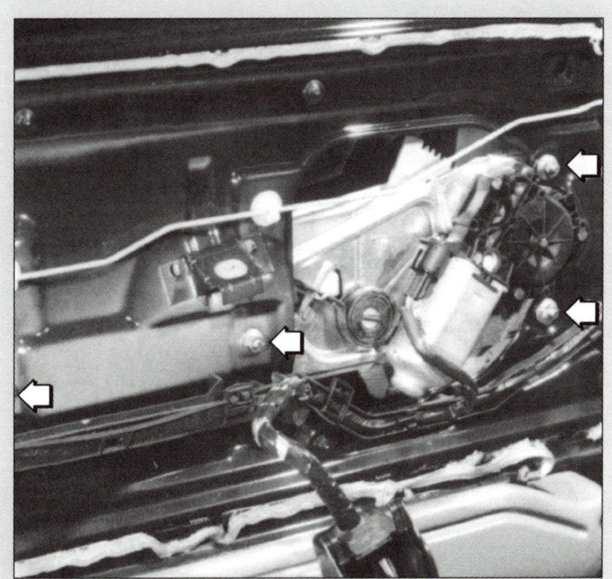

Die Befestigungsschrauben des Fensterkurbelapparats (Pfeile) sind für elektrische und manuelle Fensterheber identisch.

lösen. Dazu am Motor drei Muttern abschrauben und entlang des Hebemechanismus zwei Halterungen lösen.

⑧ Fensterheber komplett mit Hebemechanismus bzw. Hebermotor aus der hinteren Türkastenöffnung nehmen.

⑨ Ggf. Motor abbauen.

⑩ Nach dem Einbau vor Anbringen der Türverkleidung eine Funktionskontrolle durchführen.

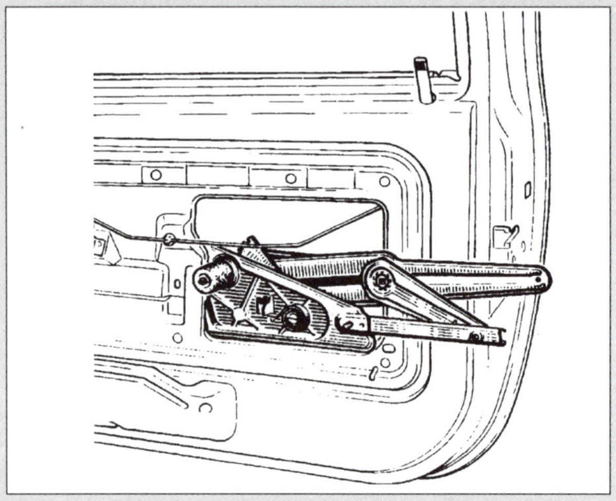

Nach Abbau aller Befestigungen kann der Hebermechanismus aus der hinteren Türkastenöffnung herausgenommen werden.

Türfenster ausbauen

Arbeits-schritte

① Türverkleidung ausbauen.

② Fenster öffnen und inneren Dichtungs-/Abstreifgummi vom Fensterschacht abziehen.

③ Fensterheber ausbauen.

④ An der Hinterkante der Scheibe den Führungsgummi aus dem Fensterausschnitt ziehen.

⑤ Scheibe zur Türscharnierseite abkippen und schräg nach oben in Richtung Türschloß aus dem Fensterschacht ziehen.

⑥ Nach Einbau der Scheibe vor der Montage der Türverkleidung eine Funktionskontrolle durchführen. Die Scheibe darf nirgends anstoßen und muß auf voller Hebehöhe leicht beweglich sein.

Türschloß ausbauen

Arbeits-schritte

① Türverkleidung ausbauen.

② An der Schmalseite der Tür die drei TORX-Schrauben der Türschloßbefestigung herausdrehen.

③ Sicherungs-Klammersegmente von den Übertragungsstangen für Türverriegelung, Außen- und Innenöffner abdrücken.

④ Türschloß – bei Zentralverriegelung komplett mit Servomotor – aus dem Türkasten manövrieren.

⑤ Bei Zentralverriegelung Mehrfachstecker abziehen.

⑥ Eine Schraube lösen und Servomotor vom Türschloß abheben.

⑦ Beim Einbau vor Anbringen der Türinnenverkleidung die Schloßfunktionskontrolle mit Innen- und Außenöffner und bei Zentralverriegelung die Funktion des Servomotors nicht vergessen.

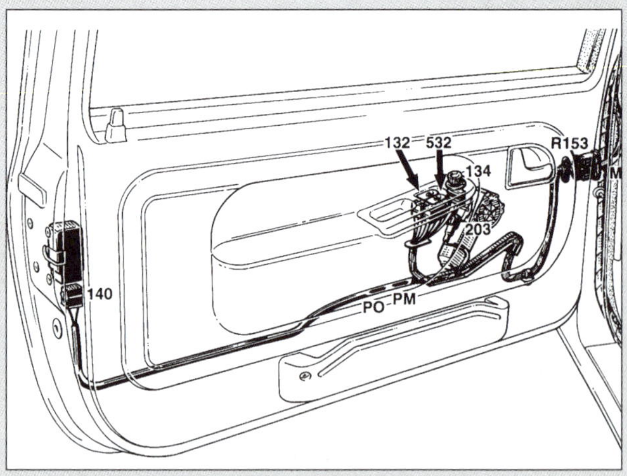

Die Tür mit Verkabelung für die Fensterheber und die Zentralverriegelung.

Praxistip

Problem Zentralverriegelung

Wenn ein einzelnes Schloß der Zentralverrieglung nicht funktioniert, liegt das meist an fehlerhaften Kabel- bzw. Steckerverbindung am Servomotor oder Türkasten. Auch mechanische Übertragungteile können bisweilen klemmen.

Schließzylinder ausbauen

Arbeitsschritte

① Türverkleidung ausbauen.

② Schub-/Zugstange des Türschlosses am Schließzylinder durch Schwenken der Sicherungsklammer aushängen.

③ Sicherungshalter vom Schließzylinder seitlich abziehen.

④ Schließzylinder von der Tür abnehmen.

⑤ Beim Einbau Schließzylinder-Ausschnitt reinigen und Dichtung am Schließzylinder nicht vergessen.

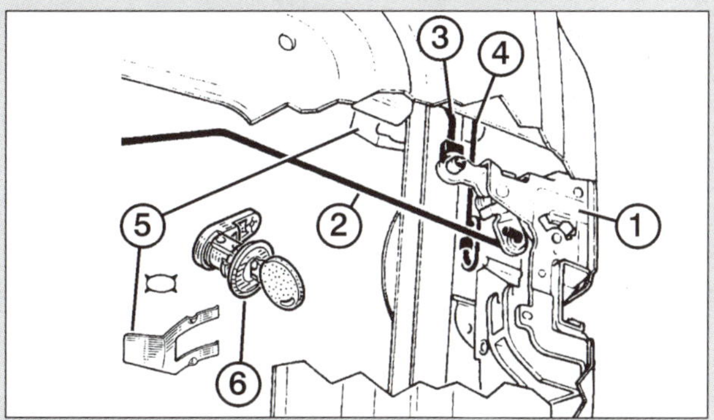

Das Tür-Schließgestänge mit ausgebautem -Zylinder. ❶ Türschloß mit Gestänge-Umlenksegment. ❷ Schub-/Zugstange zum Türinnenöffner. ❸ Verbindungsstange zum Schließzylinder. ❹ Verbindungsstange zum Türverriegelungsstift. ❺ Sicherungsklammer des Schließzylinders. ❻ Schließzylinder.

Türaußenöffner abbauen

Arbeitsschritte

① Tür öffnen und an der Stirnseite am Türaußenöffner eine Schraube (TORX T20) herausschrauben.

② Mit einem flachen Schraubendreher und untergelegtem Lappen zum Schutz gegen Lackkratzer den Öffner am unteren Rand vorsichtig aus dem Türausschnitt hebeln.

③ Öffner so kippen, daß die obere Sperrnase im Türausschnitt freikommt und Türaußenöffner abnehmen.

Der Türaußenöffner ist mit einer Schraube TORX T20 am Türkasten befestigt.

Zentralverriegelung

Störungsbeistand

Störung	Ursache	Abhilfe
A Verriegelung funktioniert nicht	**1** Sicherung durchgebrannt	Erneuern
	2 Motor der Fahrer- oder Beifahrertür defekt	Funktion überprüfen, ggf. auswechseln
	3 Verkabelung unterbrochen	Überprüfen, ggf. erneuern (lassen)
B Schlösser werden entriegelt, aber nicht verriegelt	**1** Siehe A2	
	2 Mehrfachstecker an Motor oder Türkasten locker oder oxidiert	Festen Sitz kontrollieren, ggf. reinigen
	3 Schalter im Servomotor defekt	Durchgangsprüfung an den entsprechenden Motorklemmen durchführen
C Schlösser werden verriegelt, aber nicht entriegelt	**1** Siehe A2	
	2 Siehe B2 und 3	

DIE KAROSS

Für die passive Sicherheit der Insassen sorgt die selbsttragende Sicherheits-Fahrgastzelle, die mit verformbaren Längsträgern ausgestattet ist. Dazu kommen ein steifer Aufbau der Karosserie und ein Aufprallschutz auf beiden Seiten.

Reparatur

Markantes Merkmal der Twingo-Karosserie sind die weit nach vorn gereckte A-Säule und die große, stark geneigte Windschutzscheibe, die ein Einarmwischer sauber hält. Der Heckabschluß ist recht steil, die Heckklappe reicht fast bis zum Stoßfänger hinunter. Die Türen sind breit, was einen bequemen Zugang ermöglicht. Da die Achsen des Twingo sehr weit vorne und hinten sitzen, gibt es fast keinen Karosserieüberhang. Der Radstand entspricht mit 2,35 Meter fast 70 Prozent der Gesamtlänge des Minis. In Höhe (1,42 m) und Breite (1,63 m) entspricht er der nächsthöheren Klasse. Dabei ist der Twingo auch noch ein reparaturfreundliches Auto. Das merken Sie spätestens dann, wenn Sie nach einem Blechschaden einen Stoßfänger, einen Kotflügel oder eine Heckklappe wechseln müssen. Auf den folgenden Seiten beschreiben wir, wie Sie solche Arbeiten durchführen.

Do it yourself an der Karosserie

Die meisten Reparaturen können Sie mit einer Werkzeug-Grundausstattung selbst erledigen. Teile wie Motorhaube, Heckklappe und Türen sind jedoch ziemlich sperrig und können beim Ausbau nur schwer gesichert werden. Lassen Sie sich daher von einem Helfer unterstützen. Ein Tip für Arbeiten an Motorhaube und Heckklappe: Sie erleichtern sich den Wiedereinbau, wenn Sie die Lage der Scharniere vor der Demontage mit einem wasserfesten Filzschreiber anzeichnen. Frontscheibe, Heckscheibe und das feststehende Seitenfenster bieten dagegen keinen Spielraum fürs Do it yourself. Sie sind als konstruktives Element der Karosserie starr mit dem Aufbau verbunden. Ohne Spezialwerkzeug ist da nichts zu machen – ein typischer Fall für die Werkstatt.

Tür ausbauen

Arbeitsschritte

① Wenn Ihr Twingo mit Zentralverriegelung und elektrischen Fensterhebern ausgestattet ist, müssen Sie zuerst die Innenverkleidung der Tür ausbauen, die elektrischen Steckverbindungen dieser Einheiten trennen und aus dem Türkasten ziehen.

② Am oberen Türscharnier die Mutter des Türanschlags herausschrauben.

③ Klemmscheibe am unteren Türscharnier mit einem Schraubendreher abhebeln. Dabei die Tür von einem Helfer abstützen lassen.

④ Tür vorsichtig nach oben von den Scharnieren abnehmen.

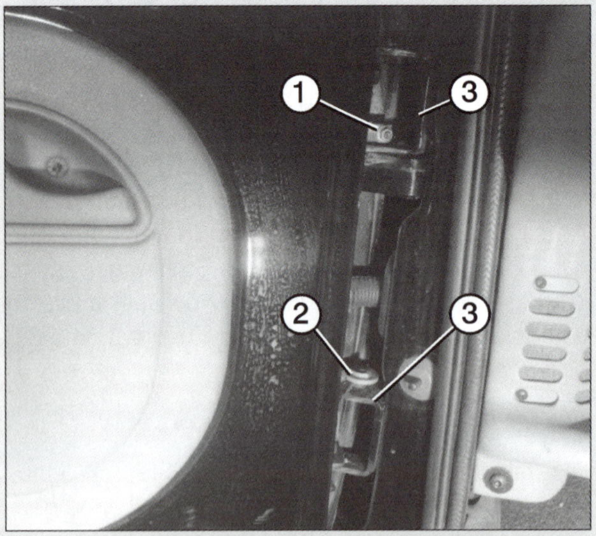

Nach Abschrauben der Türanschlagmutter ❶ und Abhebeln der Sicherungsscheibe ❷ kann die Tür nach oben von den Türscharnieren ❸ abgehoben werden.

Tür einstellen

Die Tür muß in der Höhe richtig sitzen. Außerdem sollten die Kanten der Türen mit den benachbarten Karosserieteilen bündig abschließen. Zur Einstellung einer Tür muß der Twingo waagrecht auf dem Boden stehen. Bei aufgebocktem Fahrzeug könnte sich die Karosserie verwinden – die Justierung würde dann nicht stimmen.

Arbeitsschritte

① Für den Flächenausgleich verwenden Sie Distanzbleche. Wenn Sie die Tür im Türausschnitt verdrehen möchten: Dazu befinden sich in den Türsäulen (A-Säulen) Langlöcher.

② Schließdorn, in den das Türschloß einrastet, etwas lockern.

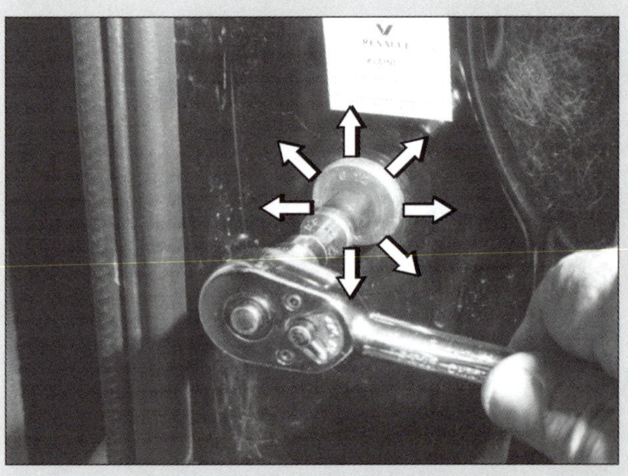

Zum Verstellen des Türschließdorns die Schraube nur soviel lockern, daß er sich mit geringem Kraftaufwand verschieben (Pfeile) läßt. Wird die Tür zu sehr nach innen eingestellt, ist zwar der Kontakt zur Türdichtung erhöht, aber das Schließen der Tür erheblich erschwert. Lautes Türenschlagen ist die Folge. Je geringer der Kontaktdruck auf die Türdichtung, desto leichter – und lautloser – schließen die Türen.

③ Türscharniere in der A-Säule nur soviel lockern, daß sie sich gerade noch ausrichten lassen. Vorher bei Bedarf zum Flächenausgleich großflächige Distanzbleche unterlegen.

④ Tür schließen und so in Position drücken, daß die Hinterkante der Tür bündig mit den anderen Karosserieteilen abschließt.

⑤ Wenn Sie die Tür zu sehr nach innen einstellen, liegt sie zwar satt an der Dichtung an, läßt sich dann aber nur schwer schließen. Der Druck auf die Türdichtung sollte möglichst gering sein.

⑥ Scharnierschrauben mit 35 Nm festziehen.

⑦ Türaußenöffner anziehen und Tür leicht angehoben öffnen.

⑧ Schließdorn in dieser Stellung festziehen.

⑨ Sitz der Tür kontrollieren, bei Bedarf nachjustieren.

Die Türscharnierbefestigung (Pfeile) an der A-Säule. Zur Grundeinstellung der Tür dürfen die Schrauben nur soweit gelöst werden, daß sich die Lage der Tür nur mit Kraftaufwand verändern läßt.

⑥ Innere Halteplatte mit Dichtung ausbauen (zwei Schrauben).

⑦ Beim linken Außenspiegel das im Türausschnitt sichtbare Antennenkabel abschrauben.

⑧ An der Außenseite die beiden Schrauben lösen und Außenspiegel abnehmen.

⑨ Vor dem Einbau des Außenspiegels Spiegelsitz reinigen.

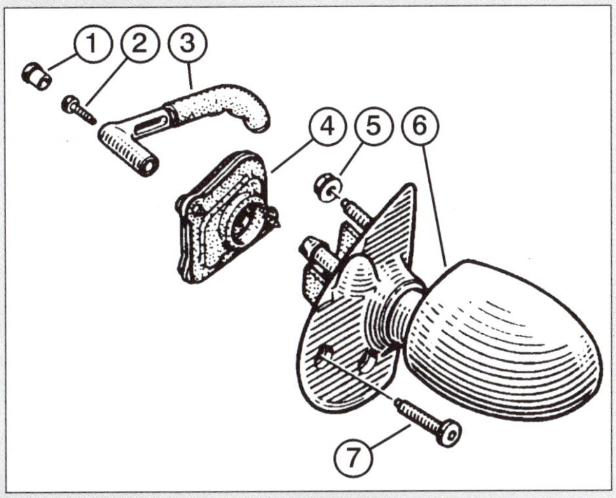

Der Außenspiegel mit manueller Spiegelverstellung. ❶ Abdeckkappe. ❷ Schraube des Verstellhebels. ❸ Verstellhebel. ❹ Abdeckung mit Durchlaß für Verstellhebel (bei elektrischer Spiegelverstellung Komplettabdeckung). ❺ Befestigungsschraube. ❻ Außenspiegelgehäuse mit Spiegelglas. ❼ Äußere Befestigungsschraube.

Außenspiegel abbauen

Arbeitsschritte

① Am Verstellhebel mit einem kleinen Schraubendreher die Schraubenabdeckung vorsichtig heraushebeln.

② Die unter der Schraubenabdeckung sitzende Schraube (TORX T20) herausschrauben und Verstellhebel aus dem Ausschnitt ziehen.

③ Die Türdichtung im Bereich der Spiegelinnenabdeckung etwas abziehen.

④ Mit einem breiten Schraubendreher und einem untergelegten Lappen die Spiegelinnenabdeckung abhebeln.

⑤ Bei elektrisch verstellbaren Außenspiegeln den Verbindungsstecker abziehen.

Motorhaube ausbauen

Arbeitsschritte

① Motorhaube öffnen und abstützen.

② Position der Scharniere markieren.

③ Schläuche der Scheibenwaschanlage aus den Halterungen der Motorhaube nehmen und von den Scheibenwascherdüsen abziehen.

④ Scharnierschrauben an der Haube lösen (auf jeder Seite zwei) und Motorhaube abnehmen. Lassen Sie sich dabei von einem Helfer unterstützen.

⑤ Beim Einbau die Scharnierschrauben zur Motorhauben-Einstellung nur leicht anziehen. Die Haube erst nach genauer Ausrichtung zu den Markierungen festziehen.

Markierung am linken Haubenscharnier. Durch Lösen der Schrauben kann die Haube zu den angrenzenden Karosserieteilen nach links und rechts sowie oben und unten so verschoben werden, daß ringsum ein gleichmäßiger Spalt entsteht und auch die Höhe ausgeglichen ist.

Neue Motorhaube einstellen

Vor dem Einbau einer neuen Motorhaube müssen Sie sämtliche Teile von der alten Haube umbauen. Vor allem die verschiedenen Anschlaggummis dürfen Sie nicht vergessen.

Arbeitsschritte

① Haubenschloß durch Lösen der Schrauben lockern.

② Bei nur leicht angezogenen Scharnierschrauben die Motorhaube so ausrichten, daß das Spaltmaß zur Windschutzscheibe und den beiden Kotflügeln identisch ist.

③ Beide Gummipuffer der Haubenauflage an der Motorhaube vollständig eindrehen.

④ Haubenschloß in der Höhe so verstellen, daß die Haube zu den angrenzenden Kotflügeln bündig abschließt.

⑤ Die Einstellung zur Schloßfalle am vorderen Querblech erfolgt durch Verstellen der Halteplatte in den Bohrungs-Aussparungen.

⑥ Zur richtigen Einstellung die beiden Schrauben des Haubenschlosses lockern und Schloß in höchste Position ziehen.

⑦ Haube vorsichtig schließen und vorsichtig nach unten drücken, bis die Lage der Haube zu den Kotflügeln korrekt ist.

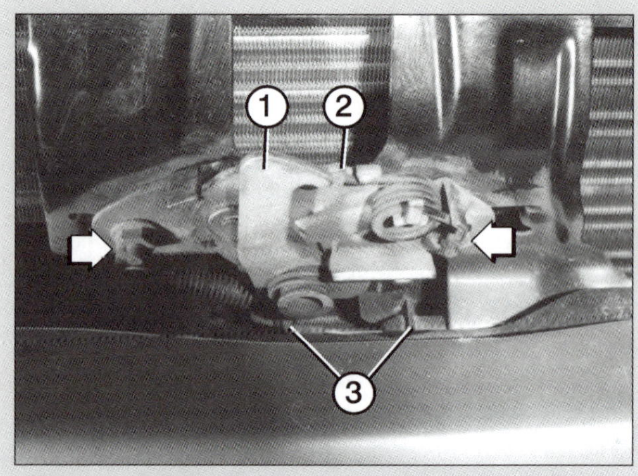

Nach Einstellen der Motorhaube (durch Anschlagpilze) kann das Haubenschloß nach Lockern der Befestigungsschrauben (Pfeile) eingestellt werden. ❶ Sicherungshaken. ❷ Schloßfalle. ❸ Haubenzug mit Widerlager.

⑧ Haube vorsichtig öffnen und die Schrauben festziehen.

⑨ Anschlaggummis so einstellen, daß die Haube in geschlossenem Zustand eine minimale Vorspannung hat und trotzdem zu den Kotflügeln bündig abschließt.

⑩ Falls die Einstellung nach der Funktionskontrolle unbefriedigend ist, Haubenschloß wieder lockern und Einstellung korrigieren.

⑪ Motorhaube auf einwandfreies Schließen kontrollieren. Dazu die Haube aus ca. 20 cm Höhe ins Schloß fallen lassen – sie muß dabei durch ihr Eigengewicht vollständig verriegeln. Bei einer Höhe von weniger als 10 Zentimetern soll zumindest der Sicherungshaken einrasten, sonst Einstellung der Schloßfalle wiederholen.

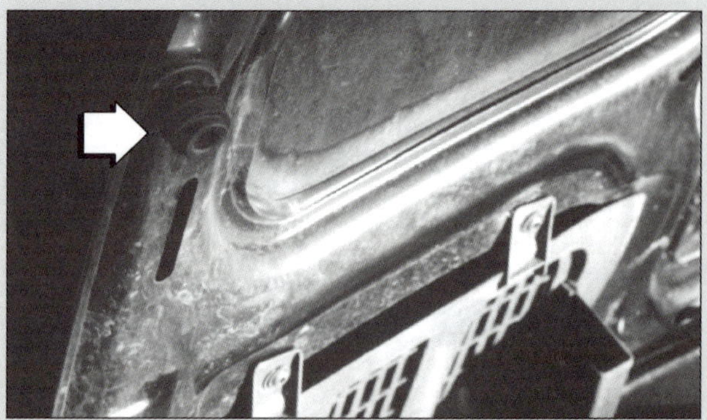

Durch gefühlvolles Verdrehen der mit einem Grobgewinde ausgestatteten Anschlagpilze (Pfeil) kann die Motorhaube im vorderen Bereich millimetergenau zu den angrenzenden Karosserieteilen eingestellt werden.

Gefahrenhinweis

Gurtstraffer und Do it yourself

Die Vordersitze des Twingo sind mit Gurtstraffern ausgestattet, die bei einem Crash die Sicherheitsgurte schlagartig anziehen. Aktiviert werden die Gurtstraffer von elektrisch gezündeten Gasgeneratoren. Dieses Rückhaltesystem ist fürs Do it yourself tabu. Montage und Demontage der Gurtstraffer sind Sache der Werkstatt, die dabei strenge Sicherheitsvorschriften einhält.

Vorsicht bei Arbeiten unter dem Auto

Wenn Sie an der Karosserie arbeiten, dürfen Sie nicht ohne weiteres in der Umgebung der Gurtrolle mit Schlagschrauber oder Hammer arbeiten – die Gurtstraffer reagieren empfindlich auf Vibrationen und harte Schläge und können auslösen. Ziehen Sie zur Sicherheit vor allen Arbeiten unter dem Fahrzeug die Sicherung für die Gurtstraffer ab und warten Sie fünf Minuten, bis sich die Kondensatoren entladen haben.

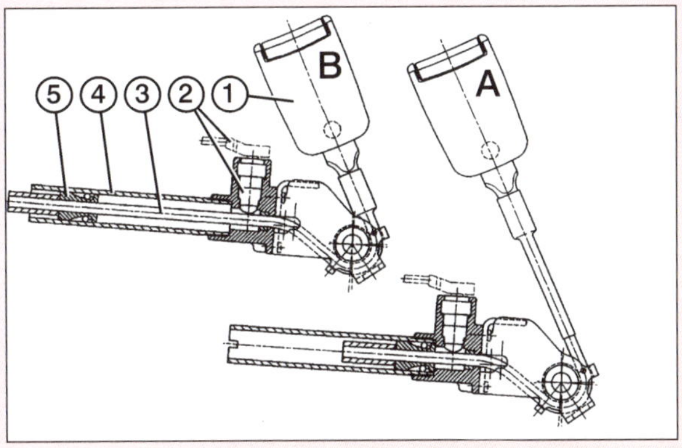

Der Gurtstraffer in Normalstellung **(A)** und ausgelöstem Zustand **(B)**. Wird der Gurtstraffer ausgelöst, kann das Gurtschloß bis maximal 70 mm zurückgezogen werden. ❶ Gurtschloß. ❷ Steckverbindung mit Zünder und Gasgenerator. ❸ Stahldraht (Litze). ❹ Arbeitszylinder. ❺ Kolben (mit Gurt-Stahldraht fest verbunden).

Praxistip

Haubenzug gerissen

Versuchen Sie zuerst, vom Inneren des Wagens aus mit einer Zange am Zugende zu ziehen. Wenn die Haube nicht entriegelt, biegen Sie aus einem stabilem Draht einen Haken. Den Draht zwischen Motorhaube und Stoßfänger führen und den federbelasteten Hebel, in dem auch der Haubenzug eingehängt ist, nach rechts zur Seite drücken.

Haubenzug auswechseln

Die Motorhaube wird durch einen Seilzug entriegelt, der vom Schloß der Haube über die linke Seite des Motorraums durch die Stirnwand ins Wageninnere führt. Dort ist der Zug links neben der Lenksäule am Öffnungshebel verankert.

Arbeitsschritte

① Schloß der Motorhaube ausbauen (zwei Schrauben). Markieren Sie vorher die Einbaulage.

② Seilzug am Schloß aushängen.

③ Im Fahrzeuginnern den Zug an der Hebelhalterung aushängen.

④ Zum leichteren Einbau den neuen Zug mit Bindedraht an den alten Zug anhängen. Diesen ins Wageninnere ziehen, bis der neue Zug erscheint. Das neue Teil an der Halterung anbauen.

⑤ Haubenzug im Motorraum in die alten Halterungen bauen.

⑥ Nach der Montage des Haubenschlosses bei Bedarf die Motorhaube einstellen. Der Zug selbst kann nicht eingestellt werden.

Stoßfänger vorne ausbauen

Arbeitsschritte

① Befestigungsschrauben der Radhausschale im vorderen Bereich herausschrauben.

② Kennzeichen abbauen und die darunter befindliche mittlere Befestigungsschraube herausschrauben.

③ Auf beiden Fahrzeugseiten jeweils die Schrauben an den Stoßfängerecken herausschrauben.

④ An der Stoßfängerunterseite die drei Schrauben der Motorspritzschutzabdeckung herausschrauben.

⑤ Stoßfänger vorsichtig von der Karosserie abnehmen.

⑥ Beim Einbau darauf achten, daß die Seiten der Stoßfänger mit den Radausschnitten fluchten und die Kunststoffklammern links und rechts korrekt sitzen.

⑦ Alle Befestigungsschrauben und -muttern lose beidrehen.

⑧ Stoßfänger waagrecht so ausrichten, bis ein gleichmäßiger Spalt zur Karosserie entstanden ist.

⑨ Alle Schrauben und Muttern festziehen.

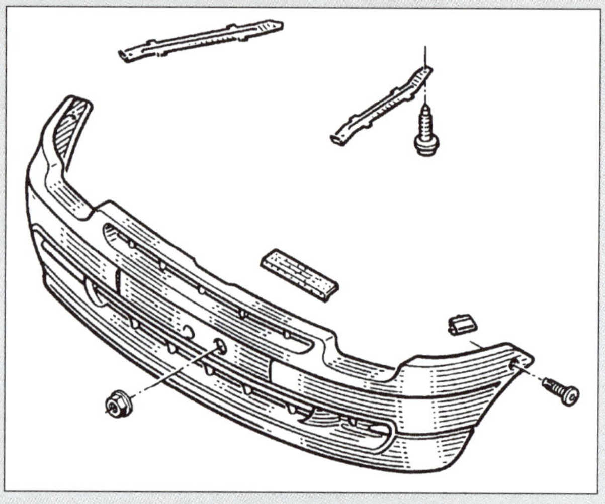

Der vordere Stoßfänger mit Befestigungsteilen und Verschraubungen.

Kotflügel ausbauen

Arbeitsschritte

① Radhausschale ausbauen: drei Schrauben am Stoßfänger, sieben im Radhaus an der Karosserie und zwei an im Bereich des Türschwellers.

② Außenspiegel abbauen.

③ Seitliche Blinkleuchte ausbauen.

④ Stoßfängerbefestigung seitlich und unten lösen.

⑤ Obere beide Kotflügelschrauben (SW 10) am Kotflügelfalz herausschrauben.

⑥ Am Kotflügel vorne hinter dem Stoßfänger eine Schraube (SW 13) herausdrehen.

Die Verschraubungen von Stoßfänger und Kotflügel am Vorderwagen des Renault Twingo.

⑦ Am Türschweller seitlich eine Schraube (SW 10) herausdrehen.

⑧ Am Türschweller seitlich und im Radausschnitt je eine Schraube (TORX T20) herausschrauben.

⑨ Mit einem schmalen Spachtel die Kontaktflächen des Kotflügels zur Karosserie lösen. Unterbodenschutz und Dichtmasse sind durch die Verschraubung zusammengepreßt und wirken wie eine Schweißnaht. Sie erleichtern sich die Arbeit, wenn Sie ein Heißluftgerät (Fön) verwenden.

⑩ Kotflügel vorsichtig ringsum abheben.

⑪ Mit einem Schaber die Dichtmasse an den Kontaktflächen abtragen. Achten Sie darauf, daß die Lackierung darunter nicht verletzt wird.

Einbau des Kotflügels

① Den neuen Kotflügel ansetzen und die Passung kontrollieren.

② An den Kontaktflächen von Kotflügel und Karosserie Dichtungsmasse auftragen. Hier dürfen später keine Wassernester entstehen.

③ Kotflügel ansetzen und Schrauben festziehen.

④ Mit überstehender Dichtmasse die Montagefugen sauber verstreichen.

⑤ Ausgebaute Teile wieder anbauen.

Stoßfänger hinten ausbauen

Arbeitsschritte

① Heckklappe öffnen und links und rechts die beiden oberen Befestigungsschrauben des Stoßfängers herausschrauben.

② An der Unterkante des Stoßfängers links und rechts die beiden Schrauben herausdrehen.

③ Links und rechts am Radausschnitt die beiden Stoßfängerecken lösen. Dazu zwei Schrauben herausdrehen.

④ Stoßfänger abnehmen.

⑤ Beim Einbau auf korrekten Sitz der beiden seitlichen Kunststoffklammern an der Karosserie achten.

⑥ Alle Befestigungen erst lose beidrehen.

⑦ Stoßfänger ausrichten und alle Befestigungen festziehen.

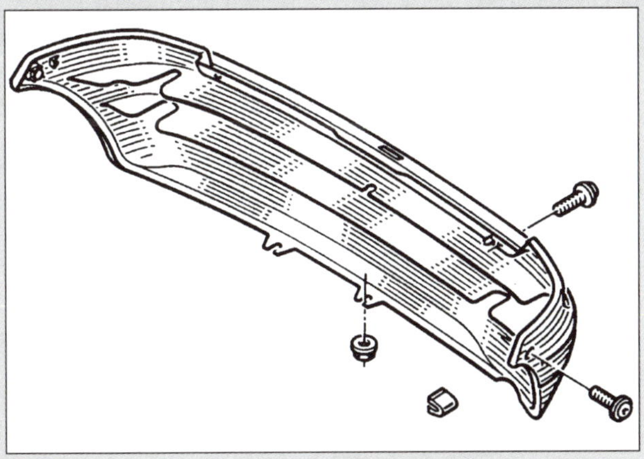

Der hintere Stoßfänger mit Befestigungsteilen und Verschraubungen.

Heckklappe ausbauen

Arbeitsschritte

① Laderaumabdeckung komplett mit Fangbändern ausbauen.

② Verkleidung abbauen und Steckverbindungen zur heizbaren Heckscheibe und zum Heckscheibenwischer abziehen.

③ Kabelstrang mit Klebeband zusammenkleben und Gummitülle mit Kabelstrang aus der Heckklappe ziehen.

④ Wascherschlauch von Wascherdüse abziehen, Schlauch aus der Klappe ziehen. Befestigen Sie eine stabile Schnur am oberen Ende des Schlauchs und der Versorgungskabel, bevor Sie diese Teile herausziehen – so vermeiden Sie Probleme mit dem Einziehen beim Wiedereinbau der Heckklappe.

⑤ Heckklappe abstützen.

⑥ Gasdruck-Ausstellheber vom Kugelkopf des Halters abhebeln. Dazu Halteklammer maximal 4 mm anheben und den Aufsteller vom Kugelkopf ziehen.

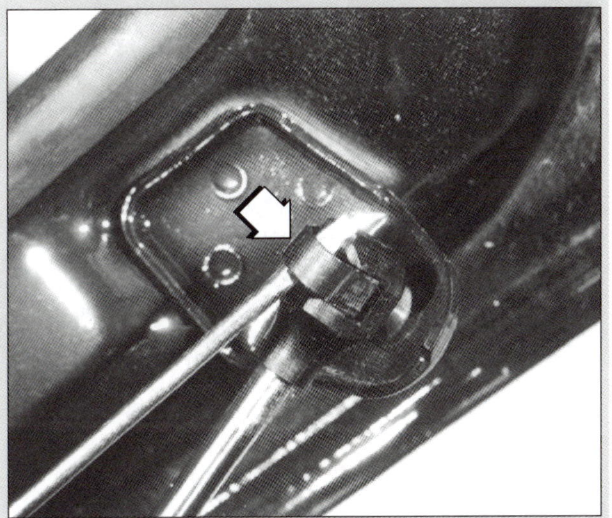

Aushängen des Gasdruck-Ausstellhebers an der Heckklappe mit einem Schraubendreher am Kugelkopf (Pfeil).

⑦ Pro Klappenscharnier (Lage markieren) eine Mutter an der Karosserie abschrauben und Heckklappe abheben.

⑧ Beim Einbau die Übergänge zur Karosserie sowie die Spaltabstände kontrollieren und ggf. durch Verschieben der Klappenscharniere und Verstellen der Schloßfalle an der Heckklappe einstellen.

⑨ Vor dem Einbau an den Auflageflächen der Klappenscharniere ggf. etwas Dichtmasse angeben – so verhindern Sie Undichtigkeiten im Scharnierbereich der Heckklappe.

Gummidichtung ersetzen

① Kontrollieren Sie jetzt auch den Zustand der Gummidichtung an der Karosserie. Ist das Gummi spröde und rissig, die Dichtung vollständig herausziehen und Reste des Dichtmittels vom Karosseriefalz vollständig entfernen.

② Neues Dichtmittel auftragen. Die neue Dichtung auf die richtige Länge schneiden. Die Dichtung so auf den Falz schieben, daß die Stoßverbindung in der Mitte des unteren Karosseriefalzes sitzt (evtl. mit Kunststoffhammer vorsichtig etwas aufschlagen).

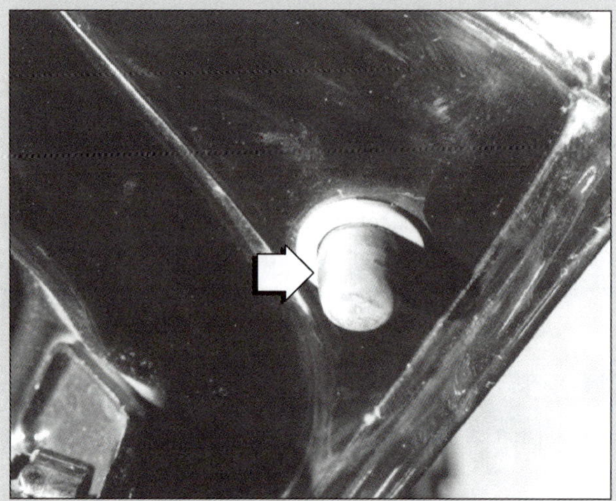

Der Anschlagpuffer ist mit einem Grobgewinde versehen – daher genügt zum Einstellen der Heckklappe schon eine kleine Drehung mit dem Anschlagpuffer (Pfeil), um die Auflagehöhe der Klappenunterkante zu verändern.

Schließzylinder und Schloß ausbauen

Arbeitsschritte

① Verkleidung der Heckklappe ausbauen.

② Zwei TORX-Schrauben (T30) herausdrehen und Schloß von der Klappe abnehmen.

③ Schub-/Zugstange des Schlosses am Schließzylinder aushängen.

④ Schub-/Zugstange des Servomotors der Zentralverriegelung (falls eingebaut) am Schließzylinder aushängen.

⑤ Sicherungsring des Schließzylinders verdrehen und abnehmen.

⑥ Schließzylinder von außen abziehen.

⑦ Beim Einbau die beiden Schrauben des Heckklappenschlosses erst handfest beidrehen und Schloßfalle einstellen. Hier gelten die gleichen Kriterien wie für die Einstellung des Motorhauben-Schlosses.

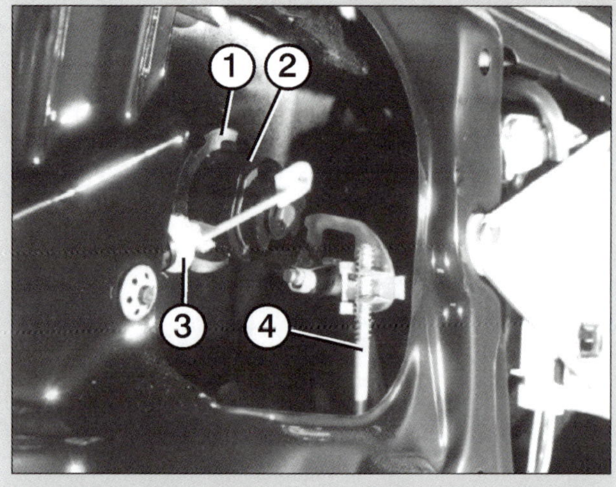

Nach Abbau der Heckklappenverkleidung ist das Gestänge zwischen Schließzylinder und Schloß zugänglich. ❶ Sicherungsring des Schließzylinders. ❷ Schließzylinder. ❸ Servomotor der Zentralverriegelung mit Verbindungsstange zum Schließzylinder. ❹ Verbindungsstange zum Klappenschloß.

⑧ Die genaue Lage der Schloßfalle muß bei geschlossener Heckklappe bestimmt werden. Dazu die beiden Befestigungsschrauben so lösen, daß die Schloßfalle gerade noch verschoben werden kann.

⑨ Damit die Heckklappe beim Fahren nicht klappert, muß die Schloßfalle leicht auf Spannung sitzen. Dazu die beiden Anschlaggummis links und rechts an den Klappenecken entsprechend verstellen.

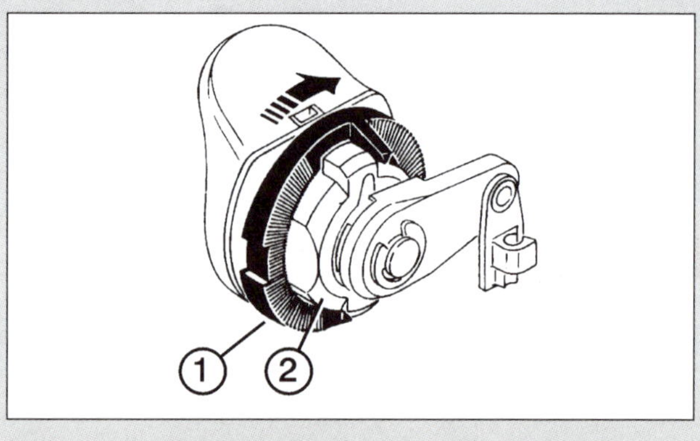

Um den Heckklappenschließzylinder ❷ aus dem Heckklappenausschnitt zu nehmen, den Sicherungsring ❶ von der Innenseite her in Pfeilrichtung verdrehen und Schließzylinder von außen abnehmen.

Technische Daten

Motor

		OHV	Econ	Econ
Motortyp		C3G	D7F	D7F
Hubraum	cm^3	1239	1149	1149
Bohrung	mm	74	69	69
Hub	mm	72	76,8	76.8
Verdichtungsverhältnis		9,2 : 1	9,65 : 1	9,65 : 1
Höchstleistung	kW/PS	40/55	40/55	43/60
bei	1/min	5300	5250	5250
Maximales Drehmoment	Nm	90	93	93
bei	1/min	2800	2500	2500
Ventilspiel (kalt)				
Einlaß	mm	0,15	0,1	0,1
Auslaß	mm	0,20	0,2	0,2
Ventilsteuerung				
OHV-Motor (C3G)	über Steuerkette, seitliche Nockenwelle, Stößel und Stößelstangen und Kipphebel			
Econ-Motor (D7F)	über Zahnriemen, obenliegende Nockenwelle und Kipphebel			

Schmiersystem

OHV-Motor (C3G)	Druckumlaufschmierung durch Ölpumpe über Nebenwelle angetrieben, Ölfilter im Hauptstrom			
Econ-Motor (D7F)	Druckumlaufschmierung durch Ölpumpe, direkt von der Kurbelwelle angetrieben			
Öldruck				
bei Leerlauf	bar	0,7	0,8	0,8
bei 4000/min (100°C)	bar	3,5	3,5	3,5

Kühlsystem

	OHV/C3G	Econ/D7F
Hubraum (cm^3)	1239	1149
Antrieb der Wasserpumpe	Keilriemen	Zahnriemen
Thermostat		
beginnt zu öffnen (bei °C)	89	88
maximal geöffnet (bei °C)	101	100
Öffnungsdruck des Kühl-system-Verschlußdeckels (bar)	1,2	1,2

Elektrische Anlage

Bordspannung (V)	12
Batterie (Ah)	40
Generator (A)	87
Zündanlage	elektronisch geregelte 3D-Kennfeldzündung

Kraftstoffanlage

	OHV/C3G	ECON/D7F
Hubraum (cm³)	1239	1149
Gemischaufbereitung	Zentraleinspritzsystem mit elektronisch gesteuertem Einspritzventil	Mehrpunkteinspritzsystem mit elektronisch gesteuerten Einspritzventilen
Hersteller	Marelli-Weber	Marelli-Sagem-Bosch-Siemens
Systemdruck (bar)	1,05 ± 0,05	3,0 ± 0,02
Leerlaufdrehzahl (1/min)	650–750	690–790

Kraftübertragung

Schaltgetriebe			
Kupplungstyp	Einscheiben-Trockenkupplung mit Tellerfeder-Druckplatte		
Außendurchmesser (mm)	181,5		
Belagstärke (mm)	7,8		
Übersetzungsverhältnis			
1.Gang	3,364		
2.Gang	1,864		
3.Gang	1,321		
4.Gang	0,967		
5.Gang	0,756		
Rückwärtsgang	3,545		
Achsantrieb	3,733		
Tachoantrieb	0,952		
Automatikgetriebe			
Hersteller Renault	Typ	MB1	
Übersetzungsverhältnis			
1. Fahrstufe	2,5		
2. Fahrstufe	1,5		
3. Fahrstufe	1,0		
Rückwärtsgang	2,0 Achsantrieb	3,86 Tachoantrieb	4,15

Gewichte

Modell	**1,2 Liberty 1,2**	**Easy 1,2 Liberty Easy 1,2**	**Klima 1,2**	**Klima Easy 1,2**	**Matic 1,2**
Leergewicht*) (kg)	890–930	890–930	905–945	905–945	915–955
Zul. Gesamtgewicht*) (kg)	1195	1195	1215	1215	1220
Nutzlast (kg)	305–265	305–265	310–270	310–270	305–265
Zul. Anhängelast gebremst (kg)	450	450	600	600	600
bei 8% Steigung (kg)	750	750	750	750	750
Zul. Anhängelast ungebremst (kg)	445	445	450	450	450
Zul. Stützlast (kg)	25	25	25	25	25
Zul. Dachlast (kg)	50	50	50	50	50

*)Die für Ihr Fahrzeug geltenden Gewichte entnehmen Sie bitte Ihren Fahrzeugpapieren

Fahrwerk

Vorderachse	Einzelradaufhängung mit negativem Lenkrollradius,
	McPherson-Federbeine mit unteren Dreiecks-Querlenkern,
	koaxiale doppeltwirkende Teleskop-Stoßdämpfer
Spurweite (mm)	1416
Hinterachse	Einzelradaufhängung an Längslenkern;
	elastischer H-förmiger Achskörper;
	hydraulische Teleskopstoßdämpfer
Spurweite (mm))	1374
Radstand (mm)	2472
Lenkung	Zahnstangenlenkung mit geteilter Sicherheitslenksäule
Wendekreisdurchmesser (m)	10,0
Lenkgetriebe-Untersetzung	19,6
Lenkradumdrehungen	3,9

Bremsanlage

Bremssystem	Zweikreisbremsanlage diagonal geteilt mit Bremskraftverstärker; auf Wunsch, bei bestimmten Modellen serienmäßig Antiblockier-Bremssystem von Teves mit lastabhängigen Bremdruckregulierventilen für die hinteren Bremsen
Handbremse	mechanische Seilzugbremse, über Ausgleichsvorrichtung auf die Hinterräder wirkend
Vorderräder	
Scheibendurchmesser (mm)	238,0
Scheibendicke (mm)	8,0
Mindeststärke (mm)	7,0
Max. Scheibenschlag (mm)	0,07
Mindeststärke der Bremsklötze mit Trägerplatte (mm)	6,0
Hinterräder	
Bremstrommel-Durchmesser (mm)	180,25
Max. zulässiges Reparaturmaß (mm)	181,25
Bremsbackenbreite (mm)	40,0
Radbremszylinder-Durchmesser (mm)	20,6
Bremsbelagstärke (mm)	6,5
Mindeststärke der Bremsbeläge mit Belagträger (mm)	2,5

Stichwortverzeichnis